高／等／学／校／教／材

基础化学实验

张培青　主编

杨 昕　栾 锋　李桂芝　副主编

化学工业出版社

·北京·

《基础化学实验》首先介绍了化学实验安全知识、实验测量误差及实验数据处理方法，然后系统介绍了化学实验仪器设备的使用方法和基本测量技术，最后为实验部分，按无机化学实验、分析化学实验、有机化学实验、物理化学实验的顺序安排了72个实验项目。全书以化学实验基础理论、基本方法与技术引领实验内容，实验项目选取兼顾基础性和综合性，有利于培养学生的综合能力和创新意识。

本书可作为化学类及其相关专业如化工、生物、材料、食品、环境、药学、矿冶、轻工等本科生的教材，也可供相关实验人员参考。

图书在版编目（CIP）数据

基础化学实验/张培青主编 . —北京：化学工业出版社，2016.8（2024.8重印）
高等学校教材
ISBN 978-7-122-27432-8

Ⅰ. ①基… Ⅱ. ①张… Ⅲ. ①化学实验-高等学校-教材 Ⅳ. ①O63

中国版本图书馆 CIP 数据核字（2016）第 143296 号

责任编辑：宋林青　　　　　　　　　　文字编辑：陈　雨
责任校对：宋　夏　　　　　　　　　　装帧设计：关　飞

出版发行：化学工业出版社（北京市东城区青年湖南街 13 号　邮政编码 100011）
印　　装：三河市双峰印刷装订有限公司
787mm×1092mm　1/16　印张 23　彩插 1　字数 582 千字　2024 年 8 月北京第 1 版第 8 次印刷

购书咨询：010-64518888　　　　　　　售后服务：010-64518899
网　　址：http://www.cip.com.cn
凡购买本书，如有缺损质量问题，本社销售中心负责调换。

定　　价：45.00 元

版权所有　违者必究

　　化学是一门以实验为基础的学科，在化学教学中，实验教学占有相当重要的地位。对于高等学校化学教育而言，化学实验无疑是培养学生的科学思维方法、创新意识与能力，全面推进素质教育的最基本教学方式之一。多年来大学化学课堂教学是在无机化学、分析化学、有机化学和物理化学四个二级学科上分别进行的，实验课也是按现行的化学二级学科为架构分科设立课程体系和教材内容，这对于人才培养固然起着重要的作用，但也存在着为理论课教学配套多、实验教学的系统性和连贯性在一定程度上受到破坏、发挥自身主观能动性作用不足、教学实践中存在内容重复、统一性不足等局限性。这对学生综合素质和能力的培养以及实验教学课程的实施带来了诸多不利影响。随着教育改革的深入，"高等教育需要从单纯的知识传授为中心，转向以创新能力培养为中心"。因此，在进行化学教育培养观念转变的同时，对实验课程体系、教学内容和教学模式的改革也势在必行。

　　2014 年以来，我们配合烟台大学无机化学、分析化学、有机化学和物理化学省级精品课以及基础化学化工实验中心的建设，边探究边实践，摸索出一条突破二级学科实验体系架构，按化学一级学科开设实验课程的道路，并在烟台大学基础化学化工实验中心原有四门二级学科实验教材的基础上，重新组织、更新内容编写了这本教材。

　　本教材立足于课程的基础性和整体性，以化学实验基础理论、基本方法与技术引领实验内容，全书共 4 章，较为详细地介绍了基础化学实验中涉及的大部分基础理论、基本方法与技术，以及它们的应用。按照这条主线，选编了 72 个实验项目。这样学生在预习实验内容时，可直接由本书获取所需要的理论、方法与操作技能要领，使基础实验真正独立于理论课之外。

　　按照"强化基础，提高创新"的原则，本教材将实验项目大体分为两类：一类为基础和验证性实验，旨在加强对学生基本理论、基础知识和基本技能的培养，这类实验项目约占总数的 80％，充分反映了教材的基础性；另一类项目为综合性、设计性及计算机仿真实验，以提高学生的实验兴趣，培养学生解决复杂问题的综合能力和创新意识，也有结合教师科研成果移植来的新实验。完成全部实验项目所需的教学学时多于教育部化学类专业教学指导委员会制订的《化学专业实验教学基本内容》规定时数，以便在使用本教材时教师有更多的选择余地。

　　除此之外，本教材还有如下一些特点：

　　1. 注意反映化学学科在实验方法和仪器方面的新进展。比如，我们用相当的篇幅介绍了化学实验基础知识、精密仪器以及专用测量技术等较为先进的方法和设备的原理与应用，而分析天平则只介绍电子天平。

　　2. 主编人员均由教学经验丰富和科研能力较强的教授、副教授担当，能够较准确把握目前化学实验教学的核心和学科发展前沿，使教材具有连贯性和前瞻性。所有编写人员均来自理论教学和实验教学第一线，基础实验仪器设备讲解清楚、药品用量准确，综合、设计性实验难度适中，可操作性强，使教材具有实用性。所有实验均经过教学验证，具有较好的重复性。教材由基础、提高、综合设计实验组成，内容丰富，具有广泛性。

3. 实验前对于学生的预习作出明确的要求，并且体现到每一个具体实验项目中。

4. 大幅度增加了实验室安全、三废处理等方面的知识介绍，使学生牢固树立绿色化学、可持续发展的科学观念。

本书既可作为化学及近化学类本科专业基础化学实验课程教材使用，也可供材料、矿冶、轻工、环境、医学、农学等专业作为化学实验教材或参考书使用，对从事化学实验室工作的相关人士亦具有一定的参考价值。针对本书所涉及的基本操作、常规仪器使用及部分实验项目，烟台大学基础化学化工实验教学中心均制作了配套的多媒体视频课件。

本书在编写工作中，重点参考了烟台大学历年来编写的实验讲义，也参阅了兄弟院校的教材及专著。这些资料和专著中所包含的宝贵经验，是我国高等学校化学实验教学界几十年数代人辛勤耕耘和实践的结晶，编者从中汲取了丰富的营养，进行了有益的借鉴，在此向他们致以崇高的敬意！

参加本书编写工作的有杨昕、栾锋、李桂芝、焉炳飞、张培青等，全书最后由张培青统一定稿。在本书编写过程中，得到了烟台大学化学化工学院领导和实验中心老师的大力支持，化学工业出版社的编辑为本书的出版付出了艰辛的劳动，在此一并表示衷心感谢！

鉴于编者学识水平与经验有限，书中难免有不当之处，恳请有关专家和读者批评指正。

编者

2016 年 4 月于烟台

目　录

第1章
绪　论

1.1　基础化学实验的目的

　　基础化学实验是针对 21 世纪化学化工等专业人才培养目标的要求而设置的实践性独立基础课程，是化学及相关专业本（专）科生的必修课。开设实验课的目的主要是：① 巩固和加深理解化学理论课程中所学的某些理论和概念；② 使学生初步了解化学的研究方法，学习和掌握有关的实验技能及测试仪器的使用方法；③ 培养学生由所学基础理论的原理进行实验方案的设计，正确记录和处理实验数据，判断所得实验结果的可靠性，分析主要误差的来源及如何减小或消除实验误差等。学生经过基本实验的严格训练，能够规范地掌握实验的基本操作、基本技术和基本技能，巩固并加深对化学基本理论和基本知识的理解。通过实验，学生可以直接观察到大量的化学现象，经过思考、归纳、总结，从感性认识上升到理性认识。学习化学实验的全过程，综合培养学生动手、观测、查阅、记忆、思考、想象及表达等全部智力因素，从而使学生具备分析问题、解决问题的独立工作能力。在设计实验中，学生由提出问题、查阅资料、设计方案、动手实验、观察现象、测定数据，到正确处理和概括实验结果并用文字表达实验结果，练习解决化学问题、培养逻辑思维和训练科学研究能力，为今后学生的学习和开展科学研究工作奠定坚实的基础。通过严格认真的实验训练，还要培养学生实事求是的科学态度，准确、细致、整洁等良好的科学习惯以及科学的思维方法；培养敬业、一丝不苟和团队协作的工作精神，养成良好的实验室工作习惯；培养学生的素质和创新能力。

1.2　基础化学实验的学习方法

　　化学实验是在教师的正确引导下由学生独立完成的，学生要在实验技能方面取得成功，必须付出辛苦劳动，实事求是、认真细致。指导教师要抓好实验教学的每一环节，提高学生的实验课效率，因为好的实验效果与正确的学习态度和学习方法密切相关。对于基础化学实验的学习方法，应抓住以下四个重要环节。

1.2.1　预习

　　实验前预习是必要的准备工作，是做好实验的前提。为了确保实验质量，实验前任课教师要检查每个学生的预习情况，查看学生的预习笔记，对没有预习或预习不合格者，任课教师有权不让其参加本次实验。

实验预习一般应达到下列要求：

① 认真阅读实验教材及相关参考资料，做到明确实验目的、理解实验原理、熟悉实验内容、掌握实验方法、切记实验中有关的注意事项，预习或复习基本操作、有关仪器的使用，在此基础上简明扼要地完成预习笔记；

② 在实验报告中，预习部分的书写是进行实验的首要环节，应在熟悉内容后简要填写实验的基本原理、实验步骤与操作、定量实验的计算等，并按照要求回答实验预习问题，回答不出来的，可以带着问题做实验，在实验中观察、思考，书写要求简明扼要，切忌抄书，实验方法步骤按不同实验要求，用方框、箭头或表格形式表示；

③ 按时到达实验室，观看实验讲解演示，专心听指导教师的讲解和示范操作，使基本操作规范化，迟到 10min 以上者禁止进行此次实验。

1.2.2 操作

实验是培养独立工作和思维能力的重要环节，必须严格按实验内容与操作规程进行，认真、独立地完成实验。

① 在充分预习的基础上规范操作，胆大心细；认真仔细地观察实验中的现象。实验过程中，应认真操作，详细准确地记录实验条件、实验现象和实验数据。在整个实验过程中要持有严谨的科学态度，做到清洁整洁，有条有理，一丝不苟，积极思考，善于发现和解决实验中出现的各种问题。及时地记录原始实验数据与实验现象。实验结束前应核对实验数据，对最终结果进行估算，若发现有疑点，可补测或重测。

② 对于设计性实验，审题要确切，方案要合理，现象要清晰。在实验中发现设计方案存在问题时，应分析并解决问题，及时修改方案，直至达到满意的结果，逐步提高思维能力。

③ 在实验中遇到疑难问题或者"反常现象"，应认真分析操作过程，思考其原因。为了正确说明问题，可在教师指导下，重做或补充进行某些实验。以培养独立分析、解决问题的能力。善于对实验中产生的现象进行理性探讨，倡导学生之间或师生之间的讨论，提高每次实验的效率。

④ 实验中自觉养成良好的科学习惯，遵守实验工作规则。按要求处理好废弃物，对使用的公用仪器按要求自觉管理好，并在相关记录本上登记，查漏补失。实验过程中应始终保持桌面布局合理、环境整洁。这是养成良好科学习惯必需的训练。

⑤ 实验结束后，须经教师在原始记录本上签字后才能离开实验室。

1.2.3 实验报告

实验报告是对每次所做实验的概括和总结，是培养学生思维能力、书写能力和总结能力的有效方法，必须严肃认真如实书写。实验报告要按一定格式书写，字迹端正，叙述简明扼要，实验记录真实，数据处理规范合理，表格形式和作图图形准确清楚，报告整齐洁净。

一份合格的报告应包括以下几部分内容。

① 实验预习　实验预习包括实验目的、原理、步骤等基本内容。实验原理应简述实验有关基本原理和主要反应方程式；实验步骤应简述实际操作要点，尽量用表格、框图、符号等形式清晰明了的表示。在熟悉实验内容基础上，回答预习思考题。

② 实验现象和数据记录　实验现象表达要详尽正确，数据记录要完整；不得主观臆造实验数据或抄袭他人的报告。

③ 解释、结论或数据计算　对实验现象进行解释，写出主要反应方程式，分标题小结或者最后得出结论；数据计算要表达清晰；完成实验教材中规定的作业。

④ 问题讨论　对实验进行小结，包括对实验条件与结果的讨论。分析产生误差的原因，针对实验中遇到的疑难问题提出自己的见解。对实验方法、教学方法和实验内容等提出意见或建议。结果讨论要针对本次实验，提出自己的见解，找出自己的不足，这也是实验报告的重要内容。回答实验后的思考题，进一步加深对实验的理解。

每次到达实验室后应主动及时地上交实验报告。

1.2.4　实验成绩的评定

学生实验成绩主要依据其平时每次实验的成绩，平时成绩的平均值即为其最后的实验课成绩。每次实验课成绩评定的主要依据如下：

① 对实验原理和基本知识的理解；

② 对基本操作、基本技术的掌握，对实验方法的掌握；

③ 实验结果（合理的产量、纯度、准确度、精密度等）；

④ 原始数据的记录（及时、正确，包括表格的设计），数据处理的正确性、有效数字、作图技术的掌握，实验报告的书写与完整性；

⑤ 实验过程中的综合能力、科学品德和科学精神；

⑥ 自主完成实验，遵守实验守则，不大声喧哗、打闹，不干扰他人。

1.3　化学实验安全知识

化学实验室是学习、研究化学的重要场所。在实验室中，经常接触到各种化学药品和仪器。大家知道，化学试剂使用不当会引起中毒、爆炸、燃烧和灼伤等各种事故，因此实验室常常存在着诸如发生爆炸、着火、中毒、灼烧、割伤、触电等事故的危险性。因此，在每次实验前，要求实验者预先了解实验中所用化学试剂的规格、性能及使用时可能产生的危害，并做好预防措施。实验者必须特别重视实验安全。

1.3.1　基础化学实验守则

① 实验前一定要做好准备工作，认真预习，明确实验目的，了解实验原理，熟悉实验内容、方法和步骤。若准备工作未做好，不得进入实验室。

② 严格遵守实验室的规章制度。听从教师的指导，遵守一切必要的安全守则，保证实验安全。实验中要保持安静，有条不紊，实验过程中不能擅自离开岗位，保持实验室的整洁。

③ 实验前应检查仪器设备是否存在破损、漏气、漏电等不安全因素，实验中应注意观察现象，如发现异常，应立即中断实验。

④ 实验中要规范操作，仔细观察，认真思考，如实记录。不得伪造实验现象和涂改实验数据。

⑤ 根据原始记录，独立完成实验报告，交给指导教师批阅。

⑥ 处理有毒或有强刺激性气体时要在通风橱中进行。

⑦ 减压操作或处理爆炸性物质及强腐蚀性物质等可能发生危险的实验，应使用防护眼镜、面罩、手套等防护设备。

⑧ 公用仪器及药品用后立即归还原处。药品及实验后的产品不能随意丢弃，以免酿成事故。试剂瓶用后，应立即盖上盖子，放回原处，以免和其他瓶上的塞子搞错，混入杂质。

⑨ 爱护仪器，节约水、电、煤气和试剂药品。

⑩ 废纸、火柴梗、碎玻璃和各种废液倒入废物桶或其他规定的回收容器中。严禁倒在水槽内，以防水槽堵塞和腐蚀。

⑪ 损坏仪器应填写仪器破损单，按规定进行赔偿。

⑫ 发生意外事故应保持镇定，立即报告教师，及时处理。

⑬ 实验完毕，由同学轮流值日，整理好仪器、药品和台面，清扫实验室，最后检查煤气开关和水龙头是否关紧，电闸是否拉掉，门窗是否关好。

⑭ 严禁在实验室内进食、饮用水或其他饮料，禁止穿拖鞋，不得吸烟。实验后应将手洗净再离开实验室。

1.3.2　常用危险化学品的安全使用

① 避免浓酸、浓碱等强腐蚀性试剂溅在皮肤、衣物上，尤其应注意保护眼睛。稀释浓硫酸时，应将浓硫酸慢慢注入水中，并不断搅拌，切勿将水注入浓硫酸中，以免迸溅，发生危险。

② 不纯的氢气遇火易爆炸，操作时必须严禁接近烟火。点燃前，必须先检验以确保纯度。银氨溶液不能保存，久置后也易爆炸。

③ 凡涉及有毒或有刺激性气体（如 H_2S、Cl_2、CO、SO_2、Br_2 等）的实验，以及加热或蒸发盐酸、硝酸、硫酸，溶解或硝化试样时，都应在通风橱中进行；涉及挥发性物质和易燃物质的实验，都应在离火较远的地方进行，并尽可能在通风橱中进行。通风橱开启后，不要把头伸入橱内，并保持实验室内通风良好。嗅闻气体时，应用手轻拂气体，把少量气体扇向自己，不能将鼻子直接对着瓶口。

④ 金属汞易挥发，当被人吸到体内后，易引起慢性中毒。一旦把汞洒落在桌面或地上，必须尽可能收集起来（用滴管或胶带纸），难以收集起来的汞用硫黄粉、多硫化钙或漂白粉盖在洒落的地方，使汞生成不挥发的难溶盐，并扫除干净。

⑤ 有机溶剂（如乙醇、乙醚、苯、丙酮等）易燃，使用时一定要远离火焰，用后应把瓶塞塞严，放在阴凉的地方。钠、钾、白磷等暴露在空气中易燃烧，活泼金属钠、钾应保存在煤油中，白磷应保存在水中，取用时用镊子夹取。

⑥ 有毒试剂（如氰化物、汞盐、铅盐、钡盐、重铬酸钾等）要严防进入口内或接触伤口，废物不能倒入水槽，应回收处理。

⑦ 禁止随意混合各种试剂药品，以免发生意外事故。

⑧ 禁止用手直接取用任何化学药品，使用有毒品时，除用药匙、量器外，必须佩戴橡皮手套。实验后马上清洗仪器用具，并立即用肥皂洗手。

1.3.3　电器的安全使用

在化学实验中，要使用大量的仪器设备。使用仪器设备的安全防护意识主要包括仪器设备的安全和使用者的人身安全两个方面。

（1）仪器设备的安全防护

① 使用者在使用仪器设备前应仔细阅读使用说明书及使用注意事项。选用某一级别的仪器设备不仅要保证测量精度和测量范围，还应了解仪器对电源的要求，是直流电还是交流电，是三相电还是单相电，电源电压是 380V、220V、110V 的高电压还是 36V 以下的低电压等。还有电器的功率大小是否合适，接地要求等。

② 使用功率很大的仪器设备时应事先计算电流量。按规定的安培数接到相应的电源上，并接上相应的保险熔断丝。接保险时应先断电，不要用其他的金属丝代替青铅合金或铅锡合金熔断丝。使用的电源线也应与仪器设备的功率相匹配。

③ 使用仪器仪表时应注意它们的量程。待测量的数据必须与仪器的量程相适应，若待测量大小不清楚时，必须先从仪器仪表的最大量程开始，例如某一毫安表的量程为 7.5-3-1.5mA，应先将接线接在最大量程 7.5mA 的接头上，若灵敏度不够，可逐次降到 3mA、1.5mA。

④ 安装仪器设备时，接线要正确、牢固。接线安装完毕后还应仔细检查，确实无误后才能接通电源。在通电瞬间，还要根据仪器仪表的指针、示数、方向及大小加以判断安装接线是否正确，当确定无误后才能正式接通电源进行实验。

（2）实验者人身安全防护

① 我国规定频率为 50Hz 的交流电 36V 以下是安全电压，超过 45V 都是危险电压。电气设备的外壳应接地，一切电源裸露部分都应有绝缘装置。

② 检修和安装电气设备时必须切断电源。

③ 不能用潮湿有汗的手去操作电器，也不能用湿毛巾去擦开着的电气设备，因为潮湿时电阻减小，容易引起触电。

④ 通常不能用两手同时触及电气设备。因为用一只手时，万一发生触电，可以减小电流通过心脏的可能性。

⑤ 使用高压电源要采取专门的安全防护措施，切不可用电笔去试高压电。

⑥ 进入任何一个实验室，都应对该实验室的电源总开关位置十分清楚。一旦发生事故能及时拉下电闸，切断电源。

1.3.4　事故的预防

（1）防毒

大多数化学试剂都具有不同程度的毒性。毒物可以通过呼吸道、消化道和皮肤进入人体内。所以，防毒的关键是尽量杜绝和减少毒物进入人体内的途径。因此，使用化学试剂时应注意以下几点。

① 实验前应了解所用药品的性能、毒性和应采取的防护措施。

② 使用有毒气体应在通风橱中进行。

③ 苯、四氯化碳、乙醚、硝基苯等的蒸气会引起中毒，虽然它们都有特殊的气味，但吸入一定量后会使人嗅觉减弱，因此使用时必须提高警惕。

④ 用移液管移取液体时，要按照操作要求进行，严禁用嘴吸吹。

⑤ 有些试剂（如苯、汞等）能穿过皮肤进入人体内，使用时应该避免其直接与皮肤接触。

⑥ 高汞盐〔$HgCl_2$、$Hg(NO_3)_2$ 等〕、可溶性钡盐（$BaCO_3$、$BaCl_2$）、重金属盐（镉

盐、铅盐）以及氰化物、三氧化二砷等剧毒物，应妥善保管，小心使用。

⑦ 不允许在实验室吃东西、喝水、抽烟。饮食用具、食物不得带到实验室内，以防被毒物污染。离开实验室时要用肥皂洗净双手。

（2）防火

防火就是防止意外燃烧。燃烧是一种伴有发热和发光的剧烈氧化反应，它必须同时具备下列三个条件：可燃物、助燃物（如空气中的氧气）和火源（如明火、火花、灼热的物体等），三者缺一不可。控制或消除已经产生的燃烧条件，就可以控制或防止火灾。

化学实验室常用的一些有机试剂和溶剂的闪点很低，许多都属于一级易燃液体。

闪点是液体表面上的蒸气和周围空气的混合物与火接触，初次出现蓝色火焰的闪光时的温度。它是表征液体可燃性的一个重要指标。显然，闪点越低，越容易发生燃烧。按照我国规定，凡是闪点在 45℃ 以下的液体都属于易燃液体。其中闪点在 28℃ 以下的，称为一级易燃液体，在 28.1～45℃ 的称为二级易燃液体。某些有机物的闪点和沸点见表 1-1。

表 1-1　某些有机物的闪点和沸点

名　称	闪点/℃	沸点/℃	名　称	闪点/℃	沸点/℃
乙醚	−45.0	34.8	苯	−11.0	80.1
乙醛	−38.0	20.8	环己烷	−6.0	80.7
二硫化碳	−30.0	46.5	甲醇	11.0	64.8
丙酮	−18.0	56.5	乙醇	2.0	78.4
石油醚	−17.0	40.0～80.0			

实验室使用易燃液体时，应特别小心，周围环境必须避免明火。对沸点低于 80℃ 的液体，一般在蒸馏时应采用水浴加热，不能直接用火加热。蒸馏或回流操作前，应预先加沸石，以防止因暴沸引起意外。实验操作时，应防止有机物蒸气泄漏出来，也不要用敞口装置加热。若要进行除去溶剂的操作，则必须在通风橱里进行。最后还应注意，不要把这些废弃液体倒入废液缸中。

化学实验室常用的明火源是酒精灯火焰和非封闭的电炉，它们都应远离易燃液体，远离盛有有机物的器具。此外还应注意，不要把未熄灭的火柴梗乱丢，不要在充满有机物蒸气的实验室里（这种情况常发生在物料泄漏时）启动没有防爆设施的电器，以免引燃（爆）。对于易发生自燃的物质及沾有它们的滤纸，不能随意丢弃，以免成为新的火源，引起火灾。

发现烘箱有异味或冒烟时，应迅速切断电源，使其慢慢降温，并准备好灭火器备用。千万不要急于打开烘箱门，以免突然供入空气助燃（爆），引起火灾。

实验室万一起火，首先不要惊慌失措，要立即关闭电源开关，然后设法灭火。当装有可燃性物质的器皿着火时，可用石棉布、表面皿、大烧杯等将其盖住，使之与空气隔绝而熄灭。当衣服着火时，千万不要奔跑，可用灭火毯裹住身体灭火，或者迅速脱下衣服，或者人在地上打滚以扑灭火焰。火灾发生时，应迅速就近用黄砂、灭火器等灭火，一般不用水来灭火。

化学实验室常用的灭火器是二氧化碳灭火器，它对扑灭轻微的火灾最为有效，而且也不损坏仪器。但它不能用来扑灭钠、钾、镁等金属及其氢化物引起的火灾。在使用二氧化碳灭火器时，应注意不要被喷出的二氧化碳冻伤。

为了保证安全，实验室特别是有机化学实验室应备有黄砂、石棉布、灭火器等灭火用具，学生实验前应清楚灭火用具的安放位置和使用方法。

（3）防爆

可燃气体和空气混合时，当两者的比例处于爆炸极限，只要有一个适当的热源或火星，将引起爆炸。一些可燃气体与空气混合的爆炸极限见表1-2。

表1-2　一些可燃气体与空气混合的爆炸极限（293K，101.3kPa）

气体	爆炸高限 体积分数/%	爆炸低限 体积分数/%	气体	爆炸高限 体积分数/%	爆炸低限 体积分数/%
氢气	74.2	4.0	磺酸	—	4.1
乙烯	28.6	2.8	乙酸乙酯	11.4	2.2
乙炔	80.0	2.5	一氧化碳	74.2	12.5
苯	6.8	1.4	水煤气	72.0	7.0
乙醇	19.0	3.3	煤气	32.0	5.3
乙醚	36.5	1.9	氨	27.0	15.5
丙酮	12.8	2.6	甲醇	36.5	6.7

另外有些化学试剂如叠氮铅、乙炔银、高氯酸盐、过氧化物等受到震动或受热容易引起爆炸。特别应防止强氧化剂和还原剂存放在一起。久藏的乙醚使用前应设法除去其中可能产生的过氧化物。在操作可能发生爆炸的实验时，应有防爆措施。

（4）X射线的防护

X射线被人体组织吸收后，对健康是有害的。一般晶体X射线衍射分析用的软X射线（波长较长、穿透能力较低）比医院透视用的硬X射线（波长较短、穿透能力较强）对人体组织伤害更大。轻者造成局部灼伤，如果长时间接触可造成白细胞含量下降，毛发脱落，发生严重的射线病。但若采取适当的防护措施，上述危害是可以防止的。

防护时最基本的一条是防止身体各部分（特别是头部）受到X射线照射，尤其是受到X射线的直接照射。因此要注意在X射线管窗口附近用铅皮（厚度在1mm以上）挡好，使X射线尽量限制在一个小范围内，不让它散射到整个房间。在进行操作（尤其是对光）时，应戴上防护用具（特别是铅玻璃眼睛）。操作人员站的位置应避免直接照射。操作完，用铅屏把人与X射线机隔开；暂不工作时，应关好窗口。非必要时，人员应尽量离开X射线实验室。室内应保持良好通风，以减少由于高电压和X射线电离作用产生的有害气体对人体的影响。

1.3.5　意外事故的紧急处理

① 割伤　割伤大多是玻璃划伤。较小的割伤，如伤口中有玻璃碎片，先挑出伤口内的异物，用水洗涤伤口后涂上红汞水；较大的割伤，应立即用绷带扎紧伤口上部，压迫止血，并急送医疗部门。

② 烫伤　切勿用水冲洗。不要将烫起的水泡挑破，可在伤处涂上烫伤药膏，包扎后送医院治疗，对轻微烫伤，可用浓高锰酸钾溶液润湿伤口至皮肤变为棕色，然后涂上獾油或烫伤膏；重者应急送医疗部门。

③ 酸腐蚀　先用大量水冲洗，以免深度烧伤，再用饱和碳酸氢钠溶液或稀氨水冲洗，最后用水冲洗。

④ 碱腐蚀　先用大量水冲洗，再用醋酸（20g·dm^{-3}）或硼酸溶液冲洗，最后用水冲洗。

⑤ 酸碱伤眼　先用大量水冲洗，再用 1‰ 碳酸氢钠溶液或硼酸溶液冲洗，最后用水冲洗。

⑥ 吸入刺激性或有毒气体　一旦吸入刺激性或有毒气体，如 Cl_2、HCl、Br_2 等气体时，可吸入少量酒精和乙醚的混合蒸气解毒；因吸入 H_2S 气体而感到不适时，要立即到室外呼吸新鲜空气。

⑦ 毒物误入口内　把 $5\sim10cm^3$ 的稀硫酸铜溶液加入一杯温水中，内服后用手伸入喉部，促使呕吐，吐出毒物，然后立即送医院治疗。

⑧ 溴灼伤　这是很危险的。被溴灼伤后的伤口一般不宜愈合，必须严加防范。凡用溴时都必须预先配制好适量的 20% $Na_2S_2O_3$ 溶液备用。一旦有溴沾到皮肤上，立即用 $Na_2S_2O_3$ 溶液冲洗，再用大量的水冲洗干净，包上消毒纱布后就医。

⑨ 白磷灼伤　用 1‰ 硝酸银溶液、1‰ 硫酸铜溶液或浓高锰酸钾溶液洗后进行包扎。

⑩ 起火　不要惊慌，应根据不同的着火情况，采用不同的灭火措施。用切断电源、停止通风、移走一切可燃物等措施来防止火势扩展。一般的小火可用湿布、石棉布或砂子覆盖燃烧物；火势大时可使用泡沫灭火器，但电器设备所引起的火灾，只能使用四氯化碳和二氧化碳灭火器灭火，以免触电。只有当火场及其周围没有存放能跟水剧烈反应的化学药品（如金属钠）或比水轻的有机溶剂时，才能用水来灭火。

⑪ 触电　立即切断电源，必要时进行人工呼吸。

1.3.6　实验室的"三废"处理

根据绿色化学的基本原理，化学实验室应尽可能选择对环境无毒害的实验项目。对确实无法避免的实验项目若排放出废气、废渣和废液（这些废弃物又称三废），如果对其不加处理而任意排放，不仅污染周围空气、水源和环境，造成公害，而且三废中的有用或贵重成分未能回收，在经济上也造成损失。因此化学实验室三废的处理是很重要而又有意义的问题。

化学实验室的环境保护应该规范化、制度化，应对每次产生的废气、废渣和废液进行处理。对教师和学生应要求，按照国家要求的排放标准，把用过的酸类、碱类、盐类等各种废液、废渣，分别倒入各自的回收容器内，再根据各类废弃物的特性，采取中和、吸收、燃烧、回收循环利用等方法来进行处理。

（1）实验室的废气

实验室中凡可能产生有害废气的操作都应在有通风装置的条件下进行，如加热酸、碱溶液及产生挥发气体的实验等应在通风橱中进行。实验室若排放毒性大且较多的气体，可在废气排放之前，采用吸附、吸收、氧化、分解等方法进行预处理。例如产生的 SO_2 气体可用氢氧化钠水溶液吸收后排放。

（2）实验室的废渣

有毒的废渣应分类收集并集中放置在指定地点，交有资质的单位统一进行处理。

（3）实验室的废液

① 化学实验室产生的废弃物很多，但以废溶液为主。实验室产生的废溶液种类繁多，组成变化大，应根据溶液的性质分别处理。废酸液可先用耐酸塑料网纱或玻璃纤维过滤，滤液加碱中和，调 pH 值至 $6\sim8$ 后就可排出，少量滤渣集中放置。

② 废洗液可用高锰酸钾氧化法使其再生后使用。少量的废洗液可加废碱液或石灰使其生成 $Cr(OH)_3$ 沉淀，将沉淀收集后，存放于指定地点。

③ 氰化物是剧毒物质，少量的含氰废液可先加 NaOH 调至 pH>10，再加入几克高锰

酸钾使 CN^- 氧化分解。大量的含氰废液可用碱性氯化法处理，即先用碱调至 pH>10，再加入次氯酸钠，使 CN^- 氧化成氰酸盐，并进一步分解为 CO_2 和 N_2。

④ 含汞盐的废液先调 pH 值至 8～10，然后加入过量的 Na_2S，使其生成 HgS 沉淀，并加 $FeSO_4$ 与过量的 S^{2-} 生成 FeS 沉淀，从而吸附 HgS 共沉淀下来。通过离心分离，将清液含汞量降到 $0.02mg \cdot dm^{-3}$ 以下，可排放。残渣可用焙烧法回收汞，但应注意一定要在通风橱中进行。

⑤ 含重金属离子的废物，最有效和最经济的方法是加碱或加 Na_2S 把重金属离子变成难溶性的氢氧化物或硫化物而沉积下来，过滤后，残渣集中放置。

⑥ 含砷化物的废液应加入 $FeSO_4$，并用 NaOH 调 pH 值约至 9，以便使砷化物生成亚砷酸或砷酸钠与氢氧化铁共沉淀而除去。

第2章
实验测量误差及数据处理

2.1 有效数字

2.1.1 有效数字的概念

有效数字是指一个数据中包含的全部确定的数字和最后一位可疑数字。因此，有效数字是根据测量中仪器的精度而确定。在这个数字中，除最后一位数是"可疑数字"（也是有效的），其余各位数都是准确的。有效数字的位数反映了测量仪器的精确程度，有效位是指从数字最左边第一个不为 0 的数字起到最后一位数字止的数字个数。例：268.2 这个数有 4 位有效数字，用科学表示法写成 2.682×10^2。若写成 2.6820×10^2，就意味着它有 5 位有效数字。

有效数字与数学上的数字含义不同。它不仅表示量的大小，还表示测量结果的可靠程度，反映所用仪器和实验方法的准确度。

如需称取"$K_2Cr_2O_7$ 固体 8.4g"，有效数字为两位，这不仅说明了 $K_2Cr_2O_7$ 重 8.4g，而且表明用精度为 0.1g 的台秤称量就可以了。若需称取"$K_2Cr_2O_7$ 固体 8.4000g"则表明须在精密度为 0.0001g 的分析天平上称重，有效数字是 5 位。

所以，记录数据时不能随便写。任何超越或低于仪器准确限度的有效数字的数值都是不恰当的。

"0"是一个特殊的数字，在数字中的位置不同，其含义是不同的，有时算作有效数字，有时则不算。

①"0"在数字前仅起定位作用，本身不算有效数字。如 0.00124，数字"1"前面的三个"0"都不算有效数字，该数有三位有效数字。

②"0"在数字中间，算有效数字。如 4.006 中的两个"0"都是有效数字，该数有四位有效数字。

③"0"在数字后，也算有效数字。如 0.0350 中，"5"后面的"0"是有效数字，该数字有三位有效数字。

采用指数表示时，"10"不包括在有效数字中，例 2.5×10^3 或 2.50×10^3，分别表示有两位和三位有效数字。

pH、lg$K$ 等对数的有效数字的位数取决于小数部分（尾数）数字的位数。如 pH=10.20，其有效数字位数为两位，这是由 $[H^+]=6.3 \times 10^{-11} mol \cdot dm^{-3}$ 得来的。

2.1.2 数字的修约

在处理数据过程中，所涉及的各测量值的有效数字位数可能不同，因此需要按下面所述的运算规则，确定各测量值的有效数字位数。各测量值的有效数字位数确定以后，就要将它后面多余的数字舍弃。舍弃多余数字的过程称为"数字的修约"，目前常采用"四舍五入"或"四舍六入五成双"规则。

规则规定：当测量值中被修约的数字等于或小于 4 时，该数字舍弃；等于或大于 6 时，进位；等于 5 时，若 5 后面跟非零的数字，进位，若恰好是 5 或 5 后面跟零时，按留双的原则，5 前面数字是奇数，进位，5 前面的数字是偶数，舍弃。

根据这一规则，下列测量值修约成两位有效数字时，其结果应为：

4.147	4.1
6.2623	6.3
1.4510	1.5
2.5500	2.6
4.4500	4.4

现介绍国家标准新的修改规则：

① 修约的含义是用一称作修约数的数代替一已知数，修约数来自选定的修约区间的整数倍。

例：修约区间为 0.1　　整数倍　12.1、12.2、12.4 等

　　修约区间为 10　　整数倍　1210、1220、1230、1240 等

② 如果只有一个整数倍最接近已知数，则此整数倍就认为是修约数。

例：修约区间为 0.1

已知数	修约数
12.223	12.2
12.251	12.3
12.257	12.3

③ 如果有两个连续的整数倍同等地接近已知数，则有两种不同的规则可选用。

规则 A：选取偶数整数倍作为修约数。此规则广泛用于处理测量数据。

例：修约区间为 0.1

已知数	修约数
12.25	12.2
12.35	12.4

规则 B：选取较大的整数倍作为修约后的数。此规则广泛应用于计算机。

例：修约区间为 0.1

已知数	修约数
12.25	12.3
12.35	12.4

④ 用上述规则作多次修约时，可能会产生误差。因此推荐一次完成修约。

2.1.3　有效数字的运算规则

（1）加减法运算

几个数据相加或相减时，有效数字的保留应以这几个数据中小数点后位数最少的数字为依据。

如：$0.0231 + 12.56 + 1.0025 = ?$

由于每个数据中的最后一位数有 ± 1 的绝对误差，其中以 12.56 的绝对误差最大，在加和的结果中总的绝对误差取决于该数，故有效数字的位数应根据它来修约。

即修约成：0.02＋12.56＋1.00＝13.58

（2）乘除法运算

几个数据相乘或相除时，有效数字的位数应以这几个数据中相对误差最大的为依据，即根据有效数字位数最少的数来进行修约，而与小数点的位置无关。

如：　　　　　　　　$0.0231 \times 12.56 \times 1.0025 = ?$

应修约成：　　　　　$0.0231 \times 12.6 \times 1.00 = 0.291$

有时在运算中为了避免修约数字间的累计，给最终结果带来误差，也可先运算最后再修约或修约时多保留一位数进行运算，最后再修约掉。

（3）对数运算（例如 pH 和 lg$K$ 等）

有效数字的位数仅取决于小数部分数字的位数，整数部分决定数字的次方。例如 $c(H^+) = 5.5 \times 10^{-5}$ mol·dm^{-3}，它有两位有效数字，所以 pH $= -\lg c(H^+) = 4.74$，尾数74是有效数字，与 $c(H^+)$ 的有效数字位数相同。

（4）数据读取

通常读取数据时，在最小准确量度单位后再估读一位。譬如，滴定分析中，滴定管最小刻度为 0.1cm^3，读数时要读到小数点后第二位。若始读数为 0.0cm^3，应记作 0.00cm^3；若终读数在 24.3cm^3 与 24.4cm^3 之间，则要估读一位，例如读为 24.32cm^3，等等。

但是值得注意的是，在使用万分之一电光分析天平时，天平游标的最小分度值已经是不准确值，不必再估读一位了。如测量一物质质量在 0.5348g 至 0.5349g 之间，这时如果读数刻度线靠近游标的 4.8mg 刻度，就记为 0.5348g，反之，记为 0.5349g。

2.2　误差的分类及特点

实验中我们直接测量一个物理量。由于测量技术和人们观察能力的局限性，测量值 x_i 与客观真值 x 不可能完全一致，其差值 $x_i - x$ 即为误差。根据引起误差的原因及其特点，可以分为以下几类。

2.2.1　系统误差

系统误差可由仪器刻度不准，试剂不纯，实验者操作中不合理的习惯以及计算公式的近似性等引起。系统误差的特点是单向性，即在多次测量中其误差常保持同一大小并且符号一致，即偏大的始终偏大，偏小的总是偏小。所以，不能单靠增加测量次数取平均值的方法来消除，但可通过对仪器的校正、试剂的提纯、计算公式的修正、操作偏差的改正等措施使系统误差减小到最低程度。另外也可采用不同的实验者用不同的仪器或方法测量同一物理量，看结果是否一样，以帮助识别是否存在系统误差或系统误差是否已消除。

2.2.2　过失误差

过失误差是由于实验条件突然变化，实验者粗心大意、操作不正确，如看错标尺、记错数据等引起的。过失误差无规律可循，含此因素的测量值应作为坏值舍去。

2.2.3　偶然误差

偶然误差又称随机误差，这是一种由不能控制的偶然因素引起的误差。如外界条件不能维持绝对的恒定（如电路中的电压，实验中的压力、温度的波动等）以及实验者对仪器最小分度值以下的读数的估计难以完全相同等。偶然误差的数值时大时小，时正时负，其出现完全出于偶然。在相同条件下对同一物理量重复测量，在多次测量中出现正、负值的概率相等。因此在同一条件下，可以通过增加测量次数使偶然误差的平均值趋近于零，测量的平均值就可接近于真值。

设每次测量的偶然误差为 δ_i，则：
$$x_i = x + \delta_i \tag{2-1}$$

若测量 n 次，则：
$$\sum_{i=1}^{n} x_i = nx + \sum_{i=1}^{n} \delta_i$$

或
$$x = \frac{\sum_{i=1}^{n} x_i}{n} - \frac{\sum_{i=1}^{n} \delta_i}{n}$$

因偶然误差的算术平均值随测量次数无限增加而趋近于零，即：
$$\lim_{n \to \infty} \frac{\sum_{i=1}^{n} \delta_i}{n} = 0 \tag{2-2}$$

所以：
$$x = \frac{\sum_{i=1}^{n} x_i}{n} = \frac{x_1 + x_2 + \cdots + x_n}{n} = \bar{x} \tag{2-3}$$

显然，在实验中测量次数 n 越大，算术平均值 $\bar{x}$ 越接近真值 x。

如以多次测量的数值作图，横坐标表示偶然误差 δ，纵坐标表示各个偶然误差出现的次数，则可得图 2-1 所示的曲线，即正态分布曲线。

图 2-1 中 σ 为均方根误差或标准误差。σ 愈小，误差分布曲线愈尖锐，较小误差出现的概率大，测量的可靠性大，测量的精密度也较高。

上述各种误差的大小，主要取决于仪器设备的优劣、实验条件控制的好坏以及实验者操作水平的高低。由于在实验中，系统误差应减小到最小程度，过失"误差"不允许存在，而偶然误差却是难以避免的，所以，即使在最佳条件下测量，仍然存在误差。但一个好的测量值应只包含偶然误差。

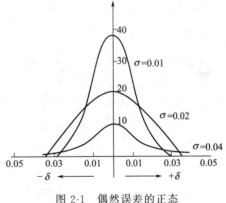

图 2-1　偶然误差的正态
分布曲线

2.3　误差分析

2.3.1　实验数据的准确度、精密度和偶然误差的表示

（1）准确度

准确度表示测定结果与真实值的接近程度。测量值与真实值越接近，就越准确。准确度的大小用绝对误差或相对误差表示。误差越大，准确度越低；反之，准确度越高。例如一物

体的真实质量是 10.000g，某人测量得到 10.001g，另一人测量得到 10.008g。前者的绝对误差是 0.001g，后者的绝对误差是 0.008g。10.001g 比 10.008g 的绝对误差小，所以前者比后者测量得更准确，或者说前一结果比后一结果的准确度高。

(2) 精密度和偏差

精密度是指在相同条件下测量的重现性，反映测量结果的重复性及测量值有效数字的位数。如在标准大气压下测定纯苯的沸点分别为 355.75K、355.72K、355.78K，差别在小数点后第二位，这组数据精密度高，但准确度很低，因纯苯的正常沸点为 354.25K。因此测量中高精密度不一定保证高准确度，但高准确度必须有高精密度来保证。且测量中系统误差小，准确度就高；偶然误差小，精密度就高。测量结果的重复性用偏差表示。偏差是单次测定结果与多次重复测量结果的平均值之间的偏离。

(3) 偶然误差的表示法

测量值 x_i 与真值 x 之差为绝对误差 δ_i：

$$\delta_i = x_i - x \tag{2-4}$$

但因真值难以准确知道，用绝对偏差 d_i 代替绝对误差：

$$d_i = x_i - \bar{x} \tag{2-5}$$

在有限次测量中计算实际测量的偶然误差时常用以下三种方法：

平均误差：
$$\bar{\delta} = \frac{\sum\limits_{i=1}^{n} |x_i - \bar{x}|}{n} = \frac{\sum\limits_{i=1}^{n} |d_i|}{n} \tag{2-6}$$

标准误差：
$$\sigma = \sqrt{\frac{\sum\limits_{i=1}^{n} (x_i - \bar{x})^2}{n-1}} = \sqrt{\frac{\sum\limits_{i=1}^{n} (d_i)^2}{n-1}} \tag{2-7}$$

偶然误差：
$$p = 0.6745\sigma \tag{2-8}$$

三者关系为：
$$p : \bar{\delta} : \sigma = 0.675 : 0.794 : 1.00 \tag{2-9}$$

平均误差的优点是计算简便，但用这种误差表示可能会把质量不高的测量掩盖住。标准误差对测量中产生的误差比较灵敏，在精密计算实验误差时经常采用。

如甲、乙两人进行某实验，四次实验的平均误差均为：

$$\bar{\delta}_1 = \frac{1}{4} \times (0.08 + 0.07 + 0.09 + 0.08) = 0.08$$

$$\bar{\delta}_2 = \frac{1}{4} \times (0.05 + 0.09 + 0.06 + 0.12) = 0.08$$

但标准误差为

$$\sigma_1 = \left[\frac{1}{4-1} \times (64 + 49 + 81 + 64) \times 10^{-4} \right]^{\frac{1}{2}} = \sqrt{86} \times 10^{-2}$$

$$\sigma_2 = \left[\frac{1}{4-1} \times (25 + 81 + 36 + 144) \times 10^{-4} \right]^{\frac{1}{2}} = \sqrt{96} \times 10^{-2}$$

可见标准误差表示精度比较优越。

某一量多次测量结果的精度可表示为：

$$\bar{x} \pm \sigma \quad 或 \quad \bar{x} \pm \bar{\delta} \tag{2-10}$$

$\bar{x}$ 表示测量结果，$\pm \sigma$ 和 $\pm \bar{\delta}$ 表示测量精度。σ 或 $\bar{\delta}$ 越小，表示测量的精度越高。也可用相对误差来表示：

$$\sigma_{相对} = \frac{\sigma}{x} \times 100\% \text{ 或 } \overline{\delta}_{相对} = \frac{\overline{\delta}}{x} \times 100\% \tag{2-11}$$

测量结果表示为：

$$\overline{x} \pm \sigma_{相对} \text{ 或 } \overline{x} \pm \overline{\delta}_{相对} \tag{2-12}$$

可见，相对误差不仅与绝对误差有关，还与测量值有关。当绝对误差相同时，测量值越大，其相对精度越高。在多项测量中，要求每项测量的相对误差相匹配。

现有一组温度测量值，将有关数据计算如下：

算术平均值

$$\overline{T} = \frac{1}{5} \times 1771.26 - 354.25 K$$

平均误差

$$\overline{\delta} = \frac{0.19}{5} = 0.04$$

平均相对误差

$$\overline{\delta}_{相对} = \frac{0.04}{354.25} \times 100\% = 0.011\%$$

标准误差

$$\sigma = \sqrt{\frac{9.3 \times 10^{-3}}{5-1}} = 0.05$$

相对误差

$$\sigma_{相对} = \frac{0.05}{354.25} \times 100\% = 0.014\%$$

温度测量结果可表示为 $(354.25 \pm 0.05)K$

序号	T/K	d_i	$|d_i|$	d_i^2
1	354.24	-0.01	0.01	1.0×10^{-4}
2	354.32	0.07	0.07	49.0×10^{-4}
3	354.28	0.03	0.03	9.0×10^{-4}
4	354.22	-0.03	0.03	9.0×10^{-4}
5	354.20	-0.05	0.05	25.0×10^{-4}
Σ	1771.26	-0.01	0.19	93.0×10^{-4}

(4) 仪器读数的精度

测量误差的计算，要求一定的测量次数 （$n \geqslant 5$），实验工作中常感不便。在避免系统误差的规范操作下，可根据使用仪器的精度来估计测量的误差值。例：

一等分析天平

$$\overline{\delta} = \pm 0.0002g$$

一等 $100cm^3$ 容量瓶

$$\overline{\delta} = \pm 0.10cm^3$$

$\frac{1}{10}$ 分度的水银温度计

$$\overline{\delta} = \pm 0.02℃$$

$\frac{1}{100}$ 分度的贝克曼温度计

$$\overline{\delta} = \pm 0.002℃$$

如用 $\frac{1}{10}$ 分度的温度计测量温度读数为 $25.48℃$，应表示为 $(25.48 \pm 0.02)℃$。

2.3.2 间接测量的误差传递及误差估计

在实际工作中，有的物理量可以直接测量，如长度、温度之类，有的量却不能直接测量，而是通过对几个物理量的直接测量，然后按照一定的函数关系式进行计算。如由实验测

得质量 m、压力 p、体积 V 及温度为 T 的值，通过 $M=mRT/(pV)$ 可求得某气体的摩尔质量 M。显然，这类间接测量的函数误差是由各直接测量值的误差决定的。

设一函数 $u=f(x，y，z)$，x、y、z 为各直接测定量，其相应的绝对误差为 Δx、Δy、Δz。将 u 全微分，则：

$$\mathrm{d}u=\left(\frac{\partial u}{\partial x}\right)_{y,z}\mathrm{d}x+\left(\frac{\partial u}{\partial y}\right)_{x,z}\mathrm{d}y+\left(\frac{\partial u}{\partial z}\right)_{x,y}\mathrm{d}z$$

$$\frac{\mathrm{d}u}{u}=\frac{1}{f(x,y,z)}\left[\left(\frac{\partial u}{\partial x}\right)_{y,z}\mathrm{d}x+\left(\frac{\partial u}{\partial y}\right)_{x,z}\mathrm{d}y+\left(\frac{\partial u}{\partial z}\right)_{y,x}\mathrm{d}z\right] \tag{2-13}$$

Δx、Δy、Δz 的值都很小，可用其代替上式中的 $\mathrm{d}x$、$\mathrm{d}y$、$\mathrm{d}z$，且在估计函数 u 的最大误差时，是取各测定值误差的绝对值加和（即误差的积累），因此，表示函数相对平均误差的普遍式即式(2-13)可具体化为：

$$\frac{\mathrm{d}u}{u}=\frac{1}{f(x,y,z)}\left[\left|\frac{\partial u}{\partial x}\right|\cdot|\Delta x|+\left|\frac{\partial u}{\partial y}\right|\cdot|\Delta y|+\left|\frac{\partial u}{\partial z}\right|\cdot|\Delta z|\right] \tag{2-14}$$

或

$$\frac{\Delta u}{u}\approx\frac{\mathrm{d}u}{u}=\mathrm{d}\ln f(x,y,z) \tag{2-15}$$

所以，欲求任一函数的相对平均误差，也可先取函数的自然对数，然后再微分之。这种求法与式(2-14)相同，但比较方便。

例如，对函数 $u=x+y+z$，有 $\mathrm{d}\ln u=\mathrm{d}\ln(x+y+z)$

所以

$$\frac{\Delta u}{u}=\frac{|\Delta x|+|\Delta y|+|\Delta z|}{x+y+z}$$

函数相对误差除了用平均误差表示外，还常用标准误差表示。设 x、y、z 各测定量的标准误差为 σ_x、σ_y、σ_z，则 u 的标准误差为：

$$\sigma_u=\sqrt{\left(\frac{\partial u}{\partial x}\right)^2\sigma_x^2+\left(\frac{\partial u}{\partial y}\right)^2\sigma_y^2+\left(\frac{\partial u}{\partial z}\right)^2\sigma_x^2} \tag{2-16}$$

u 的相对标准误差为

$$\frac{\sigma_u}{u}=\sqrt{\left(\frac{1}{u}\frac{\partial u}{\partial x}\right)^2\sigma_x^2+\left(\frac{1}{u}\frac{\partial u}{\partial y}\right)^2\sigma_y^2+\left(\frac{1}{u}\frac{\partial u}{\partial z}\right)^2\sigma_z^2} \tag{2-17}$$

表 2-1 列出了常见函数相对误差的两种表达方式。

表 2-1　函数的相对误差

函数式	相对平均误差	相对标准误差
$u=x\pm y$	$\pm\left|\dfrac{\Delta x+\Delta y}{x\pm y}\right|$	$\pm\dfrac{1}{x\pm y}\sqrt{\sigma_x^2+\sigma_y^2}$
$u=xy$	$\pm\left|\dfrac{\Delta x}{x}+\dfrac{\Delta y}{y}\right|$	$\pm\sqrt{\dfrac{\sigma_x^2}{x^2}+\dfrac{\sigma_y^2}{y^2}}$
$u=\dfrac{x}{y}$	$\pm\left|\dfrac{\Delta x}{x}+\dfrac{\Delta y}{y}\right|$	$\pm\sqrt{\dfrac{\sigma_x}{x^2}+\dfrac{\sigma_y}{y^2}}$
$u=x^n$	$\pm\left|n\dfrac{\Delta x}{x}\right|$	$\pm\dfrac{n}{x}\sigma_x$
$u=\ln x$	$\pm\left|\dfrac{\Delta x}{x\ln x}\right|$	$\pm\dfrac{\sigma_x}{x\ln x}$

许多化学实验获取的是间接测量值，为设计合理的实验方案及鉴定实验的质量，需进行误差分析。下面以计算函数的相对平均误差为例，讨论函数误差分析的一些应用。

① 在确定的实验条件下，求函数的最大误差和误差的主要来源。

例：以苯为溶剂，用凝固点降低法测定萘的摩尔质量，由稀溶液的依数性公式计算：

$$M_B = \frac{K_f m_B}{m_A (T_f^* - T_f)} \tag{2-18}$$

式中，m_A、m_B 分别为所取苯和萘的质量，kg；T_f^*、T_f 分别为纯溶剂和溶液的凝固点，K；K_f 为苯的摩尔凝固点降低常数，$K \cdot kg \cdot mol^{-1}$；$M_B$ 为萘的摩尔质量，$kg \cdot mol^{-1}$。

若用分析天平称取 $m_B = (0.1548 \pm 0.0002)g$，用工业天平称取 $m_A = (25.18 \pm 0.05)g$，可用贝克曼温度计读 T_f^* 和 T_f 值，分别进行三次读数，结果可表示为

$$T_f^* - T_f = (0.248 \pm 0.005)K$$

$$M_B = (5.12 \times 0.1548)/(25.18 \times 0.248) = 0.127$$

萘的摩尔质量最大相对误差按式(2-15)求得为：

$$\frac{\Delta M_B}{M_B} = d\ln M_B = d\ln\left[\frac{K_f m_B}{m_A(T_f^* - T_f)}\right]$$

$$= d[\ln K_f + \ln m_B - \ln m_A - \ln(T_f^* - T_f)]$$

$$\approx \frac{0.0002}{0.15} + \frac{0.05}{25} + \frac{0.005}{0.25} - (0.13 + 0.20 + 2.0) \times 10^{-2}$$

$$= 2.3\%$$

$$\Delta M_B = 0.127 \times 2.3\% = 0.003$$

间接测量结果可表示为 $M_B = (0.127 \pm 0.003)kg \cdot mol^{-1}$

由此可见，在上述条件下，测求萘的摩尔质量的最大相对误差可达 $\pm 2.3\%$，其主要来源为凝固点下降的温差测定，即 $\frac{\Delta(T_f^* - T_f)}{T_f^* - T_f}$ 项。所以，要提高整个实验的精度，关键在于选用更精密的温度计。因为若对溶剂的称量改用分析天平，并不会提高结果的精度，相反却造成仪器与时间的浪费。若采用增大溶液浓度的方法升高温度，使误差 $\frac{\Delta(T_f^* - T_f)}{T_f^* - T_f}$ 减小，也是不可以的，因为溶液浓度增大后就不符合稀溶液的条件，应用上述稀溶液公式即引入了系统误差。

② 选用不同精度的仪器以满足函数最大允许误差的要求。

例：用电热法在物质的量为一定值的水中加入一定量 KCl 晶体测定其溶解焓，KCl 的积分溶解焓为：

$$\Delta_{sol} H_m = \frac{IUt}{m_{KCl}} \cdot M_{KCl} \cdot \frac{\Delta T_溶}{\Delta T_电} \tag{2-19}$$

式中，m_{KCl}、M_{KCl} 分别为溶解的 KCl 的质量（kg）和 KCl 的摩尔质量（$kg \cdot mol^{-1}$）；$\Delta T_溶$ 和 $\Delta T_电$ 分别为溶解过程和电热过程温度的改变值，K；I、U、t 分别为电加热时的电流（A）、电压（V）和时间（s）。若结果的平均相对误差要求控制在 $\pm 4\%$ 之内，应如何选择所有的仪器？

若各直接测定物理量的数值约为电流 $I = 0.80A$，电压 $U = 2.0V$，电加热时间 t 最短为 600s，样品量 $m_{KCl} = 7 \times 10^{-3}kg$，$\Delta T_溶$ 和 $\Delta T_电$ 为 1.0K。

由式(2-19)求函数的相对平均误差：

$$\frac{\Delta(\Delta_{sol}H_m)}{\Delta_{sol}H_m}=\frac{\Delta I}{I}+\frac{\Delta U}{U}+\frac{\Delta t}{t}+\frac{\Delta m_{KCl}}{m_{KCl}}+\frac{\Delta(\Delta T_溶)}{\Delta T_溶}+\frac{\Delta(\Delta T_电)}{\Delta T_电}=\pm4\%$$

用 1.0 级电流表（准确度为全量程的 1%），量程为 1.0A。

$$\frac{\Delta I}{I}=\frac{1.0\times0.01}{0.80}=1.25\%$$

用 1.0 级电压表，量程为 2.5V

$$\frac{\Delta U}{U}=\frac{2.5\times0.01}{2.0}=1.25\%$$

用秒表计时，计时误差 Δt 不超过 1s。

$$\frac{\Delta t}{t}=\frac{1}{600}=0.17\%$$

用分析天平称量，称量误差为 0.0002g。

$$\frac{\Delta m_{KCl}}{m_{KCl}}=\frac{0.0002}{7.0}=0.003\%$$

可见 $\Delta T_溶$、$\Delta T_电$ 的相对误差应在 0.6% 以下，故应用贝克曼温度计读取温度改变值。

若要提高实验精密度，还可采用更精密的电表。

另外由误差分析还可了解在一定的仪器精度下如何选择最好的实验条件。

2.4 实验数据处理

2.4.1 列表法

列表简单清晰，形式紧凑，在同一表中还可以同时归纳许多变量之间的关系，数据易于比较，便于运算处理。制表时要求：写明表的名称及有关条件；每一行（或列）开始应标明变量名称、符号、量纲；自变量数据应按依次增加（或降低）的排列顺序；各项数据的小数点及数字应排列整齐，等。如下所示：

时间/次	1	2	3	4	5	6	7	8	9	10	……
温差/℃	0.1	0.4	0.6	0.8	0.7	0.5	0.3	0.5	0.7	0.2	……

2.4.2 图解法

图解法即取独立变量（通常是直接测量的量）为横坐标，因变量为纵坐标，将实验数据描绘成图以表达变量之间的关系。图解法优点：简明直观，易显示数据的规律性，最高点、最低点及转折变化；可以适当内插外推，补充实验数据；便于比较不同实验的结果；有利于找到变量之间的数学解析式；便于求直线斜率或作曲线的切线求函数的微商等。图解法最常用的是直角坐标（或对数、半对数坐标）。基本要求如下。

① 坐标分度的选择要便于从坐标上读出任一点的坐标值。坐标轴的分度要合理，即纯数值表示的坐标每小格数值应便于读数和计算，一般取 1、2、5 或 1、2、5 的 10^n 倍，切忌取难以读数的 3、7、9 等奇数和其倍数或小数。如图 2-2 所示。

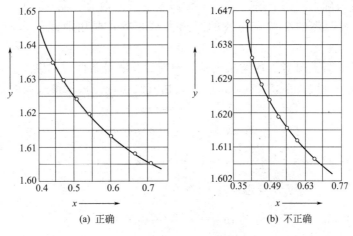

(a) 正确　　　　　　　　　　(b) 不正确

图 2-2　横纵坐标的比例选择

② 适当选择比例尺（坐标比例），以表达出全部有效数字为准。除特殊需要（如直线外推求截距）外，横纵坐标轴的分度值一般不一定以坐标原点（即 0 点）为分度起点，可视具体情况而定。坐标轴分度值的确定应使所作的图形（直线或曲线）均匀地分布于图表区，即使所作图形位于纵横坐标平面的中心部分。如果作直线，应正确选择比例，使直线呈 45°倾斜为好。

③ 坐标分度值要表示出测求结果的精度。在坐标纸上取单位最小的格子表示有效数字的最后一位可靠数字（或可疑数字）。数据点可用▽、○、□、⊙等标绘。小圆的直径与长方形的边长表示变量的误差（Δx、Δy）大小。因为绘成的图是实验结果的反映，所以只有当坐标分度与实验测定值的有效数字一致时，绘成的图线才能正确反映变量间的函数关系。

例如，有一组数据如下：

| x | 1.05 | 2.00 | 3.05 | 4.00 |
| y | 8.00 | 8.22 | 8.32 | 8.00 |

取不同坐标分度，绘于图 2-3(a)、(b) 中。

已知 x 的测量精度 $\Delta x = \pm 0.05$，y 的精度 $\Delta y = \pm 0.02$。若取图 2-3(a) 的坐标分度作图，因其坐标分度与测量精度一致，得到的曲线反映了 x 与 y 之间有最高点的变化规律。若用图 2-3(b) 的坐标分度表示，其 y 坐标分度取 ± 0.1，低于 y 的测量精度，因而看不出 x 与 y 之间有一最高点的函数关系。

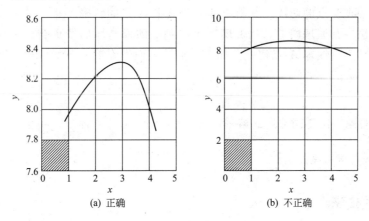

(a) 正确　　　　　　　　　　(b) 不正确

图 2-3　正确（a）与不正确（b）的坐标分度

④ 图形布置匀称，线条清晰光滑。当数据点有所发散时，图形应尽可能贯穿大多数实验点，并使散在线两侧的实验点与线的距离大致相等；要用曲线尺作图，不得徒手随意描绘。

⑤ 图作好后，写上图名、各坐标代表的物理量及测量条件，如温度、压力等。

⑥ 若变量间呈直线关系，即 $y = mx + c$，由直线上取点可求得直线的斜率 m 和截距 c。

$$点 1 \quad y_1 = mx_1 + c$$
$$点 2 \quad y_2 = mx_2 + c$$

联立解方程解得、$m = \dfrac{y_1 - y_2}{x_1 - x_2}$、$c = y_1 - mx_1$ 或 $c = y_2 - mx_2$。

如纯液体的饱和蒸气压 p 与温度 T 间有直线关系，

$$\ln p = -\frac{\Delta_{vap} H_m}{R} \frac{1}{T} + C$$

由 $\ln p$-$\dfrac{1}{T}$ 直线的斜率可求摩尔汽化热：$\Delta_{vap} H_m = -Rm$

若变量间呈曲线关系，可作曲线在某点的切线，由切线的斜率可求出相应的物理量。若 x-y 间呈曲线关系，要求曲线上 A 点的斜率，可采用如下方法（图 2-4）。

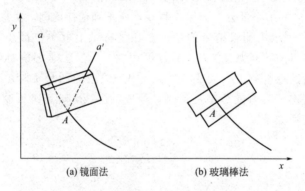

(a) 镜面法   (b) 玻璃棒法

图 2-4 求曲线上某点的斜率

① 镜面法　用一块平面镜垂直地通过 A 点，此时在镜中可以看到该曲线的映像（如 Aa' 线），调节平面镜与 A 点的垂直位置，使镜内曲线映像与原曲线能连成一光滑曲线而看不到转折（即 Aa' 线与 Aa 线重合）。此时，沿镜面所作的直线就是曲线上 A 点的法线。作该法线的垂线，即 A 点的切线，其斜率即为曲线上 A 点的斜率。

② 玻璃棒法　其原理同上，从玻璃棒中看到的映像与原曲线重合，沿玻璃棒作的直线即 A 点法线，其垂直线即 A 点切线。如为求溶液表面吸附量 Γ，由 Gibbs 吸附等温式：

$$\Gamma = -\frac{c}{RT} \frac{d\gamma}{dc}$$

需求 $\dfrac{d\gamma}{dc}$。由实验测定出不同浓度 c 溶液的表面张力 γ，作 γ-c 曲线，由上述方法作一定浓度 c 处的曲线切线，切线斜率为 $\dfrac{d\gamma}{dc}$。

2.4.3　方程式法

一组实验数据也可以用数学解析式表达出来，其形式简单，记录方便，便于进行微分、积分和进一步的理论分析等。建立数学解析式，最常见的是直线方程即 $y = mx + c$。当 x-y 间表现出非线性关系时，也可以通过坐标变换使函数式线性化，示例见表 2-2。

表 2-2　坐标变换使函数线性化

原函数式	坐标变换		直线化后方程式
	y	x	$y = mx + c$
$y = be^{ax}$	$\ln y$	x	$y = ax + \ln b$
$y = bx^a$	$\ln y$	$\ln x$	$y = ax + \ln b$
$y = \dfrac{1}{ax + b}$	$\dfrac{1}{y}$	x	$y = ax + b$
$y = \dfrac{x}{ax + b}$	$\dfrac{x}{y}$	x	$y = ax + b$
$y = ax^2 + b$	y	x^2	$y = ax + b$

　　用图解法求直线方程中的常数，方法简单但不够精确。由于作图存在误差，所以，如将求得的常数代入方程式，得到的 $y_{i,\text{计}}$ 值与实验得到的 y_i 值尚存在不小的残差。在要求比较高的场合，应采用最小二乘法求得两变量的线性回归方程式。

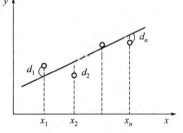

图 2-5　最小二乘法原理示意

　　用最小二乘法回归 x-y 之间直线方程的基本假设是把 x_i 看作精确值，而 y_i 是包含偶然误差的值，通过调节直线方程 $y = mx + c$ 的 m、c 两个参数，使各 y_i 值与由方程式求算得到的 $y_{i,\text{计}}$ 值偏差平方的总和为最小。原理示意如图 2-5 所示。

　　设有 n 组 x_i、y_i，根据上述假设即令 $\sum\limits_{i=1}^{n}\left[y_i - y_{i,\text{计}}\right]^2$ 最小，由极值条件可知

$$\left[\frac{\partial \sum\limits_{i=1}^{n}(y_i - mx_i - c)^2}{\partial m}\right]_c = 0 \tag{2-20}$$

$$\left[\frac{\partial \sum\limits_{i=1}^{n}(y_i - mx_i - c)^2}{\partial c}\right]_m = 0 \tag{2-21}$$

$$m\sum_{i=1}^{n}x_i^2 + c\sum_{i=1}^{n}x_i - \sum_{i=1}^{n}x_i y_i = 0 \tag{2-22}$$

$$m\sum_{i=1}^{n}x_i - \sum_{i=1}^{n}y_i + nc = 0 \tag{2-23}$$

联立解式（2-22）和（2-23）得：

$$m = \frac{\sum\limits_{i=1}^{n}x_i \sum\limits_{i=1}^{n}y_i - n\sum\limits_{i=1}^{n}x_i y_i}{\left(\sum\limits_{i=1}^{n}x_i\right)^2 - n\sum\limits_{i=1}^{n}x_i^2} \tag{2-24}$$

$$c = \frac{\sum\limits_{i=1}^{n} x_i y_i \sum\limits_{i=1}^{n} x_i - \sum\limits_{i=1}^{n} y_i \sum\limits_{i=1}^{n} x_i^2}{\left(\sum\limits_{i=1}^{n} x_i\right)^2 - n \sum\limits_{i=1}^{n} x_i^2} = \frac{\sum\limits_{i=1}^{n} y_i - m \sum\limits_{i=1}^{n} x_i}{n} \tag{2-25}$$

显然，用此 m、c 值可得到 y_i 与 x_i 的最佳线性拟合。

为了检验 x_i、y_i 变量之间的线性相关水平，常用相关系数 $r_{x,y}$ 表示：

$$r_{x,y} = \frac{\sum x_i y_i - \sum x_i \sum y_i / n}{\sqrt{[\sum x_i^2 - (\sum x_i)^2 / n][\sum y_i^2 - (\sum y_i)^2 / n]}} \tag{2-26}$$

若 $|r_{x,y}| = 1$，则 x、y 之间存在严格的线性相关（斜率 $m > 0$，$r_{x,y} = 1$；$m < 0$，$r_{x,y} = -1$）。

若 $|r_{x,y}|$ 远离 1，则 x、y 之间的线性关系较差或者两者之间无线性关系。

例：已知一组直线关系的 x、y 数据如下。

x	1	3	8	10	13	15	17	20
y	3.0	4.0	6.0	7.0	8.0	9.0	10.0	11.0

试求 $y = mx + c$ 中的常数 m、c 值及相关系数 $r_{x,y}$。

列表求出式(2-24)～(2-26)中所需的各项数据：

n	x_i	y_i	x_i^2	y_i^2	$x_i y_i$
1	1	3.0	1	9.0	3
2	3	4.0	9	16.0	12
3	8	6.0	64	36.0	48
4	10	7.0	100	49.0	70
5	13	8.0	169	64.0	104
6	15	9.0	225	81.0	135
7	17	10.0	289	100.0	170
8	20	11.0	400	121.0	220
$n = 8$	$\sum\limits_{i=1}^{8} x_i = 87$	$\sum\limits_{i=1}^{8} y_i = 58$	$\sum\limits_{i=1}^{8} x_i^2 = 1257$	$\sum\limits_{i=1}^{8} y_i^2 = 476$	$\sum\limits_{i=1}^{8} x_i y_i = 762$

$$m = \frac{87 \times 58 - 8 \times 762}{87^2 - 8 \times 1257} = 0.442$$

$$c = \frac{58 - 0.422 \times 87}{8} = 2.66$$

所求直线方程为

$$y = 0.422x + 2.66$$

$$r_{x,y} = \frac{762 - 87 \times \dfrac{58}{8}}{\left[\left(1257 - \dfrac{87^2}{8}\right) \times \left(476 - \dfrac{58^2}{8}\right)\right]^{\frac{1}{2}}} = 0.9992$$

说明这一组 x_i、y_i 线性关系很好。

2.5　计算机作图与待定参数的非线性拟合

在化学实验中常用作图法处理实验数据，当参数以非线性形式出现在数学模型中时，可通过各种变换，化非线性为线性模型，然后用作图法或线性最小二乘法处理。这种方法虽然较简便，但仍存在两方面的问题：一是将模型线性化后，往往破坏了原有误差分布，从而难以获得待定参数的最佳估计值；二是对于变量多或复杂的非线性模型，线性变换十分困难，有时甚至不可能。也有一些实验需用图解微分处理数据，这就更显繁难。因此，需要寻求另一类非线性曲线拟合处理数据确定待定参数的方法。

Origin 和 Excel 等软件都具有较强的作图和数据处理功能。除了可用来方便地作图外，还可用来进行非线性曲线拟合求数学模型中的待定参数。下面以物理化学实验中经常开出的"溶液表面张力的测定"和"乙酸乙酯皂化反应速率常数的测定"两个实验的数据处理为例，做简要介绍。

2.5.1　Origin 对溶液 σ-c 关系的非线性拟合

在"溶液表面张力的测定"实验中，直接获得的是不同浓度 c 时溶液的表面张力。而不同浓度的溶液表面吸附量 Γ 的获得，是通过下式计算的：

$$\Gamma = -\frac{c}{RT}\left(\frac{\mathrm{d}\sigma}{\mathrm{d}c}\right)_T \tag{2-27}$$

式中，R 为气体常数；T 为实验时的热力学温度；$\left(\frac{\mathrm{d}\sigma}{\mathrm{d}c}\right)_T$ 为溶液表面张力 σ 对溶液浓度的微分。

在物理化学中，由于没有一个理论从数学的角度对溶液的表面张力和溶液浓度的关系作出明确的表述，因此，在溶液表面张力与溶液浓度之间，没有显示数学关系存在。在这种情况下，求 $\left(\frac{\mathrm{d}\sigma}{\mathrm{d}c}\right)_T$ 值的一个最常用的办法是利用曲线板或曲线尺对溶液表面张力与浓度的实验数据作 σ-c 关系曲线，然后用镜像法或玻璃棒法在整个实验浓度范围内的 σ-c 曲线上，选取不同的浓度点作切线，切线的斜率便是该浓度点所对应的表面张力对溶液浓度的微分值 $\left(\frac{\mathrm{d}\sigma}{\mathrm{d}c}\right)_T$。

用上述方法处理"溶液表面张力测定"的实验数据不仅工作量大，而且即使是同一组数据，同一个实验者前后两次处理的结果也会有较大的误差。特别是在获取切线斜率时，斜率的微小变化也可能引起 Γ 计算值有很大变化。

除了手工作图的处理方法外，还有一种方法，便是利用希斯科夫斯基经验公式：

$$\sigma = \sigma_0 - \sigma_0 b \ln\left(1 + \frac{c}{a}\right) \tag{2-28}$$

式中，σ_0 为溶剂的表面张力；a、b 为待定经验常数。

将一组浓度-表面张力的实验数据用牛顿-麦夸脱法作非线性最小二乘法拟合，可求解希斯科夫斯基经验公式中的待定常数 a、b。

由于希斯科夫斯基经验公式是一个关于溶液表面张力与溶液浓度的显式，可在等温条件下，将式(2-28)以表面张力对浓度求导，得到式(2-29)：

$$\left(\frac{\mathrm{d}\sigma}{\mathrm{d}c}\right)_T = -\frac{\sigma_0 b}{a+c} \tag{2-29}$$

将式(2-29)代入式(2-27)，得到式(2-30)：

$$\Gamma = \frac{\sigma_0 bc}{RT(a+c)} \tag{2-30}$$

因此，在确定了待定系数 a、b 后，便可利用式(2-29)计算溶液在相应浓度的表面吸附量 Γ。

① 非线性拟合方案　Origin 软件在其非线性曲线拟合（Non-linear Curve Fit）工具中提供的用户自定义（User-Defined）函数功能，提供了解决此问题的简便方案。

以一组在 20.0℃ 时所作的正丁醇溶液表面张力测定的实验数据为例，说明如何用 Origin 实现溶液 σ-c 关系非线性最小二乘法拟合，求取希斯科夫斯基经验公式中的待定常数 a、b。

正丁醇溶液表面张力测定的实验基本数据如表 2-3 所列。

表 2-3　正丁醇溶液表面张力测定实验数据（实验温度：20℃；$\sigma_0 = 0.07275 \mathrm{N \cdot m^{-1}}$）

$c / \mathrm{mol \cdot dm^{-3}}$	0.020	0.040	0.060	0.080	0.10	0.12	0.14	0.16	0.18
$\sigma / 10^{-3} \mathrm{N \cdot m^{-1}}$	68.57	64.46	60.94	57.86	54.78	53.32	49.80	46.72	44.66

② 数据录入与作图　首先在 Windows 操作系统中打开 Origin 软件，在其默认的表单 Datal 中的自变量列 A[X] 和因变量列 B[Y] 中分别输入溶液浓度 c 与溶液表面张力 σ 的实验数据，并利用这两组数据绘制 σ-c 关系的散点图，如图 2-6 所示。然后点击主菜单 Analysis 选项中的"Non-linear Curve Fit"子选项。

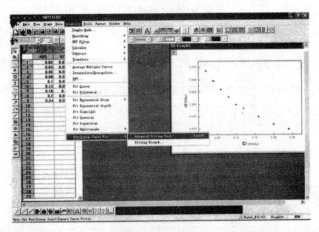

图 2-6　Origin 数据录入、作图及非线性曲线拟合选择界面

③ 非线性函数自定义及初始化　点击主菜单 Analysis 选项中的"Non-linear Curve Fit"子选项后，进入一个如图 2-7 所示的"非线性曲线拟合 Nonlinear Curve Fitting"界面。

在该界面，点开主菜单"Function"选项，执行"New"命令，新建一个用户自定义（User Defined）函数。在相应位置，输入函数名（如本文中的"User"）、待定参数符号、自变量与因变量符号以及自定义函数形式。

图 2-7 中的变量 y 和 x 分别对应溶液的表面张力 σ 和溶液的浓度 c。

在完成函数相关定义之后，在主菜单"Options"选项的子选项中，选择"Constrains"，对待定常数 a、b 给定一个变化范围。本文对两个常数的给定范围都是 $[0, 1]$。

接下来点击主菜单"Action"选项中的子选项"Simulate"，出现如图 2-8 所示的界面。在这里，在为待定常数 a、b 给出初始值（本例中都为 0.5），并为自变量 x 指定变化范

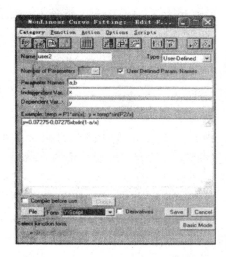

图 2-7　Origin 自定义非线性函数界面　　　图 2-8　自变量范围及待定参数初值设定界面

围后（本例中，正丁醇溶液的浓度范围如表 2-3 所列），点击"Create Curve"按钮，便会在给定浓度范围内根据式（2-27）产生一组表面张力的计算值，同时在当前绘图层（graph layer）绘出一条 $\sigma\text{-}c$ 关系曲线。

④ 非线性最小二乘拟合求特定参数　点击"Action"主菜单中的"Fit"，并在接下来的对话框中，选择点击"Active Dataset"，将式（2-27）产生的那组表面张力计算值与溶液浓度激活，作为当前数据组，以便进行非线性曲线的最小二乘拟合。然后出现如图 2-9 所示的界面。

依次点击"Chi-Sqr""1 Iter""10Iter"按钮。

非线性最小二乘拟合，是通过调节待定参数，使变量 y 的一组计算值与对应实验值之差的平方和（又叫偏差平方和）最小，从而实现待定参数的求解。图 2-9 所示为待定参数非线性最小二乘拟合界面。

点击"Chi-Sqr"，在对话框底部的消息框（view box）中显示当前待定参数值对应的偏差平方和。偏差平方和的数值会在每一次迭代操作之后自动更新。

图 2-9　待定参数非线性最小二乘拟合界面

点击"1 Iter"，则执行一次 Levenberg-Marquardt（LM）迭代，使新的待定参数值显示在待定参数值文本框（text box）中。

点击"10 Iter"，则执行最多 10 次 LM 迭代。如果在 10 次迭代完成之前，程序已经"认识"到继续迭代不能使曲线拟合得到进一步的改善，便会终止迭代。

完成上述操作后，得到待定参数 a 与 b 的拟合值，该组实验数据所对应的表面张力与浓度之间的关系为：

$$\sigma = \sigma_0 - 0.2578\sigma_0 \ln\left(1 + \frac{c}{0.06736}\right) \tag{2-31}$$

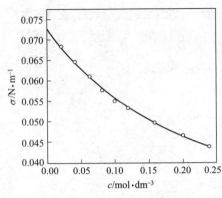

图 2-10　溶液 $\sigma\text{-}c$ 关系曲线

其偏差平方和为 2.54×10^{-7}。溶液 $\sigma\text{-}c$ 关系曲线如图 2-10 所示。

图中的点为实验数据，图中的线为拟合数据。

在获得了待定参数 a 与 b 的拟合值后，用式 (2-30) 计算不同浓度溶液的表面吸附量就非常容易了。

因此，利用 Origin 非线性拟合自定义函数功能，对表达溶液表面张力与浓度关系的希斯科夫斯基经验公式中的待定参数，进行非线性最小二乘拟合。对于"溶液表面张力测定"实验的数据处理，在大大减少数据处理误差的同时，可以方便、快速地获得理想的实验结果，而且化学实验工作者无需投入精力从事费时费力的编程工作。

2.5.2　Excel 在乙酸乙酯皂化反应参数非线性拟合中的应用

对于"乙酸乙酯皂化反应速率常数测定"实验的数据处理，存在一个如何更精确、更简便地获得实验结果的问题。

乙酸乙酯皂化反应如下：

$$CH_3COOC_2H_5(A)+OH^-(B)\longrightarrow CH_3COO^-+C_2H_5OH$$

其反应速率可表示成：

$$\frac{dc_x}{dt}=k(c_{A,0}-c_x)(c_{B,0}-c_x) \tag{2-32}$$

式中，$c_{A,0}$、$c_{B,0}$ 分别表示两反应物的初始浓度；c_x 为经过时间 t 后，减小的 A 和 B 的浓度；k 为反应速率常数。将式 (2-32) 积分，得：

$$k=\frac{2.303}{t(c_{A,0}-c_{B,0})}\lg\frac{c_{B,0}(c_{A,0}-c_x)}{c_{A,0}(c_{B,0}-c_x)} \tag{2-33}$$

当两种反应物的初始浓度相同，$c_{A,0}=c_{B,0}=c_0$ 时，将式 (2-32) 积分，得

$$k=\frac{1}{tc_0}\times\frac{c_x}{c_0-c_x} \tag{2-34}$$

随着皂化反应进行，溶液中导电能力强的 OH^- 逐渐被导电能力弱的 CH_3COO^- 取代，溶液的电导逐渐减小。假设稀溶液电导的降低与 OH^- 浓度的减小成正比，则可用电导仪测量反应过程中的电导随时间的变化而间接跟踪反应物的浓度随时间的变化。

$$G_t=\alpha+\beta c_t \tag{2-35}$$

式中，G_t、c_t 分别为 t 时刻时溶液的电导和 OH^- 的浓度；α，β 为常数。

反应初始时，$t=0$，$c_t=c_0=c_{A,0}$，$G_t=\alpha+\beta c_0$；

反应完全时，$t=\infty$，$c_t=0$，$G_t=G_\infty=\alpha$。则

$$\frac{c_x}{c_0-c_x}=\frac{G_0-G_t}{G_t-G_\infty} \tag{2-36}$$

将式 (2-36) 代入式 (2-34) 得

$$k=\frac{1}{tc_0}\times\frac{G_0-G_t}{G_t-G_\infty} \tag{2-37}$$

上式移项，按不同目的，可以写成下列式子：

$$G_t = \frac{1}{tc_0} \times \frac{G_0 - G_t}{t} + G_\infty \tag{2-38}$$

$$\frac{G_0 - G_t}{G_t - G_\infty} = kc_0 t \tag{2-39}$$

$$G_t = \frac{G_0 + G_\infty ktc_0}{1 + ktc_0} \tag{2-40}$$

以 G_t 对 $\dfrac{G_0 - G_t}{t}$ 作图，或者以 $\dfrac{G_0 - G_t}{G_t - G_\infty}$ 对 t 作图，从直线斜率可以求出反应速率常数 k。

① 乙酸乙酯皂化反应实验数据的常用处理方法

用 $\dfrac{G_0 - G_t}{G_t - G_\infty}$ 对 t 作图从直线斜率可求反应速率常数 k，但需要另外单独测定反应的 G_0 和 G_∞，实验操作繁琐，还存在作图法精度不高、有很大的主观误差的缺陷。而用 G_t 对 $\dfrac{G_0 - G_t}{t}$ 作图，可减少测定一项数据 G_∞，达到简化实验操作的目的，但作图法的缺点依然存在。

为了省去测定 G_0，进一步简化实验操作，可以采用将 t-G_t 曲线外推至 $t = 0$，获得一个 G_0 的初始值，再用牛顿迭代求解 G_0 的最佳值，然后再以 G_t 对 $\dfrac{G_0 - G_t}{t}$ 作线性拟合求出 k。但外推法对于最初几个实验点数据极其敏感，这些点的实验误差会造成 G_0 的误差，最终影响 k 的精确性。

既不用测定 G_0、G_∞ 等物理量，简化实验操作，又能避免上述缺陷的数据处理方法是按式(2-40)对 G_t 与 t 的非线性关系，作 G_0、G_∞ 和 k 三参数最小二乘法拟合，直接获得反应速率常数。

下面以一组学生实验的实验数据为例，来说明如何用 Excel 2000 处理乙酸乙酯皂化反应速率常数测定的实验数据。

实验在 25.0℃ 的恒温水浴中进行。所用氢氯化物和乙酸乙酯的浓度皆为 0.05mol·dm^{-3}。将 DDS-12A 型电导仪的模拟输出接在 3036 型记录仪上，记录皂化反应过程中反应体系的电导随时间的变化曲线。从记录仪坐标纸上取得的实验数据如表 2-4 所列（因记录峰高与电导成正比，表中以峰高代替电导）。

表 2-4　乙酸乙酯皂化反应电导、时间数据

（实验温度：25.0℃；溶液初始浓度 $c_0 = 0.05$mol·dm^{-3}）

t/min	0.5	1.0	1.5	2.0	3.0	4.0	5.0	6.0	8.0	10.0	12.0	15.0
G_t/记录峰高	11.6	10.3	8.9	8.0	6.7	5.7	4.9	4.3	3.6	3.1	2.7	2.2

② 数据录入及公式编辑

打开 Excel 2000，在相应栏中录入表 2-4 中的实验数据，并点击工具栏上的"图表向导"，画出乙酸乙酯皂化反应的电导-时间曲线。如图 2-11 所示。

用 Excel 2000 对式(2-40)中的反应初始时刻的电导 G_0、反应终了时的电导 G_∞ 及皂化反应的速率常数 k 进行非线性拟合求解的思路是：先用上述三个参数的初始值，通过式(2-40)计算不同时刻溶液的自导率 G_t，把计算值与实验值比较。通过调整参数，使计算值与实验值偏差的平方和最小，从而求解上述三个参数。因此，运算中需要 G_t 计算值。

在所示的例子中，反应物初始浓度 c_0、反应初始时刻的电导率 G_0、反应终了时的电导率 G_∞，以及皂化反应的速率常数 k 等值，分别置于 Excel Sheet 1L 的 ＄B＄4、＄B＄5、＄B＄6 和 ＄B＄7 单元格。用式(2-40)计算 t 时刻的电导 G_t，在 Excel 2000 中，对

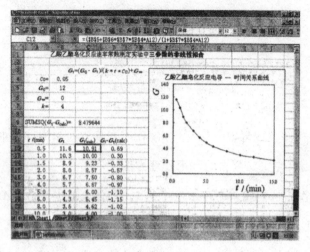

图 2-11 在 Excel 中录入数据、公式及获得图形的实例

应编辑为下式：

$$= (\$B\$4 + \$B\$5 * \$B\$7 * \$B\$4 * \$A12)/(1 + \$B\$7 * \$B\$4 * \$A12)$$

$$(2\text{-}41)$$

③ 规划求解

点击打开 Excel 2000 主菜单上的"工具"，选择"规划求解"，打开一个"规划求解参数"对话框，如图 2-12 所示。

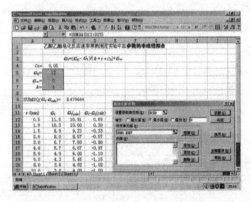

图 2-12　Excel 中运行"规划求解"示例

因为要考察 t 时刻电导的实验值与计算值偏差的平方和，并求其最小值。因此，在"规划求解参数"对话框的"设置目标单元格"的文本框中，应该填入 t 时刻电导的实验值与计算值偏差的平方和的表达式所在的单元格，本例中为 $\$C\$9$；并在"最大值""最小值""值为"三个选择中，单选"最小值"。

又因为求 t 时刻电导的实验值与计算值偏差的平方和最小值的最终目的是为了求解 G_0、G_∞ 和 k 三个参数，所以，在"规划求解参数"对话框的"可变单元格"的文本框中，应填入该三个参数值所在的单元格。本例中为 $\$B\$5 \sim \$B\$7$ 三个单元格。

对待求解参数，规划求解只需要各参数的初始值。因此，只要给出各参数的合理值即可。比如，在时间为零时，反应体系的电导只要反应进行到 0.5min 时的电导就行了。本例中对上述三个参数给出的初始值，如图 2-12 中所示。

点击"规划求解参数"对话框中的"求解"按钮，乙酸乙酯皂化反应三参数非线性拟合就完成了。本例中，求得反应的速率常数为 7.209L·mol^{-1}·min^{-1}；反应初始时刻和反应终了时体系的电导分别为 13.776 和 0.0515。此外，还可以方便地按常规方法，用 G_t 对 $\dfrac{G_0 - G_t}{t}$ 作图，并进行线性拟合，给出拟合方程和线性相关系数（图 2-13）。

因此，用 Excel 2000 处理乙酸乙酯皂化反应速率常数测定的实验数据，可以在不测定

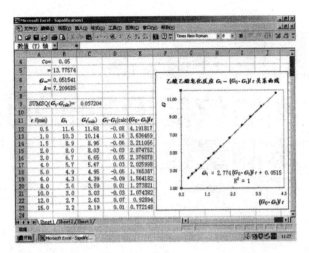

图 2-13　Excel 对乙酸乙酯皂化反应三参数非线性拟合的结果及作图示例

反应初始时刻的电导 G_0 和终了时的电导 G_∞ 的简化实验条件下，不借助计算机语言编程，快速、方便地实现 G_0、G_∞ 和反应速率常数 k 三个参数的非线性拟合，获得准确的、表现形式丰富的实验结果。

第3章

化学实验仪器设备的使用方法和基本测量技术

3.1 基本知识

3.1.1 实验室用水的规格、制备及检验方法

水是最常用的溶剂，所谓物质的性质、特别是无机化学反应如不特别说明，都是在水溶液中才具备的。化学实验室中所用的水须是纯化的水。不同的实验，对水的要求也不相同。经过初步处理后的自来水（如去离子水）相对而言是比较纯净的，但仍有较多可溶性的杂质，在实验室中常用作粗洗仪器用水、实验室冷却水及无机制备前期用水等，为三级水；超纯分析或精密物理化学实验中，需用水质更高的二级水；而在定量分析化学实验及有些精密仪器（如高效液相色谱仪）的实验中则需要一级水。

3.1.1.1 规格

国家标准（GB 6682—2008）中，明确规定了实验室用水的级别、主要技术指标及检验方法，见表 3-1。该标准采用了国际标准（ISO 3696—1995）。

表 3-1　实验室用水的级别及主要技术指标

指标名称	一级	二级	三级
pH 值范围(25℃)	—	—	5.0～7.5
电导率(25℃)/mS·m^{-1}	≤0.01	≤0.01	≤0.50
比电阻(25℃)/mΩ·cm	≥10	≥1.0	≥0.2
可氧化物质(以氧计)/mg·cm^{-3}	—	<0.08	<0.4
蒸发残渣(105℃±2℃)/mg·cm^{-3}	—	≤1.0	≤2.0
吸光度(254nm,1cm 光程)	≤0.001	≤0.01	
可溶性硅(以 SiO$_2$ 计)/mg·cm^{-3}	<0.01	<0.02	

注：1. 由于在一级水、二级水的纯度下，难于测定其真实的 pH 值，因此，对其 pH 值范围不做规定。

2. 由于在一级水的纯度下，难于测定其可氧化物质和蒸发残渣，因此，对其限量不作规定。可用其他条件和制备方法来保证一级水的质量。

3.1.1.2 蒸馏水和去离子水

（1）蒸馏水

通过蒸馏方法，除去水中非挥发性杂质而得到的纯水称为蒸馏水。同是蒸馏所得纯水，

由于蒸馏方式和所用器皿不同，其中含有的杂质种类和含量也不同。例如用玻璃蒸馏器蒸馏所得的水含有 Na^+ 和 SiO_3^{2-} 等离子；而用铜蒸馏器所制得的纯水则可能含有 Cu^{2+}。

（2）去离子水

利用离子交换剂除去水中的阳离子和阴离子杂质所得的纯水，称为离子交换水或去离子水。未进行处理的去离子水可能含有微生物和有机物杂质，使用时应注意。

3.1.1.3　制备方法

三级水可以采用蒸馏、反渗透或者去离子等方法制备。二级水可在三级水的基础上再经蒸馏制备。一级水可用二级水经蒸馏、离子交换混合床和 $0.2\mu m$ 过滤膜的方法或者用石英装置进一步蒸馏而制得。实验室制备纯水一般可用蒸馏法、离子交换法和电渗析法。蒸馏法的优点是设备成本低、操作简单，缺点是只能除掉水中不挥发性杂质，不能除去溶解在水中的气体，且能量消耗大；离子交换法制得的水，称为"去离子水"，去离子效果好，但不能除掉水中非离子型杂质，常含有微量的有机物；电渗析法是在直流电场作用下，利用阴、阳离子交换膜对原水中存在的阴、阳离子选择性渗透的性质而使杂质离子从水中分离出来的方法，电渗析法也不能除掉非离子型杂质，适用于要求不是很高的分析工作。在实验中，要依据需要，选择用水。不应盲目追求水的纯度。

3.1.1.4　检验方法

制备出的纯水水质，一般以其电导率为主要质量指标。一般也可进行诸如 pH 值、重金属离子、Cl^-、SO_4^{2-} 等的检验。此外，根据实际工作的需要及生化、医药化学等方面的特殊要求，有时还要进行一些特殊项目的检验。

纯水的质量检验指标很多，分析化学实验室主要对实验用水的电阻率、酸碱度、钙镁离子、氯离子的含量等进行检测。

（1）电阻率

选用适合测定纯水的电导率仪（最小量程为 $0.02\mu S \cdot cm^{-1}$），测定结果应符合表 3-1。

（2）酸碱度

要求 pH 值为 6～7。检验方法如下：

① 简易法　取 2 支试管，各加待测水样 $10cm^3$，其中一支加入 2 滴甲基红指示剂应不显红色；另一支试管加 5 滴 0.1% 溴麝香草酚蓝（bromothymol blue），也称溴百里酚蓝，不显蓝色为符合要求。

② 仪器法　用酸度计测量与大气相平衡的纯水的 pH 值，在 6～7 为合格。

（3）钙镁离子

取 $50cm^3$ 待测水样，加入 pH＝10 的氨水-氯化铵缓冲液 $1cm^3$ 和少许铬黑 T（EBT）指示剂，不显红色（应显纯蓝色）。

（4）氯离子

取 $10cm^3$ 待测水样，用 2 滴 $1mol \cdot dm^{-3}$ HNO_3 酸化，然后加入 2 滴 $10g \cdot dm^{-3}$ $AgNO_3$ 溶液，摇匀后不浑浊为符合要求。

化学分析法中，除配位滴定必须用去离子水外，其他方法也可采用蒸馏水。分析实验用的纯水必须注意保持纯净、避免污染。通常采用以聚乙烯为材料制成的容器盛载实验用纯水。

3.1.2　常用气体的获得与纯化

（1）气体的制备

在实验室制备气体，可以根据所使用反应原料的状态及反应条件，选择不同的反应装置。化学实验中制备少量气体时，可用启普发生器来制备，如 H_2、CO_2、H_2S 等的制备。

$$Zn + 2HCl = ZnCl_2 + H_2\uparrow$$
$$CaCO_3 + 2HCl = CaCl_2 + CO_2\uparrow + H_2O$$
$$FeS + 2HCl = FeCl_2 + H_2S\uparrow$$

启普发生器由一个葫芦状的玻璃容器和球形漏斗组成（图3-1），固体药品放在中间圆球内，固体下面放些玻璃棉，以免固体掉至下球内。

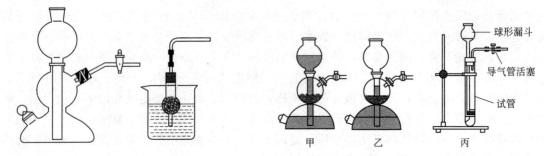

图 3-1　启普发生器的结构及作用示意

酸从球形漏斗加入，使用时，打开导气管上的活塞，酸进入中间球内，与固体接触发生反应放出气体。要停止使用时，把活塞关闭，球体内继续产生的气体则把部分酸液从中间球内压入下球及球形漏斗内，使固体与酸不再接触而停止反应。下次再用，只要重新打开活塞，又会产生气体。所以启普发生器的优点之一就是加入足够的试剂后能反复使用多次，而且易于控制。

启普发生器不能加热，且装在发生器内的固体必须是块状的。当制备气体的反应需要在加热情况下进行或固体的颗粒很小甚至是粉末时，就不能用启普发生器，而要采用如图3-2所示的仪器装置。该装置可进行下列反应：

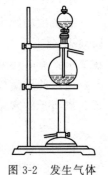

图 3-2　发生气体的装置

$$2KMnO_4 + 16HCl = 2MnCl_2 + 2KCl + 5Cl_2\uparrow + 8H_2O$$
$$NaCl + H_2SO_4 = NaHSO_4 + HCl\uparrow$$
$$Na_2SO_3 + H_2SO_4 = Na_2SO_4 + SO_2\uparrow + H_2O$$
$$MnO_2 + 4HCl = MnCl_2 + Cl_2\uparrow + 2H_2O$$

在此装置中，固体加在蒸馏瓶内，酸加在分液漏斗中。

使用时，打开分液漏斗下面的活塞，使酸液滴加在固体上，以产生气体（注意酸不要加得太多）。当反应缓慢或不发生气体时，可以微微加热。

（2）气体的干燥与纯化

在实验室通过化学反应制得的气体常带有酸雾和水汽等杂质，纯度达不到要求，有时要进行净化和干燥。由于制备气体本身的性质及所含杂质的不同，净化方法也有所不同，一般步骤是先除去杂质与酸雾，再将气体干燥。酸雾可用水或玻璃棉除去，水汽可选用浓硫酸、无水氯化钙或硅胶等干燥剂吸收。通常使用洗气瓶（图3-3）、U形管（图3-4）或干燥塔（图3-5）等进行净化。

液体（如水、浓硫酸）装在洗气瓶内，无水氯化钙和硅胶装在干燥塔或U形管内，玻璃棉装在U形管内。气体中如还有其他杂质，可根据具体情况分别用不同的洗涤液或固体吸收。干燥气体时，不同性质的气体应根据其特性选择不同的干燥剂，如表3-2。

图 3-3 洗气瓶

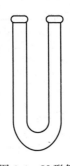
图 3-4 U 形管

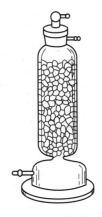
图 3-5 干燥塔

表 3-2 常用气体干燥剂

干燥剂	适于干燥的气体
CaO、KOH	NH_3、胺类
碱石灰	NH_3、胺类、O_2、N_2（同时可除去气体中的 CO_2 和酸气）
无水 $CaCl_2$	H_2、O_2、N_2、HCl、CO_2、CO、SO_2、烷烃、烯烃、氯化烷、乙醚
$CaBr_2$	HBr
CaI_2	HI
H_2SO_4	O_2、N_2、HCl、CO_2、CO、烷烃
P_2O_5	O_2、N_2、H_2、CO_2、CO、SO_2、乙烯、烷烃

（3）气体的收集

气体的收集可根据其性质选取不同的方式。在水中溶解度很小的气体（如氢气、氧气），可用排水集气法收集（图 3-6）；易溶于水而比空气轻的气体（如氨），可按图 3-7(a) 所示的向下排气集气法收集；易溶于水而比空气重的气体（如氯气、二氧化碳），可按图 3-7(b) 所示的向上排气集气法收集。

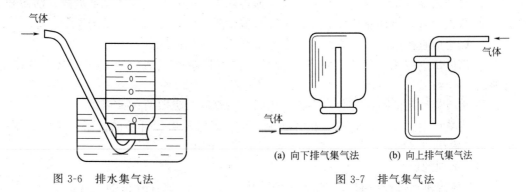

图 3-6 排水集气法

(a) 向下排气集气法　(b) 向上排气集气法

图 3-7 排气集气法

3.1.3 化学试剂的分类

（1）标准试剂

标准试剂是用于衡量其他（欲测）物质化学量的标准物质，习惯称为基准试剂，其特点是主体含量高，使用可靠。我国规定滴定分析第一基准和滴定分析工作基准的主体含量分别为（100.00±0.02)%和（100.00±0.05)%。主要国产标准试剂的种类及用途列于表3-3。

表 3-3　主要国产标准试剂的种类与用途

类别	主要用途
滴定分析第一基准试剂	工作基准试剂的定值
滴定分析工作基准试剂	滴定分析标准溶液的定值
滴定分析标准溶液	滴定分析法测定物质的含量
杂质分析标准溶液	仪器及化学分析中作为微量杂质分析的标准
一级 pH 基准试剂	pH 基准试剂的定值和高精密度 pH 计的校准
pH 基准试剂	pH 计的校准（定位）

（2）一般试剂

一般试剂是实验室最普遍使用的试剂，其规格是以其中所含杂质的多少来划分，包括通用的一、二、三、四级试剂和生化试剂等。一般试剂的分级、标志、标签颜色和主要用途列于表3-4。

表 3-4　一般化学试剂的规格及选用

级别	中文名称	英文符号	适用范围	标签颜色	应用范围
一级	优级纯（保证试剂）	GR	精密分析实验	绿色	纯度很高，用于精密分析研究工作
二级	分析纯（分析试剂）	AR	一般分析实验	红色	一般定性定量分析实验
三级	化学纯	CP	一般化学实验	蓝色	适用于一般化学实验和教学实验
四级	实验试剂	LR	一般化学实验辅助试剂	棕色或其他颜色	一般化学实验辅助试剂
生化试剂	生化试剂、生物染色剂	BR	生物化学及医用化学实验	咖啡色、玫瑰色	生化实验

（3）试剂使用注意事项

① 打开瓶盖（塞）取出试剂后，应立即将瓶盖（塞）好，以免试剂吸潮、沾污和变质。

② 瓶盖（塞）不许随意放置，以免被其他物质沾污，影响原瓶试剂质量。

③ 试剂应直接从原试剂瓶取用，多取试剂不允许倒回原试剂瓶。

④ 固体试剂应用洁净干燥的小勺取用。取用强碱性试剂后的小勺应立即洗净，以免腐蚀。

⑤ 用吸管取用液态试剂时，决不许用同一吸管同时吸取两种试剂。

⑥ 盛装试剂的瓶上，应贴有标明试剂名称、规格及出厂日期的标签，没有标签或标签字迹难以辨认的试剂，在未确定其成分前，不能随便用。

（4）试剂的保存

试剂放置不当可能引起质量和组分的变化，因此，正确保存试剂非常重要。一般化学试剂应保存在通风良好、干净的房子里，避免水分、灰尘及其他物质的沾污，并根据试剂的性质采取相应的保存方法和措施。

① 容易腐蚀玻璃而影响试剂纯度的试剂，应保存在塑料瓶或涂有石蜡的玻璃瓶中。如：氢氟酸、氟化物（氟化钠、氟化钾、氟化铵）、苛性碱（氢氧化钾、氢氧化钠）等。

② 见光易分解，遇空气易被氧化和易挥发的试剂应保存在棕色瓶里，放置在冷暗处。

如：过氧化氢（双氧水）、硝酸银、焦性没食子酸、高锰酸钾、草酸、铋酸钠等属见光易分解的物质；氯化亚锡、硫酸亚铁、亚硫酸钠等属易被空气逐渐氧化的物质；溴、氨水及大多有机溶剂属易挥发的物质。

③ 吸水性强的试剂应严格密封保存。如：无水碳酸钠、苛性钠、过氧化物等。

④ 易相互作用、易燃、易爆炸的试剂，应分开贮存在阴凉通风的地方。如：酸与氨水、氧化剂与还原剂属易相互作用的物质；有机溶剂属易燃试剂；氯酸、过氧化氢、硝基化合物属易爆炸试剂等。

⑤ 剧毒试剂应专门保管，严格取用手续，以免发生中毒事故。如：氰化物（氰化钾、氰化钠）、氢氟酸、氯化汞、三氧化二砷（砒霜）等属剧毒试剂。

3.2 常用仪器及基本操作

3.2.1 基础实验常用仪器及基本操作

3.2.1.1 一般仪器的类别、用途及基本操作

基础实验仪器种类繁多，不同类型的实验对仪器的要求又各不相同，常用的仪器见表 3-5。

表 3-5　一般实验常用仪器的类别、用途及基本操作

仪器名称	规格	用途	注意事项
试管　离心试管	分硬质试管、软质试管、普通试管、离心试管。普通试管以管口外径(mm)×长度(mm)表示。如 25×100，10×15 等。离心试管以 cm³ 数表示	用作少量试剂的反应容器，便于操作和观察。离心试管还可用于定性分析中的沉淀分离	可直接用火加热；硬质试管可以加热至高温；加热后不能骤冷，特别是软质试管更容易破裂；反应液体一般不能超过试管容积的 1/2，加热时不能超过 1/3。离心试管只能用水浴加热
试管架	有木质、铝制、塑料	放试管用	
试管夹	没有具体规格，有大小和长短之分	夹试管用	防止烧损或锈蚀

仪器名称	规格	用途	注意事项
毛刷	以大小和用途表示。如试管刷、滴定管刷等	洗刷玻璃仪器用	小心刷子顶端的铁丝撞破玻璃仪器
烧杯	玻璃质。分硬质、软质,有一般型和高型,有刻度和无刻度。规格按容量(cm³)大小表示	用作反应物量较多时的反应容器。反应物易混合均匀	加热时应放置在石棉网上,使受热均匀。所盛反应液体一般不能超过烧杯容积的2/3
烧瓶	玻璃质。分硬质和软质。有平底、圆底、长颈、短颈几种及标准磨口烧瓶。规格按容量(cm³)大小表示。磨口烧瓶是以标号表示其口径的大小的。如14、19等	反应物多,且需长时间加热时,常用它作反应容器	加热时应放置在石棉网上,使受热均匀
锥形瓶	玻璃质。分硬质和软质、有塞(磨口)和无塞、广口和细口等几种,有塞(磨口)的也称为碘量瓶。规格按容量(cm³)大小表示	反应容器。振荡很方便,适用于滴定操作	加热时应放置在石棉网上,使受热均匀
量筒 量杯	玻璃质。以所能量度的最大容积(cm³)表示	用于量度一定体积的液体	不能加热;不能用作反应容器;不能量热的溶液或液体

仪器名称	规格	用途	注意事项
容量瓶	玻璃质。以刻度以下的容积大小表示	用来配制准确浓度的溶液	不能受热,不得贮存溶液,不能在其中溶解固体。瓶塞与瓶是配套的,不能互换。配制时液面应恰在刻度上
酸式滴定管　碱式滴定管	玻璃质;分酸式和碱式两种;规格按刻度最大标度表示	用于滴定或准确量取液体体积	不能加热或量取热的液体或溶液;酸式滴定管的玻璃活塞是配套的,不能互换使用。酸式滴定管盛酸性溶液或氧化性溶液;碱式滴定管盛碱性溶液或还原性溶液
称量瓶	玻璃质。规格以外径(mm)×高(mm)表示;分"扁型"和"高型"两种	差减法称量一定量的固体样品时用	不能直接用火加热,瓶和塞是配套的,不能互换
干燥器	玻璃质;规格以外径(mm)大小表示;分普通干燥器和真空干燥器	内放干燥剂,可保持样品或产物的干燥	防止盖子滑动打碎,灼热的东西待稍冷后才能放入。盖子的磨口处涂适量的凡士林。干燥剂要及时更换
药勺	由牛角、瓷或塑料制成,现多数是塑料的	取固体样品用,药勺两端各有一勺,一大一小,根据用药量的大小分别选用	取用一种药品后,必须洗净,并用滤纸擦干后,才能取另一种药品

仪器名称	规格	用途	注意事项
滴瓶、细口瓶、广口瓶	一般多为玻璃质	广口瓶用于盛放固体样品;细口瓶、滴瓶用于盛放液体样品;不带磨口的广口瓶可用作集气瓶	不能直接用火加热;瓶塞不要互换;不能盛放碱液,以免腐蚀塞子
表面皿	以口径大小表示,质地玻璃	盖在烧杯上,防止液体迸溅或其他用途	不能用火直接加热
漏斗和长颈漏斗	以口径大小表示,质地玻璃	用于过滤等操作;长颈漏斗特别适用于定量分析中的过滤操作	不能用火直接加热。加液体不能超过其容积的2/3
吸滤瓶和布氏漏斗	布氏漏斗为瓷质,以容量大小表示;吸滤瓶为玻璃质,以容量大小表示	两者配套用于沉淀的减压过滤(利用水泵或真空泵降低吸滤瓶中压力时将加速过滤)	滤纸要略小于漏斗的内径才能贴紧;不能用火直接加热。使用时先开抽气泵,后过滤;过滤完毕,先拔掉抽滤瓶接管,后拔抽气泵
分液漏斗	以容积大小和形状(球形、梨形)表示,质地玻璃	用于互不相溶的液-液分离;也可用于少量气体发生器装置中加液	不能用火直接加热。漏斗塞子不能互换,活塞处不能漏液
蒸发皿	以口径或容积大小表示;材质有瓷、石英和金属等;分有柄和无柄	蒸发浓缩液体用,还可作反应器用。	能耐高温,但不宜骤冷;蒸发溶液时,一般放在石棉网上加热。随液体性质不同可选用不同材质的蒸发皿
坩埚	以容积(cm³)大小表示;用瓷、石英、铁、镍或铂制作	灼烧固体时用	可直接用火灼烧至高温,热的坩埚稍冷后移入干燥器中存放。依试剂性质选用不同材质的坩埚

仪器名称	规格	用途	注意事项
泥三角	由铁丝弯成并套有瓷管,有大小之分	灼烧坩埚时放置坩埚用	
石棉网	由铁丝编成,中间涂有石棉,有大小之分	石棉是一种不良导体,它能使受热物体均匀受热,不造成局部高温	不能与水接触,以免石棉脱落或铁丝锈蚀
铁架台		用于固定或放置反应容器,铁环还可以代替漏斗架使用	
三角架	铁制品;有大小、高低之分,比较牢固	放置较大或较重的加热容器	
研钵	用瓷、玻璃、玛瑙或铁制成;规格以口径大小表示	用于研磨固体物质,或固体物质的混合	不能用火直接加热;大块固体物质只能碾压,不能捣碎。按固体的性质和硬度选用不同的研钵,放入量不宜超过容积的1/3
燃烧匙	铁制品或铜制品	检验物质可燃性用	用后立即洗净,并将匙勺擦干

仪器名称	规格	用途	注意事项
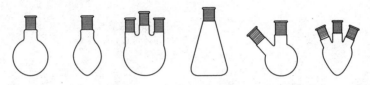水浴锅	铜制品或铝制品	用于间接加热,也用于控温实验	用于加热时,防止将锅内水烧干;用完后将锅内水倒掉,并擦干锅体,以免腐蚀

3.2.1.2 标准玻璃磨口仪器的类型、用途及操作

所谓标准磨口仪器,是指磨塞和磨口的直径都采用国际通用的统一尺寸,其锥度比例均为 1/10,由硬质玻璃制成。同类规格的标准磨口仪器可任意互换。这类仪器的品种有:烧瓶、过滤瓶、冷凝管、接管、蒸馏头、分液漏斗等。使用时可查阅有关资料。使用标准磨口仪器,口与塞对合后,不要在干态下转动摩擦,以免损伤磨面。

(1) 烧瓶(图 3-8)

(a)圆底烧瓶 (b)梨形烧瓶 (c)三口烧瓶 (d)锥形烧瓶 (e)二口烧瓶 (f)梨形三口烧瓶

图 3-8 常用烧瓶的类型

① 圆底烧瓶(a) 能耐热和承受反应物(或溶液)沸腾以后所发生的冲击震动。在有机化合物的合成和蒸馏实验中最常使用,也常用作减压蒸馏的接收器。

② 梨形烧瓶(b) 性能和用途与圆底烧瓶相似。它的特点是在合成少量有机化合物时能在烧瓶内保持较高的液面,蒸馏时残留在烧瓶中的液体少。

③ 三口烧瓶(c) 最常用于需要进行搅拌的实验中。中间瓶口装搅拌器,两个侧口装回流冷凝管和滴液漏斗或温度计等。

④ 锥形烧瓶(简称锥形瓶)(d) 常用于有机溶剂进行重结晶的操作,或有固体产物生成的合成实验中,因为生成的固体物容易从锥形烧瓶中取出来。通常也用作常压蒸馏实验的接收器,但不能用作减压蒸馏实验的接收器。

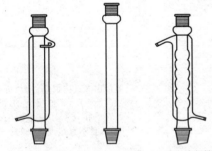

(a)直形冷凝管 (b)空气冷凝管 (c)球形冷凝管

图 3-9 常用冷凝管的类型

⑤ 二口烧瓶(e) 常用于半微量、微量制备实验作为反应瓶,中间口接回流冷凝管、微型蒸馏头、微型分馏头等,侧口接温度计、加料管等。

⑥ 梨形三口烧瓶(f) 用途似三口烧瓶,主要用于半微量、微量制备实验中,作为反应瓶。

(2) 冷凝管(图 3-9)

① 直形冷凝管(a) 蒸馏物质的沸点在 140℃ 以下时,要在夹套内通水冷却;但超过 140℃ 时,冷凝管往往会在内管和外管的接合处炸裂。微量合成实验中,用于加热回流装

置上。

② 空气冷凝管（b）　当蒸馏物质的沸点高于140℃时，常用它代替通冷却水的直形冷凝管。

③ 球形冷凝管（c）　其内管的冷却面积较大，对蒸气的冷凝有较好的效果，适用于加热回流的实验。

（3）漏斗（图3-10）

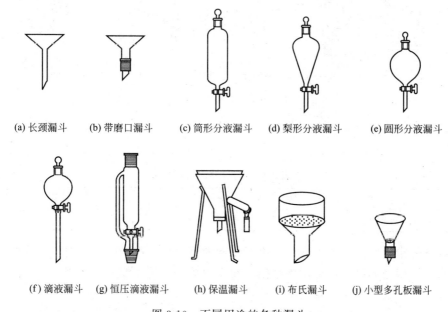

(a) 长颈漏斗　(b) 带磨口漏斗　(c) 筒形分液漏斗　(d) 梨形分液漏斗　(e) 圆形分液漏斗

(f) 滴液漏斗　(g) 恒压滴液漏斗　(h) 保温漏斗　(i) 布氏漏斗　(j) 小型多孔板漏斗

图 3-10　不同用途的各种漏斗

① 漏斗（a）和（b）　在普通过滤时使用。

② 分液漏斗（c）、（d）和（e）　用于液体的萃取、洗涤和分离；有时也可用于滴加试料。

③ 滴液漏斗（f）　能把液体一滴一滴地加入反应器中，即使漏斗的下端浸没在液面下，也能够明显地看到滴加的快慢。

④ 恒压滴液漏斗（g）　用于合成反应实验的液体加料操作，也可用于简单的连续萃取操作。

⑤ 保温漏斗（h）　也称热滤漏斗，用于需要保温的过滤。它是在普通漏斗的外面装上一个铜质的外壳，外壳中间装水，用煤气灯加热侧面的支管，以保持所需要的温度。

⑥ 布氏漏斗（i）　是瓷质的多孔板漏斗，在减压过滤时使用。小型玻璃多孔板漏斗（j）用于减压过滤少量物质。

⑦ 还有一种类似（b）的小口径漏斗，附带玻璃钉，过滤时把玻璃钉插入漏斗中，在玻璃钉上放滤纸或直接过滤。

（4）常用的配件

这些配件多数用于各种仪器连接。

（5）玻璃仪器间的连接与装配（图3-11）

基础化学实验特别是有机化学实验中所用玻璃仪器间的连接大多使用磨口连接。

除了少数玻璃仪器（如分液漏斗的上、下磨口部位是非标准磨口）外，绝大多数仪器上的磨口是标准磨口。我国标准磨口是采用国际通用技术标准，常用的是锥形标准磨口。根据

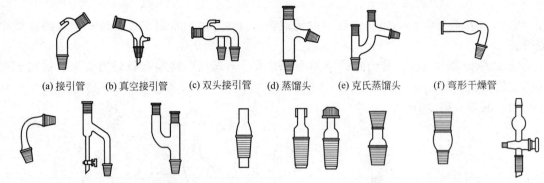

(a) 接引管　(b) 真空接引管　(c) 双头接引管　(d) 蒸馏头　(e) 克氏蒸馏头　(f) 弯形干燥管

(g) 75° 弯管　(h) 分水器　(i) 二口连接管　(j) 搅拌套管　(k) 螺口接头　(l) 大小接头　(m) 小大接头　(n) 二通旋塞

图 3-11　常用的连接配件

玻璃仪器的容量大小及用途不同，可采用不同尺寸的标准磨口。常用的标准磨口系列如表3-6 所示。

表 3-6　常用的标准磨口

编号	10	12	14	19	24	29	34
大端直径/mm	10.0	12.5	14.5	18.8	24.0	29.2	34.0

每件仪器上带内磨口还是外磨口取决于仪器的用途。带有相同编号的一组仪器可以互相连接，带有不同编号的磨口需要用大小接头或小大接头过渡才能紧密连接。

使用标准磨口仪器时应注意以下事项：

① 必须保持磨口表面清洁，特别是不能沾有固体杂质，否则磨口不能紧密连接。硬质沙粒还会给磨口表面造成永久性的损伤，破坏磨口的严密性。

② 标准磨口仪器使用完毕必须立即拆卸，洗净，并将各个部件分开存放，否则磨口的连接处会发生粘接，难以拆开。非标准磨口部件（如滴液漏斗的旋塞）不能分开存放，应在磨口间夹上纸条以免日久粘接。

盐类或碱类溶液会渗入磨口连接处，蒸发后析出固体物质，易使磨口粘接，所以不宜用磨口仪器长期存放这些溶液。使用磨口装置处理这些溶液时，应在磨口涂润滑剂。

③ 在常压下使用时，磨口一般无需润滑以免沾污反应物或产物。为防止粘接，也可在磨口靠大端的部位涂敷少量的润滑脂（凡士林、真空活塞脂或硅脂）。如果要处理盐类溶液或强碱性物质，则应将磨口的全部表面涂上一薄层润滑脂。

减压蒸馏使用的磨口仪器必须涂润滑脂（真空活塞脂或硅脂）。在涂润滑脂之前，应将仪器洗刷干净，磨口表面一定要干燥。

从内磨口涂有润滑脂的仪器中倾出物料前，应先将磨口表面的润滑脂用有机溶剂擦拭干净（用脱脂棉或滤纸蘸石油醚、乙醚、丙酮等易挥发的有机溶剂），以免物料受到污染。

④ 只要正确遵循使用规则，磨口很少会打不开。一旦发生粘接，可采取以下措施：

a. 将磨口竖立，往上面缝隙间滴几滴甘油。如果甘油能慢慢地渗入磨口，最终能使连接处松开；

b. 使用热吹风、热毛巾或在教师指导下小心用酒精灯火焰加热磨口外部，仅使外部受热膨胀，内部还未热起来，再试验能否将磨口打开；

c. 将粘接的磨口仪器放在水中逐渐煮沸，常常也能使磨口打开；

d. 用木板沿磨口轴线方向轻轻地敲外磨口的边缘，震动磨口也会松开。

如果磨口表面已被碱性物质腐蚀，粘接的磨口就很难打开了。

装配实验装置时，使用同一编号的标准磨口仪器，利用率高，互换性强，可在实验室中组合成多种多样的实验装置。

实验装置（特别是机械搅拌这样的动态操作装置）必须用铁夹固定在铁架台上，才能正常使用。因此要注意铁夹等的正确使用方法。

仪器装置的安装顺序一般为：以热源为准，从下到上，从左到右。

3.2.1.3 精密度量仪器的类型、用途和操作

（1）电子天平的使用方法

基础化学实验中，分析天平是定量分析操作中最主要、最常用的仪器，常规的固体试剂称量、溶液的配制操作都要使用天平，天平的称量误差直接影响化学实验的结果。因此，必须了解常见天平的结构，学会正确的称量方法。

常见的天平有以下三类：普通托盘天平、半自动电光天平、电子天平。

根据天平的构造，可分为机械天平和电子天平。

根据天平的使用目的，可分为通用天平和专用天平。

根据天平的分度值大小，可分为常量天平（0.1mg）、半微量天平（0.01mg）、微量天平（0.001mg）等。

根据天平的精度等级，分为四级：

Ⅰ——特种准确度（精细天平）；

Ⅱ——高准确度（精密天平）；

Ⅲ——中等准确度（商用天平）；

Ⅳ——普通准确度（粗糙天平）。

根据天平的平衡原理，可分为杠杆式天平、电磁力式大平、弹力式天平和液体静力平衡式天平四大类。

实验中根据不同的称量要求，常用托盘天平（台秤）、普通天平和分析天平进行称量。

分析天平的质量指标主要有：灵敏度、不等臂性和示值变动性。

天平安装后或使用一定时间后，都要对其质量或计量性能进行检查和调整。天平的正规检定应按国家计量部门的标准进行。主要检定项目有分度值、示值变动性和不等臂性。天平的灵敏度在文献中也常用感量来表示。感量与灵敏度互为倒数。感量就是分度值。三者之间的关系：

$$分度值＝感量＝1/灵敏度$$

称量时，根据不同的称量对象和不同的天平，需采用相应的称量方法和操作步骤。一般称量使用普通托盘天平即可，对于质量精度要求高的样品和基准物质应使用万分之一精度的电子天平来称量。下面重点介绍万分之一天平的称量原理及使用方法。

① 电子天平称量原理和特点　电子天平是目前最新一代的天平，有顶部承载式（吊挂单盘）和底部承载式（上皿式）两种。它是根据电磁力补偿的工作原理，使物体在重力场中实现力的平衡；或通过电磁力矩的调节，使物体在重力场中实现力矩的平衡，整个称量过程均由微处理器进行计算和调控。当秤盘上加载荷后，即接通了补偿线圈的电流，计算器就开始计算冲击脉冲，达到平衡后，显示屏上即自动显示出载荷的质量值。

电子天平具有通过操作者触摸按键可自动调整、自动校准、扣除皮重、数字显示、输出打印等功能，同时其具有重量轻、体积小、操作十分简便、称量速度快等特点。

② 电子天平外形及基本部件　以 Sartorius BS 110S 电子天平（德国赛多利斯公司生产）

为例介绍电子天平的外形及基本部件，见图 3-12。

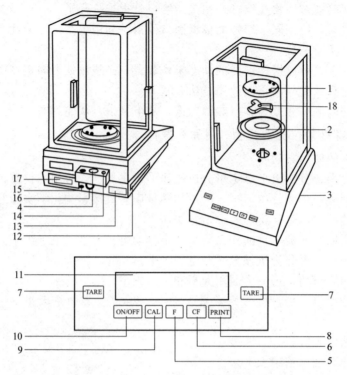

图 3-12　Sartorius BS 110S 电子天平的结构图

1—秤盘；2—屏蔽环；3—地脚螺栓；4—水平仪；5—功能键；6—清除键；7—去皮键；
8—打印键；9—调校键；10—开/关；11—显示器；12—CMC 标签；13—型号牌；
14—防盗装置；15—菜单-去连锁开关；16—电源接口；17—数据接口；18—秤盘支架

③ 电子天平的使用方法　电子天平使用的具体步骤如下。

a. 称量前的检查

（a）取下天平罩，叠好，放于天平后。

（b）检查天平盘内是否干净，必要的话予以清扫。

（c）检查天平是否水平，若不水平，调节水平调节脚使气泡位于水平仪中心，从而使天平达到水平。

b. 开机　关好天平门，轻按 ON 键，液晶显示屏全亮，松开手，天平先显示型号，稍后显示为 0.0000g，预热数分钟，可开始使用。

c. 电子天平的一般使用方法

（a）直接称量　在液晶显示屏显示为 0.0000g 时，打开天平侧门，将被测物小心置于秤盘中央，关闭天平门，待数字不再变动后即得被测物的质量。打开天平门，取出被测物，关闭天平门。

（b）去皮称量　将容器置于秤盘中央，关闭天平门，待天平稳定后按"TARE"键清零，显示屏显示重量为 0.0000g，取出容器，变动容器中物质的质量，将容器放回托盘，不关闭天平门粗略读数，看质量变动是否达到要求，若在所需范围之内，则关闭天平门，读出质量变动的准确值。以质量增加为正，减少为负。

d. 基本的样品称量方法

（a）直接称量法　用于称量某一物体的质量。如称量某小烧杯的质量：关好天平门，按

"TARE"键清零；打开天平左门，将小烧杯放入托盘中央，关闭天平门，待稳定后读数；记录后打开左门，取出烧杯，关好天平门。该法适于称量洁净干燥的不易潮解或升华的固体试样。

（b）固定质量称量法　又称增量法，用于称量某一固定质量的试剂或试样。这种称量操作的速度很慢，适用于称量不易吸潮，在空气中能稳定存在的粉末或小颗粒（最小颗粒应小于0.1mg）样品，以便精确调节其质量。

本操作可以在天平中进行，用左手手指轻敲右手腕部，将牛角匙中样品慢慢震落于容器内，当达到所需质量时停止加样，关闭天平门，显示平衡后即可记录所称取试样的质量。记录后打开左门，取出容器，关好天平门。

固定质量称量法要求称量精度在0.1mg以内。如称取0.5000g石英砂，则允许质量的范围是0.4999g～0.5001g。超出这个范围的样品均不合格。若加入量超出，则需重称试样，已取出试样必须弃去，不能放回到原试剂瓶中。操作中不能将试剂撒落到容器以外的地方。称好的试剂必须定量地转入接收器中，不能有遗漏。

（c）递减称量法　又称减量法。用于称量一定范围内的样品和试剂。主要针对易挥发、易吸水、易氧化和易与二氧化碳反应的物质。

用纸条从干燥器中取出称量瓶，用纸片夹住瓶盖柄打开瓶盖，用牛角匙加入适量试样（多于所需总量，但不超过称量瓶容积的2/3），盖上瓶盖，置入天平中，显示稳定后，记下称量瓶加试样后的准确质量。用纸条取出称量瓶，在接收器的上方倾斜瓶身，用瓶盖轻击瓶口上部使试样缓缓落入接收器中。当估计试样接近所需量时，继续用瓶盖轻击瓶口，同时将瓶身缓缓竖直，用瓶盖敲击瓶口上部，使粘于瓶口的试样落入瓶中，盖好瓶盖。将称量瓶放入天平盘上，准确称取其质量，两次质量之差即为试样质量。其规范操作如图3-13所示。

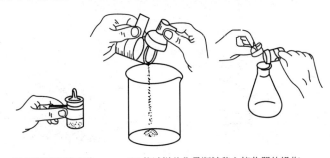

(a) 取称量瓶的方法　　(b) 将试样从称量瓶转移入接收器的操作

图3-13　指定一定质量范围称量法（减量法）

若敲出质量多于所需质量时，则需重称，已取出试样不能收回，须弃去。

e. 称量结束后的工作　称量结束后，按OFF键关闭天平，将天平还原。在天平的使用记录本上记下称量操作的时间和天平状态，并签名。整理好台面之后方可离开。

f. 使用天平的注意事项

（a）在开、关门和放、取称量物时，动作必须轻缓，切不可用力过猛、过快，以免造成天平损坏。

（b）对于过热或过冷的称量物，应使其回到室温后方可称量。

（c）称量物的总质量不能超过天平的称量范围。在固定质量称量时要特别注意。

（d）所有称量物都必须置于一定的洁净干燥容器（如烧杯、表面皿、称量瓶等）中进行称量，以免沾染腐蚀天平。

（e）为避免手上的油脂、汗液污染，不能用手直接拿取容器。称取易挥发或易与空气作用的物质时，必须使用称量瓶以确保在称量过程中物品质量不发生变化。

（2）滴定管

滴定管是无机化学实验和分析化学实验中滴定分析的最基本量器。常量分析用的滴定管有 $50cm^3$ 及 $25cm^3$ 等几种规格，它们的最小分度值为 $0.1cm^3$，读数可估计到 $0.01cm^3$。此外，还有容积为 $10cm^3$、$5cm^3$、$2cm^3$ 和 $1cm^3$ 的半微量和微量滴定管。

根据控制溶液流速的装置不同，滴定管可分为酸式和碱式两种。下端装有玻璃活塞的为酸式滴定管，用来盛放酸性、中性或氧化性溶液。碱式滴定管下端用乳胶管连接一个带尖嘴的小玻璃管，乳胶管内有一玻璃珠用以控制溶液的流出，碱式管用来装碱性溶液和无氧化性溶液。不能用来装对乳胶管有侵蚀作用的液体。

滴定管的使用包括洗涤、检漏、排气泡、读数等步骤。

① 洗涤　干净的滴定管如无明显油污，可直接用自来水冲洗。如有明显油污，则需用铬酸洗液浸洗。洗涤时向管内装入 $10cm^3$ 左右铬酸洗液，再将滴定管逐渐向管口倾斜，并不断旋转，使管壁与洗液充分接触，管口对着废液缸，以防洗液外流。若油污较重，可装满洗液浸泡。洗毕，洗液应倒回洗液瓶中，洗涤后应用大量自来水淋洗，并不断转动滴定管，至流出的水无色，再用去离子水润洗三遍，洗净后的管内壁应被水均匀润湿而不挂水珠。

② 检漏　滴定管在使用前必须检查是否漏水。若碱式管漏水可更换乳胶管或玻璃珠；若酸式管漏水，或活塞转动不灵则应重新涂抹凡士林。其方法是，将滴定管平放于实验台上，取下活塞，用吸水纸擦净或拭干活塞及活塞套，在活塞孔两侧周围涂上薄薄一层凡士林，再将活塞平行插入活塞套中，同一方向转动活塞，直至活塞转动灵活且外观为均匀透明为止，其操作方法如图 3-14 所示。然后用橡皮圈套在活塞小头一端的凹槽上，固定活塞，以防其滑落打碎。

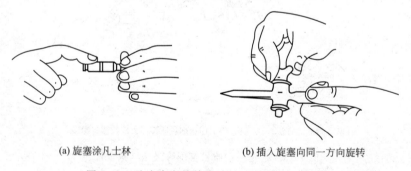

(a) 旋塞涂凡士林　　　　　　　　(b) 插入旋塞向同一方向旋转

图 3-14　酸式滴定管旋塞涂油（凡士林）操作

若凡士林堵塞了尖嘴玻璃小孔，可将滴定管装满水，将旋塞打开，用洗耳球鼓气加压，便可以将凡士林排除。

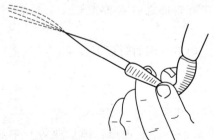

图 3-15　碱式滴定管排气泡的方法

③ 装液与赶气泡　洗净后的滴定管在装液前，应采用少量多次的方法先用待装溶液润洗内壁三次，每次 $10cm^3$ 左右。

装入操作溶液的滴定管，应检查出口下端是否有气泡，如有应及时排除。其方法是：若为酸式滴定管，取下滴定管倾斜约 $30°$，迅速打开活塞（反复多次）使溶液冲出并带走气泡；若为碱式滴定管，捏住玻璃珠部位，将乳胶管向上弯曲翘起，并捏挤乳胶管，使溶液从管口喷出，碱式滴定管排除气泡的方法如图 3-15 所示。

将排除气泡后的滴定管补加操作溶液到零刻度以上，然后再调整至零刻度线或以下位置。

④ 读数　读数前，滴定管应垂直静置 1min。读数时，管内壁应无液珠，管出口的尖嘴内应无气泡，尖嘴外应不挂液滴，否则读数不准。读数方法是：取下滴定管，用右手大拇指和食指捏住滴定管上部无刻度处，使滴定管保持垂直，并使自己的视线与所读的液面处于同一水平上，其读数方法如图 3-16～图 3-18 所示。

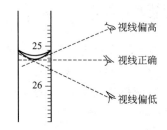
图 3-16　普通滴定管读数方法

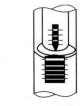
图 3-17　蓝线滴定管读数方法

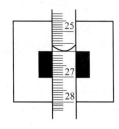
图 3-18　卡片读数法

一般滴定管应读取弯月面最低点所对应的刻度。对深色溶液，则一律按液面两侧最高点相切处读取。读取的值必须精确至毫升小数点后两位，即要求估读到 $0.01cm^3$。

⑤ 滴定　读取初读数之后，将滴定管夹在滴定架上，调节滴定管的高度，使锥形瓶瓶底距离滴定台 2～3cm，滴定管下端伸入锥形瓶内约 1cm，再进行滴定。

操作酸式滴定管时，左手拇指与食指跨握滴定管的活塞处，与中指一起控制活塞的转动。但应注意，不要向外用力，以免推出活塞造成漏液，而应使旋塞略有一点向手心的回力，以塞紧活塞。

操作碱式滴定管时，用左手的拇指与食指捏住玻璃珠外侧的乳胶管，向右挤乳胶管，使玻璃珠移向手心一侧，这样溶液即可从玻璃珠旁边的缝隙流出。控制缝隙的大小即可控制流速，但要注意不能使玻璃珠上下移动，更不能捏玻璃珠下部的乳胶管以免产生气泡。

滴定时，还应双手配合协调。当左手控制流速时，右手拿住锥形瓶颈，单方向旋转溶液，边滴边摇。若用烧杯滴定，则右手持玻璃棒作圆周运动搅拌溶液，注意玻璃棒不要碰到杯壁和杯底。其正确操作方法如图 3-19 所示。

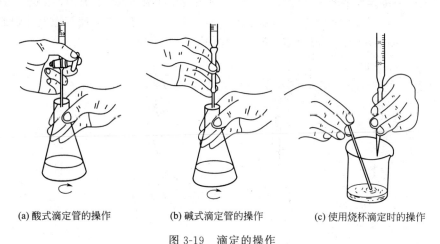

(a) 酸式滴定管的操作　　　(b) 碱式滴定管的操作　　　(c) 使用烧杯滴定时的操作

图 3-19　滴定的操作

⑥ 滴定速度　滴定时速度的控制一般是：开始时滴定速度可稍快，呈"见滴成线"，

$10cm^3 \cdot min^{-1}$ 左右即每秒 3～4 滴；接近终点时，每加一滴摇几下，观察颜色变化情况；最后再继续每加半滴摇几下（加半滴操作；使溶液悬而不滴，让其沿器壁流入容器，再用少量去离子水冲洗内壁，并摇匀），仔细观察溶液的颜色变化，直至溶液颜色刚从一种颜色突变为另一种颜色，并在 1～2min 内不变，即为滴定终点。读取最终读数，并及时记录。注意，在滴定过程中左手不应离开滴定管，以防流速失控。

⑦ 平行实验　平行滴定时，应该每次都将初刻度调整到"0"刻度或其附近，这样可减少滴定管刻度引起的系统误差。

⑧ 最后整理　实验完毕，应放出管中剩余的溶液，洗净，装满水，备用。

（3）容量瓶

在化学实验中配制标准溶液或将溶液稀释至一定浓度时，往往要使用容量瓶。容量瓶的外形是一平底、细颈的梨形瓶，瓶口带有磨口玻璃塞或塑料塞，可用橡皮筋将塞子系在瓶颈上。颈上有环形标线，瓶体标有该容量瓶的容量体积，一般表示 20℃时液体充至刻度时的容积。常见的有 $10cm^3$、$25cm^3$、$50cm^3$、$100cm^3$、$250cm^3$、$500cm^3$ 和 $1000cm^3$ 等各种规格。

容量瓶的使用，主要包括如下几个方面：

① 检查　使用容量瓶前应先检查其标线是否离瓶口太近，如果太近则不利于溶液混合，故不宜使用。另外还必须检查瓶塞是否漏水。检查时加自来水近刻度，盖好瓶塞用左手食指按住，其余手指拿住瓶颈标线以上部分，右手用指尖托住瓶底边缘，将瓶倒立 2min，如不漏水，将瓶直立，把瓶塞转动 180°再倒立 2min，若仍不漏水即可使用。

② 洗涤　可先用自来水洗，洗后如内壁有油污，则应倒尽残水，加入适量的铬酸洗液，倾斜转动，使洗液充分润洗内壁，再倒回原洗液瓶中，用自来水冲洗干净后再用去离子水润洗 2～3 次备用。

③ 配制　将准确称量于小烧杯中的药品，加入少量溶剂将其完全溶解后再定量转移至容量瓶中。定量转移时，右手持玻璃棒悬空放入容量瓶内，玻璃棒下端靠在瓶颈内壁，左手拿烧杯，烧杯嘴紧靠玻璃棒，使溶液沿玻璃棒和内壁流入瓶内。烧杯中溶液流完后，将烧杯嘴沿玻璃棒上提，同时使烧杯直立。将玻璃棒取出放入烧杯内，用少量溶剂冲洗玻璃棒和烧杯内壁，再将溶液也同样转移到容量瓶中。如此重复操作五次以上，以保证定量转移。然后补充溶剂，当容量瓶内溶液体积至 3/4 时，用右手食指和中指夹住瓶塞的扁头，将容量瓶拿起，同一方向摇动几周，使溶液初步混匀。再继续加溶剂至离标线 1cm 处，改用滴管逐滴加入，直到溶液的弯月面恰好与标线相切。盖上瓶塞，将容量瓶倒置，待气泡上升至底部。再倒转过来，使气泡上升到顶部，如此反复 10 次以上，使溶液混匀。以上步骤的具体操作如图 3-20 所示。

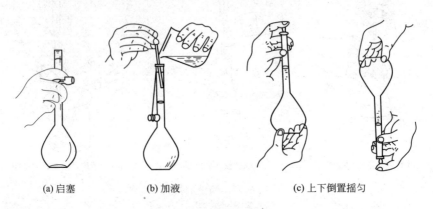

(a) 启塞　　　　(b) 加液　　　　　(c) 上下倒置摇匀

图 3-20　容量瓶的操作

④ 注意事项　容量瓶不宜长期贮存试剂，配好的溶液如需长期保存应转入试剂瓶中。转移前须用该溶液将洗净的试剂瓶润洗 3 遍。用过的容量瓶，应立即用水洗净备用，如长期不用，应将磨口和瓶塞擦干，用纸片将其隔开。此外，容量瓶不能在电炉、烘箱中加热烘烤，如确需干燥可将洗净的容量瓶用乙醇等有机溶剂润洗后晾干，也可用电吹风或烘干机的冷风吹干。

（4）移液管和吸量管

移液管是用来准确量取一定体积溶液的量出式玻璃量器。移液管有两种，一种中部具有"胖肚"结构，无分刻度，两端细长，只有一个标线，"胖肚"上标有指定温度下的容积，常见的规格为 $5cm^3$、$10cm^3$、$25cm^3$、$50cm^3$、$100cm^3$ 等。另一种是标有分刻度的直型玻璃管，通常又称吸量管或刻度吸管，在管的上端标有指定温度下的总体积，吸量管的容积有 $1cm^3$、$2cm^3$、$5cm^3$、$10cm^3$ 等，可用来吸取不同体积的溶液，一般只量取小体积的溶液，其准确度比"胖肚"移液管稍差。

① 洗涤　移液管使用前也要进行洗涤，若有油污可用洗液洗涤。方法是吸入 1/3 容积洗液，平放并转动移液管，用洗液润洗内壁，洗毕将洗液放回原瓶，稍候，用自来水冲洗，再用去离子水清洗 2～3 次备用。

② 润洗　洗净后的移液管移液前首先必须用吸水纸吸净尖端内、外的残留水。然后用待取溶液润洗 3 次，以防改变溶液的浓度。

润洗时，左手持洗耳球，将食指或拇指放在洗耳球的上方，其余手指自然握住洗耳球，排出洗耳球内空气，用右手的拇指和中指拿住移液管标线以上的部分，无名指和小指辅助拿住移液管，将洗耳球对准移液管口，并封紧管口，将管尖伸入溶液中，逐步松开洗耳球，当溶液吸至"胖肚"约 1/4 处，即可封口取出。应注意勿使溶液回流，以免稀释溶液。润洗后将溶液从下端放出，润洗三次。

③ 移液　将润洗好的移液管插入待取溶液的液面下约 1～2cm 处，不能太浅以免吸空，也不能插至容器底部以免移液管外部附有过多溶液。当液面上升至标线以上时，拿掉洗耳球，立即用食指封堵管口，将移液管提出液面，倾斜容器，将管尖紧贴容器内壁成约 30°，稍待片刻，以除去管外壁的溶液，然后微微松动食指，并用拇指和中指慢慢转动移液管，使液面缓慢下降，直到溶液的弯月面与标线相切。此时，应立即用食指按紧管口，使液体不再流出。将接收容器倾斜 30° 角，小心把移液管移入接收溶液的容器，使移液管的下端与容器内壁上方接触。松开食指，让溶液自由流下，当溶液流尽后，再停 15s，并将移液管左右转动一下，取出移液管。

溶液吸取和放出的正确操作方法如图 3-21 所示。

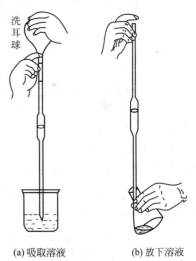

洗耳球

(a) 吸取溶液　　(b) 放下溶液

图 3-21　移液管的操作方法

注意，除标有"吹"字样的移液管外，不要把残留在管尖的液体吹出，因为在校准移液管容积时，没有算上这部分液体。具有双标线的移液管，放溶液时应注意下标线。

（5）吸光光度法常用仪器及基本操作

吸光光度法的理论基础是朗伯-比尔定律，该定律是分光光度法定量分析的依据和基础。当入射光波长一定时，溶液的吸光度 A 是吸光物质的浓度 c 及吸收介质厚度 L（吸收光程）的函数，其数学表达式为：

$$A = -\lg(I/I_0) = -\lg T = kLc$$

式中，A 为吸光度；I_0 为入射光的强度；I 为透射光的强度；T 为物质的透射率；k 为摩尔吸光系数；L 为被分析物质的光程，即比色皿的厚度；c 为物质的浓度。

物质对光的选择性吸收波长以及相应的吸光系数是该物质的物理常数。当已知某纯物质在一定条件下的吸光系数后可用同样条件将该供试品配成溶液，测定其吸光度，即可由上式计算出供试品中该物质的含量。

吸光光度法具有较高的灵敏度和一定的准确度，特别适宜于微量组分的测量。该法还具有操作简便、快速、适用范围广等特点，在分析化学中占有重要的地位。

光度计，又称光谱仪（spectrometer），是将成分复杂的光分解为光谱线的科学仪器，测量范围一般包括波长范围为 $380\sim780$ nm 的可见光区和波长范围为 $200\sim380$ nm 的紫外光区。不同的光源都有其特有的发射光谱，因此可采用不同的发光体作为仪器的光源。钨灯发出的 $380\sim780$ nm 波长的光通过三棱镜折射后，可得到由红、橙、黄、绿、蓝、靛、紫组成的连续色谱，可作为可见光分光光度计的光源。

光度计主要由光源、单色器、吸收池、检测器和显示器五部分组成。分光光度计的类型有多种，这里以 UV-5200S 型紫外可见分光光度计为例，介绍其结构和使用方法。

① UV-5200S 型紫外可见分光光度计的外形和结构　外形如图 3-22 所示。

图 3-22　UV-5200S 型紫外可见分光光度计的外形

② 使用方法

a. 将紫外可见分光光度计的电源线连接好，所用电源需要具备接地功能。

b. 开机，预热仪器 30min，仪器会进行自检，自动对滤色片、灯源切换、检测器、波长校正、系统参数和暗电流进行检测。

c. 透光率测试　在系统主界面下，系统的默认功能选项为透光率测试。在此功能下，可进行固定波长下透光率测量。

ⅰ. 直接按 "GOTOλ" 键进入波长设定界面。用 "△" 或 "▽" 键来改变波长值。

ⅱ. 调 0.000A/100.0%T　按 "ZERO" 键对当前工作波长下空白样品调 100.0%T，调 100.0%T 完成后，把待测样品拉（推）入光路，此时屏幕上显示的即为该样品的透光率值。

ⅲ. 多样品测量　把空白样品拉（推）入光路，按 "ENTER" 键进入数据记录界面，把待测样品拉（推）入光路，按 "START" 键，系统自动记录该次测量结果并显示在屏幕上。

ⅳ. 数据打印和清除　如果要打印或清除已测量数据，可在测量结果显示界面下，按 "PRINT/CLEAR"，进入打印或清除界面。

d. 吸光度测试　按 "MODE" 键切换到 A 模式，吸光度测试的所有操作与透光率测试相同，可参考 c 步骤进行。

e. 标准曲线法　标准曲线法是用已知浓度的标准样品，建立标准曲线，然后用所建立的标准曲线来测量未知样品浓度的一种定量测试方法。按"MODE"键切换到 C 模式即进入标准曲线模式，在此功能下，可以利用标准样品建立标准曲线，并可用所建标准曲线对未知样品进行浓度测试。详细过程可参照使用说明书进行。

f. 将参比溶液拉到光路中并按住"OABS/100％T"键，这时显示器会显示 BLANKING，直到最后显示 100％T 或 0.000A 为止。

g. 使用完毕关上电源，取出比色皿洗净，并用软布和软纸擦净。

③ 注意事项

a. 为了防止光电管疲劳，不要连续光照，预热仪器和不测定时应将吸收室盖打开，使光路切断，以延长光电管的使用寿命。

b. 取拿比色皿时，手指只能捏住比色皿的毛玻璃面，而不能碰比色皿的光学表面。

c. 比色皿不能用碱溶液或氧化性强的洗涤液洗涤，也不能用毛刷清洗。比色皿外壁附着的水或溶液应用擦镜纸或细而软的吸水纸吸干，不要擦拭，以免损伤它的光学表面。

3.2.2　加热、灼烧、干燥用仪器

3.2.2.1　加热用仪器

在实验室中常用酒精灯、酒精喷灯、煤气灯、电炉、电热板、电热套、红外灯等直接加热，也采用水浴、油浴、砂浴或空气浴等间接加热。

（1）酒精灯

酒精易燃，使用时要特别注意安全。必须用火柴点燃，决不能用另一燃着的酒精灯来点燃，以免洒落酒精而引起火灾或烧伤。不用时不能用嘴吹灭火焰，应将灯罩罩上，火焰即熄灭，片刻后还应将灯罩再打开一次，以免冷却后盖内负压使以后打开困难。酒精灯的温度通常可达 400～500℃，适用于不需太高加热温度的实验。

（2）酒精喷灯

使用前，先在酒精灯壶或储罐内加入酒精，注意在使用过程中不能续加。先在预热盆上注满酒精，然后点燃盆内的酒精，以加热铜质灯管。待盆内的酒精将近燃完，将灯管灼热后，开启开关，这时酒精在灼热燃管内气化，并与来自气孔的空气混合，用火柴在管口点燃，温度可达 700～1000℃。调节开关螺栓，可以控制火焰的大小。用毕，向右旋紧开关，或用石板盖住灯口即可将灯熄灭。应该注意，在开启开关、点燃以前，管灯必须充分灼烧，否则酒精在灯管内不会全部气化，会有液态酒精由管口喷出，形成"火雨"，甚至会引起火灾。不用时，必须关好储罐的开关，以免酒精漏失，造成危险。

（3）煤气灯

实验室中如果备有煤气，在加热操作中，可用煤气灯。灯管下部有螺旋与灯座相连，并开有作为空气入口的圆孔。旋转灯管，可关闭或打开空气入口，以调节空气进入量。灯座侧面为煤气入口，用橡皮管与煤气管道相连；灯座侧面（或下面）有螺旋形针阀，可调节煤气的进入量。使用时按下述方法进行操作。

① 煤气由导管输送到实验台上，用橡皮管将煤气龙头和煤气灯相连。

② 煤气的点燃　旋紧金属灯管，关闭空气入口，点燃火柴，打开煤气开关，将煤气点燃，观察火焰的颜色。

③ 调节火焰　旋紧金属管，调节空气进入量，观察火焰颜色的变化，待火焰分为三层

时，即得正常火焰。当煤气完全燃烧时，生成不发光亮的无色火焰，可以得到最大的热量。当空气和煤气的比例不合适时，会产生不正常火焰。如果火焰呈黄色或产生黑烟，说明煤气燃烧不完全，应调大空气进入量；如果煤气和空气的进入量过大，火焰会脱离灯管，在管口上方临空燃烧，称为"临空火焰"，这种火焰容易自行熄灭；如果点燃煤气时，空气入口开得太大，进入的空气太多，而煤气的进入量很少，就会产生"侵入火焰"，此时煤气在管内燃烧，发出"嘘嘘"的声响，火焰的颜色变绿色，灯管被烧得很热，发生这种现象时，应该关上煤气，待灯管冷却后，再关小空气入口，重新点燃。煤气量的大小，一般可用煤气开关调节，也可用煤气灯下部的螺栓来调节。

④ 关闭煤气灯　往里旋转螺旋形针阀，关闭煤气灯开关，火焰即灭。

（4）电炉

根据发热量不同有不同规格，如800W、1000W等。使用时注意以下几点：

① 电源电压与电炉电压要相符；

② 加热容器与电炉间要放一块石棉网，以使加热均匀；

③ 耐火炉盘的凹渠要保持清洁，及时清除烧灼焦煳的杂物，以保证炉丝传热良好，延长使用寿命。

（5）电热板、电热套

把电炉做成封闭式即为电热板。由控制开关和外接调压变压器调节加热温度。电热板升温速度较慢，且受热是平面的，不适合加热圆底容器，多用作水浴和油浴的热源，也常用于加热烧杯、锥形瓶等平底容器。电热套（包）是专为加热圆底容器而设计的，使用时应根据圆底容器的大小选用合适的型号。由于它不是明火加热，因此，可以加热和蒸馏易燃有机物，也可加热沸点较高的化合物，适应加热温度范围较广。电热套相当于一个均匀加热的空气浴。为有效地保温，可在包口和容器间用玻璃布围住。

（6）红外灯

红外灯用于低沸点易燃液体的加热。使用时，受热容器应正对灯面，中间留有空隙，再用玻璃布或铝箔将容器和灯泡松松包住，既保温又可防止灯光刺激眼睛，并能保护红外灯不被溅上冷水或其他液滴。

（7）水浴

水浴常在水浴锅中进行。水浴锅一般为铜质外壳，内壁涂锡。盖子由一套不同口径的铜圈组成，可以按加热器皿的外径任意选用。使用时，锅下加热，受热器皿悬置在水中，可保持液温到95℃左右的恒温。

① 水浴锅内存水量应保持在总体积的2/3。

② 受热玻璃器皿不能触及锅壁或锅底。

③ 水浴锅不能作油浴或砂浴用。

（8）油浴

油浴锅一般由生铁铸成，有时也可用大烧杯代替。油浴适用于100～200℃加热，反应物的温度一般比油浴液温度低20℃左右。

（9）砂浴

砂浴通常采用生铁铸成的砂浴盘。盘中盛砂子，使用前先将砂子加热熔烧，以去掉有机物。加热温度在80℃以上者可以使用，特别适用于加热温度在220℃以上者，砂浴的缺点是传热慢，温度上升慢，且不易控制。因此，砂层要薄些。特别注意，受热器不能触及浴盘底部。

3.2.2.2　灼烧用仪器

灼烧除用电炉外，还常用高温炉。高温炉利用电热丝或硅碳棒加热，用电热丝加热的高温炉最高使用温度为950℃；用硅碳棒加热的高温炉温度高达1300～1500℃。高温炉根据形状分为箱式和管式，箱式又称马弗炉，可精确地控制灼烧温度和时间。高温炉的炉温由高温计测量，它由一对热电偶和一只毫伏表组成。使用时注意事项如下：

① 查看高温炉所接电源电压是否与电炉所需电压相符。热电偶是否与测量温度相符，热电偶正负极是否接对。

② 调节温度控制器的定温调节使定温指针指示所需温度处。打开电源开关升温，当温度升至所需温度时即能恒温。

③ 灼烧完毕，先关电源，不要立即打开炉门，以免炉膛骤冷碎裂。一般当温度降至200℃以下时方可打开炉门。用坩埚钳取出样品。

④ 高温炉应放置在水泥台上，不可放置在木质桌面上，以免引起火灾。

⑤ 炉膛内应保持清洁，炉周围不要放置易燃物品，也不可放精密仪器。

3.2.2.3　干燥用仪器

(1) 干燥箱（电烘箱）

用于烘干玻璃仪器和固体试剂。工作温度从室温起至最高温度。在此温度范围内可任意选择，借助自动控制系统使温度恒定。箱内装有鼓风机，促使箱内空气对流，温度均匀。工作室内设有二层网状搁板以放置被干燥物。使用时注意以下两点：

① 洗净的仪器尽量把水沥干后放入，并使口朝下，烘箱底部放有搪瓷盘承接从仪器上滴下的水，使水不能滴到电热丝上。升温时应定时检查烘箱的自动控温系统，如自动控温系统失效，会造成箱内温度过高，导致水银温度计炸裂。

② 易燃、挥发物不能放进烘箱，以免发生爆炸。

(2) 电吹风

用于局部加热，快速干燥仪器。

3.3　专用仪器及测量技术

3.3.1　温度的测量

温度是确定物系状态的一个基本热力学参量，物系的物理化学特性均与温度相关。为确定体系的温度或经过某一热力学过程体系温度的改变值，在实际工作中，可利用某些物质对温度的敏感，其物理性质又能高度重现的特性做成温度计进行测量，这里介绍化学实验室中常用的几种温度计。

3.3.1.1　水银温度计

水银温度计是液体温度计中最主要的一类。测量物质是水银，温度的变化表现为水银体积的变化，毛细管中的水银柱将随温度的改变而上升或下降。由于玻璃的膨胀系数小，而毛细管又是均匀的，故水银的体积变化可用长度来表示，在毛细管上可直接标出温度值来。

水银温度计的优点是结构简单，读数方便，在相当大的温度范围内水银体积随温度的变化接近于线性关系。但因读数受多种因素影响，在精确测量中应加以校正。

（1）水银温度计的分类

按刻度方法和量程不同，水银温度计可分为以下几种。

① 常用的刻度以 1℃ 为间隔，测量范围有 0～100℃、0～250℃、0～360℃ 等；或以 0.2℃ 及 0.1℃ 为间隔，测量范围为 0～50℃ 或 0～100℃。

② 由多支温度计配套而成，刻度以 0.1℃ 为间隔，每一支量程为 50℃，交叉组成的测量范围为 -10～400℃。

③ 贝克曼温度计的刻度以 0.01℃ 为间隔，测量范围仅为 5～6℃，但其测量上限或下限可根据测量要求随意调节。

④ 高温水银温度计用硬质玻璃或石英玻璃做管壁，其中充以氮或氩，最高可测至 750℃。

（2）使用注意事项

① 根据测量要求，选择不同量程、不同精度的温度计。超过水银温度计的使用量程，会造成下端玻璃管破裂和水银污染。

② 全浸式水银温度计在使用时应全部浸入被测体系中，要在达到热平衡后毛细管中水银柱面不再移动时，才能读数。

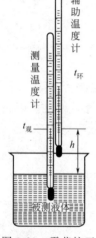

③ 精密温度计读数前应轻敲水银柱面附近的管壁，可以防止水银沾附造成的误差。

④ 按需要对读数进行必要的校正。

（3）水银温度计的校正

实际使用水银温度计时，为消除系统误差，读数需进行校正。引起误差的主要原因和校正方法如下：

① 零点校正　玻璃属过冷液体，是热力学不稳定体系。随使用时间的增加水银温度计下部玻璃球的体积可能会有所改变，使水银温度计的读数与真实值不符，因此必须校正零点。校正方法：可以把它与标准温度计进行比较，也可以用纯物质的相变点标定。

② 露茎校正　全浸式水银温度计如不能全部浸没在被测体系中，则因露出部分与被测体系温度不同，必然存在读数误差。必须予以校正，这种校正称为露茎校正。

图 3-23　露茎校正

校正方法如图 3-23 所示，校正值按下式计算：

$$\Delta t_{露茎} = K \cdot h(t_{观} - t_{环}) \tag{3-1}$$

式中，K 为水银对玻璃的相对膨胀系数，$K = 0.00016$；h 为露出被测体系的水银柱长度，称为露茎高度，以温度值表示；$t_{观}$ 为测量温度计上的读数；$t_{环}$ 为环境温度，可用一支辅助温度计读出，其水银球置于测量温度计露茎的中部。

算出的 $\Delta t_{露茎}$（注意正、负值）加在 $t_{观}$ 上即为校正后的数值：

$$t_{真实} = t_{观} + \Delta t_{露茎} \tag{3-2}$$

实验室还使用酒精温度计（测温范围为 -110～50℃）、戊烷温度计（测温范围为 -90～20℃），但其分度为 1℃，只能用在精度要求不高的测量中。

3.3.1.2　贝克曼温度计

（1）贝克曼温度计的构造及特点

在化学实验中，常常需要对体系的温度变化进行精确的测量，如燃烧焓的测定、凝固点降低法测定摩尔质量等，均要求温度测量精确到 0.002℃。然而普通温度计不能达到这种精确度，需用贝克曼温度计进行测量。

贝克曼温度计的构造如图 3-24(a) 所示。它也是水银温度计的一种，但与一般水银温度计不同，它除在毛细管下端有一水银球外，在温度计的上部有一辅助水银贮槽。它的刻度精细，刻度间隔为 0.01℃，用放大镜读数可估计到 0.002℃，但其量程较短（一般全程只有 5℃），因而不能测定温度的绝对值，一般只用于测温差。要测不同范围内（−20～200℃）温度的变化，则需利用上端的水银贮槽来调节下端水银球中的水银量，水银贮槽的形式一般有两种〔见图 3-24(b)〕。

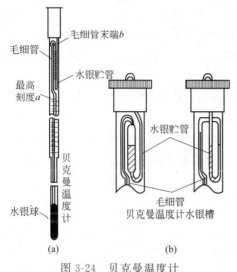

图 3-24　贝克曼温度计　　　　　图 3-25　水银柱在毛细管末端断开

（2）贝克曼温度计的调节

贝克曼温度计的调节视实验情况而异。若用在凝固点降低法测摩尔质量的实验中，起始时应使它的水银柱位于刻度的上段；若用于沸点升高法测摩尔质量，起始时则应使水银柱停在刻度下段；若用来测定温度的波动，应使水银柱停在刻度的中间部分。常用的调节方法有两种。

① 恒温水浴法　如在 $t = 22℃$ 的室温下测定 KCl 在水中的积分溶解焓。样品溶解前，将温度计插入水中，水银柱约在标尺 $r = 3℃$ 左右（KCl 溶解时吸热，体系温度下降）。在调节之前，首先估计从刻度 a 到毛细管末端 b 处一段毛细管长度所相当的温度刻度数值，设为 R，其值约为 2℃。调节时，将贝克曼温度计倒立，水银由于重力作用将沿毛细管向下流动，与贮汞器中水银在 b 处相接，如图 3-25(a) 所示。然后缓慢正立使水银球向下。此动作应轻，以防水银柱在 b 处重新断开。然后把温度计插入温度为 $t + R + (a - r)$ 即 $22 + 2 + (5 - 3) = 26℃$ 的水中，待水银柱稳定后，取出温度计，右手握住温度计中间部位，使温度计垂直向下，以左手掌轻拍右手腕，如图 3-25(b) 所示。注意在操作时应远离实验台，并不可直接敲打温度计以免损坏温度计。依靠震动的力量使毛细管中的水银与贮槽中的水银在其接口处断开，这时温度计可满足实验要求。若不适合，应重新调整。由于温度计从水中取出后水银体积迅速变化，因此这一操作要求迅速轻快，但不能慌乱，以免造成失误。

② 标尺读数法　实验中使用时也可利用小刻度板标尺进行调节。若仍在上述实验中，首先将贝克曼温度计倒立，使毛细管中水银与贮汞器水银在 b 处连接。若贮汞器中水银面在小刻度板标尺上的示数与 26℃ 不符，表明水银球中水银量不合适，应进行调节。若示值超过 26℃，水银球中水银量不足，应缓慢将温度计正立，借水银的重力作用将贮槽中水银拉

入下部水银球中（必要时可将水银球浸入较低温度的水中），待贮汞器中水银面正好落在26℃，震动温度计，使水银柱在 b 处断开。若示值不足 26℃，则水银球中水银过量，应保持温度计倒立，借重力作用使水银球中水银流入贮槽中，当示值为 26℃ 时，迅速正立温度计并使水银柱在 b 处断开。

因小刻度板标尺刻度粗糙，用此法调节误差较大。

调节好的湿度计应放入待测体系或温度与待测体系相同的水中，检查水银柱高度是否符合实验要求，如不符合则应重新调节。

（3）使用贝克曼温度计的注意事项

① 贝克曼温度计属于贵重的玻璃仪器，且因毛细管较长易于损坏，所以在使用时必须十分小心，不能随便放置，一般使用时应安装在仪器上，调节时握在手中，不用时应放到温度计盒里。

② 调节时，注意不可骤冷骤热，以防止温度计破裂。操作时动作不可过大，以免震断毛细管，同时要与实验台有一定距离，防止触碰实验台损坏温度计。

③ 在调节时，如温度计下部水银球中水银与上部贮槽中的水银始终不能相接时，应停下来，检查一下原因。不可一味地对温度计升温，以免使下部水银过多导入上部贮槽中。安装时不可夹得太紧，拆卸仪器时应首先取出温度计。

3.3.1.3 热电偶温度计

（1）原理

将两种金属导线 a、b 构成一闭合回路，连接点的温度不同，就会产生一个电势差，称

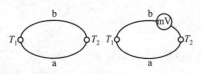

图 3-26 热电偶示意图

为温差电势。如在回路中串接一毫伏表，则可粗略地显示相应温差电势的量值，如图 3-26 所示。这一对金属导线的组合就称为热电偶温度计，简称热电偶。实验表明，温差电势 E 与两个接点的温度差 ΔT 之间存在函数关系：

$$E = f(\Delta T)$$

若其中一个接点的温度恒定不变，如保持在 0℃，即称为冷端，则温差电势只与另一个接点的温度有关，即：

$$E = f(T) \tag{3-3}$$

（2）特点

热电偶作为测温元件，有如下特点：

① 灵敏度较高　如铜-考铜热电偶的灵敏度可达 $40\mu V/℃$，镍铬-考铜热电偶的灵敏度可达 $70\mu V/℃$。用精密的电位差计测量，通常均可达到 $0\sim1℃$ 的精度。如将热电偶串联起来组成热电堆（见图 3-27），则其温差电势是单个热电偶的加和，灵敏度可达 0.0001℃。

② 复现性好　热电偶制作后，经过精密的热处理，其温差电势-温度函数关系的复现性很好，由固定点标定后，可长期使用。

③ 量程宽　热电偶与玻璃液体温度计不同，后者是通过体积的变化来显示温度的，因此单支温度计的量程不可能做得很宽。而热电偶仅受其材质适用范围的限制，其精密度由所选用的热电势测量仪器决定。

④ 非电量变换　参量温度在近代科学实验中不仅要求能将它直

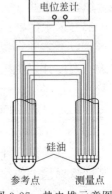

图 3-27 热电堆示意图

接显示出来，而且在某些场合下还要求能实现自动记录和进行更为复杂的数据处理，这就是将非电参量变换为电参量，热电偶就是一种比较理想的温度变换器。

（3）热电偶的种类

热电偶的种类繁多，各有其优缺点，表 3-7 列出了几种国产热电偶的主要技术规格。

表 3-7　国产热电偶的主要技术规格

热电偶种类	型号	分度号	使用温度/℃		热电势允许偏差		偶丝直径 d/mm	特　　点
			长期	短期				
铂铑 10-铂	WRP	S	1300	1600	0～600℃	＞600℃	0.4～0.5	稳定性、重现性均好，适用于精密测量和作基准热电偶用。价格高，不适于高温还原气氛中使用，低温区热电势太小
					±2.4℃	±0.4%t[①]		
铂铑 30-铂铑 6	WRR	B	1600	1800	0～600℃	＞600℃	0.5	
					±3℃	±0.5%t[①]		
镍铬-镍硅	WRN	K	1000	1300	0～400℃	＞600℃	1～2.5	热电势大，线性好，复现性好，价格便宜，易于制作，应用广泛
					±4℃	±0.75%t		
镍铬-考铜	WRE	E	600	800	0～400℃	＞600℃	1～2	热电势大，价格便宜，易于制作。重现性欠佳，使用温度较低
					±4℃	±1%t[①]		

① t 为实测温度（℃）。

（4）热电偶的制作

除了商品型的热电偶外，实验室用热电偶和热电堆经常要按实验的要求自行设计、制作。

① 焊接　热电偶的主要制作工艺是将两根材质不同的偶丝焊接在一起。焊接工艺如下：清除两根偶丝端部的氧化层，用尖嘴钳将它们绞合在一起微微加热，立即蘸以少许硼砂，再在热源上加热，使硼砂均匀覆盖绞合头，并熔成小球状，这样可防止下一步高温焊接时偶丝金属的氧化。焊接通常采用空气-煤气、氧-氢焰以及直流或交流电弧。如为铜、考铜偶丝，应用还原焰焊接；如为铂、铂铑偶丝，焊接时应掌握温度和时间，以使绞合头部熔融成滴状为准。如用电弧，因温度极高，绞合头在高温区的停留时间不能太长，一瞬间即成。

实验室常使用的电弧焊线路如图 3-28 所示，将清洁处理后绞合在一起并粘有硼砂珠的热偶丝头夹于电极夹上，将调压变压器接通电源，调节输出电压为 25V。为了安全，导线应为中线（验电笔接触时不亮）。线路确证无误后，用胶柄钳夹住电极夹，将热偶丝绞合端迅

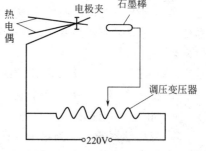

图 3-28　焊接热电偶线路图

速碰触石墨电极上部，一闪即离。焊好的接头应熔为圆珠状。焊头上的硼砂珠趁热迅速溶于水中除去。

② 热处理　焊接好的热电偶均存在内应力，这会导致热电偶在使用过程中产生不稳定温差电势，结果复现性差。一般使用的热电偶应该进行缓慢退火，以清除内应力。

③ 绝缘及其他保护处理　裸露的铂丝会因彼此碰触而将温差电势短路，因此应穿绝缘套管。在保证绝缘的前提下，尽量选择热惰性小、热容量小的套管。

（5）标定和校正

热电偶的温差电势值 E 与温度值 T 之间关系的标定，一般不是按内插公式进行计算，

而是采用实验方法测定列表或以 E-T 曲线形式表示。标定时，参考温度通常采用水的冰点、沸点等某些固定温度点。测定时应保证热电偶处于热平衡状态。温差电势可由低电势的电位差计测定，常用的国产型号为 UJ31、UJ26、UJ36、UJ39 等。标定时冷端保持在 0℃。

表 3-7 所列国产商品热电偶因材质和制作工艺是统一的，所以可统一给出温差电势-温度分度表（参见附录），在精度不太高的测量中可直接使用该表而不必校正。由热电偶的热电势毫伏数查相应分度号热电偶的分度表就可得出温度值。使用时若冷端保持在室温下，须将测得的热电势加上 0℃ 到室温的热电势，然后再查分度表，即得所测温度。若由实验已测定该热电偶的 E-T 曲线，使用时保持相同的冷端温度，通常可直接由温差电势毫伏数在曲线的线性范围内查出对应的温度值。

3.3.1.4 电阻温度计

电阻温度计是根据导体电阻随温度变化的规律来测量温度的温度计。最常用的电阻温度计都采用金属丝绕制成的感温元件，主要有铂电阻温度计和铜电阻温度计，在低温下还有碳、锗和铑铁电阻温度计。精密的铂电阻温度计是目前最准确的温度计，温度覆盖范围约为 13.8033～1234.93K，其误差可低至万分之一摄氏度，它是能复现国际实用温标的基准温度计。我国还用一等和二等标准铂电阻温度计来传递温标，用它作标准来检定水银温度计和其他类型的温度计。金属电阻温度计和半导体电阻温度计，都是根据电阻值随温度的变化这一特性制成的。金属温度计主要有用铂、金、铜、镍等纯金属制成的及铑铁、磷青铜等合金制成的；半导体温度计主要用碳、锗等制成。电阻温度计使用方便可靠，应用广泛。

常用的电阻温度计如下：

① 铂电阻温度计　测量范围 13.8033～1234.93K，精度为 0.001K。如 273K 时电阻为 100Ω 的 Pt-100 是最常用的。

② 铜电阻温度计　测量范围 233～373K，精度为 0.002K 等。

3.3.1.5 数字温度计

数字温度计是采用温度热敏元件，也就是温度传感器（如铂电阻、热电偶等），将温度的变化转化成电信号的变化，然后电信号通过数字模拟转换成数字信号，再通过显示器显示出来。

SWC-Ⅱc 系列数字温度计的使用方法及操作步骤如下：

① 将传感器探头插入后盖板上的传感器接口中（槽口对准）。

② 将 220V 电源接入后盖板上的电源插座。

③ 将传感器插入被测物中（插入深度应大于 50mm）。

④ 按下电源开关，此时显示屏显示仪表初始状态（实时温度），"℃" 表示仪器处于测量状态，测量指示灯亮。

⑤ 选择基温　根据实验所得的实际温度选择适当的基温挡，使温差的绝对值尽可能小。

⑥ 温度和温差的测量

a. 要测量温差时，按一下"温度/温差"键，此时显示屏上显示温差数，显示最末位的"•"表示仪器处于温差测量状态。

注意：进行本步操作时，若显示屏上显示为"0.000"，且闪烁跳跃，表明选择的基温挡不合适，导致超过仪器测量的量程。此时，应重新选择适当的基温。

b. 再按一下"温度/温差"键，则返回温度测量状态。

⑦ 需记录温度和温差的读数时，可按一下"测量/保持"键，使仪器处于保持状态（此

时"保持"指示灯亮）。读数完毕，再按一下"测量/保持"键，即可转换到测量状态，进行跟踪测量。

附注：温差测量方法

被测量的实际温度为 T，基温为 T_0，则温差为 $\Delta T = T - T_0$。

例如：

$T_1 = 18.08℃$，$T_0 = 20℃$，则 $\Delta T_1 = -1.923℃$（仪表显示值）

$T_2 = 21.34℃$，$T_0 = 20℃$，则 $\Delta T_2 = 1.342℃$（仪表显示值）

要得到两个温度的相对变化量 $\Delta T'$，则

$$\Delta T' = \Delta T_2 - \Delta T_1 = (T_2 - T_0) - (T_1 - T_0) = T_2 - T_1$$

由此可以看出，基温 T_0 只是参考值，略有误差对测量结果没有影响。采用基温可以得到分辨率更高的温差，提高显示值的准确度。

如用温差作比较，$\Delta T' = \Delta T_2 - \Delta T_1 = 1.342℃ - (-1.923℃) = 3.265℃$，比用温度作比较，$\Delta T' = T_2 - T_1 = 21.34℃ - 18.08℃ = 3.26℃$，准确度高。

3.3.1.6 低温温度计

低温的测量可利用 O_2、N_2 等在低温下蒸气压与温度的关系，通过蒸气压的测量间接换算而得。例如，为了测定处在接近液氮温度时的蒸气压，使用了一个氧压力计，其结构如图 3-29 所示。

操作步骤如下。

先在 A、B 管中注入适量水银，在 F 端抽真空后封闭之，然后将压力计徐徐向 A 侧倾斜，使一小部分水银流入 D 管，再将压力计复位，这样可以在 E 处获得一个极高的真空区。从 G 端对 B、C 管抽真空，然后充入适量纯氧（可用 $KMnO_4$ 热分解制得），使在室温下管内氧气的压力达到 107kPa 左右。测量时，将 C 管连同小球浸于被测介质中，此时管内氧气凝结成液态氧，空间被饱和的氧蒸气所充满。A、B 管中水银柱高度差，即为该温度下氧的饱和蒸气压，查蒸气压-温度表数据可确定体系温度。

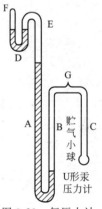

图 3-29　氧压力计

3.3.2 温度的控制

温度的控制一般指将温度控制在指定的温度下。若温度控制在常温范围内，通常使用恒温槽。许多物理化学实验中所得数据，如黏度、表面张力、电导、化学反应速率常数等都与温度有关，所以相关的物理化学实验必须在恒温下进行。通常用恒温槽来控制温度恒定，恒温槽依靠恒温控制器来控制其热平衡。当恒温槽因对外散热而使水温降低时，恒温控制器就使置于浴槽内的加热器工作，待加热到所需的温度时，又使加热器停止工作，这样就使恒温槽温度保持恒定。恒温槽装置一般如图 3-30 所示。

恒温槽一般由浴槽、加热器、搅拌器、温度计、感温元件、恒温控制器等部分组成，现分别介绍如下。

（1）浴槽

通常采用玻璃以利于观察。浴槽内的液体一般采用蒸馏水，恒温超过 100℃ 时可采用液体石蜡或甘油等。

（2）加热器

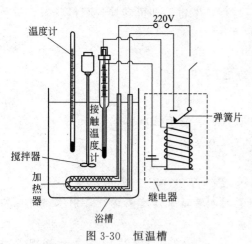

图 3-30 恒温槽

常用的是电加热器。根据恒温槽的容量、恒温温度以及与环境的温差大小来选择电加热器的功率。为了提高恒温的效率和精度，有时可采用两套加热器，开始时，用功率较大的加热器加热，当温度达恒定时再用功率较小的加热器来维持恒温。

（3）搅拌器

一般采用电动搅拌器，用变速器来调节搅拌速度。

（4）温度计

常用分度值为 0.1℃ 的温度计作为观察温度用，为了测定恒温槽的灵敏度，可用分度值为 0.01℃ 的温度计或贝克曼温度计，所用温度计在使用前需进行标定。

（5）感温元件

它是恒温槽的感觉中枢，是提高恒温槽精度的关键所在。感温元件的种类很多，如水银接触温度计、热敏电阻感温元件等。

① 水银接触温度计　又称为水银导电表，它相当于一个自动开关，用于控制浴槽所要求的温度，控制精度一般在 ±0.1℃。其构造如图 3-31 所示。

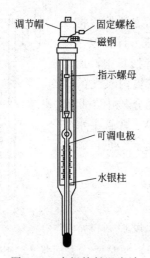

图 3-31　水银接触温度计

图 3-32　热敏电阻感温元件

它的下半部与普通水银温度计相仿，但有一根铂丝（下铂丝）与毛细管中的水银相接触；上半部毛细管中也有一根铂丝（上铂丝），借助顶部磁钢旋转可控制其高低位置。定温指示杆配合上部温度刻度板，用于粗略调节所要求控制的温度值。当浴槽内温度低于指定温度时，上铂丝与汞柱不接触，继电器中线圈无电流通过，弹簧片弹开，加热器回路导通，加热。当浴槽内温度上升并达到所指示的温度时，上铂丝与水银柱接触，并使两根铂丝导通，继电器线圈中有电流流过并吸住弹簧片，加热器断开，停止加热。

② 热敏电阻感温元件　热敏电阻感温元件是由热敏电阻制成的，其构成如图 3-32 所示。

热敏电阻感温元件是以 Fe、Ni、Mn、Mo、Mg、Ti、Cu、Co 等金属的氧化物为原料烧结成球状，并用玻璃封结。由两根细金属丝作引出线与控温仪相接。在玻璃管外再套以金属管起保护作用。热敏电阻感温元件的特点是：电阻温度系数大，灵敏度高，热惰性小，感温时间短，反应迅速，体积小，使用方便，能进行遥控遥测。在使用和保管中应防止与较硬物件接触，以免损坏。

（6）恒温控制器

实验常用晶体管继电器作为控温器，典型的晶体管继电器电路如图 3-33 所示。它是利用晶体管工作在截止区以及饱和区所呈现的开关特性制成的。

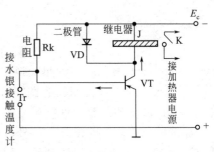

图 3-33　晶体管继电器电路

其工作过程是：当水银接触温度计 Tr 断开时，E_c 通过 Rk 给锗三极管 VT 的基极注入正的电流使 VT 饱和导通，继电器 J 的触点 K 闭合，接通加热器电源。当被控对象的温度升至设定温度时，Tr 接通，VT 的基极和发射极被短路，使 VT 截止，触点 K 断开，加热停止。当 J 线圈中的电流突然变小时，会感生出一个较高的反电动势，二极管 VD 的作用是将它短路，避免晶体管被击穿。晶体管继电器由于不能在较高的温度下工作，因此不能用于烘箱等高温场合。

（7）恒温槽灵敏度及测量

由于上述温度控制装置属于"通""断"类型，当加热器接通后传热物质温度上升并传递给接触温度计，使它的水银柱上升，因为传质、传热都需要一个过程，因此会出现温度传递的滞后。即当接触温度计的水银柱触及铂丝时，实际上加热器附近的水温已超过了指定温度，因此，恒温槽温度就会高于指定温度。同理，降温时也会出现滞后现象。因此，恒温槽控制的温度有一个波动范围，并且恒温槽内各处的温度也会因搅拌效果的优劣而不同。控制温度的波动范围越小，各处的温度越均匀，恒温槽灵敏度越高。灵敏度是衡量恒温好坏的主要标志。它除与感温元件、电子继电器有关外，还与搅拌器的效率、加热器的功率等因素有关。

恒温槽灵敏度的测定是在指定温度下观察温度波动的情况。用较灵敏的温度计，如贝克曼温度计，记录温度随时间的变化，最高温度为 T_1，最低温度为 T_2，恒温槽的灵敏度 T_E 为

$$T_E = \pm \frac{T_1 - T_2}{2} \tag{3-4}$$

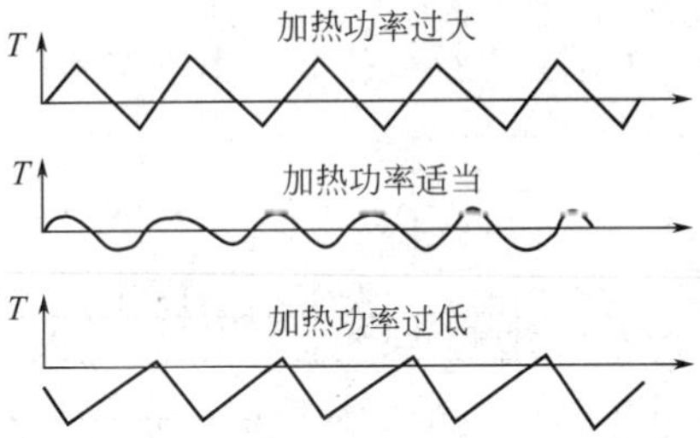

灵敏度常常以温度为纵坐标，时间为横坐标，绘制成温度-时间曲线来表示，如图 3-34 所示。

为了提高恒温槽的灵敏度，在设计恒温槽时要注意以下几点。

恒温槽的热容量要大些，传热物质的热容量越大越好，尽可能提高加热器与接触温度计间传热的速度，为此要使感温元件的热容尽可能小，感温元件与加热器间距离要短一些；搅拌器效率要高；作调节温度用的加热器的功率要小些。

图 3-34　恒温槽温度波动曲线

3.3.2.1　超级恒温槽

相对于普通恒温槽，超级恒温槽具有更高的温度控制精度。它只能加热，不能制冷，因

图 3-35　超级恒温槽外形

而只可提供室温以上的精确控温，一般最高温度在 300℃ 以下。根据最高温度的不同，可分为水槽、油槽。为保证工作区内介质的温度稳定和均匀，选用侧向搅拌的槽体结构方案。下面按工作介质在槽中的流动过程来阐明恒温槽工作原理。在搅拌推动下，工作介质在混合区内自上而下流动，先经盘管蒸发器和加热器进行热交换，使流动介质达到某一合适温度后，由搅拌器进行强烈搅动，使温度不甚均匀的介质充分混合，进而推动介质从底部流出，再导流向上进入工作区，并使介质具有一定的流速。在流经工作区的过程中，要求介质尽量减少与外界的热交换，这样才能保证工作区介质温度均匀，并为高质量温度控制创造良好的条件，此后，介质再流进混合区，依次作重复的循环流动。温控系统的感温元件置于流体之中，用于测量温度信号，控温系统根据感温元件所测得的温度变化，调节输出脉冲信号，最后驱动双向可控硅推动加热器加热，实现控制槽温在设定温度下工作。超级恒温槽的外形如图 3-35 所示。

3.3.2.2　高温的控制

物理化学和催化化学实验中常使用管式电阻电炉（可直接外购或自制）达到如多相催化反应所要求的高温。加热元件为镍铬丝。配用 XCT-131 型或其他型号的温度控制器实现温度自动控制。XCT-131 型温度控制器价格便宜、调节简单、应用普遍，能满足通常物理化学和催化化学实验温度控制的精度要求。其控温原理如图 3-36 所示。

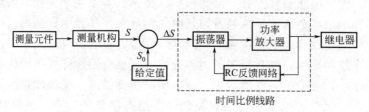

图 3-36　XCT-131 型控温仪原理示意图

控温仪需与热电偶或其他辐射感温元件配合使用。仪表由两部分组成：测量机构和控制部分。测量机构是一个磁电式的表头，可动线圈处于永久磁钢形成的空间磁场中。热电偶或辐射感温元件产生的毫伏信号使可动线圈中流过一电流，此截流线圈受磁场力作用而转动。动圈的支承是张丝，张丝扭转产生的反力矩与动圈的转动力矩相平衡，此时动圈的位置和毫伏信号的大小相对应，于是指针在画板上指示出温度数值。

控制部分由偏差检测机构和时间比例控制电路组成。由附在动圈指针上的小铝旗和固定在给定温度指针上的线圈的相对位置变化给出偏差。偏差信号通过时间比例线路控制继电器触点闭合或断开时间的长短以控制加热器工作时间的长短，从而控制炉温。

首先调节定温指针到预定温度位置上。若炉温未达到预定温度值，振荡器处于较强的振荡状态，功率放大器将输出一较大的电流流经继电器线圈，继电器闭合，加热器工作。随偏差信号减

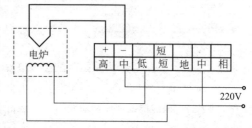

图 3-37　XCT-131 型控温仪接线方法

少，RC 反馈网络作用，使继电器按一定时间比例进行闭、开动作，加热器工作时间间断，使加热趋于缓慢。当炉温达到给定值时，继电器通过控制加热器工作时间使炉温恒定在给定

值上。若炉温超过给定值，则使加热器工作时间缩短，不加热时间增长，炉温可下降回到给定值上。XCT-131型控温仪接线方法如图3-37所示。

当继电器闭合时，中低接通，电加热丝工作。为提高控温精度，可在加热器回路上接一调压变压器。当炉温达预定值后，适当减少加热电压，可使炉温波动在±1℃范围内。

3.3.2.3　程序控温仪

在物理化学实验和研究工作（特别是催化剂的制备、评价和色谱法检测不同沸点物质组成的有机化合物）中，常需对被测系统的温度进行精密控制。恒温和程序升温是使用最多的两种控制方式。在控温的调节规律上要求能实现比例-积分-微分控制，简称PID控制。它能在整段过渡过程时间内，按照偏差信号的变化规律，自动地调节通过加热器的电流，故也称"自动调流"。当偏差信号很大时，加热电流也很大；当偏差信号逐渐减小时，加热电流会按比例作相应的降低，这就是所谓的比例调节规律。但被控对象体系温度升至设定值时，偏差为零，加热电流也将降为零，就不能够补偿体系向环境的热消耗。因此仅仅单一进行比例调节不能保持体系在设定值时的平衡，体系温度必然降低，即产生偏差。在比例调节的基础上运用积分的调节规律，可减少或消除偏差。当过渡过程时间将近结束时，尽管偏差信号极小，但因在其前期有偏差信号的积累，故仍会产生一个足够大的加热电流，使体系温度较快地上升到设定值，并继续维持一定的加热电流，保持体系与环境之间的热平衡。如在比例-积分调节的基础上再加上微分调节规律，那么，在过渡过程时间的一开始，就能输出一个较单比例调节大得多的加热电流，使体系温度迅速上升，缩短过程时间。但这种加热电流具有按微分指数曲线降低的规律，随着时间的增长，加热电流会逐渐降低，控制过程随即从微分调节规律过渡到比例-积分调节规律。加上微分调节规律后，能有效控制大的体系，还能应付自发性的干扰。

因此PID调节器能按比例-积分-微分调节规律自动调节加热电流，而电流调节是通过一个可控硅电路来实现的。下面介绍XMT-2000智能型数字温度控制器的使用。

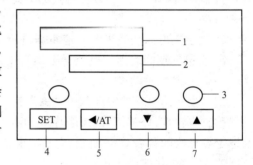

图3-38　XMT-2000智能型数字
温度控制器的面板布置
1—显示器；2—给定值；3—指示灯；
4—功能键；5—移位键；6,7—数字调整键

（1）XMT-2000智能型数字温度控制器的面板布置说明
见图3-38。

① pv显示器（红）　显示测量值。根据仪表状态显示各类提示符。

② 给定值（SV显示器）（绿）　显示给定值，根据仪表状态显示各类参数。

③ 指示灯　自整定指示灯（AT）（绿），工作输出时闪烁。控制输出灯（OUT）（绿），工作输出时亮。报警灯（ALM）（红），工作输出时亮。

④ 功能键　参数的调整，参数的修改确认。

⑤ 移位键（◀/AT键）　用于调整数字及自整定。

⑥ 数字调整键　用于调整数字。

（2）使用方法

① 仪表安装之前应核对仪表型号规格是否与您所需的型号规格一致。

② 严格按照壳上的端子接线图进行接线，在通电之前应仔细检查。

③ 通电后看显示器显示的型号、分度号、量程是否符合要求。

④ 新机安装后，首次升温调试时，应先进行自整定，为了使自整定效果更好些，应在设备实际工况负荷下进行自整定控制。

⑤ 如果在运行过程中显示器出现"HHHH""LLLL"或"Err"等信息，表明传感器（热电阻、热电偶）可能存在开路、短路、接触不良或反接等情况，应及时检查纠正。

（3）操作

① 通电显示　通电后所有显示器及指示灯亮起，接着显示型号和分度号，然后显示量程上、下限，前三个状态显示各约 1s 之后进入常规的测量值-设定值显示并控制运行。

注：仪表输入分度号代码，E-E 型热电偶，K-K 型热电偶，EA-EA2 型热电阻，S-S 热电阻；Cu-Cu50 热电阻；Pt-Pt100 热电阻。

② 设定温度值按"SET"键，仪器进入设定状态，按"◀/AT"可选定要修改的位数，并使之闪烁，按"▲""▼"键进行设定值的修改，设定值修改完毕后按"SET"键确认并退出设定值设定状态。

负温度值的设定办法：先设定好温度值，然后按"◀/AT"键选定最高位，按"▼"键使该数减至"0"，继续按便出现"—"号。

③ PID 参数自整定　冷机通电后，首先设定温度（应设定实际需要值），然后按"◀/AT"键大于 10s，"AT"键指示灯闪烁表示仪表进入自整定过程，系统经过两个振荡周期后，自整定结束，"AT"键指示灯灭，这时仪表就得到一组优化的控制参数并长期保存。

注意：

a. 系统工况改变较大时，应重新进行一次自整定，以适应新的系统参数。

b. 自整定期间若遇停电就会退出自整定状态，原有的 PID 参数不变。

④ PID 参数手动设定。

第一步：同时按"SET"＋"▲"键≥4s 进入参数设定状态。

第二步：按"SET"键按顺序显示各个参数。如要修改所显示的参数，则按"◀/AT"键选定要修改的位数，并使之闪烁，按"▲""▼"键可改变闪烁位置。修改完毕后按"SET"键确认并保存。

第三步：按"SET"键退出参数设定。

各参数的显示及含义如下：

a. db　切换差。

b. Ub　时间比例再设定（0～90%）。

c. P　比例带，所谓的 PID 控制，就是按设定与测量的温度偏差的比例、偏差的累积和偏差变化的趋势进行控制。PID 三参数的合适整定，对系统的控制品质至关重要，对控制规律不太熟悉者，可采用自整定方式，由仪表自动完成对系统的 PID 参数整定。

d. TI　积分时间。

e. Td　微分时间。

f. t　控制周期。

g. Ctr　控制模式。例如 Ctr＝0，常规控制。

h. SA　设定值限幅。设定值≤SA（SA 为设定值限幅的最大值）。

i. AH/AL　AH：上限报警值；AL：下限报警值。AH、AL 是具有报警功能的仪表的功能选项，不带报警功能的仪表则无此选项。

j. SC　传感器修正。修正传感器误差，修正范围为 0～±12.7℃。

k. LCK　软件锁。LCK 取 1234，参数可改，取其他值则参数不可修改。

3.3.3 大气压计

压力的定义和常规表示如下。

（1）定义

压力即物理中的压强，具有压强的量纲。

① 帕斯卡（帕） Pa；$1Pa=1N \cdot m^{-2}=10^5 dyn \cdot m^{-2}$。

② 标准大气压 atm；$1atm=101.325kPa$。

③ 毫米汞柱（托） mmHg(Torr)；$1mmHg=1Torr=1.333 \times 10^2 Pa$。

④ 巴 bar $1bar=10^5 Pa$；$1mbar=0.1kPa$。

⑤ 毫米水柱 $1mmH_2O=9.806Pa$（4℃）。

（2）习惯表示

① 绝对压力 p（实际压力，总压力）。

② 相对压力 $p_{相对}=p-p_0$（与大气压力 p_0 相比较的压力）。

③ 正压力 $p>p_0$。

④ 负压力 $p<p_0$（又称真空，其绝对值称为真空度）。

⑤ 压力差 p_1-p_2（任意压力 p_1 和 p_2 比较的差值）。

3.3.3.1 气体压力的测定

压力是描述体系状态的一个重要参数，物质的许多性质如熔点、沸点、气体体积等都与压力有关。在化学热力学和动力学研究中，压力是一个重要因素，其测量具有重要的意义。常用的压力测量仪器有液柱式压力计和气压计。

（1）液柱式压力计

液柱式压力计构造简单，使用方便，测量准确度高，但其测量范围不大，示差与工作液密度有关。实验室常用的液柱式压力计是 U 形压力计，它采用静力学原理测定体系压力。

常用的有如图 3-39 所示的几种形式。

U 形压力计内装入工作液，U 形管两端液面上端压力不同，分别为 p_1、p_2，由于压力差的存在，使得左右管内液柱产生一个高度差的 Δh。由公式

$$p_1=p_2+\rho g(h_2-h_1)=p_2+\rho g \Delta h \tag{3-5}$$

可知，只需测量出 Δh，即可求出体系压力 p_1。

如图 3-39(a) 所示，当 U 形压力计右侧通大气时，$\Delta h=h_2-h_1<0$，体系的压力小于大气压，这种压力计通常用于测定十几千帕到常压的压力范围；若如图 3-39(b) 和图 3-39(c) 所示，控制 $p_2=0$ 或接近零时，可由 Δh 求出 p_1（即为绝对压力），这种压力计通常用于测定真空体系低于几十帕的压力值。

作为压力计的工作液，一般应符合下述要求：不与被测体系的物质发生化学作用，不互溶，饱和蒸气压低，体积膨胀系数较小，表面张力变化不大。

常用工作液及其性质列于表 3-8 中。

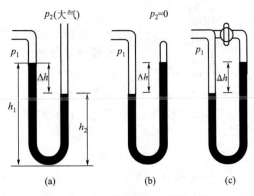

图 3-39 几种不同的 U 形压力计

表 3-8　常用工作液及其性质

物质	$\rho_{20℃}$ /(g·cm^{-3})	20℃时的体积膨胀系数 α/℃$^{-1}$	物质	$\rho_{20℃}$ /(g·cm^{-3})	20℃时的体积膨胀系数 α/℃$^{-1}$
汞	13.547	0.00018	四氯化碳	1.594	0.00191
水	0.998	0.00021	甲苯	0.864	0.0011
变压器油	0.86		煤油	0.8	0.00095
乙醇	0.79	0.0011	甘油	1.257	
溴乙烷	2.147	0.00022			

（2）U 形压力计的校正

液柱高度表示法常是以 0℃时为标准的，在室温时，工作液的密度有所变化，而刻度标尺的长度也会略有改变，所以必须对膨胀系数加以校正，使不同条件下测得的压力读数处于同样基准下进行比较。

校正公式为：

$$\Delta h_0 = \Delta h_t \left(1 - \frac{\alpha - \beta}{1 + \alpha t} t \right) \tag{3-6}$$

式中，Δh_0 为校正后的压力；Δh_t 为温度为 t 时测得的压力；α 为工作液膨胀系数；β 为刻度标尺膨胀系数；t 为测量的温度。

3.3.3.2　大气压力计

（1）气压计的结构

测定大气压的仪器称为气压计。气压计的种类很多，实验室最常用的有福廷（Fortin）式气压计和固定槽式气压计，福廷（Fortin）式气压计结构示意图如图 3-40 所示。

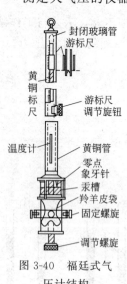

图 3-40　福廷式气压计结构

福廷式气压计是一种真空汞压力计，以汞柱来平衡大气压力，然后以汞柱的高度 h 经换算后得出气压值 [近年出厂的气压计，标尺刻度已直接以千帕（kPa）计]。

福廷式气压计的主要结构是一根长 90cm、一端封闭的玻璃管，管中盛有汞，倒插在下部汞槽内，玻璃管中汞面的上部是真空。汞槽底部为一羚羊皮袋，附有一螺旋可以调节其中汞面的高度。另外还有一象牙针，它的尖端是黄铜标尺刻度的零点，此黄铜标尺上附有一游标尺，利用游标读数精密度可达 10Pa。使用时，轻转皮袋下的螺旋，使槽内水银面恰好跟象牙针尖接触（即与刻度尺的零点在同一水平线上），然后由管上刻度尺读出水银柱的高度。此高度示数即为当时当地大气压的大小。另外还有不需调准象牙针的观测站用气压计、可测低气压的山岳用气压计以及对船的摇动不敏感的航海用气压计。

（2）气压计的操作步骤

① 铅直调节　气压计必须垂直放置，若在铅直方向偏差 1°，当压力为 101.325kPa 时，则大气压的测量误差大约为 15Pa。可拧松气压计底部圆环上的三个螺旋，令气压计铅直悬挂，再旋紧这三个螺旋，使其固定即可。

② 调节汞槽内的汞面高度　慢慢旋转调节螺旋，升高汞槽内的汞面，利用汞槽后面的

白瓷板观察，直到汞面恰好与象牙针尖相接触，然后轻轻扣动铜管使玻璃管上部汞的弯曲面正常，这时象牙针尖与汞面的接触应没有变动。

③ 调节游标尺　转动游标尺调节旋钮，使游标尺的下缘边高于汞柱面，然后慢慢下降，直到游标尺的下缘边及后窗活盖的缘边与管中汞柱的凸面相切，这时观察者的眼睛和标尺前后两个下缘边应在同一水平面。

④ 读取汞柱高度　游标尺的零线在黄铜标尺上所指的刻度，为大气压力的整数部分（单位为 kPa），再从游标尺上找出一根恰与黄铜标尺上某一刻度吻合最好的刻度线，此游标刻度线上的数值即大气压力的小数部分。读数完毕，向下转动螺旋使汞面离开象牙针尖，同时记下气压计上附属温度计的温度，并从所附卡片记下该气压计的仪器误差。

（3）气压计的读数校正

当气压计的汞柱与大气压力平衡时，则

$$p_{大气} = \rho g h \tag{3-7}$$

但汞的密度 ρ 与温度有关，重力加速度 g 随地点不同而异。因此以汞柱高度 h 来计算大气压时，规定其温度为 273.15K，重力加速度 $g = 9.80665 \text{m} \cdot \text{s}^{-2}$，即以海平面，纬度为 45° 时的汞柱为标准，此时汞的密度 $\rho = 13595.1 \text{kg} \cdot \text{m}^{-3}$。所以，不符合上述规定所读得的汞柱高度，除了要进行仪器误差校正外，在精密的工作中还必须进行温度、纬度和海拔高度的校正。

① 仪器误差的校正　气压计出厂时都附有仪器误差的校正卡，所以各次观察值首先应按列在校正卡上的值进行校正。

② 温度校正　室温时由于汞的密度和黄铜刻度标尺的长度都有改变，所以必须对汞的膨胀系数及标尺的线膨胀系数进行温度校正。设 t℃ 时汞柱高的观察值为 h_t，α 为汞的体膨胀系数，β 为黄铜标尺的线膨胀系数，经温度校正后的汞柱高为 h_0，它们关系式为：

$$h_0 = h_t \left[1 - \frac{(\alpha - \beta)t}{1 + \alpha t} \right]$$

温度校正值：

$$\Delta h(t) = h_t - h_0 = \frac{(\alpha - \beta)t h_t}{1 + \alpha t}$$

代入：　　　　$\alpha = 0.1819 \times 10^{-3}$℃$^{-1}$，　$\beta = 18.4 \times 10^{-6}$℃$^{-1}$

得：　　　　　　　$\Delta h(t) \approx 0.000163 t h_t$ （3-8）

实际使用时已将 $\Delta h(t)$ 列表（见表 3-9），由 h_t 及 t（℃）可以进行内插。

以上计算所得校正值以 mmHg 表示。若从气压计读取压力值以 mmHg 表示时，以观察值减去校正值即得 0℃时的汞柱高度。

③ 纬度和海拔高度的校正　重力加速度 g 随海拔高 H（m）和纬度 L 不同而异。当气压计汞柱高的读数已作温度校正后，可由下式计算纬度校正值：

$$\Delta h(L) = 2.6 \times 10^{-3} \cos(2L) h_0 \tag{3-9}$$

海拔高度校正值：

$$\Delta h(H) = 3.14 \times 10^{-7} H h_0 \tag{3-10}$$

h_0 减去 $\Delta h(L)$ 和 $\Delta h(H)$，即得经温度、纬度和海拔高度校正后的以 mmHg 表示的汞柱高 h_s，代入式（3-7）即可求出大气压（单位为 Pa 或 kPa）。

第③项校正值通常较小，当纬度偏离 45° 不远、海拔不太高时可忽略。

校正举例：若在重庆市测量大气压，重庆的纬度 L 近似为 31°，海拔 H 为 500m，室温

25℃，气压计读数 $h_t=719.9\text{mmHg}$，仪器误差为 -0.24mmHg，计算校正后的正确气压值。

解：

第①项校正：$719.9-0.24=719.66$（mmHg）

第②项校正：由表 3-9 查得 $\Delta h(t)$ 为 2.93mmHg，经温度校正后得
$$h_0=716.73\text{mmHg}$$

第③项校正：由式（3-9）计算得 $\Delta h(L)=0.88\text{mmHg}$，由式（3-10）算得 $\Delta h(H)=0.11\text{mmHg}$，校正后汞柱高为
$$h_s=719.66-2.93-0.88-0.11=715.74\text{（mmHg）}$$

最后求得大气压为 $133.33\times715.74=95427$（Pa）

表 3-9　气压计读数的温度校正值 $\Delta h(t)$ $[h_0=h_t-\Delta h(t)]$

温度/℃	不同观察值 h_t 的 $\Delta h(t)$ 值/mmHg					
	710	720	730	740	750	760
4	0.46	0.47	0.48	0.48	0.49	0.50
6	0.70	0.71	0.71	0.72	0.73	0.74
8	0.93	0.94	0.95	0.79	0.98	0.99
10	1.16	1.17	1.19	1.21	1.22	1.24
11	1.28	1.27	1.31	1.33	1.35	1.36
12	1.39	1.41	1.43	1.45	1.47	1.49
13	1.51	1.53	1.55	1.55	1.59	1.61
14	1.62	1.64	1.67	1.69	1.71	1.73
15	1.74	1.76	1.73	181	1.83	1.86
16	1.85	1.88	1.90	1.98	1.96	1.98
17	1.97	2.00	2.02	2.05	2.08	2.11
18	2.08	2.11	2.14	2.17	2.20	2.23
19	2.20	2.23	2.26	2.29	2.32	2.35
20	2.31	2.35	2.38	2.41	2.44	2.48
21	2.43	2.46	2.50	2.53	2.56	2.60
22	2.54	2.58	2.62	2.65	2.69	2.72
23	2.66	2.70	2.73	2.77	2.81	2.84
24	2.77	2.81	2.85	2.89	2.93	2.97
25	2.89	2.93	2.97	3.01	3.05	3.09
26	3.00	3.05	3.09	3.13	3.17	3.21
27	3.12	3.16	3.21	3.25	3.29	3.34
28	3.23	3.28	3.32	3.37	3.41	3.46
29	3.35	3.39	3.44	3.49	3.54	3.58
30	3.46	3.51	3.56	3.61	3.66	3.70
31	3.57	3.62	3.67	3.72	3.77	3.82
32	3.70	3.76	3.81	3.85	3.90	3.95
33	3.82	3.87	3.39	3.97	4.02	4.07
34	3.92	3.99	4.05	4.09	4.14	4.20
35	4.05	4.11	4.16	4.21	4.26	4.32

3.3.3.3 数字压力计

实验室经常用 U 形管汞压力计测量从真空到外界大气压这一区间的压力。虽然这种方法原理简单、形象直观，但由于汞的毒性以及不便于远距离观察和自动记录，因此这种压力计逐渐被数字式电子压力计所取代。数字式电子压力计具有体积小、精确度高、操作简单、便于远距离观测和能够实现自动记录等优点，目前已得到广泛的应用。用于测量负压（0～100kPa）的 DP-A 精密数字压力计即属于这种压力计。

（1）工作原理

数字式压力计是由压力传感器、测量电路和电性指示器三部分组成的。

压力传感器主要由波纹管、应变梁和半导体应变片组成，如图 3-41 所示。弹性应变梁 2 的一端固定，另一端和连接系统的波纹管 1 相连，称为自由端。当系统压力通过波纹管 1 底部作用在自由端时，应变梁 2 便发生挠曲，使其两侧的上下四块半导体应变片 3 因机械变形而引起电阻值变化。

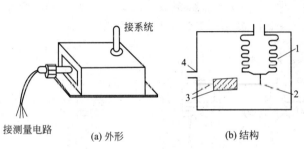

图 3-41　压力传感器外形与内部结构

1—波纹管；2—应变梁；3—应变片

（两侧前后共 4 块）；4—导线引出

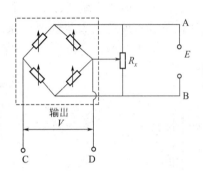

图 3-42　压力传感器电桥线路

这四块半导体应变片组成如图 3-42 所示的电桥线路。当压力计接通电源后，在电桥线路 AB 端输入适当电压后，首先调节零点电位器 R_x 使电桥平衡，这时传感器内压力与外压相等，压力差为零。当连通负压系统后，负压经波纹管产生一个应力，使应变梁发生形变，半导体应变片的电阻值发生变化，电桥失去平衡，从 CD 端输出一个与压力值相关的电压信号，可用数字电压得到输出信号与压力差之间的比例关系为 $\Delta p = KV$，式中，K 为常数，V 为电压。此压力差通过电性指示器记录或显示。

（2）使用方法

① 接通电源，按下电源开关，预热 5min 即可正常工作。

②"单位"键　当接通电源，初始状态为"kPa"指示灯亮，显示以 kPa 为计量单位的零压力值；按一下"单位"键，"mmHg"指示灯亮，则显示以 mmHg 为计量单位的零压力值。通常情况下选择 kPa 为压力单位。

③ 当系统与外界处于等压状态下时，按一下"采零"键，使仪表自动扣除传感器零压力值（零点漂移），显示为"00.00"，此数值表示此时系统和外界的压力差为零。当系统内压力降低时，则显示负压力数值，将外界压力加上该负压力数值即为系统内的实际压力。

④ 该仪器采用 CPU 进行非线性补偿，但电网干扰脉冲可能会出现程序错误造成死机，此时应按下"复位键"，程序从头开始。注意：一般情况下，不会出现此错误，故平时不需按此键。

⑤ 使用结束后，将被测系统泄压为"00.00"，电源开关置于关闭位置。

3.3.4 真空技术

系统压力低于大气压常称为真空，压力为 $10^3 \sim 10^5 Pa$ 为粗真空，$10^{-1} \sim 10^3 Pa$ 为低真空，$10^{-6} \sim 10^{-1} Pa$ 为高真空，压力更低则为超高真空。实际工作中常需对纯净的气相或清洁的固体表面进行研究，必须采用真空技术在超高真空的条件下才能实现。化学实验中常使用机械泵、油扩散泵获取真空，由 U 形压力计、热偶规和电离规测量系统压力。对于真空体系，除用绝对压力表示体系压力大小外，也常用真空度来表示，即真空度＝大气压-绝对压。体系压力越低，真空度越高。习惯上真空体系的压力还用托（Torr）表示，1 托≈1mmHg。

3.3.4.1 设备

（1）水流泵

水流泵外观如图 3-43 所示。水流泵应用的是伯努利原理，水经过收缩的喷口以高速喷出，其周围区域的压力较低，由系统中进入的气体分子便被高速喷出的水流带走。水流泵所达到的极限真空度受水本身的蒸气压限制。用它一般可获得粗真空（10～760Torr）。该设备效率低，但由于操作简便，实验室在抽滤或其他粗真空度要求时经常使用。

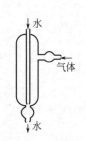

图 3-43　水流泵

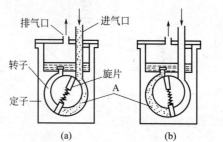

图 3-44　油封旋片式机械泵原理

（2）机械泵

常用的机械泵为油封旋片式机械泵，极限真空为 $10^{-1} Pa$，内部结构及工作原理如图 3-44所示。

图 3-44 中钢制的圆筒形定子里有一个钢制的实心圆柱偏心转子，转子直径上嵌有带弹簧的旋片。当电机带动转子转动时，旋片在圆筒形的腔体中连续运转，使泵腔隔成两个区域，其容积周期性地扩大和缩小。将待抽真空容器经管道与泵的进气口连接，在过程（a）中，A 空间增加，气体从进气口吸入，在过程（b）、（c）中，A 腔中的气体压缩后从排气口排出。转子不断旋转，不断重复以上过程，系统压力则不断降低。整个机件浸入盛油的箱中。油蒸气压很低，同时起润滑、密封和冷却作用。

使用机械泵应注意：

① 机械泵不可直接抽可凝性蒸气，如水蒸气、挥发性液体等。为防止这些气体进入泵内，应在泵进气口前安装净化器，用 $CaCl_2$ 或 P_2O_5 吸收水汽，用石蜡油吸收有机蒸气，用活性炭或硅胶吸收其他蒸气。

② 机械泵不能用来抽腐蚀性的气体，如 HCl、Cl_2 和 NO_2 等，这些气体将很快腐蚀泵中的精密机件，使之不能正常工作。如果抽含有如上腐蚀性物质的气体，应使气体首先经过固体苛性钠吸收器除去这些有害物质。

③ 机械泵由电机带动，使用时应使电源电压与电机电源要求相匹配。如为三相电机应

注意相线接法，勿使电机倒转致使泵油喷出。

④ 停止机械泵运转前应使泵体先通大气再切断电源，以防泵油返压进入系统。为此可在进气口处接一个三通活塞，停机前使三通活塞处于这样的位置：既保持系统处于真空，又可使泵体通大气。

（3）油扩散泵

为了得到小于 10^{-1}Pa 的真空，应使用由机械泵和油扩散泵组成的真空机组。扩散泵将系统中的气体富集起来，再由机械泵把气体抽除。油扩散泵的工作原理如图 3-45 所示。

一般将蒸气压低、沸点高的有机硅油作为油扩散泵的工作物质。受热沸腾产生的油蒸气沿中央管道上升，受阻后在喷口处高速喷出，喷口附近形成低压区。被抽真空系统中的气体扩散到喷口处，在扩散泵下部富集后由前级机械泵抽走。硅油蒸气则冷凝为液体回流到底部循环使用。

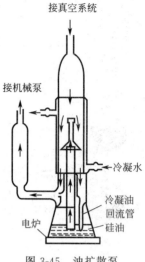

图 3-45 油扩散泵工作原理

使用油扩散泵应注意以下问题：

为使扩散泵油保持良好性能（高的摩尔质量，低蒸气压等），应尽量避免油氧化。为此应先启动机械泵，将系统抽至 3～5Pa 以下的低真空后再加热扩散泵油。扩散泵工作期间应保持冷却水畅通。在扩散泵停止加热后，应等扩散泵油冷却至室温后才能关闭机械泵和冷却水。为防止泵油过热氧化，应控制适当的加热速度和温度，并保持适当的冷却水流量以防止油蒸气进入被抽系统造成污染。

若要获得更高的真空，可采用分子泵或吸附泵等，其原理可参阅有关资料。

3.3.4.2 真空的测量

测定低压下气体压力的量具为真空规。能由所测物理量直接算出气压大小的是绝对真空规，否则为相对真空规。相对真空规测得的量只有经绝对真空规校准后才能指示相应的气压值。常用的绝对真空规有 U 形压力计、麦氏真空规等，相对真空规分为热偶规和电离规。

（1）U 形管压力计

U 形管压力计原理在前面章节已介绍过。采用密度较小的工作液可提高 Δh 读数的精度。采用汞为工作液时，可测量 10^2～10^5Pa 的压力；若用油为工作液，可测 10～10^3Pa 的压力。

（2）麦氏真空规

麦氏（McLeod）真空规为压缩式真空规。其原理是压缩已知体积、未知压力的气体至一较小体积，从而由观察液面差的办法测定较小体积内气体的压力，再推算出气体未压缩前的压力。真空规使用硬质玻璃制成，典型的结构如图 3-46 所示。

使用时首先打开待测系统的活塞 E，缓慢开启三通活塞 T，开向辅助真空。不让汞槽中的汞面上升，待稳定后，才可以开始测量。测量时 T 开向大气使空气缓慢进入汞槽 G（可接一毛细管，使进气缓慢）。汞槽中汞慢慢上升，当达到 F 处，玻璃 A 中气体即和真空系统隔开。这时 BA 内的压力与系统压力相等为 p，BA 内气体体积为 V。当汞继续上升后，BA 中气体不断被压缩，容积不断减小，容积的减小与压力增加的关系可近似地用波义耳定律表示。当 D 管中汞上升到 m_1、m_2 线（与 B 管封闭端平齐）、B 管中汞在封闭端下面 h 处。此时 BA 中的气体体积为 $\bar{V}$，压力为 $p+\rho gh$，$\bar{V}=Sh$（S 为已知毛细管的截面积）。

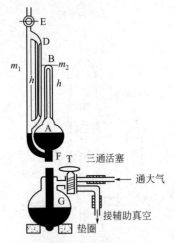

图 3-46 麦氏真空规示意图

按波义耳定律：

$$pV=(p+\rho gh)\overline{V}=(p+\rho gh)Sh$$

因此：

$$p=\frac{\rho gSh^2}{V-Sh}$$

对于能测量到 1.333×10^{-4} Pa 的麦氏真空规来说，球体积 V 应在 $300cm^3$ 以上，这样 $V\gg Sh$，上式可简化为：

$$p=\frac{\rho gSh^2}{V}=Kh^2$$

K 为常数，测量出高度 h 就可算出系统压力。麦氏真空规在出厂时已进行了标定，根据各量规的标尺可直接读出真空体系的压力值。

麦氏真空规的另一种形式是旋转式压缩真空规。使用时只需将抽气系统与真空规在 A 点处用真空橡皮管连接，测量时转动 $90°$ [见图 3-47(a)]，当毛细管 F 中水银面升到刻度板刻度线就可根据 F 管中水银面的高度由刻度直接读数。

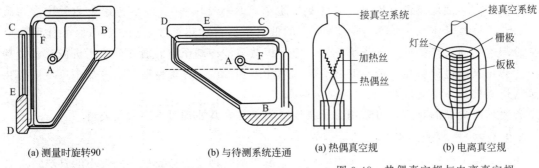

(a) 测量时旋转90°   (b) 与待测系统连通

图 3-47　旋转式压缩真空规

(a) 热偶真空规   (b) 电离真空规

图 3-48　热偶真空规与电离真空规

（3）热偶真空规

热偶真空规的结构如图 3-48(a) 所示。

其原理为：当气体压力低于一定值后，气体的热导率与压力成正比。测量时将热偶规管与待测系统相接，维持热偶规管加热电流恒定，热偶丝温度的变化取决于周围气体的热导率的变化。当气体压力降低时，热导率减小，热偶工作端温度升高，相应热电势升高，测量毫伏表中指针发生偏转。如用绝对真空规对毫伏表读数进行标定，即可测定体系的压力。

热偶规的测量范围为 $10^{-1}\sim10^4$ Pa。

（4）电离真空规

电离真空规类似于一个三极管 [见图 3-48(b)]。测量时规管接系统，灯丝通电后发射电子，经栅极加速后飞向板极。在飞行过程中与残余气体分子碰撞，使其电离形成正的离子电流 I_+，I_+ 与气体压力、阴极发射电流 I_e 成正比：

$$I_+=SI_ep$$

S 为规管灵敏度。在发射电流和规管灵敏度恒定的情况下，经标定后，由 I_+ 大小指示系统压力。通常因气体压力很低而使 I_+ 极弱，无法直接进行测定，应放大后再测定。

电离规测定压力范围为 $10^{-6}\sim10^{-1}$ Pa。只有当系统的压力低于 10^{-1} Pa 后才可使用电离规，否则灯丝通电后将氧化损坏。

实验中通常将两种规管与真空机组配合使用。仅用机械泵抽气时，用热偶规测量压力，启动扩散泵且泵工作稳定后，再使用电离规测压。两种规管与复合真空计配套使用。

3.3.4.3 真空体系的设计和操作

真空体系通常包含真空产生、真空测量和真空使用三部分，这三部分之间通过一根或多根导管、活塞等连接起来。根据所需要的真空度和抽气时间来综合考虑选配泵、确定管路和选择真空材料。

① 材料　真空体系的材料，可以用玻璃或金属。玻璃真空体系吹制比较方便，使用时可观察内部情况，便于在低真空条件下用高频火花检测器检漏，但其真空度较低，一般可达 $10^{-3} \sim 10^{-1} Pa$。由不锈钢材料制成的金属真空体系可达到 $10^{-10} Pa$ 的真空度。

② 真空泵　要求极限真空度仅达 $10^{-1} Pa$ 时，可直接使用性能较好的机械泵，不必用扩散泵。要求真空度优于 $10^{-1} Pa$ 时，则扩散泵和机械泵配套使用。选用真空泵主要考虑泵的极限真空度的抽气速率。对极限真空度要求高，可选用多级扩散泵；要求抽气速率大，可采用大型扩散泵和多喷口扩散泵。扩散泵应配用机械泵作为它的前级泵，选用机械泵要注意它的真空度和抽气速率应与扩散泵匹配。如用小型玻璃三级油扩散泵，其抽气速率在真空度 $10^{-2} Pa$ 时约为 $60 cm^3 \cdot s^{-1}$，配套一台抽气速率为 $30 dm^3 \cdot min^{-1}$（1Pa 时）的旋片式机械泵就正好合适。真空度要求优于 $10^{-6} Pa$ 时，一般选用钛泵和吸附泵配套。

③ 真空规　根据所需量程及具体使用要求来选定。如真空度在 $10^{-2} \sim 10 Pa$ 范围，可选用转式麦氏真空规或热偶真空规；真空度在 $10^{-4} \sim 10^{-1} Pa$ 范围，可选用座式麦氏真空规或电离真空规；真空度在 $10 \sim 10^{-6} Pa$ 较宽范围，通常选用热偶真空规和电离真空规配套的复合真空规。

④ 冷阱　冷阱是在气体通道中设置的一种冷却式陷阱，是使气体经过时被捕集的装置。通常在扩散泵和机械泵间要加冷阱，以免有机物、水汽等进入机械泵。在扩散泵和待抽真空部分之间，一般也要装冷阱，以防止油蒸气沾污测量对象，同时捕集气体。常用冷阱结构如图 3-49 所示。具体尺寸视所连接的管道尺寸而定，一般要求冷阱的管道不能太细，以免冷凝物堵塞管道或影响抽气速率，也不能太短，以免降低捕集效率。冷阱外套杜瓦瓶，常用冷剂为液氮、干冰等。

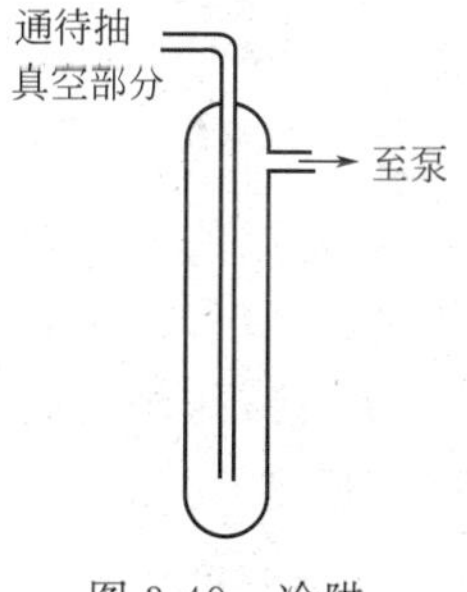

通待抽真空部分　至泵

图 3-49　冷阱

⑤ 管道和真空活塞　管道和真空活塞都是玻璃真空体系上连接各部件用的。管道的尺寸对抽气速率影响很大，所以管道应尽可能粗而短，尤其在靠近扩散泵处更应如此。选择真空活塞应注意它的孔芯大小要和管道尺寸相配合。对高真空来说，用空心旋塞较好，它质量轻，因温度变化引起漏气的可能性较小。

⑥ 真空涂敷材料　真空涂敷材料包括真空脂、真空泥和真空蜡等。真空脂用在磨口接头和真空活塞上，国产真空脂按使用温度不同，分为 1 号、2 号、3 号真空脂。真空泥用来修补小沙孔或小缝隙。真空蜡用来胶合难以融合的接头。

真空检漏：新安装的真空装置在使用前应检查系统是否漏气，检漏的方法很多，如火花法、热偶规法、电离规法、荧光法、质谱仪法和磁谱仪法等。物理化学实验室中常采用火花检漏法、热偶规法和电离规法。下面介绍火花检漏法。

火花检漏法：它是检查低真空系统漏气的一种方法。使高频火花发生器火花正常，将放电簧对着玻璃系统表面不断移动。若没有漏气，高频火花束是散开的，并在玻璃表面上不规则地跳动；若玻璃壁上有漏气孔，则由于大气穿过漏孔，其电导率比玻璃高得多，而使火花束集中并通过漏孔而进入系统，产生一明亮光点，这个光点就是漏孔。根据高频火花的颜色，还能粗略地判断系统的真空度。

3.3.5　气体钢瓶及减压阀

在基础化学实验中，常会用到氧气、氮气、氢气、氩气等气体。这些气体一般都是贮存在专用的高压气体钢瓶中。使用时通过减压阀使气体压力降至实验所需范围，再经过其他控制阀门细调，使气体输入使用系统。高压钢瓶与减压阀示意见图3-50。

图 3-50　高压钢瓶与减压阀示意图

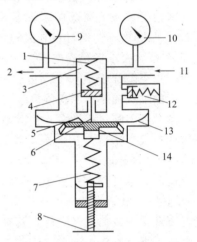

图 3-51　氧气减压阀工作原理示意图
1—压缩弹簧；2—出口（接使用系统）；
3—高压气室；4—活门；5—低压气室；
6—顶杠；7—主弹簧；8—低压表压力调节螺杆；
9—低压表；10—高压表；11—进口（接气体钢瓶）；
12—安全阀；13—转动装置；14—弹簧垫块

最常用的减压阀为氧气减压阀，简称氧气表。

（1）氧气减压阀的工作原理

氧气减压阀的高压腔与钢瓶连接，低压腔为气体出口，并通往使用系统，其工作原理见图3-51。

高压表的示值为钢瓶内贮存气体的压力，低压表的出口压力可由调节螺杆控制。使用时先打开钢瓶总开关，然后顺时针转动低压表压力调节螺杆，使其压缩主弹簧并传动薄膜、弹簧垫块和顶杆而将活门打开。这样进口的高压气体由高压室经节流减压后进入低压室，并经出口通往工作系统。转动调节螺杆，改变活门开启的高度，从而调节高压气体的通过量并达到所需的压力值。

减压阀都装有安全阀。它是保护减压阀并使之安全使用的装置，也是减压阀出现故障的信号装置。如果由于活门垫、活门损坏或其他原因，导致出口压力自行上升并超过一定许可值时，安全阀会自动打开排气。

（2）氧气减压阀的使用方法

① 按使用要求不同，氧气减压阀有许多规格。最高进口压力大多为 $150kg \cdot cm^{-2}$（约 $1.5 \times 10^7 Pa$），最低进口压力不小于出口压力的 2.5 倍。出口压力规格较多，一般为 $0 \sim 1kg \cdot cm^{-2}$（约 $1 \times 10^5 Pa$），最高出口压力为 $40kg \cdot cm^{-2}$（约 $40 \times 10^5 Pa$）。

② 安装减压阀时应确定其连接规格是否与钢瓶和使用系统的接头相一致。减压阀与钢

瓶采用半球面连接，靠旋紧螺母使二者完全吻合。因此，在使用时应保持两个半球面的光洁，以确保良好的气密效果。安装前可用高压气体吹除灰尘，必要时也可用聚四氟乙烯等材料作垫圈。

③ 氧气减压阀应严禁接触油脂，以免发生火警事故。

④ 停止工作时，应将减压阀中余气放净，然后拧松调节螺杆以免弹性元件长久受压变形。

⑤ 减压阀应避免撞击震动，不可与腐蚀性物质相接触。

（3）其他气体减压阀

有些气体，例如氮气、空气、氩气等气体，可以采用氧气减压阀。但还有一些气体，如氨等腐蚀性气体，则需要专用减压阀。市面上常见的有氮气、空气、氢气、氨、乙炔、丙烷、水蒸气等专用减压阀。

这些减压阀的使用方法及注意事项与氧气减压阀基本相同。但是，还应该指出：专用减压阀一般不用于其他气体。为了防止误用，有些专用减压阀与钢瓶之间采用特殊连接口。例如氢气和丙烷均采用左牙螺纹，也称反向螺纹，安装时应特别注意。

气体钢瓶是由无缝碳素钢或合金钢制成的。适用于所装介质压力在 15MPa 及以下，体积为 $40 \sim 60dm^3$。最小压力 0.6MPa。

不同气体钢瓶的外观标记和标准是不同的，具体要求见表 3-10 和表 3-11。

表 3-10　各种气体钢瓶的外观标记

气体类别	瓶身颜色	标记颜色	工作压力/MPa
氮	黑	黄	15.0
氧	天蓝	黑	15.0
氢	深绿	红	15.0
空气	黑	白	15.0
氨	黄	黑	3.0
二氧化碳	黑	黄	12.5
氯	黄绿	黄	13.5
其他一切可燃气体	红	白	
其他一切不可燃气体	黑	黄	

表 3-11　标准气瓶类型

气瓶类型	装（盛）气体的种类	工作压力/MPa	试验压力/MPa	
			水压试验	气压试验
甲	O_2、H_2、CH_4、压缩空气和惰性气体	15.0	22.5	15.0
乙	纯净水煤气及 CO_2 等	12.5	19.0	12.5
丙	NH_3、氯气、光气和异丁烯等	3.0	6.0	3.0
丁	SO_2	0.6	1.2	0.6

使用钢瓶的注意事项如下。

① 已充气的钢瓶如受热，将会使内部气体膨胀，当压力超过钢瓶最大负荷时将会爆炸，所以钢瓶应存放在阴凉、干燥、远离阳光、暖气等热源的地方，远离易燃物。

② 每种气体都有专用的减压阀，不能混合使用。

③ 开启气门时，应站在气压表的另一侧，不允许把头或身体对着钢瓶总阀门，以防阀

门或气压表冲出伤人，开启气门时用力要轻而均匀，速度不可太快。

3.3.6 气体流量的测定及控制

测定流体流量所用的仪器为流量计，也称流速计。化学实验中测定气体流量的有锐孔流量计、转子流量计、皂膜流量计、湿式流量计及质量流量计等。通常以单位时间（s）流过气体的体积（换算成 273K，101.325kPa 下的值）来表示气体的流量 v（$dm^3 \cdot s^{-1}$ 或 $cm^3 \cdot s^{-1}$）。

（1）锐孔流量计

锐孔流量计也叫毛细管流量计，如图 3-52 所示。根据泊肃叶（Poiseuille）定律，气体的总能量是固定的。当气体流过锐孔（或毛细管）时，阻力增大，线速度增加（即动能增加），其压力降低（即位能减小）。这样气体在锐孔前后产生压差，并由 U 形压力计两侧的液柱差 Δh 显示出来，若 Δh 恒定，表示气体的流速（流量）稳定。

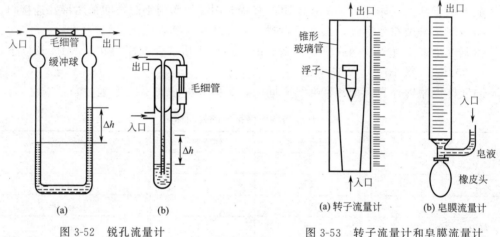

图 3-52　锐孔流量计　　　　　图 3-53　转子流量计和皂膜流量计

当锐孔足够小（或毛细管的长度与半径之比大于 100）时，流量 v 与液柱差 Δh 之间有线性关系：

$$v = f \frac{\Delta h \rho}{\eta} \tag{3-11}$$

式中，ρ 为流量计中所盛液体的密度；η 为气体的黏度系数；f 为毛细管的特性系数，$f = \dfrac{\pi r^4}{8l}$；r 为毛细管半径；l 为毛细管长度。

当流量计的锐孔（毛细管）及所盛液体一定时，对于不同的气体，v 和 Δh 将有不同的线性关系；对同一种气体，当换了毛细管后，v 与 Δh 的直线关系也将发生相应变化。

通常流量计的流量与液柱差的关系不是由计算得来的，而是由能测定气体绝对流速的皂膜流量计通过实验标定出来的。标定 v-Δh 线性关系时必须说明使用的气体和对应的锐孔（毛细管）大小。

锐孔流量计所盛液体可以是水、液体石蜡或水银等，视所测气体性质及流速范围不同加以选择。为保证测量的准确性，锐孔（毛细管）在标定和使用过程中均应保持清洁、干燥。

（2）转子流量计

转子流量计也叫浮子流量计，结构如图 3-53(a) 所示，它是一根锥形玻璃管（或透明塑料管），管内装有一个能够旋转自如的浮子（由金属或其他材料制成）。当流体自下而上流过时可以把转子推起来并在管中旋转（这样就使转子居中而不致触及管壁）。由于玻璃管是倒锥形的，所以转子在不同高度的位置时，它与玻璃管间的环面积各不相等，转子越高，环隙面积就越大。

被测流体从底部进入流量计时，流过环隙的速度增大，则静压力下降，转子底部受到流体的压力要比环隙部分大，因而造成一个自下而上的推力作用于转子上。如果该推力大于转子的净重力（转子自身重力减去浮力），转子必将上浮，随着转子上浮，环隙面积随之增大，从而降低了环隙间的流体流速，缩小了转子顶、底部的压力差，上推力随之下降。当转子浮起到一定高度，上推力足以抵消转子净重力时转子便不再继续上升，从而浮在一定的高度上。当流量增大（减小）时，转子将在更高（更低）的位置上重新达到受力平衡。这样利用转子在玻璃管内平衡位置随流量变化的特性，便可测定流体的流量。

转子流量计适用的测量范围较宽，但因管壁一般是用玻璃制成的，工作压力不能超过 $(4\sim5)\times10^2\,kPa$。测小流量时，转子选用胶木、塑料等，测大流量时用不锈钢转子，转子流量计必须保持垂直。

（3）皂膜流量计及其应用

皂膜流量计可用滴定管改制而成，如图 3-53（b）所示，橡皮头内装肥皂水。当待测气体流过滴定管时，用手捏挤橡皮头产生泡沫，气体就把肥皂泡吹起，在管内形成一圈圈的薄膜，沿管壁上升，以秒表记录某一个皂膜移动一定体积所需的时间，即可标出流量。

这种流量计的测定是间断式的，且因测量流量较小（小于 $100\,cm^3\cdot min^{-1}$），并不用于测量，仅用于观测尾气流速和标定流量计。

标定时为使气体所受阻力一致，待标定流量计应与反应系统串联，皂膜流量计通常接尾气出口。开始时先以所用的气体把空气置换干净，待流速稳定后（流量计 Δh 不变）即可开始记录皂膜移动速度，每点应重复测定三次。然后由调节阀改变气体流速，继续测定，至少测定五个以上的点。由实验时的温度、压力换算为标准状态下的流速 v，再作 v-Δh 曲线供查用。

（4）湿式流量计

实验室中常用的流量计还有湿式流量计，它适用于测量较大体积和流速的流体，可直接测定流体的体积，其构造原理如图 3-54 所示。

在流量计内部装有一个具有 A、B、C、D 四室的转鼓，鼓的下半部浸没于水中。气体由中间 E 处进入气室，迫使转鼓转动使气体由顶部排出，转动次数由记录器记录。由面盘上指针示数和记录器示数可读出一定时间内流过的气体量，通过计算就可得出气体流量。图中位置表示 A 室开始进气，B 室正在进气，C 室正在排气，D 室排气将尽。

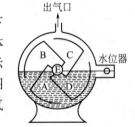

图 3-54　湿式流量计

使用湿式流量计应注意首先调整好水平位置（由底部的调整螺栓调节），鼓内水量保持在指定高度。被测气体应不溶于水和不腐蚀鼓体。

（5）热式气体质量流量计

热式气体质量流量计主要用于较为精确测量以下介质的流量，如高炉煤气、焦炉煤气、煤气、空气、氮气、乙炔、光气、氢气、天然气、液化石油气、烟道气、甲烷、丁烷、氯气、燃气、沼气、二氧化碳、氧气、压缩空气、氩气等。

热式气体流量计采用热扩散技术，热扩散技术是一种在苛刻条件下性能优良、可靠性高的技术。其典型传感元件包括两个热电阻（铂 RTD），一个是速度传感器，一个是自动补偿气体温度变化的温度传感器。当两个 RTD 放置于介质中时，其中速度传感器被加热到环境温度以上的一个恒定的温度，温度传感器用于感应介质温度。流经速度传感器的气体质量流量是通过传感元件的热传递量来计算的。气体流速增加，介质带走的热量增多。使传感器温度随之降低。为了保持温度的恒定，则必须增加通过传感器的工作电流，此增加部分的电流大小与介质的流速成正比。

（6）气体流量和压力的控制

在流动反应体系中常需根据实验调节气体流速大小并控制在某一恒定值下。除普通调节阀（俗称考克）外，物理化学实验中最常用的流量调节阀为针型阀，由图 3-55(a) 说明其结构及工作原理。

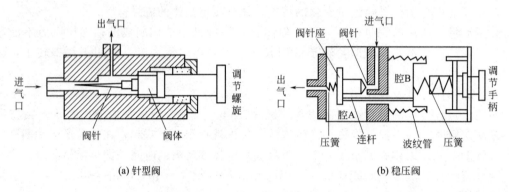

(a) 针型阀　　　　　　　　　　　　(b) 稳压阀

图 3-55　针型阀和稳压阀

① 针型阀　针型阀主要由阀针、阀体和调节螺旋组成。当调节螺旋顺时针转动时，阀体连同阀针向前旋进，阀针旋进通气孔道，孔隙减小，气体阻力增加，流速减小。当调节阀逆时针转动时，孔隙增大，气体流速增加。

② 稳压阀　稳压阀用于气体流速的稳定控制，其原理如图 3-55(b) 所示。腔 A 与腔 B 通过连杆与孔的间隙相通。使调节手柄顺时针转动，将阀打开到一定开度后系统达到平衡。如果出口气压有了微小上升，使 B 腔气压随之增加，波纹管向右伸张，阀针同时向右移动，减小了气流通道，气阻加大，出口压力降回到原有平衡状态。同样，当出口压力有微小下降时，系统也可自动恢复原平衡状态。稳压阀进口压力不可超过 5×10^5 Pa，出口压力一般在 $(1\sim2) \times 10^5$ Pa。

流过稳压阀的气体应干燥、无腐蚀性。气体进出口不可反接，以免损坏波纹管。不工作时应将手柄逆时针转动处于关闭状态，使弹簧放松。

3.3.7　电位差计的原理和使用

3.3.7.1　对消法测电池电动势

电池电动势的测定应用甚广，如平衡常数、活度系数、解离常数、溶解度、络合常数、溶液中离子的活度以及某些热力学函数的改变量等，均可通过电池电动势的测定来求得。

电池电动势不能直接用伏特计测量。因为电池本身有内阻，伏特计所量得的电位降仅为电池电动势的一部分。

设 R_i 表示电池的内阻，R_e 表示外阻（主要指伏特计的内阻），则电池电动势

$$E = R_i I + R_e I$$

用伏特计测得的只是伏特计内电阻的电位降即 $R_e I$。

实际上当伏特计与电池相连时便形成通路。有电流通过电池将导致电极发生极化，电极电势偏离平衡值，且溶液组成由于电极反应不断改变，电池电动势不能保持稳定。

采用对消法（也称补偿法）可以在电池无电流（或极小电流）通过时测定电极的静态电势（这时的电位差即为该电池的平衡电势），此时电池反应在接近可逆的条件下进行。因此对消法测电池电动势的过程是一个趋近可逆过程的例子。

电位差计即根据对消法原理，在待测电池上并联一个大小相等、方向相反的外加电位差设计而成。当待测电池中没有电流通过时，外加电位差的大小即等于待测电池的电动势。其原理如图 3-56 所示。

在线路图中，E_N 是标准电池，它的电动势值已精确知道。E_X 为待测电池电动势。G 是灵敏检流计，用来作示零仪表。R_N 为标准电池的补偿电阻，其大小根据工作电流来选择。R_X 是待测电池的补偿电阻，它由已经知道电阻值的各进位盘组成。因此，通过它可以调节不同的电阻数值使其电位降与 E_X 相对消。R 是调节工作电流的变阻器。E_W 是作为电源用的工作电池。K 为转换开关。

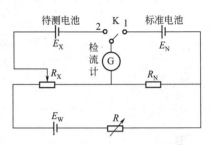

图 3-56　对消法测电池电动势原理

下面说明未知电动势 E_X 的测量过程。先将开关 K 合在 1 的位置上，然后调节 R，使检测计 G 指示到零点，这时有下列关系：

$$E_N = I R_N$$

式中，I 是流过 R_N 和 R 上的电流，称为电位差计的工作电流；E_N 是标准电池的电动势。

由上式可得：

$$I = \frac{E_N}{R_N}$$

工作电流调好后，将转换开头 K 合至 2 的位置上，同时移动滑线电阻 R_X，再次使检流计 G 指到零，此时滑动触头在可调电阻 R 上的电阻值为 R_X，则有

$$E_X = I R_X$$

因为此时的工作电流 I 就是前面所调节的数值，因此有

$$E_X = \frac{E_N}{R_N} R_X$$

所以当标准电池电动势 E_N 和补偿电阻器 R_N 的数值确定时，只要正确读出 R_X 的值，就能正确测出未知电动势 E_X。

应用对消法测量电动势有下列优点：

① 当待测电动势和测量回路的相应电势在电路中完全对消时，测量回路与待测量回路之间无电流通过，所以测量线路不消耗待测量线路的能量，这样待测量线路的电动势不会因为接入电位差计而发生任何变化。

② 不需要测出线路中所流过电流 I 的数值，只需测得 R_X 与 R_N 的值就可以了。

③ 测量结果的准确性依赖于标准电池电动势 E_N 及标准电池的补偿电阻 R_N 的比值的准确性。由于标准电池及电阻 R_X、R_N 都可以达到较高的精确度，同时应用高灵敏度的检流计，测量结果极为准确。

3.3.7.2 EM系列电动势测定装置

该系列仪器主要用于电动势的精密测定，它采用对消法测定原电池的电动势。它用内置的可代替标准电池的高精度参考电压集成块作为比较电压，保留了电桥平衡法测量电动势的原理。仪器线路设计采用全集成器件，待测电动势与参考电压经过高精度的仪表放大器比较输出，平衡时即可知待测电动势的大小。仪器还设置了外校输入，可接标准电池来校正仪器的测量精度。仪器的数字显示采用两组高亮度LED，具有字型美、亮度高的特点。

(1) 主要型号和技术指标（见表3-12）

表3-12 EM系列主要型号和技术指标

型号	EM-3C 型	EM-3D 型	型号	EM-3C 型	EM-3D 型
外形	箱式	箱式	有效显示位数	6 位	7 位
分辨率	0.01mV	0.001V	电源电压	(220±22)V,50Hz	
测量范围	0～1999.99mV	0～1999.99mV	环境温度	−20～40℃	
精确度	0.005%FS	0.005%FS			

(2) 操作步骤

① 校准

a. 加电　插上电源插头，打开电源开关，两组LED显示即亮。预热5min。

b. 校正零点　将面板右侧功能选择开关置于"外标"挡。红黑线接在"外标"接口上，并且红黑线短接。左侧拨位开关全部拨至零，按下红色的"校正"按钮。使LED上右侧平衡指示显示为0（图3-57）。

c. 校正非零点　将面板右侧功能选择开关置于"外标"挡。同理，红黑线接在"外标"接口上，但红黑线连接到仪器上的基准上，左侧拨位开关拨位，使LED上的电动势指示数值和仪器上的基准数值相同（例如：仪器自身的基准数值为1.24798V，则拨位开关拨位，将"×1000mV"挡拨位开关拨到1，将"×100mV"挡拨位开关拨到2，将"×10mV"挡拨位开关拨到4，将"×1mV"挡拨位开关拨到7，将"×0.1mV"挡拨位开关拨到9，将"×0.01mV"挡拨位开关拨到8，使电动势指示LED显示的数值为1247.98mV），按下红色的"校正"按钮。使LED上右侧平衡指示显示为0（图3-58）。

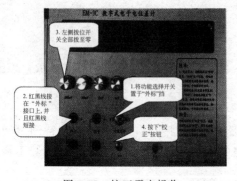

图3-57　校正零点操作

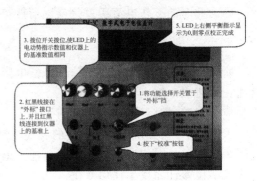

图3-58　校正非零点操作

② 测量

a. 加电　插上电源插头，打开电源开关，两组LED显示即亮。预热5min。

b. 接线　将测量线与待测电动势按正负极性接好。仪器提供2根通用测量线，一般黑线接负，红线接正。

c. 设定内部标准电动势值　电动势指示 LED 显示的是拨位开关设定的内部标准电动势值（例如：要设定内部标准电动势值为 1.24988V，则将"×1000mV"挡拨位开关拨到 1，将"×100mV"挡拨位开关拨到 2，将"×10mV"挡拨位开关拨到 4，将"×1mV"挡拨位开关拨到 9，将"×0.1mV"挡拨位开关拨到 8，将"×0.01mV"挡拨位开关拨到 8）。平衡指示 LED 显示的为设定的内部标准电动势值和待测定电动势的差值（例如：若显示 OUL 则表示设定的标准电动势值比待测电动势值大，此时需要调节拨位开关，使设定的内部标准电动势值减小。若显示－OUL 则表示设定的标准电动势值比被测电动势值小，此时需要调节拨位开关，使设定的内部标准电动势值增大）。

d. 测量　将面板右侧功能选择开关置于"测量"挡。调节左边的拨位开关设定内部标准电动势值，直到平衡指示 LED 显示值在"00000"附近，等待电动势指示数值显示稳定下来，即为待测电动势值（图 3-59）。

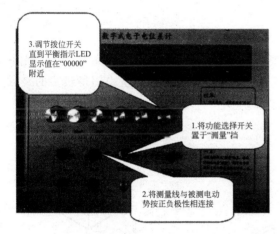

图 3-59　测量状态示意图

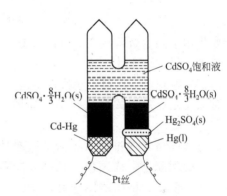

图 3-60　惠斯顿标准电池

注意："电动势指示"和"平衡指示"显示的值在小范围内摆动属正常（摆动数值在 ±1 之间）。

3.3.7.3　标准电池的构造和应用

实验室通常用的是惠斯顿（Weston）标准电池，其结构如图 3-60 所示。

电池由一根 H 形管构成，底部焊接有铂丝，与电极相连。电池的一极为纯汞，上面铺盖糊状 Hg_2SO_4 和少量硫酸镉晶体；另一极是含 12.5% Cd 的镉汞齐，上部铺以硫酸镉晶体，电极上方充 $CdSO_4$ 溶液。管的顶端加以密封，隔出一定空间以缓冲热膨胀，做电池所用各种物质均应极纯。

电池表达式为：

$$Cd\text{-}Hg(12.5\%Cd)\,|\,CdSO_4 \cdot \frac{8}{3}H_2O(s)\,|\,CdSO_4(饱和溶液)\,|\,Hg_2SO_4(s)\,|\,Hg(l)$$

负极反应：

$$Cd(Cd\text{-}Hg\ 齐) = Cd^{2+} + 2e^-$$

正极反应：

$$Hg_2SO_4(s) + 2e^- = 2Hg(l) + SO_4^{2-}$$

电池反应：$Cd(Cd\text{-}Hg\ 齐) + Hg_2SO_4(s) + \frac{8}{3}H_2O(l) = CdSO_4 \cdot \frac{8}{3}H_2O(s) + 2Hg(l)$

电池反应是可逆的，电动势很稳定，重现性好。在 0～40℃ 间电池电动势与温度的关系为：

$$E_t=1.0186-4.06\times10^{-5}(t-20)-9.5\times10^{-7}(t-20)^2 \tag{3-12}$$

式中，1.0186 为 20℃时的电动势值；t 为温度，℃。

使用标准电池时应注意以下几点。

① 使用温度不能低于 0℃或高于 40℃，也不宜骤然改变温度。

② 正负极不能接错。

③ 要平移携取，水平放置，绝不能倒放（仅 BC9 型饱和标准电池为管式结构，任何方向放置均可）。因摆动后电动势会改变，应静止保持 5h 后再用。

④ 标准电池仅作电动势的比较标准用，不作电源，绝对避免短路。若电池短路或通过电流过大则损坏电池，一般允许通过的电流不得大于 0.0001A。所以使用时要极短暂并间隙使用。

⑤ 不得用万用表直接测量标准电池。

⑥ 每隔一两年检验一次电池电动势。

3.3.7.4　检流计

光点反射式检流计在对消法测电动势时主要用于示零，即检查回路电流的有无。在光电测量中也用于测量微弱直流，可指示 $10^{-9}\sim10^{-7}$A 的微弱电流。实验室中用得最多的是磁电式光点反射式检流计。

（1）磁电式光点反射式检流计结构

磁电式光点反射式检流计结构如图 3-61 所示。

磁电式弹簧片通过张丝将活动线圈悬于永久磁铁的间隙中。线圈内有铁芯。线圈下夹持一平面镜，它可跟线圈一起转动。由白炽灯、透镜和光栅构成的光源发射出一束光，再被平面镜反射至反射镜，最后在标尺上形成光点。光像中有一根准丝线，它在标尺上的位置反映了线圈的偏转角。光点检流计有零位调节机构，它可在没有电流通过线

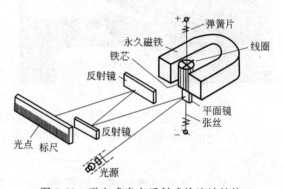

图 3-61　磁电式光点反射式检流计结构

圈时，将光点的位置调节到标尺的任意位置上作为零点。当用作示零仪器时，将光点调节在标尺的正中作零点；当用于测量电流时，将光点调节到标尺的一端作零点。

当被测电流经张丝通过动圈时，在动圈中产生的磁场与永久磁场相互作用，产生转动力矩，使动圈偏转。当动圈的转动力矩与张丝扭转产生的反作用力矩平衡时，动圈处于某一平衡位置。与此同时，在标尺的某一位置上将出现平面镜的像。若对标尺进行分度并进行适当标定，则可指示电流信号的大小。

（2）使用检流计的注意事项

① 选择检流计与电位差计配合使用时，必须考虑以下两点：每个检流计上所标明的临界电阻是指和检流计串联的回路的总电阻（包括检流计内阻 R_i、电池电阻 R 及外部线路电阻 R_p）。在临界电阻附近，检流计的光点达到新平衡位置的时间最短。因此在选用检流计时，应将回路串联的总电阻加以估算，看是否适用。

检流计的灵敏度应与电位差计相适应，这可以用欧姆定律进行简单计算，即看

$\dfrac{\Delta V}{R_i+R_p+R}$ 的值与检流计的灵敏度是否相适应。式中，ΔV 为电位差计的最小读数。只有 $\dfrac{\Delta V}{R_i+R_p+R}$ 不小于检流计的灵敏度，才能使电位差计发挥应有准确度。例如电位差计的准确度为 0.01mV，某检流计的灵敏度为 $6\times10^{-8}\text{A}\cdot\text{mm}^{-1}$，内阻为 635Ω，若将电池电阻和电位差计电阻忽略不计，则检流计回路电流为：

$$\frac{0.01}{635}=1.6\times10^{-5}(\text{mA})=1.6\times10^{-8}(\text{A})<6\times10^{-8}(\text{A})$$

显然若用此检流计与电位差计搭配，就降低了电位差计的准确度。

② 检流计中活动线圈与平面镜是靠张丝悬挂的，因此不能受到剧烈震动，防止张丝震断。

③ 流过检流计的电流应严格控制在额定范围内，否则会因流过的电流太大烧断检流计中的张丝或线圈。测定电池电动势时，应先使检流计与保护电阻串联（即按电位差计上"粗"按钮），待调到光点偏转变小后，再去掉保护电阻（即按"细"按钮），细调找到零点。

④ 检流计面板上有量程调节旋钮，接"直接"挡，不经过分流，接"×1"、"×0.1""×0.01"挡，均经过分流器，依次降低灵敏度，过载时保护检流计。

⑤ 检流计使用完毕，应把量程调节旋钮接至"短路"位置，以减少线圈转动，保护检流计。

3.3.7.5 数字式电位差计

SDC-Ⅲ 数字电位差计的使用方法如下。

（1）开机

打开电源，仪器预热 15min 后再进入下一步。

（2）以内标为基准进行测量

① 校验

a. 用测试线将被测电动势按"＋""－"极性与"测量插孔"连接。

b. 将"测试选择"旋钮置于"内标"。

c. 将"10^0"旋钮置于"1"，"补偿"旋扭逆时针旋到底，其他旋钮均置于"0"，此时，"电位指示"显示"1.000000"V。若显示小于"1.000000"V 可调节补偿电位器以达到显示"1.000000"V；若显示大于"1.000000"V 应适当减小，若显示小于"$10^0\sim10^{-4}$"旋钮，使显示小于"1.000000"V 再调节补偿电位器以达到显示"1.000000"V。

d. 待"检零指示"显示数值稳定后，按一下"采零"键，此时，"检零指示"应显示"0000"。

② 测量

a. 将"测量选择"置于"测量"。

b. 调节 $10^{-4}\sim10^0$ 五个旋钮，使"检零指示"显示数值为负且绝对值最小。

c. 调节"补偿"旋钮，使"检零指示"显示为"0000"，此时，"电位显示"数值即为待测电动势的值。

（3）以外标为基准进行测量

① 校验

a. 将已知电动势的标准电池按"＋""－"极性与"外表插孔"连接。

b. 将"测量选择"置于"外标"。

c. 调节 10^{-4}~10^0 五个旋钮和"补偿"旋钮，使"电位指示"显示的数值与外标电池数值相同。

d. 待"检零指示"显示数值稳定后，按一下"采零"键，此时，"检零指示"应显示"0000"。

② 测量

a. 拔出"外表插孔"的测试线，再用测试线将待测电动势按"＋""－"极性接入"测量插孔"。

b. 将"测量选择"置于"测量"。

c. 调节 10^{-4}~10^0 五个旋钮，使"检零指示"显示数值为负且绝对值最小。

d. 调节"补偿"旋钮，使"检零指示"显示为"0000"，此时，"电位显示"数值即为待测电动势的值。

（4）关机

关闭电源。

3.3.8 酸度计的原理及使用

酸度计是用来测定溶液 pH 值的常用仪器之一，它主要包括指示电极、参比电极以及测定由这一对电极所组成的电池的电动势的测量系统。仪器除测量酸碱度外也可测量电极电势。由于玻璃电极内阻很大（达 $10^8\Omega$ 以上），故采用全晶体管式参量振荡放大电路。

3.3.8.1 玻璃电极

指示电极一般采用玻璃电极，电极下端是一个薄的玻璃泡，由特殊玻璃制成。泡中装有 $0.1mol\cdot dm^{-3}$ HCl 溶液和一根银-氯化银电极，这样组成的玻璃电极可示意为：

$$Ag|AgCl(s)|0.1mol\cdot dm^{-3}\ HCl$$

如果把电极浸入待测溶液中，配上参比电极，如饱和甘汞电极，则组成如下电池：

$$Ag|AgCl(s)|0.1mol\cdot dm^{-3}\ HCl\ \vdots\ 待测溶液\ ||\ 饱和甘汞电极$$

$$玻璃膜$$

则电池电动势随待测溶液 pH 值的改变而改变。设电池电动势为 $E_池$，则：

$$E_池=\varphi_{参比}-\varphi_G$$

式中，φ_G 为玻璃电极的电极电势；$\varphi_{参比}$ 为参比电极的电极电势。

由于

$$\varphi_G=\varphi_G^{\ominus}+\frac{RT}{F}\ln a_{H^+}=\varphi_G^{\ominus}-\frac{2.303RT}{F}pH$$

式中，$\varphi_G^{\ominus}$ 对指定玻璃电极是一个常数，与玻璃泡内溶液的 pH 值及电极材料有关。

则

$$E_池=\varphi_{参比}-\varphi_G^{\ominus}+\frac{2.303RT}{F}pH=\varphi_G'+\frac{2.303RT}{F}pH \tag{3-13}$$

其中

$$\varphi_G'=\varphi_{参比}-\varphi_G^{\ominus}$$

如果常数 φ_G' 为已知，则可以从测得的电池电动势 $E_池$ 计算出溶液的 pH 值。但由于玻璃电极存在不对称的电势，因此每支玻璃电极都有一个特定的 φ_G' 值。为了消除这种不对称电势，一般采用比较法测定溶液的 pH 值。即先把玻璃电极和饱和甘汞电极置于一个已知 pH 值的缓冲溶液中，测其电动势，然后再改测未知溶液的电池电动势，按式(3-13)由两个电池电动势之差可算出未知溶液的 pH 值。

鉴于由玻璃电极组成的电池其内阻高达 $5\times10^8\Omega$ 左右，因此即使用灵敏度为 10^{-9} A·mm^{-1} 甚至 10^{-10} A·mm^{-1} 的检流计亦无法进行测量。若要求测量精确度为 0.001V（约相当于 0.02pH），对检流计就要求能检查出 $\dfrac{0.001}{5\times10^8}=2\times10^{-12}$ A 的电流，故不能用普通的电位差计来测量电池电动势。一般是利用数字电压表或离子计进行测量，这些 pH 计已将测出来的电池电动势直接用 pH 值表示出来，不必加以换算。

如果玻璃电极的内表面和外表面完全相同，那么对于下述电池

$$Ag\,|\,AgCl(s)\,|\,0.1mol\cdot dm^{-3}\,HCl\;\vdots\;0.1mol\cdot dm^{-3}\,HCl\,|\,AgCl(s)\,|\,Ag$$
玻璃膜

的电动势应等于 0，但实际上，即便是良好的电极，此电池的电动势也有 ±2mV 左右，电势的这种小差值叫作玻璃电极的不对称电势，这是由于玻璃膜内外表面张力差而产生的。

玻璃电极与氢电极及氢醌电极等相比，有许多优点。它不易受害，不受溶液中氧化剂、还原剂及毛细管活性物质如蛋白质的影响，可在浊性、有色或胶体溶液中使用，在相当少量的溶液中亦可进行 pH 值的测定。缺点是易碎，电阻高，在相当稀的溶液或碱性介质中使用时受到限制。

使用玻璃电极时应注意以下几点：

① 切忌与硬物接触。测量过程中更换溶液时，先用蒸馏水洗，玻璃膜上的少量水只能用滤纸吸干，不可擦拭。

② 初次使用时，先在蒸馏水中浸泡一昼夜，以稳定其不对称电势，不用时也最好经常浸入水中，切忌与强吸水的溶剂相接触。

③ 在强碱性溶液中使用时，应尽快操作，用完后立即用水冲洗。

④ 玻璃电极不可沾染油污。如发生这种情况，应依次浸入乙醇、四氯化碳和乙醇中，再用水淋洗后浸于蒸馏水中。

⑤ 玻璃电极的玻璃泡如有裂纹或老化（久放两年以上），则应调换新的电极，否则电极达平衡极慢，造成较大测量误差。

3.3.8.2　pH复合电极

把 pH 玻璃电极和参比电极组合在一起的电极就是 pH 复合电极，其结构如图 3-62 所示。

根据外壳材料的不同分为塑料壳和玻璃壳两种。相对于两个电极而言，复合电极最大的好处就是使用方便。pH 复合电极主要由电极球泡、玻璃支持管、内参比电极、内参比溶液、外壳、外参比电极、外参比溶液、液体接界、电极帽、电极导线、插口等组成。

① 电极球泡　它是由具有氢功能的锂玻璃熔融吹制而成的，呈球形，膜厚在 0.1～0.2mm 左右，电阻值 ＜250MΩ（25℃）。

② 玻璃支持管　是支持电极球泡的玻璃管体，由电绝缘性优良的铅玻璃制成，其膨胀系数应与电极球泡玻璃一致。

③ 内参比电极　为 Ag/AgCl 电极，主要作用是引出电极电位，要求其电位稳定，温度系数小。

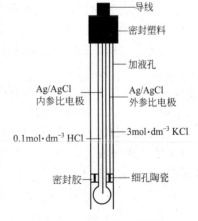

图 3-62　pH复合电极结构

④ 内参比溶液　零电位为 pH＝7 的内参比溶液，是中性磷酸盐和氯化钾的混合溶液，

玻璃电极与参比电极构成电池建立零电位的 pH 值，主要取决于内参比溶液的 pH 值及氯离子浓度。

⑤ 电极壳　电极壳是支持玻璃电极和液体接界，盛放外参比溶液的壳体，通常由聚碳酸酯（PC）塑压成型或者玻璃制成。PC 塑料在有些溶剂中会溶解，如四氯化碳、三氯乙烯、四氢呋喃等，如果测试中含有以上溶剂，就会损坏电极外壳，此时应改用玻璃外壳的 pH 复合电极。

⑥ 外参比电极　外参比电极为 Ag/AgCl 电极，作用是提供与保持一个固定的参比电势，要求电位稳定，重现性好，温度系数小。

⑦ 外参比溶液　KCl 溶液或 KCl 凝胶电解质。

⑧ 液体接界　液体接界是外参比溶液和待测溶液的连接部件，要求渗透量稳定，通常用砂芯的。

⑨ 电极导线　为低噪声金属屏蔽线，内芯与内参比电极连接，屏蔽层与外参比电极连接。

（1）pH 复合电极的浸泡

pH 电极使用前必须浸泡，因为 pH 球泡是一种特殊的玻璃膜，在玻璃膜表面有一很薄的水合凝胶层，它只有在充分湿润的条件下才能与溶液中的 H^+ 有良好的响应。同时，玻璃电极经过浸泡，可以使不对称电势大大下降并趋向稳定。pH 玻璃电极一般可以用蒸馏水或 pH＝4 的缓冲溶液浸泡。使用 pH＝4 的缓冲溶液浸泡更好一些，浸泡时间为 8～24h 或更长，根据球泡玻璃膜厚度、电极老化的程度而不同。同时，参比电极的液体接界也需要浸泡。因为如果液体接界干涸，会使液体接界电势增大或不稳定，参比电极的浸泡液必须和参比电极的外参比溶液一致，浸泡时间一般为几小时即可。

因此，对 pH 复合电极而言，就必须浸泡在含 KCl 的 pH＝4 的缓冲溶液中，这样才能对玻璃球泡和液体接界同时起作用。这里要特别注意，因为过去人们使用单支的 pH 玻璃电极已习惯于用去离子水或 pH＝4 的缓冲溶液浸泡，后来使用 pH 复合电极时依然采用这样的浸泡方法，甚至在一些不正确的 pH 复合电极的使用说明书中也会进行这种错误的指导。这种错误的浸泡方法引起的直接后果就是使一支性能良好的 pH 复合电极变成一支响应慢、精度差的电极，而且浸泡时间越长性能越差，因为经过长时间的浸泡，液体接界内部（例如砂芯内部）的 KCl 浓度已大大降低了，使液体接界电势增大和不稳定。当然，只要在正确的浸泡溶液中重新浸泡数小时，电极还是会复原的。

另外，pH 电极也不能浸泡在中性或碱性的缓冲溶液中，长期浸泡在此类溶液中会使 pH 玻璃膜响应迟钝。

正确的 pH 电极浸泡液的配制：取 pH＝4.00 的缓冲剂一袋（250cm³），溶于 250cm³ 纯水中，再加入 56g 分析纯 KCl，适当加热，搅拌至完全溶解即成。

为了使 pH 复合电极使用更加方便，一些进口的 pH 复合电极和部分国产电极，都在 pH 复合电极头部装有一个密封的塑料小瓶，内装电极浸泡液，电极头长期浸泡其中，使用时拔出洗净就可以了，非常方便。这种保存方法不仅方便，而且对延长电极寿命也是非常有利的，但是塑料小瓶中的浸泡液不要受污染，要注意更换。

（2）pHS-3 型酸度计的使用方法

在较精密的测定中，多采用数字显示的 pHS-3 型酸度计，现以 pHS-3D 型和 pHS-3B 型为例介绍其使用方法。

pHS-3D 型仪器面板如图 3-63 所示。

安装好电极，仪器接电源预热 20min，电极先插入第一标准缓冲溶液。按下"pH"键，调节温度补偿旋钮到溶液温度示值处，接通测量开关，调"斜率旋钮"，使仪器显示标准缓冲溶液 pH 值。更换第二标准缓冲液，调"定位旋钮"，使仪器显示相应的 pH 值。反复这两步操作，使数据显示稳定、重复。保持"斜率旋钮"及"定位旋钮"位置不变，更换待测液即可进行测量。在进行电位测量时，按下"mV"键。调节调零旋钮，使显示屏上显示为零后，再接通测量开关即可读取电位值。

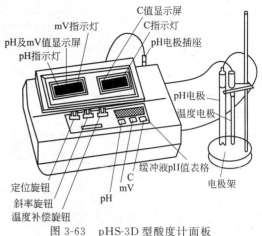

图 3-63　pHS-3D 型酸度计面板

pHS-3B 型酸度计使用方法与 pHS-3D 型相似。

3.3.9　电导率的测定

3.3.9.1　测量原理

在电场作用下，电解质溶液中正、负离子的定向运动使其可以导电，其导电能力的大小常用电导 G 与电导率 κ 表示。

设有面积为 A、相距为 l 的两铂片电极插在电解质溶液中，根据电阻定律，此溶液电阻 R 可表示为：

$$R = \rho \frac{l}{A}$$

式中，ρ 为电阻率，$\Omega \cdot m$。所谓电导 G，即电阻的倒数，$G = \dfrac{1}{R}$，代入上式，得：

$$G = \frac{1}{\rho} \times \frac{A}{l} = \kappa \frac{A}{l} \tag{3-14}$$

令 $\dfrac{l}{A} = K_{cell}$，则：

$$\kappa = G \frac{l}{A} = G \cdot K_{cell} \tag{3-15}$$

据 SI 制，G 单位为 S（西），$1S = 1\Omega^{-1}$。κ 为电阻率的倒数，称为电导率，单位为 $S \cdot m^{-1}$。K_{cell} 称为电导池常数或电极常数。对电解质溶液，电导率即相当于在电极面积为 $1m^2$、电极距离为 $1m$ 的立方体中盛有该溶液时的电导。

电导或电导率的测定实质上是电阻的测定，测量的方法有平衡电桥法与电阻分压法两种。现分述如下：

（1）平衡电桥法原理

如图 3-64 所示。

R_1 为装在电导池内的待测电解质溶液的电阻。桥路的电源应用较高的频率（如 1000Hz）的交流电源，因为若用直流电，必然引起离子定向迁移而在电极上放电。即使使用频率不高的交流电源，也会在两极间产生极化电势导致测量误差。平衡检测器可使用示波仪或耳机。根据电桥平衡原理，通过调节 R_2、R_3、R_4 电阻值，待电桥平衡时，即桥路输

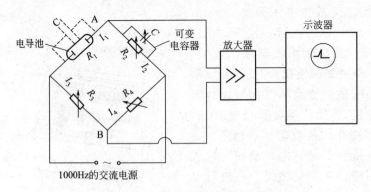

图 3-64　平衡电桥法测定原理

出电位 U_{AB} 为零，R_1 可从下式求得：

$$R_1 = \frac{R_2}{R_4} R_3 \tag{3-16}$$

为减少测求 R_1 的相对误差，在实际应用中常用等臂电桥，即 $R_3 = R_4$。应当指出，桥路中 R_2、R_3、R_4 皆为纯电阻，而 R_1 是由两片平行的电极组成的，具有一定的分布电容。由于容抗和纯电阻存在着相位上的差异，所以按平衡电桥法测量，不能调节到电桥完全平衡。若要精密测量，应与 R_2 并联一个适当的电容 C，使桥路的容抗也能达到平衡。

（2）电阻分压法

电导率仪的工作原理就是基于电阻分压的不平衡测量，其原理如图 3-65 所示。

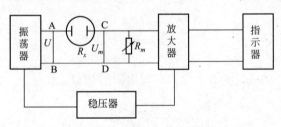

图 3-65　电阻分压测定原理

稳压器输出一个稳定的直流电压供振荡器与放大器稳定工作。振荡器采用电感负载式的多谐振电路，具有很低的输出阻抗，其输出电压不随电导池的电阻 R_x 变化而变化。这样就为由电导池 R_x 与电阻 R_m 组成的电阻分压回路提供了稳定的音频标准电压 U。回路电流 I 为：

$$I = \frac{U}{R_x + R_m}$$

在 R_m 两端的电压降 U_m 为：

$$U_m = IR_m = \frac{UR_m}{R_x + R_m}$$

根据电导的定义式 $G = \dfrac{1}{R}$，则：

$$U_m = \frac{UR_m}{\dfrac{1}{G} + R_m} \tag{3-17}$$

将式（3-15）代入式（3-17）：

$$U_m = \frac{UR_m}{\left(\dfrac{K_{\text{cell}}}{\kappa}\right) + R_m} \tag{3-18}$$

若电导池常数 K_{cell} 值已知，R_m、U 为定值，则电阻 R_m 两端的电压降 U_m 是溶液电导率 κ 的函数：

$$U_m = f(\kappa)$$

因此，经适当刻度，在电导率仪指示板上可直接读得溶液的电导率值。

为了消除电导池两极间的分布电容对 R_x 的影响，电导率仪中设有电容补偿电路。它通过一个电容产生一个反向电压加在 R_m 上，使电极间分布电容的影响得以消除。

电导仪的工作原理与电导率仪相同。根据式（3-17），当 U、R_m 为定值时，U_m 是溶液电导 G 的函数，据此，即可在电导仪的指示板上直接读得溶液的电导值。

3.3.9.2　DDSJ-308 型电导率仪使用方法

DDSJ-308 型电导率仪可用于精确测量水溶液的电导率和温度，也可用于测量纯水的纯度，采用液晶显示屏直接显示所测数据。

将仪器线路接好，若已知电导池常数，欲用于测量溶液的电导率，按如下步骤操作：

① 将电导电极和温度电极一端的插头分别插进各自插座中，另一端浸入被测液中，开机，仪器直接进入测量状态。

② 设置电导池常数，操作框图如图 3-66 所示。

选择电导池常数的挡，调节电导池常数 K_{cell} 和调节温度补偿系数 α 时，按 ∧ 键或 ∨ 键即可。

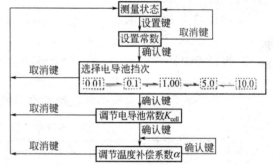

图 3-66　设置电导池常数操作

③ 显示测量结果，仪器自动完成本部分工作，包括对溶液的电导率、温度的采样、计算、自动量程转换，最后显示所测的电导率及温度值。

若电导池常数未知，使用已知电导率的溶液对电导池常数进行标定，操作步骤如下：

① 将电极接入仪器，将温度探头拔出，仪器则认定温度为 25℃，此时显示的电导率值是未经温度补偿的绝对电导率值。

② 将电极浸入已知电导率的 KCl 标准溶液中（几种浓度 KCl 溶液的电导率见附录表 14-9）。

③ 控制溶液温度恒定为（25.0±0.1）℃。

④ 接通电源，待仪器读数稳定后，按下标定键。按 ∧ 或 ∨ 键，调节仪器显示数据使之与标准溶液电导率值相同，按下确认键，仪器将自动计算出电导池常数并贮存，随即自动返回测量状态；按取消键，仪器退出标定状态并返回测量状态。

3.3.9.3　SLDS-Ⅰ型数显电导率仪的使用方法

① 将电极插头插入电极插座（插头、插座上的定位销对准后，按下插头顶部即可），接通仪器电源，仪器处于校准状态，校准指示灯亮。

② 仪器预热 15min。

③ 用温度计测出待测液的温度后，将"温度补偿"旋钮的标志线置于待测液的实际温度的相应位置，当"温度补偿"旋钮置于 25℃ 位置时，则无补偿作用。

④ 调节"常数"旋钮，使仪器的显示值为所用电极的常数标准值。

例如，电极常数为 0.92，调"常数"旋钮使显示 920；若常数为 1.10，调"常数"旋钮使显示 1100（忽略小数点）。

当使用常数为 10 电极时，若其常数为 9.6，调节"常数"旋钮使显示 960，若常数为 10.3，调"常数"旋钮使显示 1030。

当使用常数为 0.01 电极时，将"常数"旋钮调在显示 1000 位置。当使用 0.1 常数的电极时，若常数为 0.11，调"常数"旋钮使显示 1100，依此类推。

按"测量/转换"键，使仪器处于测量状态（测量指示灯亮），待显示值稳定后，该显示数值即为待测液体在该温度下的电导率值。

⑤ 测量中，若显示屏显示为"OUT"，表示待测值超出量程范围，应置于高一挡量程来测量，若读数很小，则就置于低一挡量程，以提高精度。

⑥ 测量高电导率的溶液，若被测溶液的电导率高于 $20mS \cdot cm^{-1}$ 时，应选用 DJS-10 电极，此时量程范围可扩大到 $200mS \cdot cm^{-1}$（$20mS \cdot cm^{-1}$ 挡可测至 $200mS \cdot cm^{-1}$，$2mS \cdot cm^{-1}$ 挡可测至 $20mS \cdot cm^{-1}$，但显示数须乘 10）。

⑦ 测量纯水或高纯水的电导率，宜选 0.01 常数的电极，待测值＝显示数×0.01。也可用 DJS-0.1 电极，待测值＝显示数×0.1。

⑧ 被测液的电导，低于 $30\mu S \cdot cm^{-1}$，宜选用 DJS-1 光亮电极。电导率高于 $30\mu S \cdot cm^{-1}$，应选用 DJS-1 铂黑电极。

⑨ 电导率范围及对应电极常数推荐值（见表 3-13）。

表 3-13 电导率范围及对应电极常数推荐值

电导率范围 /$\mu S \cdot cm^{-1}$	电阻率范围 /$\Omega \cdot cm$	推荐使用电极常数 /cm^{-1}	电导率范围 /$\mu S \cdot cm^{-1}$	电阻率范围 /$\Omega \cdot cm$	推荐使用电极常数 /cm^{-1}
0.05~2	500k~20M	0.01,0.1	2000~20000	50~500	1.0,10
2~200	5k~500k	0.1,1.0	20000~2×10^5	5~50	10
200~2000	500~5k	1.0			

⑩ 仪器可长时间连续使用，可用输出信号 0~10mV 外接记录仪进行连续监测，也可选配 RS232C 串口，由电脑显示监测。

3.3.9.4 注意事项

① 仪器设置的溶液温度系数为 0.02，与此系数不符合的溶液使用温度补偿器将会产生一定的误差，为此可把"温度"旋钮置于 25℃，所得读数为待测溶液在测量温度下的电导率。

② 测量纯水或高纯水要点

a. 应在流动状态下测量，确保密封状态，为此，用管道将电导池直接与纯水设备连接，防止空气中 CO_2 等气体溶入水中使电导率迅速增大。

b. 流速不宜太高，以防产生湍流，测量中可逐增流速至使指示值不随流速增加而增大。

c. 避免将电导池装在循环不良的死角。

③ 用户可采用图 3-67 所示的测量槽，将电极插入槽中，槽下方接进水管（聚乙烯管），管道中应无气泡。也可将电极装在不锈钢三通（见图 3-68）中，先将电极套入密封橡皮圈，装入三通管后用螺帽固紧。

④ 电极插头、插座不能受潮。盛放待测液的容器须清洁。

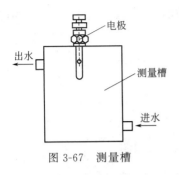

图 3-67 测量槽

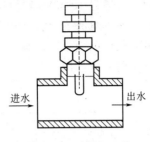

图 3-68 不锈钢三通

⑤ 电极使用前、后都应清洗干净。

3.3.9.5 电导池及电导电极

测电导用的电导池和电导电极及镀铂黑电路示意如图 3-69 所示,电导电极是两片固定在玻璃上的铂片,其电导池常数 K_{cell} 值可通过测定已知电导率的 KCl 标准溶液的电导率按式(3-15) 计算求得。

电导电极根据待测溶液电导率的大小可选用不同形式。若被测溶液电导率很低 ($\kappa = 10^{-3} \mathrm{S \cdot m^{-1}}$),选用光亮的铂电极;若被测溶液电导率较高 ($10^{-3} \mathrm{S \cdot m^{-1}} < \kappa < 1 \mathrm{S \cdot m^{-1}}$),为防止极化的影响,应先用镀铂黑的铂电极以增大表面积;若待测溶液的电导率很高 ($\kappa > 1 \mathrm{S \cdot m^{-1}}$),应选用 U 形电导池,这种电导池常数很大。

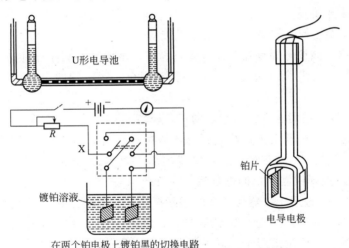

在两个铂电极上镀铂黑的切换电路

图 3-69 电导池、电导电极及镀铂黑电路示意

铂黑电极的电镀工艺类同于氢电极的使用方法,按图 3-69 接好线路,调节可变电阻 R,控制电流的大小使电极上略有气泡逸出即可。每隔半分钟通过换向开关 X 将电流换向一次,连续进行 10~15min,使两铂片都镀上铂黑。取出电极,洗净后,再在 1mol·dm⁻³ H₂SO₄溶液中电解,电解时以铂黑电极为阴极,另外插入一个铂电极作为阳极,利用电解时产生的新生 H₂ 除去吸附的 Cl₂。电解 10min 后,弃去 H₂SO₄ 电解液,将铂黑电极洗净,浸在蒸馏水中保存备用。

3.3.10 恒电位仪

3.3.10.1 HDY 恒电位仪

HDY-1 型恒电位仪可同时显示电流和恒电位值,广泛应用于电化学分析及有机电化学合成等方面。可通过 RS232 串行口与电脑相连接，使数据显示更加清晰直观，同时电路中采取了保护电路，具有安全性和可靠性。

（1）恒电位仪前面板功能说明

恒电位仪前面板如图 3-70 所示，按作用划分为 14 个区。

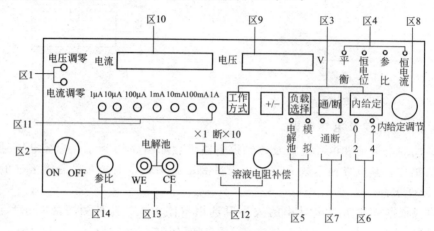

图 3-70　恒电位仪前面板示意图

① 区 1　用于仪器系统调零，有"电压调零"和"电流调零"。

② 区 2　电源开关。

③ 区 3　仪器功能控制按键区，有五个功能键。

a. 工作方式键　该按键为仪器工作方式选择键，由该键可顺序循环选择"平衡""恒电位""参比"或"恒电流"等工作方式。与该按键配合，区 4 的四个指示灯用于指示相应的工作方式。

b. ＋/－键　该按键用于选择内给定的正负极性。

c. 负载选择键　该按键用于负载选择，与该按键配合，区 5 的两个指示灯用于指示所选择的负载状态。"模拟"状态时，选择仪器内部电阻值约为 $10k\Omega$ 的电阻作为模拟负载；"电解池"状态时，选择仪器外部的电解池作为负载。

d. 通/断键　该按键用于仪器与负载的通断控制，与该按键配合，区 7 的两个指示灯用于指示负载工作状况的通断。"通"时仪器与负载接通，"断"时仪器与负载断开。

e. 内给定选择键　该按键用于仪器内给定范围的选择。"恒电位"工作方式时，通过该按键可选择 $0\sim1.9999V$ 或 $2\sim4V$ 内给定恒电位范围；"恒电流"工作方式时，只能选择 $0\sim1.9999V$ 的内给定恒电位范围。与该按键配合，区 6 的两个指示灯用于指示所选择的内给定范围。

④ 区 8　内给定调节电位器旋钮。

⑤ 区 9　电压值显示区。"恒电位"工作方式时，显示恒电位值；"恒电流"工作方式时，显示槽电压值。

⑥ 区 10　电流值显示区。"恒电位"工作方式时，可通过区 11 的电流量程选择键来选择合适的显示单位，若在某一电流量程下出现显示溢出，数码管各位将全零"00000"闪烁显示，以示警示，此时可在区 11 顺次向右选择较大的电流量程挡；"恒电流"工作方式时，区 10 的显示值为仪器提供的恒电流值，该方式下，在区 11 选择的电流量程越大，仪器提供的极化电流也越大，若过大的极化电流造成区 9 电压显示溢出（数码管各位全零"00000"

闪烁显示），可在区 11 顺次向左选择较小的电流量程挡。

⑦ 区 11 　电流量程选择区，由七挡按键开关组成，分别为"1μA""10μA""100μA""1mA""10mA""100mA"和"1A"，实际电流值为区 10 数据乘以所选择挡位的量程值。

⑧ 区 12 　溶液电阻补偿区，由控制开关和电位器（10kΩ）组成，控制开关分"×1""断"和"×10"三挡。选择"×10"挡时补偿溶液电阻是"×1"挡的十倍，选择"断"时则溶液反应回路中无补偿电阻。

⑨ 区 13 　电解池电极引线插座，"WE"插孔接研究电极引线，"CE"插孔接辅助电极引线。

⑩ 区 14 　参比输入端。

（2）恒电位仪后面板功能说明

电源插座用于连接 220V 交流电压，保险丝座内接 3A 保险丝管。信号选择由选择开关及其右侧相邻的高频插座组成，"内给定""外给定"和"外加内"三种给定方式由选择开关选定。"内给定"时由仪器内部提供内给定直流电压；"外给定"时外加信号从与选择开关右侧相邻的高频插座输入；"外加内"时，给定信号由外加信号和内部直流电压信号两者合成。

"参比电压""电流对数""电流"和"槽电压"四个高频插座输出端，可与外接仪表或记录仪连接，见图 3-71。

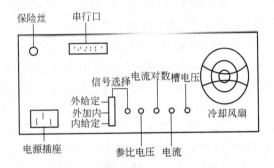

图 3-71 　恒电位仪后面板示意图

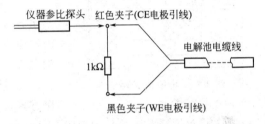

图 3-72 　1kΩ 电阻为外接电解池时的连接

（3）开机前的准备

① 区 8 的调节旋钮左旋到底；

② 区 11 电流量程选择"1mA"按键按下；

③ 区 12 溶液电阻补偿控制开关置于"断"；

④ 仪器参比探头和电解池电极引线按图 3-72 所示连接；

⑤ 后面板信号选择开关置于"内给定"；

⑥ 确认供电电网电压无误后，将随机提供的电源连线插入后面板的电源插座中。

（4）开机后的初始状态

接通前面板的电源开关。仪器进入初始状态，前面板显示如下：

① 区 4 的"恒电位"工作方式指示灯亮；

② 区 5 "模拟"负载指示灯亮；

③ 区 6 "0-2"指示灯亮；

④ 区 7 负载工作状况的"断"指示灯亮。

若各状态指示正确，预热 15min，可进入仪器调零和验收测试。

（5）仪器调零

① 按图 3-72 所示将 1kΩ 电阻作为电解池接好。

② 按下区 3 的负载选择按键，使区 5 "电解池" 指示灯亮，即仪器以电解池为负载。

③ 按下区 3 的通/断键，使区 7 负载工作状况的 "通" 指示灯亮。

④ 经数分钟后，观察电压、电流的显示值是否为 "00000"，若显示值未到零，按下述步骤调零：

a. 先小心调节区 1 的 "电压调零" 电位器，使电压显示为零。

b. 再小心调节区 1 的 "电流调零" 电位器，使电流显示为零。完毕后，进行后续测试。

⑤ 调节内给定调节电位器旋钮，使电压表显示 "1.0000"，而电流表的显示值应为 "−1.0000" 左右；按一下区 3 的 +/− 键，电压表显示值反极性，调节内给定调节旋钮使电压表显示 "−1.0000"，电流表显示值应为 "1.0000" 左右。若仪器工作如上所述，说明仪器工作正常。

（6）实验操作步骤

① 通电前必须按照实验指导书正确连接好电化学实验装置，并根据具体所做实验选择好合适的电流量程（如用恒电位法测定极化曲线，可将电流量程先置于 "100mA" 挡），内给定调节旋钮左旋到底。实验装置见图 3-73。

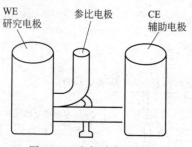

WE 研究电极　参比电极　CE 辅助电极

图 3-73　电解池实验装置

② 电极处理　用金相砂纸将碳钢电极擦至镜面光亮状，然后浸入把 $1cm^3$ 浓 H_2SO_4 加入 $100cm^3$ 蒸馏水中配制的溶液中约 1min，取出用蒸馏水洗净备用。

③ 在 $100cm^3$ 烧杯中加入 NH_4HCO_3 饱和溶液和浓氨水各 $35cm^3$，混合后倒入电解池。研究电极为碳钢电极，靠近毛细管口；辅助电极为铂电极；参比电极为甘汞电极。

④ 接通电源开关，通过工作方式键选择 "参比" 工作方式，负载选择为 "电解池"，通/断开关置于 "通" 的位置，此时仪器电压的显示值为自然电位（应大于 0.7V 以上，否则应重新处理电极）。

⑤ 按通/断键使 "断" 的指示灯亮，工作方式选择为 "恒电位"，负载选择为 "模拟"，接通负载，再按通/断键使 "通" 的指示灯亮，调节内给定调节旋钮使电压显示为自然电位。

⑥ 将负载选择为 "电解池"，间隔 20mV 往小的方向调节内给定调节旋钮，等电流稳定后，记录相应的恒电位和电流值。

⑦ 当调到零时，微调内给定，使得有少许电压值显示，按 "+/−" 使显示为 "−" 值，再以 20mV 为间隔调节内给定，直到约 −1.2V 为止，记录相应的电流值。

⑧ 将内给定调节旋钮左旋到底，关闭电源，将电极取出水洗净。

（7）仪器的提示和保护功能

① 实验中，若电压或电流值超量程溢出，相应的数码管各位全零 "00000" 闪烁显示，以示警告，提醒转换电流量程按键开关或减小内给定值。

② 仪器工作状况指示为 "通"，即仪器负载接通时，工作方式的改变将强制性地使仪器工作状态处于 "断" 的状态，即仪器负载断开，以保护仪器的工作安全。

③ 在 "通/断" 的状态下选择工作方式、负载选择。

④ WE 和 CE 不能短路。

3.3.10.2　WHHD-2 型恒电位仪

（1）使用方法

仪器面板包含显示区域、控制区域、三电极输出。

显示区域的液晶屏幕可以显示当前的电位、电流以及控制和设置信息。红色的过载指示灯在仪器过载时闪亮并伴有蜂鸣声提示，在仪器过载时应及时调整设定或负载，必要时可及时关闭仪器，避免长时间过载对仪器造成损伤。

控制区域包括 IR 补偿调节旋钮和开关、菜单/微调旋钮、输出调节旋钮、调零旋钮。

IR 补偿调节旋钮和开关用于调节恒电位仪的 IR 补偿量和控制开关。

菜单/微调旋钮可以按下和旋转，在测量状态下，按下旋钮调出设置菜单，旋转旋钮可以微调输出量；在设置菜单下，旋转旋钮用于选择需要调节的选项，按下旋钮用于确认和回到测量界面。

输出调节旋钮在测量状态下用于调节输出量，在设置界面可以调节要设置的内容。

调零旋钮用于在电位为 0 的情况下将电流归零，如果电位为 0 时而电流不为 0，则可以通过调节调零旋钮将电流调节到 0。

（2）设置方法

仪器接通电源后，处于恒电位模式，假负载状态，三电极在内部连接到两个串联的 $2k\Omega$ 电阻上。调节输出调节旋钮和微调旋钮，使电位为 0，调节调零旋钮，使电流为 0。

按下菜单/微调旋钮，即进入设置界面，可以选择恒定模式（恒电位或者恒电流）、输出模式（参比模式、假负载模式或者电解槽模式）、电位量程 VL（20V、2V 或自动切换 AU-TO）、电流量程 AL（$2\mu A \sim 1A$）。通过旋转菜单/微调旋钮选择要改变的选项，旋转输出调节旋钮来改变被选中选项的内容。如果不需要动态扫描而使用静态分析方法，则在设定好以上内容后选中"运行"，并按下菜单/微调旋钮，返回测量界面。此时旋转菜单/微调旋钮可以调节输出量，电位和电流则会发生相应的变化。

如果要进行动态扫描分析，在设置界面，选中"更多"并按下菜单/微调旋钮，进入扫描设置界面。在扫描设置界面，可以设置扫描方式（关闭、单次扫描、循环扫描）、起始电位（V）、终止电位（V）、扫描速度（$mV \cdot s^{-1}$），设置完成以上参数后，选中"运行"并按下菜单/微调旋钮返回测量界面，即开始动态扫描分析。在扫描的过程中，按下菜单/微调旋钮可以对扫描的过程进行终止、暂停等操作。在扫描设置中，扫描方式"关闭"表示不用扫描功能，"单次"表示从起始电位到终止电位进行一次扫描，"循环扫描"表示从当前电位开始，介于起始电位和终止电位之间的循环不断的扫描。

3.3.11 电容仪的测定原理及使用

电容的测定主要有电容电桥法、频率法等。由电容的测定可求算物质的介电常数 ε：

$$\varepsilon = \frac{C}{C_0}$$

式中，C 为某电容器以该物质为介质时的电容值；C_0 为同一电容器为真空时的电容值。

因空气的介电常数接近 1，故介电常数近似为：

$$\varepsilon = \frac{C}{C_空}$$

式中，$C_空$ 为电容中以空气为介质时的电容值。

3.3.11.1 电容电桥法

（1）原理

CC-6 型小电容仪采用电容电桥法，测量原理如图 3-74（a）所示。桥路为变压器的比例臂电桥。电桥平衡时：

$$\frac{C_X}{C_S} = \frac{U_S}{U_X} \tag{3-19}$$

式中，C_X 为两极间电容；C_S 为标准的差动电容。

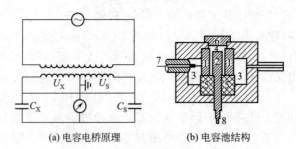

(a) 电容电桥原理　　　　　(b) 电容池结构

图 3-74　电容电桥原理及电容池结构示意图

1—外电极；2—内电极；3—恒温室；4—样品池；

5—绝缘板；6—池盖；7—外电极接线；8—内电极接线

调节 C_S，当 $C_S = C_X$ 时，$U_S = U_X$。此时放大器输出趋近于零，C_S 值可以从刻度盘上直接读出，C_X 值亦可得。

电容池的构造如图 3-74(b) 所示，将待测样品装于电容池的样品室中测量。

实际所测的电容 C_X 包括样品的电容 $C_样$ 和电容池的分布电容 C_d，即：

$$C_X = C_样 + C_d \tag{3-20}$$

应从 C_X 中扣除 C_d，才得到样品电容 $C_样$。C_d 的由下法求出。

由一已知介电常数 $\varepsilon_标$ 的标准物，测其电容为 $C'_标$，则：

$$C'_标 = C_标 + C_d \tag{3-21}$$

再测得电容池中不放样品时的电容 $C_空$，则：

$$C'_空 = C_空 + C_d \tag{3-22}$$

由式(3-21)、式(3-22) 并近似取 $C_空 \approx C_0$，则：

$$C'_标 - C'_空 = C_标 - C_空 \approx C_标 - C_0 \tag{3-23}$$

$$\varepsilon_标 = \frac{C_标}{C_0} \approx \frac{C_标}{C_空} \tag{3-24}$$

由式(3-23)、式(3-24) 得：

$$C_0 \approx C_空 = \frac{C'_标 - C'_空}{\varepsilon_标 - 1} \tag{3-25}$$

$$C_d = C'_空 - \frac{C'_标 - C'_空}{\varepsilon_标 - 1} \tag{3-26}$$

由实验测定的 $C'_标$、$C'_空$ 和已知的 $\varepsilon_标$ 经式(3-26) 可算出 C_d。

(2) CC-6 型小电容仪的使用方法

将电容池的下插头（连接内电极）插在小电容测量仪插口"m"上，再将连接外电极的侧插头插在"a"上（见图 3-75）。

接通恒温油槽电源，使循环恒温油温度为 25.0℃。将小电容测量仪的电源旋转到"检查"位置，此时表头指针的偏转应大于红线，表示仪器的电源电压正常。否则应调换作为电源的干电池，使指针偏转正常。然后把电源旋转到"测试"位置。倍率旋转到"1"位置，调节灵敏度旋钮，使表头指针有一定的偏转（灵敏度旋钮不可一下子开得太大，否则会使指

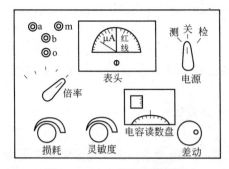

图 3-75　小电容测定仪面板

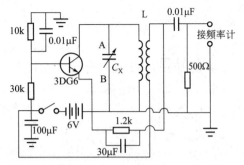

图 3-76　频率法测电容原理

L—初级 120 圈次级 60 圈绕在微型磁芯上；

C_X—约为 $250\mu F$ 的 2 型单联空气电容器

针打出格）。旋转差动电容旋钮，寻找电桥的平衡位置（指针由大折转向小变化），继续调节差动电容器旋钮和损耗旋钮并逐步增大灵敏度，使表头的指针趋于最小。电桥平衡后，读出电容值，重复调节三次，三次读数的平均值即为 $C'_{空}$。

再用滴管吸取干燥过的标准物或样品，从金属盖的中间口加入，使液面超过两电极，盖上塑料塞。恒温后同法测量，可得 $C'_{标}$ 或 C_X。

3.3.11.2　频率法测电容原理

频率法测电容的原理如图 3-76 所示，实际为一个单晶体管电感偶合正弦波高频振荡器。振荡频率为：

$$f = \frac{1}{2\pi\sqrt{HC_X}}$$

式中，H 为线圈的电感，为一定值；C_X 为可变电容器电容，为 $C_{样}$ 与 C_d 之和。

合并常数项后上式变为：

$$f = \frac{K}{\sqrt{C_X}} \quad 或 \quad C_X = \frac{K^2}{f^2} \tag{3-27}$$

溶液的介电常数则为：

$$\varepsilon \approx \frac{C_{样}}{C_{空}}$$

当用可变电容器进行测定时，为了消除 C_d 的影响，在以空气为介质和以溶液为介质时，均用可变电容器的两个固定位置。如用动片完全旋进和完全旋出两个位置的测定值之差，这时

$$\varepsilon = \frac{(C_{进}-C_{出})_{样}}{(C_{进}-C_{出})_{空}} = \frac{\left(\frac{1}{f_{进}^2}-\frac{1}{f_{出}^2}\right)_{样}}{\left(\frac{1}{f_{进}^2}-\frac{1}{f_{出}^2}\right)_{空}} \tag{3-28}$$

实验中所用电容池即介电常数测定装置如图 3-77 所示。

3.3.11.3　PGM-Ⅱ型数字小电容测试仪的使用方法

（1）小电容测试仪的使用方法

① 准备　用配套电源线将后面板的"电源插座"与 220V 交流电源连接，再打开前面板的电源开关，此时 LED 显示某一电容值。预热 5min。

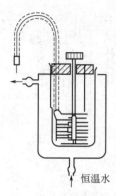

图 3-77　介电常数
测定装置

② 按一下"采零"键，以清除仪表系统的零位漂移，显示器显示"00.00"。

③ 将待测电容的两引出线分别插入仪器前面板"电容池"插座、"电容池座"插座后，使其接触良好，显示稳定后的值即为被测电容的电容量。

（2）介电常数实验装置的使用方法

① 准备

a. 用配套电源线将后面板的"电源插座"与 220V 交流电源连接，再打开前面板的电源开关，此时 LED 显示某一电容值。预热 5min。

b. 电容池使用前，应用丙酮或乙醚对内、外电极之间的间隙进行数次冲洗，并用电吹风吹干，才能注入样品溶液。

用配套测试线将数字小电容测试仪的"电容池座"插座与电容池的"内电极"插座相连，将另一根测试线的一端插入数字小电容测试仪的"电容池"插座，插入后顺时针旋转一下，以防脱落，另一端悬空。

c. 待显示稳定后，按一下"采零"键，以消除系统的零位漂移，显示器显示"00.00"。

② 空气介质电容的测量　将测试线悬空一端插入电容池的"外电极"插座，插入后顺时针旋转一下，以防脱落。此时仪表显示值为空气介质的电容（$C_空$）与系统分布电容（$C_分$）之和。

③ 液体介质电容的测量　逆时针旋转，拔出电容池"外电极"插座一端的测试线。打开电容池加料口盖子，用移液管向池内注入实验液体介质，介质注入量以测试仪显示数据不变为止（以高于池内铜柱平台为佳），盖紧加料口盖子。待显示稳定后，按一下"采零"键，显示器显示"00.00"。

将拔下的测试线的一端插入电容池的"外电极"插座，顺时针旋转一下，以防脱落。此时，显示器显示值即为实验液体介质电容（$C_液$）与分布电容（$C_分$）之和。

3.3.12　阿贝折光仪的原理和使用

（1）折射率的测量原理

光在不同介质中的传播速率是不同的。当光线通过两种不同介质的界面时会改变方向（即发生折射）。实验室中常用阿贝折光仪测定液体和固体物质的折射率。

阿贝折光仪的外形见图 3-78。

折射角度与介质密度、分子结构、温度以及光的波长有关。根据折射定律，波长一定的单色光线，在确定的外界条件（如温度、压力等）下，从一种介质 A 进入另一种介质 B 时，入射角 α 和折射角 β 的正弦比和这两种介质的折射率 N（介质 A）与 n（介质 B）成反比，即：

$$\frac{\sin\alpha}{\sin\beta}=\frac{n}{N}$$

若介质 A 是真空，则 $N=1$，于是：

$$n=\frac{\sin\alpha}{\sin\beta}$$

折射率是有机化合物重要的物理常数之一，它能被精确而方便地测定出来。作为液体物质纯度的标准，它比沸点更为可靠。可以根据所测得的折射率来识别未知物。折射率也用于确定液体混合物的组成。当组成物结构相似并极性小时，混合物的折射率和物质的组成之间呈线性关系。

折射率的表示须注明所用的光线的波长和测定时的温度，常用 n_D^t 表示。D 是指以钠灯的 D 线（5893Å，1Å$=0.1$nm$=10^{-10}$ m）作为光源，t 是与折射率相对应的温度。

作为参考，可以粗略地利用如下经验公式把某一温度下测定的折射率换算成另一温度下的折射率：

$$n_D^t = n_D^{20} + (20-t) \times 4 \times 10^{-4}$$

用折射率测定样品的浓度所需试样量少，且操作简单方便，读数准确。

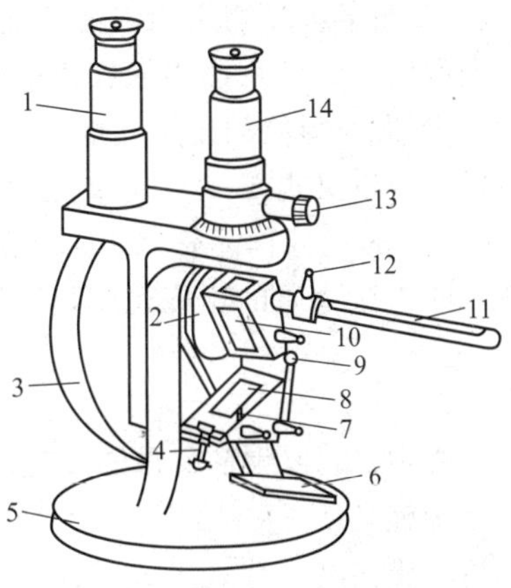

（2）阿贝折光仪的使用方法

① 安装　将阿贝折光仪放在光亮处，但避免置于直曝的日光中，用超级恒温槽将恒温水通入棱镜夹套内，其温度以折光仪上温度计的读数为准。

② 加样　松开锁钮，开启辅助棱镜，使其磨砂斜面处于水平位置，滴几滴丙酮于镜面上，可用镜头纸轻轻揩干。滴加几滴试样于镜面上（滴管切勿触及镜面），合上棱镜，旋紧锁钮。若液样易挥发，可由加液槽直接加入。

③ 对光　转动镜筒使之垂直，调节反射镜使入射光进入棱镜，同时调节目镜的焦距，使目镜中十字线清晰明亮。

④ 读数　调节读数螺旋，使目镜中呈半明半暗状态。调节消色散棱镜至目镜中彩色光带消失，再调节读数螺旋，使明暗界面恰好落在十字线的交叉处。若此时呈现微色散，继续调节消色散棱镜，直到色散现象消失为止。此时可从读数望远镜中的标尺上读出折射率 n_D。为减少误差，每个样品需重复测量三次，三次读数的误差应不超过 0.002，再取其平均值。

（3）注意事项

① 使用时必须注意保护棱镜，切勿用其他纸擦拭棱镜，擦拭时注意指甲不要碰到镜面，滴加液体时，滴管切勿触及镜面。保持仪器清洁，严禁油手或汗触及光学零件。

② 使用完毕后要把仪器全部擦拭干净（小心爱护），排尽金属套中的恒温水，拆下温度计，并将仪器放入箱内，箱内放有干燥剂硅胶。

③ 不能用阿贝折光仪测量酸性、碱性物质和氟化物的折射率，若样品的折射率不在 1.3～1.7 范围内，也不能用阿贝折光仪测定。

3.3.13　旋光仪的原理和使用

（1）旋光度与浓度的关系

许多物质具有旋光性。所谓旋光性就是指某一物质在一束平面偏振光通过时，能使其偏振方向转一个角度的性质。旋光物质的旋光度，除了取决于旋光物质的本性外，还与测定温度、光经过物质的厚度、光源的波长等因素有关，若待测物质是溶液，当光源波长、温度、厚度恒定时，其旋光度与溶液的浓度成正比。

图 3-78　阿贝折光仪外形

1—读数望远镜；2—转轴；

3—刻度盘罩；4—锁钮；

5—底座；6—反射镜；

7—加液槽；8—辅助棱镜

（开启状态）；9—铰链；

10—测量棱镜；11—温度计；

12　恒温水入口；13—消色

散手柄；14—测量望远镜

① 测定旋光物质的浓度　配制一系列已知浓度的样品，分别测出其旋光度，作浓度—旋光度曲线，然后测出未知样品的旋光度，从曲线上查出该样品的浓度。

② 根据物质的比旋光度，测出物质的浓度　旋光度可以因实验条件的不同而有很大的差异，所以又提出了"比旋光度"的概念。规定：以钠光 D 线作为光源，温度为 20℃ 时，一根 10cm 长的样品管（也称旋光管）中，每毫升溶液中含有 1g 旋光物质时所产生的旋光度，即为该物质的比旋光度，用符号 $[\alpha]$ 表示。

$$[\alpha] = \frac{10\alpha}{lc}$$

式中，α 为测量所得的旋光度值；l 为样品管的管长，cm；c 为浓度，$g\cdot cm^{-3}$。

比旋光度 $[\alpha]$ 是度量旋光物质旋光能力的一个常数，可由手册查出。测出未知浓度的样品的旋光度，代入上式可计算出浓度 c。

（2）旋光仪的结构原理

测定旋光度的仪器叫旋光仪，物理化学实验中常用 WXG-4 型旋光仪测定旋光物质旋光度的大小，从而定量测定旋光物质的浓度，其光学系统见图 3-79。

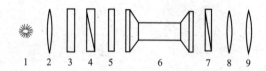

图 3-79　WXG-4 型旋光仪的光学系统

1—钠光灯；2—透镜；3—滤光片；4—起偏镜；5—石英片；
6—样品管；7—检偏镜；8,9—望远镜

旋光仪主要由起偏器和检偏器两部分组成。起偏器是由尼科尔棱镜构成的，固定在仪器的前端，用来产生偏振光。检偏器也是由一块尼科尔棱镜组成，由偏振片固定在两保护玻璃之间，并随刻度盘同轴转动，用来测量偏振面的转动角度。

旋光仪是利用检偏镜来测定旋光度的。如调节检偏镜使其透光的轴向角度与起偏镜的透光轴向角度相互垂直，则由检偏镜前的目镜观察到的视场呈黑暗，再在起偏镜与检偏镜之间放入一个盛满旋光物质的样品管，则由于物质的旋光作用，使原来由起偏镜出来的偏振光转过了一个角度 α，这样观察到的视场不呈黑暗，必须将检偏镜也相应地转过一个角度 α，视野才能恢复黑暗。检偏镜由第一次黑暗到第二次黑暗的角度差，即为被测物质的旋光度。

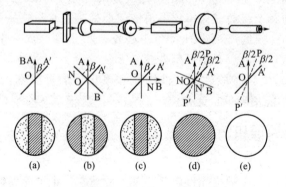

图 3-80　旋光仪三分视野

如果没有比较，要判断视场的黑暗程度是困难的，为此设计了三分视野法，以提高测量准确度。即在起偏镜后中部装一狭长的石英片，其宽度约为视野的 1/3，因为石英也具有旋光性，故在目镜中出现三分视野，如图 3-80 所示。

当三分视野通过检偏器的旋转而消失时（检偏镜的旋转是通过旋光仪度盘的转动而实现的，度盘一旦旋转，就会产生一个角度，这个角度值可以用来表示待测物质的旋光度），即可测得被测物质的旋光度。

（3）自动旋光仪的结构及原理

仪器采用 20W 钠光灯作为光源，由小孔光栅和物镜组成一个简单的点光源平行光管，平行光经第 1 个偏振镜变为平面偏振光，当偏振光经过有法拉第效应的磁致线圈时，其振动平面产生 50Hz 的 β 角往复摆动，光线经过第 2 个偏振镜投射到光电倍增管上时，产生交变的电讯号。

（4）操作方法

① 将仪器电源插头插入 220V 交流电源（要求使用交流电稳压器 1kV·A），并将接地线可靠接地。

② 向上打开电源开关（右侧面），这时钠光灯在交流工作状态下起辉，经 5min 激活后，钠光灯才稳定发光。

③ 向上打开光源开关（右侧面），仪器预热 20min（若光源开关扳上后，钠光灯熄灭，则再将光源开关上下重复扳动 1～2 次，使钠光灯在直流下点亮，即为正常）。

④ 按"测量"键，这时液晶屏应有数字显示。注意：开机后"测量"键只需按一次，如果多按，则仪器停止测量，液晶无显示。用户可再次按"测量"键，液晶重新显示，这时需重新校零（若液晶屏已有数字显示，则不需按"测量"键）。

⑤ 将装有蒸馏水或其他空白溶剂的试样管放入样品室，盖上箱盖，待示数稳定后，按"清零"键。试样管中若有气泡，应先让气泡浮在凸颈处；通光面两端的雾状水滴应用软布揩干，试样管螺帽不宜旋得过紧，以免产生应力，影响读数；试样管安放时应注意标记的位置和方向。

⑥ 取出试样管。将待测样品注入试样管，按相同的位置和方向放入样品室内，盖好箱盖，仪器将显示出该样品的旋光度，此时指示灯"1"点亮。注意：试样管内腔应用少量被测试样冲洗 3～5 次。

⑦ 按"复测"键一次，指示灯"2"点亮，表示仪器显示第一次复测的结果，再次按"复测"键，指示灯"3"点亮，表示仪器显示第二次复测结果。按"123"键，可切换显示各次测量的旋光度值。按"平均"键，显示平均值，指示灯"AV"点亮。

⑧ 如样品超过测量范围，仪器在 ±45° 处来回振荡。此时，取出试样管，仪器即自动转回零位。可将试液稀释一倍再测。

⑨ 仪器使用完毕后，应依次关闭光源、电源开关。

⑩ 在直流供电系统出现故障不能使用时，仪器也可以在钠灯交流供电（光源开关不向上开启）的情况下测试，但仪器的性能可能略有降低。

⑪ 测定小角度样品（旋光度小于 ±5°）时，样品管放入旋光仪后，示数可能不稳定，这时只要按"复测"键，就会出现新的数字。

3.3.14　分光光度计的原理及使用

吸光度法是利用光电效应，通过对透过光强度的测量来测定物质含量的方法，吸光度的测量可用分光光度计来完成。分光光度计可在近紫外和可见光谱区域内对样品物质做定性和定量地分析，是基础化学实验室常用的分析仪器之一。该仪器应安放在干燥的房间内，使用温度为 5~35℃。使用时放置在坚固平稳的工作台上,而且避免强烈震动或持续震动。室内照明不宜太强,且避免日光直射。电风扇不宜直接吹向仪器,以免影响仪器的正常使用。尽量远离高强度的磁场、电场及发生高频波的电气设备。供给仪器的电源为（220±22）V,49.5~50Hz,并须装有良好的接地线。宜使用 100W 以上的稳压器,以增强仪器的抗干扰性能。避免在有硫化氢、氟硫酸等腐蚀性气体的场所使用。

下面介绍 722 型分光光度计的原理、结构及使用与维护。

3.3.14.1 分光光度计的工作原理

分光光度计的基本原理是溶液中的物质在光的照射激发下,产生了对光吸收的效应,而物质对光的吸收是有选择性的,各种不同的物质都具有其各自的吸收光谱,因此当某单色光通过溶液时,其能量就会被吸收而减弱。光能量减弱的程度和物质的浓度有一定的比例关系,符合比色原理——朗伯-比尔定律。

$$T = \frac{I}{I_0}$$

$$A = \lg \frac{I_0}{I} = kcl$$

式中,T 为透射比;I_0 为入射光强度;I 为透射光强度;A 为吸光度;k 为吸收系数;l 为溶液的光径长度;c 为溶液的浓度。

从以上公式可以看出,当入射光、吸收系数和溶液的光径长度不变时,透过光的强度是随着溶液的浓度而变化的,分光光度计就是根据上述物理光学现象而设计的。

3.3.14.2 722 型分光光度计的光学系统

722 型分光光度计采用光栅自准式色散系统和单光束结构光路。钨灯发出的连续辐射经滤色片选择和聚光镜聚光后投向单色器进入狭缝,此狭缝正好处于聚光镜及单色器内准直镜的焦平面上,因此进入单色器的复合光通过平面反射镜反射及准直镜准直变成平行光射向色散元件光栅,光栅将入射的复合光通过衍射作用形成按照一定顺序均匀排列的连续单色光谱,此单色光谱重新回到准直镜上,由于仪器出射狭缝设置在准直镜的焦平面上,这样,从光栅色散出来的光谱经准直镜后利用聚光原理成像在出射狭缝上,出射狭缝选出指定带宽的单色光通过聚光镜落在试样室被测样品中心,样品吸收后透射的光经光门射向光电管阴极面。

3.3.14.3 仪器的结构

722 型分光光度计由光源室、单色器、试样室、光电管暗盒、电子系统及数字显示器等部件组成。

（1）光源室部件

氢灯灯架、钨灯灯架、聚光镜架、截止滤光片组架及氢灯接线架等各通过两个螺栓固定在灯室部件底座上。氢灯及钨灯灯架上装有氢灯与钨灯,分别作为紫外和可见区域的能量辐射源。聚光镜安装在聚光镜架上,通过镜架边缘两个定位螺栓及后背部的拉紧弹簧,经角度校正顶针使其定值。当需要改变聚焦光斑在单色器入射狭缝的上下位置时,可通过角度校正顶针进行调整。聚光镜下有一定位梢,旋转镜架可改变光斑在单色器入射狭缝的左右位置。为了消除光栅光谱中存在着级次之间的光谱重叠问题以及当在紫外区域时使紫外辐射能量进入单色器,在灯室内安置了截止滤光片组。截止滤光片组通过柱头螺栓固定在一联动轴上,改变滤光片组的前后位置可改变紫外能量辐射传输在聚光镜上的方位。轴的另一端装有一齿轮，用以啮合单色器部件波长传动机构大滑轮上的齿轮，使截止滤光片组的选择与波长值同步。

（2）单色器部件

单色器是仪器的心脏部分，布置在光源与试样室之间，用三个螺栓固定在灯室部件上。单色器部件板内装有狭缝部件、反光镜组件、准直镜部件，以及光栅部件与波长线性传动机构等。

① 狭缝部件和反光镜组件　仪器入射、出射狭缝均采用宽度为 0.9mm 的等宽度双刀片狭缝，通过狭缝固定螺栓固定在狭缝部件架上，狭缝部件是用两个螺栓安装在单色器架上的。安装狭缝时注意狭缝双刀片斜面必须向着光线传播方向，否则会增加仪器的杂散光。反光镜组件安装在入射狭缝部件架上，反光镜采用一块方形小反光镜，通过组件架上的调节螺钉可改变入射光的反射角度，使光斑打在准直镜上。

② 准直镜部件　准直镜是一块凹形玻璃球面镜，装在镜座上，后部装有三套精密的细牙调节螺钉。用来调整出射光聚焦于出射狭缝，以及出射于狭缝时光的波长与波长盘上所指示的波长相对应。

③ 光栅部件与波长传动机构　光栅在单色器中主要起色散作用，由于光栅的色散是线性的，因此光栅可采用线性的传动机构。722 型仪器采用扇形齿轮与波长转动轴上的齿轮相吻合，使得波长刻度盘带动光栅转动，改变仪器出射狭缝的波长值。另外在单色器上由转盘大、小滑轮及尼龙绳组成了一套波长联动机构，大滑轮上的齿轮与截止滤光片转轴上的齿轮啮合，使波长值与截止滤光片组同步。光栅安装在光栅底座上，通过光栅架后的三个螺钉可改变光栅的色散角度。

（3）试样室部件

试样室部件由比色皿座架部件及光门部件组成。

① 比色皿座架部件　整个比色皿座架和滑动座架通过底部三个定位螺栓全部装在试样室内，滑动座架下装有弹性定位装置，拉动拉杆能使滑动座架带动四档比色皿处于正确的光路中心位置。

② 光门部件　在试样室的右侧通过三个定位螺栓装有一套光门部件，其顶杆露出盒右侧小孔，光门挡板依靠其自身重量及弹簧作用向下垂落至定位螺母，遮住透光孔，光束被阻挡不能进入光电管阴极面，光路遮断，仪器可以进行零位调节。当关上试样室盖时，顶杆便向下压紧，此时顶住光门挡板下端。在杠杆作用下，使光门挡板上抬，打开光门，可调整"100％"旋钮进行测量工作。

（4）光电管暗盒部件

整个光电管暗盒部件通过四个螺钉固定在仪器底座上。部件内装有光电管、干燥剂筒及微电流放大器电路板。光电管采用插入式 G1030 型端窗式光电管，其管脚共有 14 个，其中 4、8 两脚为光电阴极，1、6、10、12 四脚为阳极。

3.3.14.4　仪器的安装使用

① 使用仪器前，应该首先了解本仪器的结构和工作原理，以及各个操作旋钮的功能。在接通电源前，应该对仪器的安全性进行检查，电源线接线应牢固，接地要良好，各个调节旋钮的起始位置应该正确。仪器在使用前先检查一下放大器暗盒的硅胶干燥筒（在仪器的左侧）内的硅胶，如受潮变色，应更换干燥的蓝色硅胶或者倒出原硅胶烘干后再用。

运输和搬运等，会影响仪器的波长精度、吸光度精度，应根据仪器调校步骤对仪器进行调整，然后投入使用。

② 将灵敏度旋钮调置"1"挡（放大倍率最小）。开启电源，指示灯亮，选择开关置于

"T"，波长调至测试用波长，仪器预热 20min。

③ 打开试样室盖（光门自动关闭），调节"0"旋钮，使数字显示为"00.0"，盖上试样室盖，使比色皿座架处于蒸馏水校正位置，使光电管受光，调节透过率"100％"旋钮，使数字显示为"100.0"。

④ 如果显示不到"100.0"，则可适当增加微电流放大器的倍率挡数，但尽可能使倍率置低挡使用，这样仪器将有更高的稳定性，但改变倍率后必须按③重新校正"0"和"100％"。

⑤ 预热后，按③连续几次调整"0"和"100％"，仪器即可进行测定工作。

⑥ 吸光度 A 的测量　按③调整仪器"0"和"100％"，将选择开关置于"A"，调节吸光度调节器调零旋钮，使得数字显示为".000"，然后将被测样品移入光路，仪器的显示值即为被测样品的吸光度值。

⑦ 浓度 c 的测量　选择开关由"A"旋置于"C"，将已标定浓度的样品放入光路，调节浓度旋钮，使得数字显示为标定值，再将被测样品放入光路，即可读出被测样品的浓度值。

⑧ 如果大幅度改变测试波长，在调整"0"和"100％"后稍等片刻（因光能量变化急剧，光电管受光后响应缓慢，需一段光响应平衡时间），当稳定后，重新调整"0"和"100％"即可工作。

⑨ 每台仪器所配套的比色皿，不能与其他仪器上的比色皿单个调换。

3.3.14.5　仪器的维护

① 为确保仪器稳定工作在电压波动较小的环境下，需要对 220V 电源预先稳压，宜备 220V 稳压器一台（磁饱和式或电子稳压式）。

② 当仪器工作不正常时，如数字表无亮光、光源灯不亮、开关指示灯无信号，应先检查仪器后盖保险丝是否损坏，然后检查电源线是否接通，再检查电路。

③ 仪器要接地良好。

④ 仪器左侧下角有一只干燥筒，应保持其干燥性，发现干燥剂变色立即更新或烘干后再用。

⑤ 另外有两包硅胶放在样品室内，当仪器停止使用后，也应该定期更新或烘干。

⑥ 当仪器停止工作时，切断电源，电源开关也同时切断。

⑦ 为了避免仪器积灰和沾污，在停止工作期间，用塑料套子罩住整个仪器，在套子内应放数袋防潮硅胶，以免灯室受潮、反射镜镜面发霉点或沾污，影响仪器性能。

⑧ 仪器工作数月或搬动后，要检查波长精度和吸光度精度等，以确保仪器的正常使用和测定精度。

3.3.14.6　仪器的调校和故障修理

仪器使用较长时间后，与同类型的其他仪器一样，可能发生一些故障，或者仪器的性能指标有所变化，需要进行调校或修理，现将调校和修理的操作分别简单介绍如下，以供使用维护者参考。

（1）仪器的调整

① 钨灯的更换和调整　光源灯是易损件，当破损更换或仪器搬运后均可能使其偏离正常位置。为了使仪器有足够的灵敏度，如何正确地调整光源灯的位置则显得尤为重要。用户在更换光源灯时应戴上手套，以防沾污灯壳而影响发光能量。722 型仪器的光源灯采用

12V、30W 插入式钨卤素灯，更换钨灯时应先切断电源，然后用附件中的扳手旋松钨灯架上的两个紧固螺栓，取出损坏的钨灯。换上钨灯后，将波长选择在 550nm 左右，开启主机电源开关，上、下、左、右移动钨灯位置，直到成像在入射狭缝上。选择适当的灵敏度开关，观察数字表读数，经过调整使数字表读数为最高即可。最后将两个紧固螺栓旋紧。注意：两个紧固螺栓为钨灯稳压电源的输出电压端，当钨灯点亮时，千万不能短路，否则会损坏钨灯稳压电源电路元件。

② 波长精度的检验与校正　采用镨钕滤色片 529nm 及 808nm 两个特征吸收峰，通过逐点测试法来进行波长精度的检验与校正。本仪器的分光系统采用光栅作为色散元件，其色散是线性的，因此波长分度的刻度也是线性的。当通过逐点测试法记录下的刻度波长与镨钕滤色片特征吸收波长值超出误差允许范围时，可卸下波长手轮，旋松波长刻度盘上的三个定位螺栓，将刻度指示置于特征吸收波长值（误差 $\leqslant \pm 2nm$），旋紧三个定位螺栓即可。

③ 吸光度精度的调整　将选择开关置于"T"，调节透过率"00.0"和"100.0"后，再将选择开关置于"A"，旋动"吸光度调零"旋钮，使得显示值为".000"。将 0.5A 左右的滤光片（仪器附）置于光路，测得其吸光度值。选择开关置于"T"，测得其透过率值，根据 $A = \lg(1/T)$ 计算出其吸光度值。如果实测值与计算值有误差，则可调节"吸光度斜率电位器"，将实测值调整至计算值，两者允许误差为 $\pm 0.004A$。

（2）故障分析

① 初步检查　当仪器出现故障时，首先关闭主机电源开关，然后按下列步骤逐步检查。

a. 当开启仪器电源后，钨灯是否亮。

b. 波长盘读数指示是否在仪器允许波长范围内。

c. 仪器灵敏度开关是否选择适当。

d. T、A、C 开关是否选择在相应的状态。

e. 试样室盖是否关紧。仪器调零及调 100% 时是否选择在相应的旋钮调节位置。

② 初步判断　仪器的机械系统、光学系统及电子系统为一整体，工作过程中互有牵制，为了缩小范围及早发现故障所在，可以按下列试验区分故障性质。

a. 光学系统试验

（a）按下灯电源开关，点亮钨灯。

（b）仪器波长刻度选择在 580nm，打开试样室盖将白纸插入光路聚焦位置，应见到一较亮、完整的长方形光斑。

（c）手调波长向长波，白纸上应见到光斑由紫逐渐变红；手调波长向短波，白纸上应见到光斑由红逐渐变紫。

（d）波长在 330~800nm 范围，改变相应的灵敏度挡调节"100%"旋钮，观察数字表读数显示能达到"100.0"。

上述试验通过，光学系统原则上正常。

b. 机械系统试验

（a）手调波长钮在 330~800nm 往返手感平滑无明显卡住感。

（b）检查各按钮、旋钮、开关及比色皿选择拉杆手感是否灵活。

上述试验通过，机械系统原则上正常。

c. 电子系统试验

（a）按下灯电源按钮，应点亮钨灯。

（b）打开试样室盖，调节调零旋钮观察数字显示读数应为"00.0"左右可调。

(c) 选择波长 580nm，灵敏度开关选择 T 挡，关上试样室盖，此时调节 "100％" 旋钮观察数字显示读数应为 "100.0" 左右可调。

(d) T、A、C 转换开关选择 T 挡，试样室空白，当完成仪器调零及调 "100％" 后选择 "A" 挡，调节消光零旋钮观察数字显示读数应为 "000" 左右可调。

上述试验通过，电子系统原则上正常。

3.3.14.7　TU-1901/1900 紫外可见分光光度计使用说明

(1) 功能指标

① 光度测量　测量 1～10 个波长处的吸光度或透过率并可按设定的公式进行数学计算。

② 光谱扫描　按设定的波长范围进行吸光度或透过率的谱图扫描并可进行各种数据处理，如峰值检出、导数光谱、谱图运算等。

③ 定量计算　无论是单波长、双波长、三波长还是微分定量，定量测定的工作曲线制作都更加方便，可实现多达 20 点的 1～4 次曲线回归，对吸光度为非线性的样品也可实现准确测定。

④ 时间扫描　在设定的 1～10 个波长处进行吸光度或透过率的时间扫描并可进行各种数据处理，如峰值检出、谱线微分、谱线运算等。

⑤ 结果输出　数据文件和参数文件存取；测量结果可输出至其他文档编辑器或电子表格，用以生成测量报告。

(2) 光度测量简介

"光度测量" 是指在指定的波长处读取测量数据，也就是我们常说的定点读数。在 UVWin5.0 中，可以指定多个波长点进行光度测量，并且还可以对测量数据进行简单的数学计算。具体的设置方法如下。

① 光度测量参数设置

激活光度测量窗口，选择【测量】菜单下的【参数设置】子菜单，即可打开光度测量设置窗口，如图 3-81 所示。

图 3-81　光度测量参数
设置窗口（测量选项卡）

窗口中共有五个选项卡，可以根据不同的需要进行设置。

a. 测量选项卡中有以下几个功能模块。

(a) 测量波长　在测量选项卡中，可以在【波长】编辑框中输入需要测量的波长点，然后点击【添加】按钮，即可在下面的波长点列表中添加一个测量波长点，测量波长点最多可设置 26 个，最少需要设置 1 个。如果需要删除波长点或清除波长列表，可点击【删除】按钮或【清除】按钮。当在波长列表中选择了一个波长后，波长编辑框中同样会显示此波长，这时，可以修改此波长，然后点击【修改】按钮，即可修改波长列表中相应的内容。

(b) 重复测量　光度测量允许对测量重复次数进行选择。如果不希望重复测量，可选择【重复测量】中的【无】。如果需要手动重复测量，可选择【手动】，然后在【重复次数】编辑框中输入需要重复的次数。【自动重复】的功能与手动重复类似，都是进行重复测量，但自动重复可自动完成多次重复测量，无须每次都去按测量键。但自动测量需要指定一个测量时间间隔，也就是每次测量之间所停顿的时间。此时间可以为零，也就是不停顿的连续测量。如果选择了自动重复测量，还可以选择【根据样品池数量自动重复测量】，此选项的功能是将样品池中所有的样品自动测量一次。因此，无须指定重复次数，重复次数选项将被禁止。如果所设置的样品池是固定样品池，则无法设置此选项。总之，重复测量的目的主要是进行平均值的计算，因此，可以选择【计算平均值】将平均值计算功能打开。这样，在每次重复测量结束后，系统会自动计算平均值并显示在测量表格中。

（c）光度模式　光度模式是指仪器当前运行的模式，可供选择的光度模式有：Abs（吸光度模式）、T％（透光率模式）、Es（能量模式-样品光）、Er（能量模式-参比光）、R％（参比光透过率-积分球附件专用）。

（d）起始编号　设置样品编号中的起始数字。可输入任意数字。

b. 简单计算对测量结果的计算提供了很大的方便。利用此功能，可以计算出一些比较专业的数据和分析结果，设置画面如图 3-82 所示。

可以选择【启用简单计算】选项来开启简单计算功能。

简单计算选项卡可分为以下几个功能模块。

（a）计算公式　在【计算公式】编辑框中，可以输入需要进行结果运算的公式。在公式中，A、B、C、D⋯⋯代表对应的波长点的测量数据。例如，在测量选项卡的波长列表中输入了两个波长，分别是 600nm 和 500nm，当要计算这两个波长的测量数据的比值时，可以在简单计算选项卡

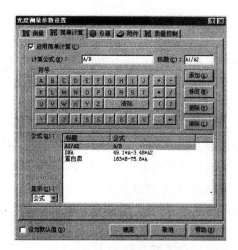

图 3-82　光度测量设置窗口
（简单计算选项卡）

的计算公式编辑框中输入 A/B，然后点击【添加】按钮即可。计算公式默认的标题是"结果 1""结果 2"⋯⋯。如果指定标题，可在输入计算公式的同时，在【标题】编辑框中输入相应的标题即可。如果要修改某个公式，可在公式列表中选择相应的公式，在公式编辑框中修改其内容，然后点击【修改】按钮即可。如果要删除或清除公式列表的内容，可以点击【删除】或【清除】按钮。计算公式最多可输入 10 个。

（b）符号　【符号】的作用其实就是模仿键盘的输入，点击符号按钮，就等于输入了对应的符号。

（c）显示　【显示】选项的作用是为计算公式提供不同的显示方式。下拉框共有两个选择，分别是公式和标题。"公式"表示在测量结果表格中，计算公式将以公式的形式进行显示。选择"标题"则会以默认标题或用户设置的标题进行显示。

c. 仪器选项卡的内容与仪器性能窗口的内容完全一致。

d. 附件选项卡的内容与附件设置窗口的内容完全一致。

e. 质量控制是 UVWin5.0 中新推出的一项功能。此功能的作用是对测量数据进行质量监控，一旦出现异常数据，系统会立即进行提示或按照预先设置的动作进行处理。当然，对数据的判断方法是可以设置的。设置画面如图 3-83 所示。

在质量控制窗口中，可以通过【启用质量控制功能】选项来设置质量控制的开关。

质量控制选项卡的功能模块如下。

（a）质量控制列表　设置质量控制的项目。A、B、C、D⋯⋯表示测量波长点，结果 1、

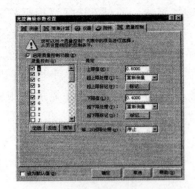

图 3-83　质量控制设置窗口

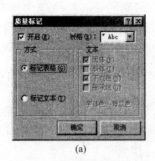

(a)　　　　　　　　(b)

图 3-84　质量标记中的标记表格（a）和标记文本（b）

结果 2、结果 3……表示计算结果。点击【全选】按钮可选中所有的项目，点击【反选】按钮可反选所有的项目，点击【清除】按钮可清除所有的选择。

（b）限定　在限定框中，可以输入对选择的项目所控制的上限值和下限值。超限处理可设置超上限和下限时系统做出的动作。可选的动作有：【继续】——继续进行测量；【停止】——停止测量；【重新测量】——重新对当前样品进行测量。如果需要在测量表格中对超限结果进行标记，可点击【标记】按钮对标记进行设置。质量标记窗口如图 3-84 所示。

选择【开启】可开启标记功能。在【方式】框中，可以选择对超限数据的标记方式。【标记表格】是将数据所在的表格进行标记，可选的标记可在【表格】下拉框中进行选择。如果选择了【标记文本】，则可以对文本的字体、颜色进行设置。

（c）第二次超限处理　【第二次超限处理】是指连续两次超限时系统所作出的动作。可选的动作有【继续】和【停止】。

② 光度测量

光度测量的测量过程非常简单，只需要点击【开始】按钮即可完成一次测量。测量结果将显示在测量表格中。如果想删除某个测量结果，可使用鼠标点击此结果，然后选择【编辑】菜单下的【删除】子菜单，即可将结果删除。如果需要恢复被删除的结果，可在测量表格上点击鼠标右键，在弹出菜单中选择【删除】菜单下的【撤销删除】子菜单，即可恢复被删除的测量结果。如果要隐藏被删除的结果，取消【删除】菜单下的【显示删除的样品】的选择即可。

③ 结果保存与打印

对于测量结果，既可以保存为文件，也可以打印输出。当完成了分析测量后，可选择【文件】菜单下的【保存】子菜单，或点击【保存】按钮，系统会弹出保存文件窗口，输入需要保存的文件名，点击【保存】按钮，即可将文件保存到指定的位置。

3.3.15　CTP-Ⅰ型古埃磁天平

古埃（Gouy）磁天平的特点是结构简单，灵敏度高。用古埃磁天平测量物质的磁化率进而求得永久磁矩和未成对电子数，这对研究物质结构有着重要的意义。

3.3.15.1　工作原理

古埃磁天平的工作原理如图 3-85 所示。

将圆柱形样品（粉末状或液体装入匀称的玻璃样品管中），悬挂在分析天平的一个臂上，使样品底部处于电磁铁两极的中心（即处于均匀磁场区域），此处磁场强度最大。样品的顶

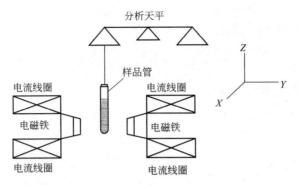

图 3-85　古埃磁天平工作原理

端离磁场中心较远，磁场强度很弱，而整个样品处于一个非均匀的磁场中。但由于沿样品的轴心方向，即图示 Z 方向，存在一个磁场强度 $\partial H / \partial Z$，故样品沿 Z 方向受到磁力的作用，它的大小为：

$$f_Z = \int_H^{H_0} (\chi - \chi_{空}) \mu_0 SH \frac{\partial H}{\partial Z} \mathrm{d}Z \qquad (3\text{-}29)$$

式中，H 为磁场中心的磁场强度；H_0 为样品顶端处的磁场强度；χ 为样品的体积磁化率；$\chi_{空}$ 为空气的体积磁化率；S 为样品的截面积（位于 X、Y 平面）；μ_0 为真空磁导率。

通常 H_0 即为当地的地磁场强度，约为 $40 \mathrm{A \cdot m^{-1}}$，一般可略去不计，则作用于样品的力为：

$$f_Z = \frac{1}{2}(\chi - \chi_{空}) \mu_0 SH^2 \qquad (3\text{-}30)$$

由于天平分别称装有被测样品的样品管和不装样品的空样品管，在有外加磁场和无外加磁场时的质量变化为：

$$\Delta m = m（磁场） - m（无磁场） \qquad (3\text{-}31)$$

显然，某一不均匀磁场作用于样品的力可由下式计算：

$$f_Z = (\Delta m_{样品+空管} - \Delta m_{空管})g \qquad (3\text{-}32)$$

于是有：
$$\frac{1}{2}(\chi - \chi_{空}) \mu_0 H^2 S = (\Delta m_{样品+空管} - \Delta m_{空管})g \qquad (3\text{-}33)$$

整理后得：
$$\chi = \frac{2(\Delta m_{样品+空管} - \Delta m_{空管})g}{\mu_0 H^2 S} + \chi_{空} \qquad (3\text{-}34)$$

物质的摩尔磁化率 $\chi_M = \dfrac{M\chi}{\rho}$，故：

$$\chi_M = \frac{M}{\rho}\chi = \frac{2(\Delta m_{样品+空管} - \Delta m_{空管})ghM}{\mu_0 m H^2} + \frac{M}{\rho}\chi_{空} \qquad (3\text{-}35)$$

式中，h 为样品的实际高度；m 为无外加磁场时样品的质量；M 为样品的摩尔质量；ρ 为样品密度（固体样品指装填密度）。

式(3-35)中真空磁导率 $\mu_0 = 4\pi \times 10^{-7} \mathrm{N \cdot A^{-2}}$；空气的体积磁化率 $\chi_{空} = 3.64 \times 10^{-7}$（SI 单位），但因样品体积很小，故常予以忽略。该式右边的其他各项都可通过实验测得，因此样品的摩尔磁化率可由式(3-35)算得。

式(3-35)中磁场两极中心处的磁场强度 H，可使用面板上的毫特斯计（原称高斯计）测出，或用已知磁化率的标准物质进行间接测量。常用的标准物质有纯水、$NiCl_2$ 水溶液、莫尔氏盐[$(NH_4)_2SO_4 \cdot FeSO_4 \cdot 6H_2O$]、$CuSO_4 \cdot 5H_2O$ 和 $Hg[Co(NCS)_4]$ 等。例如莫尔氏盐的 χ_M 与热力学温度 T 的关系式为：

$$\chi_M = \frac{9500}{T+1} \times 4\pi \times 10^{-9} (m^3 \cdot mol^{-1}) \tag{3-36}$$

3.3.15.2 仪器的结构及使用

磁天平是由电磁铁、稳流电源、数字式特斯拉计和数字式电流表、分析天平、照明等构成的，如图 3-86 和图 3-87 所示。

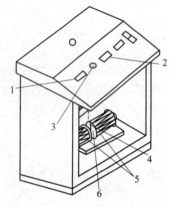

图 3-86 磁天平正面

1—电流表；2—特斯拉计；3—电流调节
电位器；4—样品管；5—电磁铁；6—霍尔探头

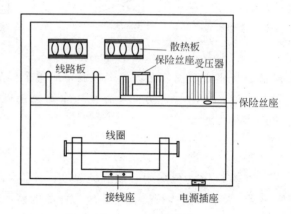

图 3-87 磁天平背面

（1）磁场

仪器的磁场由电磁铁构成，磁极材料用软铁，在励磁线圈中无电流时，剩磁为最小。磁极极端为双截锥的圆锥体，极的端面须平滑均匀，使磁极中心磁场强度尽可能相同。磁极间的距离连续可调，便于实验操作。

（2）稳流电源

励磁线圈中的励磁电流由稳流电源供给。电源线路设计时，采用了电子反馈技术，可获得很高的稳定度，并能在较大幅度范围内任意调节其电流强度。

（3）分析天平

CTP-Ⅰ型古埃磁天平需自配分析天平。在磁化率测量中，常常配以半自动电光太平。在安装时需做些改装，将天平左边盘底托盘拆除，改装一根细铁丝。在铁丝中点系一根细的尼龙线，线从天平左边托盘的孔口穿出，在下端连接一只和样品管口径相同的橡皮塞，以连接样品管用。

（4）样品管

样品管由硬质玻璃管制成，直径 $0.6 \sim 1.2cm$，高度大于 $16cm$，一般样品管露在磁场外的长度应为磁极间隙的 10 倍或更大。样品管底部用喷灯封成平底，要求样品管圆而均匀。测量时，将上述橡皮塞紧紧塞入样品管中，样品管将垂直悬挂于天平盘下。注意样品管底部应处于磁场中部。

样品管为逆磁性，可按式（3-32）予以校正，并注意受力方向。

（5）样品

金属或合金物质可做成圆柱体直接在磁天平上测量；液体样品则装入样品管测量；固体粉末状物质要研磨后再均匀紧密地装入样品管中测量。古埃磁天平不进行气体样品的测量。

微量的铁磁性杂质对测量结果影响很大，故制备和处理样品时要特别注意防止杂质的沾染。

（6）CTP-Ⅰ型特斯拉计使用说明

① 检查两磁头间的距离在 20mm，试管尽可能在两磁头间的正中。

② 电流调节旋钮（是多圈电位器）左旋至最小（在接通电源时电流为零）。

③ 接通电源。首先调节电流调节旋钮，使电流表显示"0000"，此时按下采零键，然后调节电流，即可测试。

（7）注意事项

① 磁天平总机架必须放在水平位置，分析天平应作水平调整。

② 吊绳和样品管必须与其他物件相距 3mm 以上。

③ 励磁电流的变化应平稳、缓慢，调节电流时不宜用力过大。

④ 测试样品时，应关闭玻璃门窗，对整机不宜振动，否则实验数据误差较大。霍尔探头两边的有机玻璃螺栓可使其调节到最佳位置。在某一励磁电流下，打开特斯拉计，然后稍微转动探头使特斯拉计读数在最大值，此即为最佳位置，将有机玻璃螺栓拧紧。如发现特斯拉计读数为负值，只需将探头转动 180° 即可。

⑤ 在测试完毕之后，请务必将电流调节旋钮左旋至最小（显示为"0000"），然后方可关机。

3.3.15.3 MB-1A/2A 型磁天平使用

该仪器常用于研究分子结构的顺磁和逆磁磁化率的测定实验。其主要有以下部分组成：电磁铁、数字式特斯拉计、励磁源、数字式电流表、分析天平（电子天平）。磁化率测定实验装置及使用仪器的面板见图 3-88。

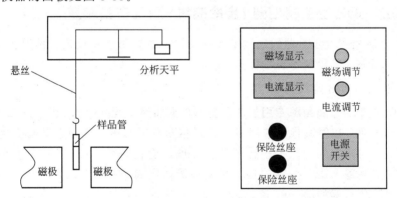

图 3-88　磁化率测定实验装置连接示意及面板图

（1）结构与原理

古埃磁天平由分析天平、悬线（尼龙丝或琴弦）、样品管、电磁铁、励磁电源、特斯拉计、霍尔探头等部件构成。磁天平的电磁铁由单轭电磁铁构成，磁极直径为 40mm，气隙宽度为 6～40mm，电磁铁的最大磁场强度可达 0.85T。励磁电源是 220V 的交流电源，经整流将交流电变为直流电，再经滤波恒流输入电磁铁，励磁电流可从 0A 调至 10A。

（2）操作步骤

① 实验前在未接通电源时，应逆时针将励磁电流调节旋钮调到最小，并将特斯拉计探头放在两个磁极中间位置的支撑架上，使探头平面垂直置于磁场两极中心。

② 打开电源，调节电流调节旋钮，使电流增加至特斯拉计显示约"0.300T"，上下、左

右移动探头，观察数字显示值，把探头位置调节至显示值为最大的位置，此乃探头的最佳位置（此时探头平面应平行于磁极端面。将固定螺杆拧紧，探头位置固定好后不要经常变动）。关闭电源前，应调节励磁电流调节旋钮，使输出电流为零。

③ 用标准样品标定磁场强度。先取一支清洁干燥的空样品管悬挂在磁天平的挂钩上，使样品管正好与磁极中心线平齐（样品管不可与磁极接触），并与探头有合适的距离。准确称取空样品管的质量（$H=0$ 时），得 m_1（H_0）；调节电流调节旋钮，使特斯拉计显示"0.300T"（H_1），迅速称得 m_1（H_1）；逐渐增大电流，使特斯拉计数字显示为"0.350T"（H_2），称得 m_1（H_2）；将电流略微增大后再降至特斯拉计显示"0.350T"（H_2）时，又称得 m_2（H_2）；将电流降至特斯拉计显示"0.300T"（H_1）时，称得 m_2（H_1）；最后将电流调节至特斯拉计显示"0.000T"（H_0）称得 m_2（H_0）。这样调节电流由小到大再由大到小的测定方法是为了抵消实验时磁场剩磁的影响。

$$m_{空管}(H_1)=\frac{1}{2}\big[\Delta m_1(H_1)+\Delta m_2(H_1)\big]$$

$$m_{空管}(H_2)=\frac{1}{2}\big[\Delta m_1(H_2)+\Delta m_2(H_2)\big]$$

式中，$\Delta m_1(H_1)=m_1(H_1)-m_1(H_0)$；$\Delta m_2(H_2)=m_2(H_2)-m_2(H_0)$；$\Delta m_1(H_2)=m_1(H_2)-m_1(H_0)$；$\Delta m_2(H_1)=m_2(H_1)-m_2(H_0)$。

④ 按步骤②所述高度，在样品管内装好样品并使样品均匀填实，挂在磁极之间（装样品至管 3/4 高度合适）。再按步骤③所述的先后顺序由小到大调节电流，使特斯拉计显示在不同点，同时称出该点的样品管和样品的总质量。然后按前述的方法由高调低电流。当特斯拉计显示不同点磁场强度时，同时称出该点电流下降时的样品管加样品的质量。

3.3.16　JX-3D8 型金属相图 (步冷曲线) 测定实验装置

JX 系列金属相图（步冷曲线）测定实验装置，主要用于完成金属相图实验数据的采集、步冷曲线和相图曲线的绘制等各项任务。

3.3.16.1　JX-3D8 型仪器

整个实验装置由金属相图专用加热装置（8 头加热单元）、计算机、JX-3D8 型金属相图控制器（含热电偶）以及其他附件组成。金属相图专用加热装置用于对被测金属样品进行加热。计算机用于对采集到的数据进行分析、处理，绘制曲线。JX-3D8 型金属相图控制器连接计算机和加热装置，用于控制加热、采集和传送实验数据。JX-3D8 型仪器前、后面板及加热炉面板的简单示意如图 3-89 所示。

（1）仪器说明

① 加热炉上左右两侧分别有一个风扇，风扇 1 开关控制左侧风扇，风扇 2 开关控制右侧风扇（当风扇正常运转时，其相对应的开关上方的指示灯亮）。同时打开风扇 1、2，炉体散热较快。

② 加热炉开关在"0"挡时不能加热，当开关拨到"1"挡时，1、2、3、4、5、6 号炉口同时加热，当开关拨到"2"挡时，7、8 炉口同时加热，当开关拨到"3"挡时，9、10 炉口加热。

③ 开机后控制器显示屏上有两列温度数值，左侧从上往下分别是 1、2、3、4 号温度传感器对应的温度值，右侧从上往下分别为 5、6、7、8 号温度传感器对应的温度值。

（2）操作方法

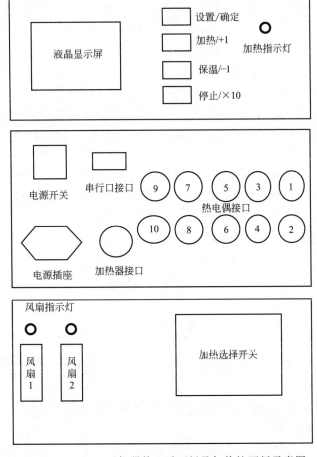

图 3-89　JX-3D8 型仪器前、后面板及加热炉面板示意图

① 检查各接口连线连接是否正确，然后接通电源开关。

② 设置工作参数步骤

a. 按"设置"按钮，进入数值调节界面，当箭头指向目标温度，可设置目标温度（即加热温度上限，当温度达到此温度时，控制器自动停止加热）。按"加热/＋1"增加，按"保温/－1"减少，按"停止/×10"左移一位即扩大十倍。相应显示在加热功率显示器上仪器默认的目标温度是 400℃，目标温度最高为 600℃。若想将目标温度改为 500℃，步骤如下：按下"设置"键进入数值设定界面，当设定箭头指向目标时按下"停止/×10"键，将原来的目标温度清零，然后按 5 次"加热/＋1"键，然后再按两次"停止/×10"键，即完成目标温度的设定。

b. 再按"设置"按钮，数字调节箭头指向加热时，设置加热功率，显示在加热功率显示器上。按"加热/＋1"增加，按"保温/－1"减少，按"停止/×10"左移一位即扩大十倍（改变加热功率，可控制升温速度和停止加热后温度上冲的幅度）。

c. 再按"设置"按钮，数值调节箭头指向保温时，设置保温功率，显示在加热功率显示器上。按"加热/＋1"增加，按"保温/－1"减少，按"停止/×10"左移一位即扩大十倍（根据环境温度等因素改变保温功率，可改善降温速率，以便更好地显现拐点和平台）。

d. 设置完后后，再按下"设置"按钮，显示屏返回温度显示界面，如不进行设置，系统会采用默认值（见表 3-14）。

表 3-14　系统默认值数据

参数	默认值	最高值
目标温度/℃	400	600
加热功率 P1/W	250	250
保温功率 P2/W	30	50

③ 将温度传感器插入样品管细管中，再将样品管放入加热炉，炉体的挡位拨至相应位置。按下控制器面板上的加热按钮进行加热，到样品熔化（设定温度）加热自动（或按下控制器面板的"停止/×10"）停止。

当环境温度降低，散热速度过快时可以根据需要关闭风扇，开启保温功能，并设定保温功率。当环境温度较高，样品降温过慢时可以开启一侧或者两侧风扇，加快降温速度。

采集数据完成后，按软件使用说明即可绘制相应的曲线。

3.3.16.2　JX-3D8 型绘图软件使用说明

（1）软件简介

该软件主要完成金属相图实验数据的采集、步冷曲线的绘制、相图曲线的绘制等功能。

（2）系统连接

用仪器附带的串口线将计算机和仪器连接起来。

（3）软件安装

将光盘插入光驱，点击金属相图（8 通道）SETUP.EXE 按照安装程序的提示进行安装。

点击开始菜单，可在开始菜单中发现金属相图软件的快捷方式。

（4）软件功能实现说明

① 进行实验　进行实验前，将仪器开启 2min。设置好仪器的各种参数，具体的参数设置方法请参照仪器的使用说明书。

温度的最大值、最小值和时间范围可根据实验需求进行设置，输入数值后点击"确定"按钮［图像显示框中 X 轴表示时间坐标，Y 轴表示温度坐标，单位为℃；时间的程序默认值为 0～60min；温度为 0～400℃（见图 3-90）。点击"放大"按钮可将图形的某一部分进行放大，方便观察；之后可点击"恢复"按钮图形将恢复到默认大小。

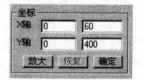

图 3-90　参数设置示意图

按下"操作"按钮后，点击"开始"，开始记录实验数据。实验数据将以曲线的形式显示在程序界面上，其每条曲线前面有其对应颜色（见图 3-91）。

实验结束后，按下"操作"按钮后点击"结束"，保存好本次的实验数据。

本次实验的数据可通过"步冷曲线"按钮再次调入程序进行观看。

② 步冷曲线的绘制　进行多次试验后，便可以绘制步冷曲线。绘制曲线前，可设置好步冷曲线的温度范围和时间长度。按下"查看"按钮后选择"相图曲线绘制"，根据实验要求将实验结果添加至图形上（见图 3-92）。

③ 绘制相图曲线　从步冷曲线上读出拐点温度及水平温度。按下"相图绘制"按钮，分别输入"拐点温度""平台温度""百分比"，输入顺序需按照其中一种物质的百分比（见图 3-93）。

为了保证相图的正确性，必须保证实验结果覆盖相图曲线的两段直线。

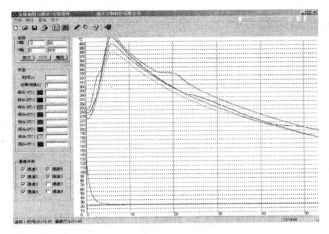

图 3-91　实验数据显示示意图

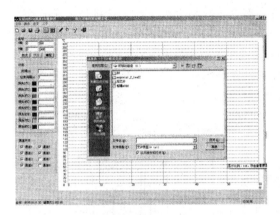

图 3-92　实验结果添加示意图

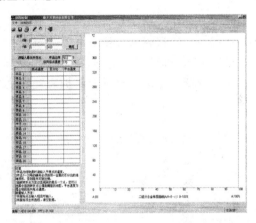

图 3-93　相图绘制示意图

（5）程序按钮含义说明

① "新建"　将软件图形清除，进行下一次实验。

② "开始"　在实验前，初步估计实验所需时间和实验所需最高温度，点击"开始"按键。做实验时，可将温度及时间坐标范围选宽一点，以完整记录实验过程。如需具体观察某一段温度曲线，可在试验结束后，用以下方法实现：首先用"坐标设定"按钮设定图形的参数，再用"添加数据文件"按钮将实验结果显示出来。

提示：如果实验时温度超过所设定的最高温度，实验数据仍然保存在结果文件中。

③ "结束"　观察到所需实验现象后，可点击"实验结束"按键，计算机自动保存实验结果。

④ "打印"　打印程序所显示的图形。需要指出的是：虽然图像可以缩放，但打印时仍然在一张纸上。

⑤ "打开"　将已保存的实验数据结果添加到图形上。

⑥ "退出"　点击"退出"，退出实验。

⑦ "串口"　根据计算机和仪器连接所用的串口，选择串口1或2或3或4，当所选无效时，系统将给出如图 3-94 的提示。

⑧ 点击画图区，则在软件左下角可出现鼠标所点击位置处的温度坐标。

图 3-94　串口无效时的提示

3.3.17 减压蒸馏和水蒸气蒸馏技术

3.3.17.1 减压蒸馏

（1）减压蒸馏原理

液体的沸点是指它的蒸气压等于外界大气压时的温度。如果外界施加于液体表面的压力降低，液体的沸点也降低。因而，用真空泵对盛有液体的容器抽气，使体系压力降低，即可降低沸点。这种在较低压力下进行蒸馏的操作称为减压蒸馏。沸点与压力的关系可以近似地用下面的公式表示：

$$\lg p = A + B/T$$

式中，p 为液体表面的蒸气压；T 为沸点，K；A、B 为常数。

由此式可从二元组分已知的压力和沸点，计算出 A、B 值，然后近似推算未知压力下的沸点。

一些有机化合物在常压下沸点较高，或在较高温度下容易发生反应，这种情况下，需要用减压蒸馏，以在较低温度下蒸馏或避免物质发生变化。

（2）减压蒸馏装置

整个系统由蒸馏、减压、保护装置和测压装置四部分组成（图 3-95）。

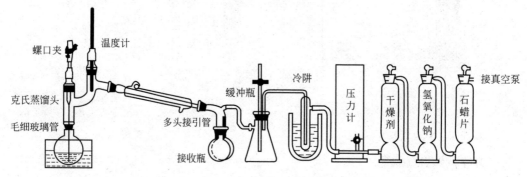

图 3-95　减压蒸馏装置图

① 蒸馏部分　由蒸馏烧瓶、克氏蒸馏头、温度计、毛细管、直形冷凝管、真空接引管、接收瓶等组成。毛细管的下端距离底部约 1～2mm，其上端套橡皮管，并用螺旋夹夹紧，作用是调节进入烧瓶的空气速度，使沸腾均匀稳定。

② 减压部分　通常用油泵或水泵进行减压。

③ 保护部分　用油泵减压时，为了防止易挥发的有机溶剂、酸性物质和水汽进入泵内，必须在泵前面安装吸收塔（气体净化塔），依次放入干燥剂、强碱和石蜡，以除去水蒸气、酸气和有机物蒸气。通常冷阱中的冷却剂为冰-水、冰-盐、干冰等。

④ 测压部分　实验室通常采用数字式压力计或水银压力计进行压力测量。

（3）减压蒸馏操作方法

① 减压蒸馏时，蒸馏烧瓶和接收瓶不能使用不耐压的平底仪器（如锥形瓶、平底烧瓶等）或破损烧瓶，以防由于装置内处于真空状态，外部压力过大而引起爆炸事故。

② 减压蒸馏的关键是装置气密性要好，因此在安装仪器时，应在磨口接头处涂抹少量真空脂，以保证装置密封和润滑。温度计一般用一小段乳胶管固定在温度计套管上。

③ 仪器安装好后，先检查气密性。具体方法：打开泵后，将缓冲瓶上的放空阀关闭，拧紧毛细管上的螺旋夹，待压力稳定后，观察压力计（表）上的示数是否达到所要求的压

力。如果没有，说明装置漏气。首先用手捏紧真空接引管与缓冲瓶连接处的橡胶管，观察压力计的变化，如果压力马上下降，说明装置内有漏气点，应该检查装置，排除漏气点；如果压力不变，说明缓冲瓶后面的系统漏气，再依次检查安全瓶、冷阱、保护系统和油泵。漏气点排除后，应再重新空试，直至压力稳定并达到所要求的真空度时，方可进行下面的操作。

④ 减压蒸馏时，加入待蒸液体的量不能超过蒸馏瓶容积的1/2。待压力稳定后，蒸馏瓶内液体中有连续平稳的小气泡通过。由于减压蒸馏时一般液体在较低的温度下就可蒸出，因此加热不要太快。当前馏分蒸馏出来后，且温度计示数稳定，就应该转动真空接引管，用另一接收瓶开始接收正馏分，蒸馏速度控制在1~2滴/秒。在压力稳定及化合物较纯时，沸程应控制在1~2℃范围内。记录此时的温度和压力计示数。

⑤ 减压蒸馏结束时，停止操作的顺序为：先移去热源，待烧瓶稍冷却后，再打开毛细管上的螺旋夹，然后慢慢打开安全瓶上的放空阀，待压力计（表）恢复到零的位置，再关泵。否则由于系统中压力低，会发生油或水倒吸回安全瓶或冷阱的现象。

3.3.17.2 水蒸气蒸馏

（1）水蒸气蒸馏原理

当对一个互不相溶的具有挥发性的混合物（A 和 B）进行蒸馏时，根据道尔顿分压定律，液体混合物的总蒸气压 $p_{总}$ 等于该温度下各组分饱和蒸气压（即分压）之和，即：

$$p_{总}=p_A+p_B=p_A^{\circ}+p_B^{\circ}$$

由上式可知，混合物的沸点比其中任一单组分的沸点都低。常压下，如在不溶于水的有机物质中，通入水蒸气进行水蒸气蒸馏时，可在比该物质的沸点低得多且比100℃还要低的温度下蒸馏出有机物，从而保证有机物成分不被破坏。

水蒸气蒸馏是分离和纯化有机化合物的常用方法之一，常用于以下几种情况：①混合物中含有大量树脂状杂质或不挥发性杂质，用蒸馏、萃取等方法难以分离；②在常压下普通蒸馏会发生分解的高沸点有机物；③脱附混合物中被固体吸附的液体有机物；④除去易挥发的有机物。

被提纯物质应具有以下条件：①不溶于或几乎不溶于水；②在沸腾下不与水发生反应；③在100℃左右必需有一定的蒸气压，一般不小于1.33kPa（10mmHg）。

根据气体方程，蒸出的混合蒸气中各组分气体分压之比（$p_A:p_B$）等于它们物质量之比（$n_A:n_B$）

$$p_A/p_B=n_A/n_B$$

则两种物质的质量比为：

$$\frac{m_A}{m_B}=\frac{n_A M_A}{n_B M_B}=\frac{p_A M_A}{p_B M_B}$$

则馏出液中有机物与水的质量之比可按下式进行计算：

$$\frac{m_B}{m_{H_2O}}=\frac{p_B M_B}{18 p_{H_2O}}$$

（2）操作方法

水蒸气蒸馏装置见图3-96。在水蒸气发生器中加3/4的水，2~3粒沸石，在提取瓶中加入一定量的样品，打开T形管支管的弹簧夹，开启冷凝水，加热水蒸气发生器至沸。

当有水蒸气从T形管支管冲出时，旋紧弹簧夹，让蒸气进入烧瓶中。调节冷凝水，防止冷凝管中有固体析出，使馏分保持液态。如果已有固体析出，可暂时停止通冷凝水，以使物质熔融后随水流入接收器中。控制蒸馏速度为2~3滴/秒。

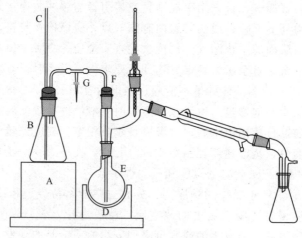

图 3-96 水蒸气蒸馏装置

A—加热器；B—水蒸气发生器；C—安全管；D—电加热套；

E—圆底烧瓶；F—蒸汽导入管；G—螺旋夹

当馏出液不再浑浊时，可停止蒸馏。旋开弹簧夹，再移开热源，拆卸装置。

（3）注意事项

① 实验加热前，T形管弹簧夹应打开，待加热后有水蒸气从 T 形管冒出时，夹紧弹簧夹；实验结束时，也是首先打开 T 形管弹簧夹，然后再停止加热，防止倒吸。在蒸馏过程中要随时放掉 T 形管中积满的水。

② 安全管需插入水蒸气发生器的底部，在蒸馏过程中，如发现安全管中的水位迅速上升，则表示系统发生了堵塞。应该立即打开水夹，移去热源，待排除堵塞后再进行水蒸气蒸馏。

③ 水蒸气的导管必需插入到提取瓶液面以下，并接近底部。

④ 反应开始时，应调节水蒸气发生器和提取瓶处的加热套电压，使得水蒸气产生时间与提取液开始沸腾时间一致。

3.3.18 气相色谱工作原理及使用

色谱仪是一种基于分离目的而设计的柱色谱仪器，以气体为流动相的称为气相色谱仪。它不仅广泛用于化学、石油化工、生物、食品、医药等方面，而且还广泛用于物理化学领域。按操作技术来说可分为脉冲色谱法、顶替色谱法、迎头色谱法等。这里只介绍脉冲进样的色谱操作方法。待测试样由流动相带动进入色谱柱，并在流动相和固定相之间进行分配，最后经检测器检测后逸出。流动相是一些不会与固定相及待测试样起化学作用的气体，它自始至终承载着待测组分，故又称为载气。固定相可以是固体吸附剂，也可以是涂覆在惰性多孔载体上的液体薄膜，前者称为气-固色谱，后者称气-液色谱。

国内外各厂家生产的气相色谱仪型号繁多，其性能或功能及自动化程度也有较大的差异，但其结构可归纳为：气源及气流控制系统、进样系统、色谱柱、检测器、信号记录及处理系统以及温度控制系统等几大部分。图 3-97 所示为其方框图。实际设计可有不同的组合形式，但在各系统之间都有固定的接口相连接。

目前，载气流路的连接方式，有单柱单气路、双柱双气路。图 3-98 所示为单柱单气路最基本的载气流程形式。

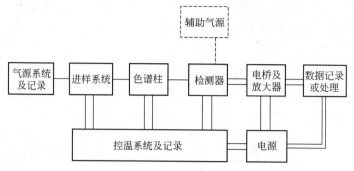

图 3-97　气相色谱仪主要部件方框图

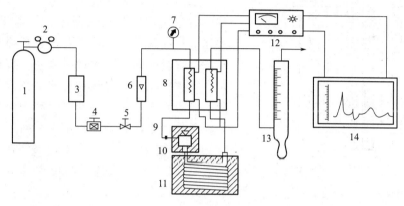

图 3-98　单柱单气路流程图

1—载气；2—减压阀；3—净化器；4—稳压阀；5—针型阀；

6—转子流量计；7—压力表；8—热导池；9—进样口；10—汽化室；

11—色谱柱；12—电桥控制器；13—皂膜流量计；14—记录仪（或色谱工作站）

3.3.18.1　载气系统及辅助气源

（1）载气和辅助气

作为流动相的载气，常用的有 He、H_2、N_2、Ar 等永久性气体，可根据测定需要选用。载气的压力和流速对于测定结果影响颇大，因为载气不仅带动样品沿着色谱柱方向运动，为样品的分配提供了一个相空间，而且在一定的温度和流速条件下，将在特定的时间把待测组分冲洗出来。在物理化学实验中用到的脉冲色谱保留时间正是以此为依据的。其次，色谱柱的分离效率取决于对载气流速的选择，而检测器的灵敏度又与所用载气种类密切相关。

用热导池作为检测器时，以 He 和 H_2 最为理想，这是因为它们的摩尔质量小、热导率大、黏度小，故灵敏度高。He 比 H_2 性能更佳，只是由于来源及成本问题，常以 H_2 为载气，但氢气易燃、易爆，操作时应特别注意。N_2 的扩散系数小，柱效较高，所以在 FID（氢火焰离子化检测器）中多采用之。

检测器的辅助气源，在这里指的是氢火焰离子化检测器所需的燃气（H_2）和助燃气（空气），其流量配比及流速的稳定性直接影响到测定结果的灵敏度和稳定性。

（2）气源及其控制

实验室常以高压气体钢瓶中的气体作为气源，经减压、净化、稳压后，以针形阀控制其流量。载气和辅助气源系统都由压力表和转子流量计分别示出其压力和流量，以确定其在测定过程中保持恒定。进入色谱柱前的载气压力，有时用较精密的压力表指示，柱后压力常近似以大气压力计算。至于流量，则常以皂膜流量计在载气放空前精确测量。考虑到待测组分在两相间的分配平衡、气路死体积的影响等因素，一般情况下，载气流速可控制在 $30\sim60\mathrm{cm^3 \cdot min^{-1}}$。

为了补偿各种条件波动所引起的误差，不少新类型的色谱仪，采用双柱双气路结构。载气经稳压后分成两路，分别进入两个平行的气化室和色谱柱。当然双气路也各有自己的检测器。在外界条件或操作条件改变时，双柱及两检测器的工作情况同时变化，互相补偿。在物理化学实验中，常需测定一系列柱温条件下的色谱行为，利用这种双气路色谱仪可迅速达到平衡。

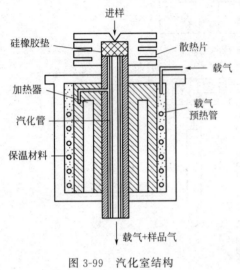

图 3-99　汽化室结构

（3）进样系统

如前所述，脉冲气相色谱的工作原理是将少量气体或液体样品快速通过进样器进入色谱柱，并在气、固两相之间进行分配，最后由检测器测出样品峰。因此，进样量的大小、进样时间的长短、液体样品的汽化速度、样品浓度等都会影响色谱测定结果。为了得到符合热力学理想状态的分配条件，进样量宜尽可能减少，当然进样量受仪器灵敏度制约。一般来说，气体样品进样量可为 $0.1\mathrm{cm^3}$ 左右，液体样品可为 $0.1\mu\mathrm{L}$ 左右，最佳进样量通常根据色谱柱大小、检测器灵敏度等条件通过实验具体确定。

① 进样器　塞式进样是脉冲色谱的基本要求，只有在 1s 之内完成进样操作，才有可能形成近于高斯分布的色谱峰。

常用液体进样器为微量注射器，气体进样器除注射器之外，还常用拉杆式或平面转动式六通阀，其结构详见有关参考资料。

② 汽化室　汽化室用来使液体样品瞬时受热汽化。目前常用气相色谱仪汽化室的结构如图 3-99 所示。

3.3.18.2　色谱柱

在细长管内装入固定相就成为填充式的色谱柱。色谱柱材料多为不锈钢管或玻璃管，内径一般为 $2\sim6\mathrm{mm}$，长 $0.5\sim10\mathrm{m}$。以毛细管为分离柱的称为毛细管柱，其内径大约为 $0.1\sim0.5\mathrm{mm}$，长可达数十至数百米。可用玻璃、金属、尼龙或塑料制成。

为了减少色谱柱所占空间，常把它弯成 U 形或螺旋形，其弯曲直径比管子内径要大 15 倍以上。

（1）气-固填充色谱柱

管内填充具有表面活性的吸附剂，如分子筛、硅胶、氧化铝、活性炭以及各种型号的高分子多孔微球，它们以一定粒度（通常采用 $40\sim60$ 目、$60\sim80$ 目、$80\sim100$ 目）装入色谱柱，直接作为固定相材料，样品在气-固两相间吸附-脱附进行分配。

（2）气-液填充色谱柱

将固定液均匀涂布于一定颗粒度的惰性载体上，再将载体装入填充柱即成。它不仅化学性质稳定，而且对热也稳定，比表面积通常为每克数百平方米，表面吸附性很好。固定液应具有高沸点，低蒸气压，通常以蒸气压小于 133Pa（即 1mmHg）的温度作为该固定液的最高使用温度。如使用温度过高，固定液流失严重，会使色谱柱性能改变，并且会污染检测器，影响基线的稳定。

液体固定相的制作比固相复杂。一般先选用一定溶剂将固定液溶解，再加入一定量的载体搅拌，这样固定液可借助溶剂作用，均匀涂敷在载体表面上，最后在红外灯下烘干（可轻轻搅拌，让溶剂完全蒸发掉）。如果载体表面或其孔中有空气，会影响固定液渗入，因此还可以用减压法将空气抽走。

（3）色谱柱的填装和老化

在填装前应先清洗柱管。玻璃柱管的清洗方法与一般玻璃仪器的洗涤方法相同。不锈钢柱管可用 5％～10％的热碱水溶液抽洗数次，再用自来水冲洗。所有管子最后都必须用蒸馏水清洗，再烘干备用。旧的柱管应选择适当溶剂，如乙醚、乙醇、热碱液等，经洗涤除去原来所用固定相物质，然后再按上法处理。

固定相装填必须紧密均匀，从分析的角度来说，可得到较好的分离效果，峰的形状可以如实反映被测组分在气-固两相间分配的情况。通常可将柱的尾端塞上色谱用脱脂棉，再接真空泵，而柱的前端接上专用漏斗。开启真空泵，不间断地从漏斗装入固定相，同时轻轻均匀敲打色谱柱管壁，色谱柱两端均应堵塞硅烷化的玻璃棉。将色谱柱的前端与进样器连接，尾端与检测器连接，经检漏后，即可予以老化。

老化过程可使固定相表面得以活化。对于固定液来说，则可彻底除去其中的残余溶剂和某些挥发性杂质，并可使固定液更均匀、牢固地分布在载体表面上。老化时通常将尾端与检测器分开，让载气连同挥发性物质直接放空，防止检测器被沾污。按预计实际载气流速，在略高于实际最高操作温度条件下，用高纯氮气或氢气通气 8h 左右。接上检测器后，记录仪基线很快达到平衡，即可认为老化正常。

3.3.18.3 检测器

检测器是一种测量载气中待测组分的浓度随时间变化的装置，同时还能把待测组分的浓度变成电信号。一般来说，检测器死体积应尽可能小，响应快，灵敏度高、稳定且噪声小，在定量分析中还要求线性范围宽。热导池和氢火焰离子化鉴定器是最常用的两种通用检测器。

（1）热导池检测器

热导池检测器，简称 TCD（Thermal Conductivity Detector）。

① 结构及原理　热导池检测器结构简单，制作及维修方便，而且性能稳定，对各种气体都有响应，

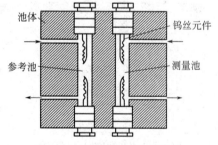

图 3-100　四臂热导池示意图

所以是气相色谱仪中最通用的检测装置。图 3-100 为四臂热导池结构示意图。

热导池由整块不锈钢制作而成，四臂热导池装有长短、粗细、电阻值相同的金属丝，这就是热导池的核心部分——热敏元件。热敏元件的电阻温度系数要大，通常选用的是钨丝、镍丝、铼钨合金丝或铂铱合金丝。钨丝为最常用的热敏元件，其阻值随温度上升而上升。以一定直流电通入钨丝，使钨丝发热，热量不断地被载气带走，最后钨丝处于热平衡状态，因此具有恒定的温度和电阻值。其中只通过纯载气的池臂为参考臂，而连接色谱柱的为测量臂，当待测组分随载气进入热导池时，由于热导率不同，钨丝的温度将发生变化，并导致其电阻值改变。如果把钨丝元件接于图 3-101 所示的直流电桥中，桥路的不平衡将有一个电信号输出，在记录仪上显示出该信号随时间的变化关系，即色谱曲线。

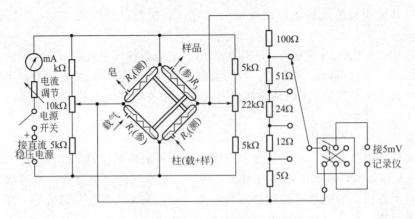

图 3-101　四臂式直流电桥示意图

从图 3-104 可看出，当没有样品进入（即四臂为纯载气）时，电桥平衡，则有 $R_1R_3 = R_2R_4$；当有样品进入测量臂时，即有混合气体进入，由于样品与载气的热导率不同，引起温度的变化，进而引起阻值的变化，于是电桥就不平衡了，即 $(R_1 + \Delta R_1)(R_3 + \Delta R_3) \neq R_2R_4$。桥路不平衡的信号将在记录仪上反映出来。

② 操作参数的选择　热导池温度的波动，对记录仪上的基线稳定性影响很大，在待测样品不致冷凝的前提下，适当降低热导池温度，有利于提高检测灵敏度。通常可将温度控制在与色谱柱所在色谱室温度相近或略高一些的范围内。上海海欣分析仪器公司生产的 102G 型气相色谱仪的热导池就是置于色谱室内的。

热导池的灵敏度与电桥电流的三次方成正比，但桥流过大，噪声明显，而且热丝易氧化甚至烧毁。另一方面，检测室温度和载气的导热性质对热丝的温度也有直接影响。

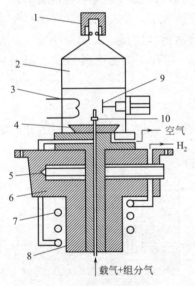

图 3-102　色谱仪离子室结构示意图

1—端盖；2—圆罩；3—发射极（点火极）；

4—空气挡板；5—内热式烙铁芯；

6—加热铁块；7—氢气预热管；

8—离子室底座；9—收集器；10—喷嘴

（2）氢火焰离子化检测器

氢火焰离子化检测器简称 FID（Flame Ionization Detector）。它主要由离子室和微电流放大器两部分组成。离子室主要由收集极（电场）和火焰燃烧嘴（能源）组成，图 3-102 为离子室结构示意图。

当含样品的气体通过离子室时，在动力作用下，定向运动，形成微电流（电流的大小直接正比于组分的含量），微电流流经一个高电阻（$10^7 \sim 10^{10}\ \Omega$），产生电压降，电压降和微电流大小成正比，经过静电计管前置放大，再经过晶体管多级放大，在记录仪上便显示出色谱流出曲线。

为了使氢火焰离子化检测器有好的敏感度和大的线性范围，除了离子室和放大器的设计外，还必须有很好的净化载气（N_2）和燃烧气（H_2 和空气），尤其注意压缩空气中可能含有的机油蒸气，同时柱温一般要低于固定液最高使用温度（50℃），以保证低噪音工作。载气与氢气流量比约为（1~1.5）:1，燃烧嘴总流量应小于 80cm³·min⁻¹，空气与氢气之比（10~15）:1。实验证明，按这种比例关系控制流量，输出信号不受气体流速波动的影响。

3.3.18.4　气相色谱仪的安装与使用

尽管气相色谱仪的型号各式各样，但其基本原理和结构基本相同，仪器的安装与使用大同小异。下面简单介绍国内生产的气相色谱仪的型号和性能，以便根据实际需要选用。另外以 102G 型气相色谱仪为例介绍其安装与使用。

(1) 气相色谱仪的选用

目前气相色谱仪的型号很多，如上海色谱有限公司的 GC9310 型，安捷伦 7980 型，另外北京、重庆、天津、南京、大连等地都有不同型号的产品。这些产品在性能上大同小异。譬如最高柱温一般在 $250\sim400℃$，柱温均匀性在 $±0.1\sim±0.3$；有单柱式和双柱式；所用的检测器多为 TCD、FID，还有少量 ECD、AFID、FPD 可供选择使用；进样方式有气体进样阀进样、柱头进样和自动进样等。物理化学实验及一些科研中较多选用单柱式，最高柱温 300℃，检测器为 TCD 或 FID 的色谱仪。

(2) 安装和使用方法

① 使用热导池检测器的操作步骤

a. 气路装接　根据气体流程图检查需安装管道的部位装接管道，在装接前应保持接头的清洁，钢瓶到仪表的连接管用 $φ3×0.5$ 不锈钢管（或 $φ3×0.5$ 的聚乙烯管），在连接时应特别注意在色谱室或其他近高温处的接头一律用紫铜垫圈而不用塑料垫圈，同时不要忘记装上干燥筒。

b. 密封性检查　先将载气出口处用螺母及橡胶封什，再将钢瓶输出压力调到 $4\sim6kg·cm^{-2}$ 左右，继而打开载气稳压阀，将柱前压力调到 $3\sim4kg·cm^{-2}$ 左右，并查看转子流量计，如流量计无读数（转子沉于底部）则表示气密性良好，若转子流量计有读数则表示有漏气现象，可用十二烷基硫酸钠水溶液探漏。

c. 电气线路的装接　对号入座地接好主机与电子部件和记录仪之间的连线插头和插座；接地线必须良好可靠，绝对不可将电源的中线代替地线；电源输入线路的承受功率必须大于成套仪器的消耗功率，且电源电路尽可能不要与大功率设备相连接或用同一线路，以免受到干扰。

d. 通载气　将钢瓶输出气压调至 $2\sim5kg·cm^{-2}$，调节载气稳压阀，使柱前压力在设定值上。注意，钢瓶的输出压力应比柱前压高 $0.5kg·cm^{-2}$ 以上。

e. 调节温度　开启仪器电源总开关，主机指示灯亮，鼓风马达开始运转。开启色谱室加热开关，加热指示灯亮，色谱室升温。升温情况可用测温选择开关，在测温毫伏表上读出，也可以在色谱室左侧孔插一支水银温度计测定，当加热指示灯呈现暗红或闪动时则表示色谱室开始恒温，调节色谱室温度控制器使色谱室温度恒定在所需温度上。开启汽化加热开关，调节汽化温度控制旋钮，使汽化室升温，并用测温选择开关，用同样的方法将温度控制在需要的温度上。加热时应逐步升温，防止调压加热控制的过高，使电热丝和硅橡胶烧毁。

f. 调节电桥　色谱室温度稳定后，氢焰热导选择开关置于"热导"，开启放大器电源开关，调节热导电流至电流表指示出需要值（N_2 作载气时，电流为 $110\sim150mA$；H_2 作载气时，电流为 $150\sim200mA$）。将"衰减"置于合适值。

g. 测量　开启记录仪电源开关，反复调整热导"平衡"和热导"零调"两旋钮，使记录仪指针在零位上，开启记录仪开关让其走基线。待基线稳定后，按下记录笔，注入试样，得色谱流出曲线。

h. 关机　测量完毕后，先关闭记录仪各开关，抬起记录笔，再关闭热导池电源及温度控制器的加热开关，然后开启色谱室，待降至近室温，关闭主机电源。最后关闭钢瓶气源和载气稳压阀。

② 使用氢火焰离子化检测器的操作步骤

a. 开机前的准备和温度调节与热导池检测器的操作步骤中 a～e 一样。

b. 检查放大器的稳定性　将氢焰热导选择旋钮拨向"氢焰"，开启放大器电源开关，电流表指示约为 30mA（出厂时已调好）。待 20min 后开启记录仪电源开关，将灵敏度选在"1000"，基始电流补偿逆时针旋到底，用调零将记录仪指针调在零位。

c. 点火　色谱室温度稳定半小时后，用空气针型阀将流量调至 $200～800cm^3 \cdot min^{-1}$，调节氢气稳压阀，使氢气流量略高于载气流量，将点火引燃开关置于"点火"位置，约半分钟后再复原。如记录仪指针已显著偏离零点，则表示已点燃。此时若改变氢气流量或变换灵敏度位置，基线会发生变动。调节基始电流补偿，将记录仪指针调回到记录仪量程中。然后，慢慢降低氢气流量至所需值。不要降得太快，以防熄火。再调节基始电流补偿至记录笔指零。待基线稳定后方可进样。

d. 测量　待基线走稳后，调节变速器至适宜纸速，注入试样，得色谱图谱。

e. 关机　测量完毕后，先关闭记录仪，抬起记录笔，关闭氢气稳压阀及空气针形阀，使火焰熄灭。再关闭温度控制器、放大器的电源开关。然后，开启色谱室，待冷至近室温，关闭总电源。最后关闭载气稳压阀和各钢瓶气源。

上述操作过程也可用和色谱配套的色谱工作站通过计算机控制来完成，计算机可及时地把测试谱图储存并进行谱图处理和测定结果的计算。

3.3.18.5　注意事项

① 在启动仪器前应先通上载气，特别是开热导池电源时必须检查气路是否接在热导池上。关闭时，要先关闭电源后关闭载气，以防烧断热导池中的钨丝。

② 为防止放大器上氢焰热导选择开关开至"热导"而烧断钨丝，在使用氢火焰离子化检测器时可把仪器背后的热导池检测器信号引出线插头拔去。

③ 色谱室的使用温度不得超过固定液的最高使用温度。否则，固定液会蒸发流失。

④ 仪器测温是用镍铬-考铜热电偶及测温毫伏表完成的。表头指示温度值应加上室温值。由于环境温度的变化及仪器壁的升温，特别是在高温工作时，会造成测温误差，为此，在主机的左侧备有测温孔，必要时可用水银温度计测量色谱室的精确温度。采用铂电阻温度计测量温度时则无此问题。

⑤ 连接气路管道的密封垫圈，若使用温度在 150℃ 以内，可用聚四氟乙烯垫圈，超过 150℃ 时，应使用紫铜垫圈。

⑥ 汽化器的硅橡胶密封垫应注意及时更换，一般可进样 20～30 次，进行次数过多，垫片会被刺破造成漏气或使碎渣堵塞管道。

⑦ 稳压阀和针型阀的调节必须缓慢进行。稳压阀不工作时，必须放松调节手柄（顺时针旋转）。针型阀不工作时，应将阀门处于"开"的状态（逆时针旋转）。

⑧ 热导池的灵敏度用衰减开关来调节，放大器的灵敏度由放大器灵敏度开关来调节，开关在"10000"时灵敏度最高。

⑨ 当热导池使用时间长或沾污脏物后，必须进行清洗。旋松安装钨丝的螺帽，取出钨丝，用丙酮或其他低沸点有机溶剂清洗并烘干。热导池也做同样清洗后烘干。在清洗钨丝时当心不要将钨丝扭断。重新安装钨丝时注意不能使钨丝碰到热导池的腔体。

3.3.19 TP-5076TPD/TPR 动态吸附仪的使用

TP-5076 TPD/TPR 动态吸附仪是催化剂动态分析仪，是研究金属表面特性的分析设备之一。该仪器可作程序升温还原（TPR）、程序升温脱附（TPD），研究金属的氧化、还原特性，确定酸（碱）性中心及脱附性能。该仪器可以显示吸附、脱附全过程，是普通实验室教学必备的实验仪器。

（1）操作步骤

① 准备

a. 首先启动计算机，然后插上吸附仪电源，再进入 TP 5076 软件测控系统（如果顺序不对，则出现鼠标跳动）。

b. 进入 TP-5076 动态吸附测控系统，选择辅助测量。

c. 确定实验内容 TPR（TPO）、TPD。

TPR（TPO）：TPR 和 TPO 是使用气体钢瓶进行配气的。配气：做 TPR（TPO）时，一般氮气中含氢气（氦气中含氧）5%～15%。仪器不要求配气浓度的准确性，有良好的稳定性即可。

方法：将氢气瓶与氮气瓶调至 0.2MPa 输出即可满足。当使用某一介质时在辅助测量栏中确定该气体介质的校正系数（如氦气，氢气等）。

TPD：如氨 TPD，将吸附载气换成氦气，系统载气是由质量流量控制的。改变流量时可以直接改变。

走基线：接好气体后在尾气处可以通过皂膜流量计测得载气流量，载气流量的大小可以通过压力来调节，一般 0.2MPa 可对应 30cm³。流量调好后可用鼠标点动参数设置内桥流闭合按钮，加上桥流后就可以走基线了。这里要特别注意做完实验后需要先把桥流关掉，再关载气，以免损伤检测器。

② 吸附管的连接和装样方式（见图 3-103）

a. 吸附管中套上占空管和热电偶套管，其中占空管用来支撑样品，热电偶套管用于套上热电偶，实时监测和控制样品温度。吸附管下端（图为吸附管右端）通过手拧方式连接上手紧锁母，手紧锁母的一侧开口为吸附气的出口，可连接 TCD 检测器进口。

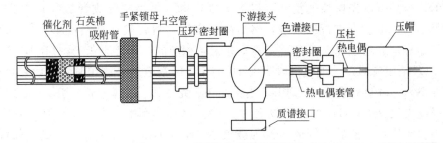

图 3-103　吸附管的连接和装样方式

b. 在下端已经连接好的吸附管内的占空管放少许石英棉，用装样棒将其转入热电偶套管中，将倒入已称重的样品（样品一般需要压片造粒 40～60 目，对于粉末样品由于密实气阻太大，应用 $\phi1mm$ 的不锈钢针穿透 2～3 个孔为好），然后在样品层上再垫上些石英棉，用装样棒微微推紧。可使用与本仪器配套特制的加样器代替装样棒，这种装样的方式可阻止气体将样品吹走。称取样品的质量与该测试样品的密度和测试方法等有关，一般来说做 TPR 和 TPO 测试时样品一般约为 50mg，做 TPD 测试时一般约为 100mg，如果样品密度太小，可适当减少质量。将样品装好后，将气体进口端与吸附管上端口（图中应为吸附管左端）连接好（手拧紧即可）。

c.用肥皂水涂抹的方式检查拆装口处的气密性，如发现漏气的地方，需要重新拧紧以保证整个系统不漏气。

③ 运行

TP-5076 动态吸附仪配有专用的测控系统，可选择吸附仪自带的标准自动分析程序，也可根据用户要求手动编辑自动分析程序。用户编辑自动分析程序可参考测控系统编程说明。标准自动分析程序中采用一些常用的测试条件和方法。当启动自动控制程序时，仪器即自动运行。当然程序中温度和时间等参数可能不太合适，可根据实际样品情况自行设置。

（2）标准自动分析程序说明

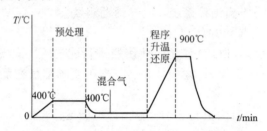

图 3-104　　TPR、TPO 分析的一般设定程序

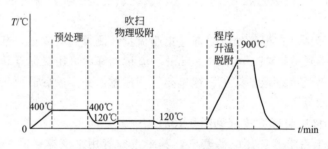

图 3-105　　TPD 分析的一般设定程序

图 3-104 和图 3-105 显示了 TPR、TPO 与 TPD 测试方法中的一般设定程序和步骤。例如 H_2-TPR，样品可以先在某气氛（可以为氮气，也可以为空气或者氧气）中和一定温度 T_1（一般大于 $100℃$）下进行预处理，然后降至室温，再将气体切换成 H_2/N_2，待基线稳定后即可开始程序升温还原（升温至 T_2）。并记录相应的结果。对于 O_2-TPO，方法与 H_2-TPR 类似，只是相应的预处理气氛改为纯 H_2 或者 H_2 混合气，测定时载气为 O_2/He。

再例如 NH_3-TPD 或者 CO_2-TPD，当样品在一定温度 T_1（一般大于 $100℃$）下预处理后，降至吸附温度 T_2（NH_3 吸附可设定为 $100℃$，CO_2 吸附可设定为 $40℃$ 或者室温），在一定时间内吸附饱和，然后将气体切换为载气 N_2 或者 He，吹扫除去物理吸附的部分，同样待基线稳定后即可开始程序升温脱附（升温至 T_3）。也可以先升到相对较高的温度下吹扫除去物理吸附部分，然后降至之前的温度，待基线稳定后再进行程序升温脱附，并记录相应的结果。

（3）数据采集与分析

TP-5076 动态吸附仪自配高灵敏度 TCD 检测器，对吸附或反应后的尾气进行检测。在程序升温过程中，出现的峰位及其数目可以定性说明吸附、脱附的强度或者反应的性能以及位点的数量和种类。而定量一般是根据产物的 TCD 信号峰的面积，采用外标法或者内标法来实现，其中外标法是最为常用的方法。对于 H_2-TPR，业界一般采用氧化铜作为外标，来确定样品的氢还原量。对于其他气体，多采用注射的进样方式，即用注射器向体系中注入一定量的标准气体，可得到该气体的信号灵敏度，然后与产物峰比较即可得到尾气中该气体的含量。另外，还可以将尾气中的产物进行收集和浓缩，例如，对于 NH_3-TPD 和 CO_2-TPD 等的脱附量可用吸收管吸收，然后用化学滴定的方法进行测定。

对于 TPD 方法，在探针分子脱附过程中，可能会伴随着其与样品的反应，使得产物分析较为复杂。TP-5067 动态吸附仪上可选配连接色谱和质谱等，对产物组分以及各组分的含量进行分析，从而获得更多的有用信息。

（4）除水剂及其装填的方法

测试时在反应管和 TCD 检测器之间一般要加上除水管，以去除反应过程中生成的水。可以自行准备干燥剂，当脱附气体为碱性时，宜采用碱石灰（氢氧化钠和氧化钙混合物）；当脱附气体为酸性时，宜采用五氧化二磷。

① 碱石灰的装填方法　取 20～40 目的氧化钙与氢氧化钠的颗粒以 1∶1 的体积比进行混合，迅速装入除水管中，并在两端填入石英棉。不用时可将两端口密封。对 600mm 长的除水管，一般做 3～5 次实验后就需更换除水剂。

② 五氧化二磷的装填方法　先将除水管一端装入石英棉并压好，再用少许石英棉沾满五氧化二磷粉末，迅速装入除水管中，然后在另一端填入石英棉。装填过程应在红外线加热灯下进行，一般也是做 3～5 次实验后需要更换除水剂。如果能买到颗粒大的五氧化二磷，装填则更为方便。

第4章

实 验 部 分

Ⅰ. 无机化学实验

●━━━ **实验 1** ━━━●

实验室安全教育、常用仪器的洗涤与干燥、一般溶液的配制

【实验目的】

1. 了解基础化学实验的目的要求。
2. 掌握基础化学实验的学习方法。
3. 熟悉实验室水、电、气的开关和走向。
4. 学习并掌握化学实验室安全知识；学会实验室事故的应急处理。
5. 了解实验室"三废"的处理方法，树立绿色化学意识。
6. 了解常用仪器的主要用途、使用方法及玻璃仪器的洗涤与干燥方法。
7. 学习试剂的取用、台秤的使用等基本操作。
8. 学习一般溶液的配制方法。

【仪器洗涤干燥操作规范】

1. 玻璃仪器的洗涤

为使实验得到正确的结果，实验所用的玻璃仪器必须是洁净的，实验后要及时清洗仪器，否则，不洁净的仪器长期放置后，会导致以后的洗涤工作更加困难。应根据实验的要求、污物的性质和沾污程度来选择合适的洗涤方法。附着在仪器上的污物既有可溶性物质，也有尘土、不溶物及有机油污等。可分别采用下列方法洗涤。

（1）用毛刷洗

用毛刷蘸水刷洗仪器，可以去掉仪器上附着的尘土、可溶性物质和易脱落的不溶性杂质。洗刷时不能用秃顶的毛刷，也不能用力过猛，否则会戳破仪器。

（2）用去污粉、肥皂粉或合成洗涤剂洗

去污粉是由碳酸钠、白土、细砂等混合而成的。将要洗的容器先用水润湿（需用少量水），然后，撒入少量去污粉，再用毛刷擦洗。仪器内外壁经擦洗后，先用自来水冲洗去污

粉颗粒，然后用蒸馏水洗三次，去掉自来水中带来的钙、镁、铁、氯等离子。每次蒸馏水的用量要少些，注意节约用水（采取"少量多次"的原则）。

（3）用铬酸洗液洗

铬酸洗液是由浓硫酸和重铬酸钾的饱和溶液配制而成的（通常将 25g $K_2Cr_2O_7$ 置于烧杯中，加 $50cm^3$ 水溶解，然后在不断搅拌下，慢慢加入 $450cm^3$ 浓硫酸，倒入试剂瓶中备用），铬酸洗液呈深红褐色，具有强酸性、强氧化性，对有机物、油污等的去污能力特别强。

一些较精密的玻璃仪器，如滴定管、容量瓶、移液管等，由于口小、管细难以用刷子刷洗，且容量准确，不宜用刷子摩擦内壁，常可用铬酸洗液来洗。洗涤时装入少量洗液，将仪器倾斜转动，使管壁全部被洗液润湿。转动一会儿后将洗液倒回原洗液瓶中，再用自来水把残留在仪器中的洗液洗去，最后用少量的蒸馏水洗三次。沾污程度严重的玻璃仪器用铬酸洗液浸泡十几分钟，再依次用自来水和蒸馏水洗涤干净。把洗液微微加热浸泡仪器效果会更好。

已经清洁的器皿壁上留有均匀的一层水膜，而不挂水珠。凡是已经洗净的仪器，绝不能用布或纸擦干，否则，布或纸上的纤维将会附着在仪器上。

使用铬酸洗液时，应注意以下几点：

① 尽量把仪器内的水倒掉，以免把洗液冲稀；

② 洗液用完应倒回原瓶内，可反复使用；

③ 洗液具有强的腐蚀性，会灼伤皮肤、破坏衣物，如不慎把洗液洒在皮肤、衣物和桌面上，应立即用水冲洗；

④ 铬酸洗液呈深红褐色，变成绿色的洗液（重铬酸钾还原为硫酸铬的颜色，无氧化性），已失效，不能继续使用；

⑤ 废的洗液和洗液的首次冲洗液应倒入废液缸中，不能倒入水槽，以免腐蚀下水道；

⑥ 少量的废洗液（含 Cr^{3+}）可加入废碱液或石灰使其生成 $Cr(OH)_3$ 沉淀，将此废渣埋于地下（指定地点），以防铬的污染。

除了上述的清洗方法外，还有超声波清洗器清洗法。只要将需清洗的仪器放在配有合适洗涤剂的溶液中，接通电源，利用声波的能量，振动污垢，就可将仪器清洗干净。

2. 玻璃仪器的干燥

有些化学实验需要在无水条件下进行，往往需要用干燥的仪器。下面介绍几种简单的干燥仪器的方法。

① 烘干 洗净的玻璃仪器可以放在电热干燥箱（烘箱）内烘干。放进去之前应尽量把水沥干净。放置时，应注意使仪器的口略向下倾斜（倒置后不稳的仪器则应平放）。可以在电热干燥箱的最下层放一个搪瓷盘，以接收从仪器上滴下的水珠，不使水滴到电炉丝上，以免损坏电炉丝。

② 烤干 烧杯和蒸发皿可以放在铺有石棉网的电炉上烤干。试管可以直接用小火烤干。操作时，先将试管略为倾斜，管口向下，以免水珠倒流炸裂试管，并不时地来回移动试管，加热须先从试管底部开始，慢慢移向管口，水珠消失后，再将管口朝上，以便水汽逸出。

③ 晾干 对于不急用的仪器，洗净后可倒置在干净的实验柜内或仪器架上（倒置后不稳定的仪器，应平放），让其自然干燥。

④ 吹干 用气流干燥器或吹风机把仪器吹干。要注意调节热空气的温度。

⑤ 用有机溶剂干燥 一些带有刻度的计量仪器，不能用加热的方法干燥，否则，会影响仪器的精密度。我们可将一些易挥发的有机溶剂（如酒精或酒精与丙酮的混合液）倒入洗

净的仪器中（量要少），把仪器倾斜，转动仪器，使器壁上的水与有机溶剂混合，然后倾出，少量残留在仪器内的混合液，很快挥发使仪器干燥。

【化学试剂存放与取用规则】

1. 化学试剂的分类

化学试剂的种类很多，其分类和分级标准也不尽一致。我国化学试剂的标准有国家标准（GB）、化工部标准（HG）及企业标准（QB）三级。试剂按用途可分一般试剂、标准试剂、专用试剂、高纯试剂四大类；按组成、性质、结构又可分无机试剂、有机试剂。且新的试剂还在不断产生，没有绝对的分类标准。我国国家标准根据试剂的纯度和杂质含量，将试剂分为五个等级，并规定了试剂包装的标签颜色及应用范围，具体参见表3-4。

2. 化学试剂的存放

实验室中依据化学试剂的性质应选用不同的贮存方法。

固体试剂一般存放在易于取用的广口瓶内，液体试剂则存放在细口的试剂瓶中。一些用量小而使用频繁的试剂，如指示剂、定性分析试剂等可盛装在带有滴管的滴瓶中。见光易分解的试剂（如 $AgNO_3$、$KMnO_4$、饱和氨水等）应装在棕色瓶中。H_2O_2 应存放于不透明的塑料瓶中，并放置于阴凉的暗处。每一试剂瓶上都应贴上标签，并写明试剂的名称、纯度、浓度和配制日期，标签外面应涂蜡或用透明胶带等保护。

通常，化学试剂应贮存在干净、干燥和通风良好的地方，要远离火源，并注意防止灰尘、水分和其他物质的污染。对于易燃、易爆、腐蚀性物质，强氧化剂及剧毒品的存放应特别加以注意，一般需要单独存放。如强氧化剂要与易燃、可燃物隔离存放；低沸点的易燃液体要求在阴凉通风的地方存放，并与其他可燃物和易产生火花的器物隔离放置，更要远离明火。

3. 化学试剂的取用

取用化学试剂前，应看清标签。取用时，注意勿使瓶塞污染，如果瓶塞的顶是扁平的，取出后可倒置桌上；如果不是扁平的，可用食指和中指将瓶塞夹住（或放在清洁的表面皿上），绝不可将瓶塞横置桌上。

（1）固体试剂的取用规则

① 用干净的药匙取用，不得用手直接拿取。用过的药匙必须洗净、擦干后才能再使用。药匙的两端为大小两个匙（取用的固体要放入小试管时，可用小匙）。

② 试剂取用后应立即盖紧瓶盖。

③ 多取出的药品，不要再倒回原瓶。

④ 一般试剂可放在干净的纸或表面皿上称量。具有腐蚀性、强氧化性或易潮解的试剂不能在纸上称量，应放在玻璃容器内称量。

⑤ 有毒药品要在教师指导下取用。

（2）液体试剂的取用规则

① 用滴管取液体时，应左手垂直拿持接收容器，右手持滴管橡皮头，将滴管放在容器口的正中上方，然后挤捏橡皮头，绝不可将滴管伸入容器中，以免沾污药品。若所用的是滴瓶上配套的滴管，使用后应立即插回原来的滴瓶中。装有药品的滴管不得横置或将滴管口向上斜放，以免液体流入滴管的橡皮头而被污染。

② 从细口瓶中取用试剂时，用倾注法。将瓶塞取下，反放在桌面上，手握住试剂瓶上贴标签的一面，逐渐倾斜瓶子，让试剂沿着洁净的瓶口流入试管或沿着洁净的玻璃棒注入烧

杯中。取出所需量后，将试剂瓶口在容器上靠一下，再逐渐竖起瓶子，以免遗留在瓶口的液体滴流到瓶的外壁。

③ 在试管里进行某些不需要准确体积的实验时，可以估算取用量。如用滴管取，应大概知道 $1cm^3$ 相当于多少滴，$5cm^3$ 液体占一个试管容量的几分之几等。倒入试管里的溶液的量，一般不超过试管容积的 1/3。定量取用时用量筒或移液管取。

药品取用后必须立即将瓶塞盖好，实验室中药品瓶的摆放一般有一定的次序和位置，不要随意变动。若需移动药品瓶，使用后应立即放回原处。取用浓酸、浓碱等腐蚀性药品时，务必注意安全。如果酸碱等洒在桌上，应立即用湿布擦去。如果溅到眼睛或皮肤上要立即用大量清水冲洗。

【溶液及其配制原理】

1. 一般溶液

一般溶液常用以下三种方法配制。

（1）直接水溶法

对一些易溶于水而不易水解的固体试剂，如 KNO_3、KCl、$NaCl$ 等，先算出所需固体试剂的量，用台秤或电子天平称出所需量，放入烧杯中，以少量蒸馏水搅拌使其溶解后，再稀释至所需的体积。若试剂溶解时有放热现象，或以加热促使其溶解的，应待其冷却后，再移至试剂瓶或容量瓶，贴上标签备用。

（2）介质水溶法

对易水解的固体试剂，如 $FeCl_3$、$SbCl_3$、$BiCl_3$ 等，配制其溶液时，称取一定量的固体，加入适量的酸（或碱）使之溶解，再以蒸馏水稀释至所需体积，摇匀后转入试剂瓶。在水中溶解度较小的固体试剂如固体 I_2，可选用 KI 水溶液溶解，摇匀后转入试剂瓶。

（3）稀释法

对于液态试剂，如盐酸、硫酸等，配制其稀溶液时，用量筒量取所需浓溶液的量，再用适量的蒸馏水稀释。配制硫酸溶液时，需特别注意，应在不断搅拌下将浓硫酸缓慢倒入盛水的容器中，切不可颠倒操作。

易发生氧化还原反应的溶液，如含 Sn^{2+}、Fe^{2+} 的溶液，为防止其在保存期间失效，应分别在溶液中放一些 Sn 粒和 Fe 粉。

见光容易分解的要注意避光保存，如 $AgNO_3$、$KMnO_4$、KI 等溶液应贮于棕色容器中。

2. 标准物质

标准物质（Reference Material，RM）的定义表述为：已确定其一种或几种特性，用于校准测量器具、评价测量方法或确定材料特性量值的物质。目前，中国的化学试剂中只有滴定分析基准试剂和 pH 基准试剂属于标准物质。滴定分析中常用的工作基准试剂见表 4-1。基准试剂可用于直接配制标准溶液或用于标定溶液浓度。标准物质的种类很多，实验中还会使用一些非试剂类的标准物质，如纯金属、药物、合金等。

表 4-1　滴定分析中常用的工作基准试剂

试剂	主要用途	用前干燥方法	国家标准编号
氯化钠	标定 $AgNO_3$ 溶液	500～550℃灼烧至恒重	GB 1253—2007
草酸钠	标定 $KMnO_4$ 溶液	(105±5)℃干燥至恒重	GB 1254—2007
无水碳酸钠	标定 HCl、H_2SO_4 溶液	270～300℃干燥至恒重	GB 1255—2007

试剂	主要用途	用前干燥方法	国家标准编号
乙二胺四乙酸二钠	标定金属离子溶液	硝酸镁饱和溶液恒湿器中放置 7d	GB 12593—2007
邻苯二甲酸氢钾	标定 NaOH 溶液	105～110℃干燥至恒重	GB 1257—2007
碘酸钾	标定 $Na_2S_2O_3$ 溶液	(180±2)℃干燥至恒重	GB 1258—2008
重铬酸钾	标定 $Na_2S_2O_3$、$FeSO_4$ 溶液	(120±2)℃干燥至恒重	GB 1259—2007
溴酸钾	标定 $Na_2S_2O_3$ 溶液	(180±2)℃干燥至恒重	GB 12594—2008
碳酸钙	标定 EDTA 溶液	(110±2)℃干燥至恒重	GB 12596—2008
氧化锌	标定 EDTA 溶液	800℃灼烧至恒重	GB 1260—2008
硝酸银	标定卤化物溶液	H_2SO_4 干燥器中干燥至恒重	GB 12595—2008
三氧化二砷	标定 I_2 溶液	H_2SO_4 干燥器中干燥至恒重	GB 1256—2008

3. 标准溶液

标准溶液是已确定其主体物质浓度或其他特性量值的溶液。化学实验中常用的标准溶液有滴定分析用标准溶液、仪器分析用标准溶液和 pH 值测定用标准缓冲溶液。其配制方法如下:

① 由基准试剂或标准物质直接配制 用分析天平或电子天平准确称取一定量的基准试剂或标准物质,溶于适量的水中,再定量转移到容量瓶中,用水稀释至刻度。根据称取的质量和容量瓶的体积,计算它的准确浓度。

② 标定法 很多试剂不宜用直接法配制标准溶液,而要用间接的方法,即标定法。先配制出近似于所需浓度的溶液,再用基准试剂或已知浓度的标准溶液标定其准确浓度。

六种 pH 基准试剂见表 4-2。

表 4-2 pH 基准试剂[①]

试剂	规定浓度/mol·kg^{-1}	标准值(25℃)	
		一级 pH 基准试剂 pH(S) I	pH 基准试剂 pH(S) II
四草酸钾	0.05	1.680±0.005	1.68±0.01
酒石酸氢钾	饱和	3.559±0.005	3.56±0.01
邻苯二甲酸氢钾	0.05	4.003±0.005	4.00±0.01
磷酸氢二钠、磷酸二氢钾	0.025	6.864±0.005	6.86±0.01
四硼酸钠	0.01	9.182±0.005	9.18±0.01
氢氧化钙	饱和	12.460±0.005	12.46±0.01

① 引自 GB 6856—2008。

4. 缓冲溶液

许多化学反应要在一定的 pH 值条件下进行。缓冲溶液就是一种能抵御少量强酸、强碱和水的稀释而保持体系 pH 值基本不变的溶液。

【仪器试剂】

台秤(精度 0.1g),烧杯,量筒,量杯,玻璃棒,毛刷,去污粉,洗液,乙醇(C.P),NaOH(固),HCl(浓),H_2SO_4(浓)。

【仪器操作使用规范】

1. 量筒和量杯

量筒和量杯是外部有容积刻度的容量精度不太高的最普通的玻璃量器,可以用来测量液体的大致体积，也可以用来配制大量溶液。量筒分为量出式和量入式两种，见图 4-1(a)、(b)。量入式有磨口塞子。量杯的外形见图 4-1(c)。量出式在基础化学实验中普遍使用，量入式用得不多。

① 量液体时，眼睛要与液面取平，即眼睛置于与液面最凹处（弯液面底部）同一水平面上进行观察，读取弯液面底部的刻度。

② 用量筒量取不润湿玻璃的液体（如水银）时，应读取液面最高部位的刻度。

③ 量筒易倾倒而损坏，用完后应放在平稳之处。

(a) 量出式　　　　　(b) 量入式　　　　　(c) 量杯

图 4-1　量筒和量杯

2. 台秤和电子天平

（1）台秤的结构及其使用方法　台秤又称托盘天平或架盘天平，一般能称准到 0.1～0.5g，最大载重有 100g、500g、1000g 等数种，用于精度不很高的称量。台秤的构造如图 4-2 所示。

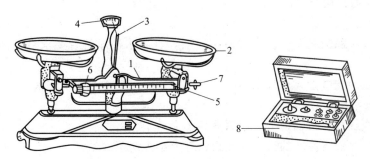

图 4-2　台秤的构造

1—横梁；2—托盘；3—指针；4—刻度盘；5—游码标尺；

6—游码；7—平衡调节螺丝；8—砝码及砝码盒

台秤在使用前应先将游码拨至游码标尺的零处，观察指针摆动情况。如果指针在刻度盘的左右摆动格数相等，即表示台秤处于平衡，指针停后位于刻度盘的中间位置，将此中间位置称为台秤的零点，台秤可以使用；如果指针在刻度盘的左右摆动距离相差较大，则应调节平衡螺丝，使之平衡。

称量时，应将被称物品放在左盘，砝码放在右盘。加砝码时应先加大砝码再加小砝码，最后（在 5g 或 10g 以内）用游码调节至指针在标尺左右两边摆动的格数相等为止。当台秤的指针停在刻度盘的中间位置时，该位置称为停点。停点与零点相符时（允许偏差 1 小格以内），就可以读取数据。台秤的砝码和游码读数之和即是被称物品的质量。记录时小数点后保留一位，如 13.4g。称毕，用镊子将砝码夹放回砝码盒，游码回零。

称量药品时，应在左盘放上已经称过质量的洁净干燥的容器，如表面皿、烧杯等，再将药品加入容器中，然后进行称量。或者在台秤的两边放上等质量的称量纸后再称量。

称量时应注意以下几点：

① 不能称量热的物品。

② 化学试剂不能直接放在托盘上，而应放在称量纸上、表面皿或其他容器中。

③ 称量完毕，应将砝码夹放回砝码盒中，将游码拨回游码标尺的零处，并将托盘放在一侧或用橡皮圈架起。

④ 保持台秤清洁，如不小心把药品撒在托盘上时，必须立即清除。

（2）电子天平的结构、特点及使用方法　详细内容参见第 3 章 "3.2.1 精密度量仪器的类型、用途和操作"章节中有关电子天平的部分。

【实验内容】

1. 玻璃仪器的洗涤。

2. 去污粉和洗液的使用。

3. 仪器的干燥。

4. 一般溶液的配制。

实验内容 1：常用仪器的洗涤与干燥

【实验步骤】

1. 检查认识仪器：按照"仪器清单"检查认识常用仪器。

2. 洗涤仪器

① 用自来水或洗涤剂洗刷本次实验所用仪器，自来水冲净符合要求后，用蒸馏水润洗三次。

② 用洗液洗涤两支试管，自来水冲净符合要求后，用蒸馏水润洗三次。

3. 仪器的干燥

① 将洗净的烧杯放在石棉网上，用酒精灯小火烤干。

② 用试管夹夹住一支洗净的试管，在酒精灯上小火烤干。

③ 将洗净的试管尽量倾去水分，用少量酒精润洗后倒出，晾干或吹干。

实验内容 2：一般溶液的配制

【实验步骤】

1. 配制 $50cm^3$ $0.5mol \cdot dm^{-3}$ NaOH 溶液

计算所需 NaOH 固体的质量，按固体试剂取用规则，于台秤上用小烧杯称取 NaOH 固体（氢氧化钠易潮解，不能用纸盛放；称取结束要及时盖上试剂盖子，防止氢氧化钠试剂吸水潮解），再用量筒量取去离子水 $50cm^3$ 加入其中，搅拌使其完全溶解，同时认真观察固体的溶解，用手背感受烧杯温度变化，待冷至室温后倒入带有标签的回收试剂桶中。

2. 由 1mol·dm^{-3} H_2SO_4 配制 50cm^3 0.02mol·dm^{-3} H_2SO_4

计算所需 1mol·dm^{-3} H_2SO_4 的体积 V，按液体试剂取用规则，先用量筒量取（$50-V$）cm^3 蒸馏水加入小烧杯中，然后用量筒量取所需体积的 1mol·dm^{-3} H_2SO_4 加入小烧杯中，用玻璃棒搅拌，同时观察实验现象。实验结束后，将该硫酸溶液放置在实验台上，用于第 3 步实验。

3. 配制 25cm^3 0.5mol·dm^{-3} $FeSO_4$

计算所需 $FeSO_4 \cdot 7H_2O$（摩尔质量为 278.02）固体的质量，于台秤上用小烧杯称取所需质量的 $FeSO_4 \cdot 7H_2O$，然后加入 25cm^3 在第 2 步实验中配好的 0.02mol·dm^{-3} H_2SO_4，用玻璃棒搅拌使其彻底溶解（注意玻璃棒不要碰到烧杯内壁），观察固体溶解的实验现象（请任课教师安排每排同学中有一名同学直接用 25cm^3 去离子水来溶解七水硫酸亚铁固体，然后同排同学比较两份溶液，观察用水配制与用酸配制易水解固体试剂溶液的差别）。实验结束后，将配好的试剂倒入带有回收标签的试剂桶中。

实验内容 3：实验室卫生的清理与检查

1. 所用玻璃仪器的洗涤与放置

实验结束后，每位同学应将自己使用的玻璃仪器内的溶液倒入相应的回收桶内，然后全部清洗干净，放入柜内。

2. 实验室卫生的清理与检查

由实验指导教师安排每次实验结束后的卫生清理人员，打扫卫生的同学要在所有同学离开实验室后，清理实验室的台面与地面，保持干净、整洁，尤其需要注意通风橱内的卫生，公用的试剂瓶要盖好盖子摆放好，药匙要清洗干净晾干备用，台秤表面与周围要清理干净。

全部清理完后，需检查所有水龙头、通风橱及其开关、总电源是否都已经关闭，然后请实验指导教师检查确认以上事项。

思 考 题

1. 如何判断玻璃器皿是否洁净？
2. 配制 NaOH 溶液时，应选用何种天平称取试剂？为什么？
3. HCl 和 NaOH 的溶液能否直接准确配制？为什么？
4. 配制易水解盐类的溶液时，应如何选用介质溶液？
5. 如何保存见光易分解的试剂（如 $AgNO_3$、$KMnO_4$、KI 等）的溶液？
6. 如何配制、保存易被氧化的试剂（如 $SnCl_2$、$FeCl_2$ 等）的溶液？
7. 铬酸洗液的去污原理是什么？如何使用？如何判断其是否失效？

实验 2　置换法测定气体摩尔常数 R

【实验目的】

1. 掌握理想气体状态方程和气体分压定律的应用。

2.练习测量气体体积的操作。

【实验原理】

镁与稀硫酸发生如下反应：

$$Mg + H_2SO_4 = MgSO_4 + H_2 \uparrow$$

准确称取一定质量（m_{Mg}）的金属镁，使其与过量稀硫酸作用，在一定温度和压力下测定气体体积，由理想气体状态方程计算气体摩尔常数 R：

$$R = \frac{p_{H_2} V_{总}}{n_{H_2} T}$$

由于在水面上方收集氢气，所以氢气的分压应等于实验时的大气压减去该温度下水的饱和蒸气压，即 $p_{H_2} = p_{外} - p_{水蒸气}$。

【仪器试剂】

分析天平，量气管（$50cm^3$），滴定管架，液面调节管，长颈漏斗，乳胶管，试管（$25cm^3$），镁条，H_2SO_4（$3mol \cdot dm^{-3}$）。

【仪器使用操作规范】

干燥器的使用

干燥器是一种具有磨口盖子的厚壁玻璃器皿，里面装有一带孔的瓷板以供放置坩埚、称量瓶或其他需要干燥的物质之用，底部装有干燥剂。使用时首先将干燥器擦干净，烘干多孔瓷板，将干燥剂装入干燥器的底部［见图 4-3(a)］，应避免干燥剂沾污内壁的上部，然后盖上瓷板，再在磨口上涂上凡士林油，盖上干燥器盖。

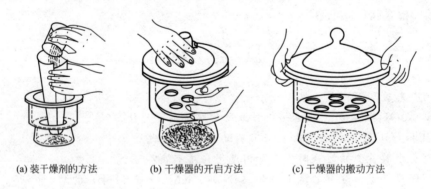

(a) 装干燥剂的方法　　　(b) 干燥器的开启方法　　　(c) 干燥器的搬动方法

图 4-3　干燥器的使用方法

干燥剂一般采用变色硅胶，还可用无水 $CaCl_2$、过氯酸镁等。由于各种干燥剂吸收水分的能力都是有一定限度的，因此干燥器中的空气并不是绝对干燥。灼烧和干燥后的坩埚在干燥器中放置过久，可能会吸收少量水分而使质量增加，这点需多加注意。干燥剂不宜装得太多，以免沾污坩埚或称量瓶。

开启干燥器时，左手按住干燥器的下部，右手握住盖子上的圆顶，将盖子向一侧推开，而不能用力掀开，如图 4-3(b) 所示。盖子取下后应拿在右手中，用左手放入（或取出）坩埚（或称量瓶），及时盖上干燥器盖。也可将盖子放在桌上安全的地方（注意使磨口向上，顶部朝下）。加盖时，也应拿住盖上圆顶，推着盖好。当坩埚或称量瓶等放入干燥器时，应放在瓷板圆孔内。称量瓶若比圆孔小时则应放在瓷板上。炽热物体不能放入干燥器内，放入坩埚等热的容器时，为了防止空气受热膨胀把盖子顶开，应连续推开干燥器1~2次，让热空气逸出。搬动或挪动干燥器时，应该用两手的拇指同时按住盖，防止滑落打碎，如图4-3（c）所示。

【实验内容】

1. 称量

准确称取两份已擦去表面氧化膜的镁条，每份质量为0.030~0.035g（准至0.0001g）。

2. 装水与排气

按图4-4装配好仪器，打开试管胶塞，由液面调节管向量气管内注水至略低于刻度"0"的位置。上下移动调节管以赶尽胶管和量气管内的气泡，然后将试管的塞子塞紧。

3. 检查气密性

把调节管下移一段距离，固定。如果量气管内液面只在初始时稍有下降，以后维持不变（观察2min），即表明装置不漏气。如液面不断下降，应重复检查各接口处是否严密，直至确认不漏气为止。

4. 加酸及镁条

把液面调节管移回原来位置，取下试管，用长颈漏斗向试管内注入5cm³浓度为3mol·dm⁻³硫酸，取出漏斗时注意切勿使酸沾污管壁。将试管按一定倾斜度固定好，把镁条用水稍微湿润后贴于管壁内，确保镁条不与酸接触。检查量气管内液面是否处于"0"刻度以下，再次检查装置气密性。

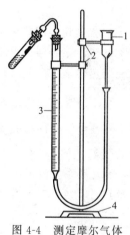

图4-4 测定摩尔气体
常数 R 的装置
1—液面调节管；2—铁夹；
3—量气管；4—铁架台

5. 读取初读数与反应

将调节管靠近量气管，使两管内液面保持同一水平，记下量气管液面位置。将试管底部略提高，让酸与镁条接触，此时，反应产生的氢气进入量气管中，管中的水被压入调节管内。为避免量气管内压力过大，可适当下移调节管，使两管液面保持基本相同。

6. 读取终读数

反应完毕后，待试管冷至室温后，使调节管与量气管内液面处于同一水平，记录量气管液面位置。后每隔1min，记录液面位置一次，直至两次读数一致，即表明管内气体温度与室温相同。

7. 记录室温和大气压

记录此时的环境温度（室温）和大气压。

思　考　题

1. 如何检测本实验体系是否漏气？其依据是什么？

2. 读取量气管内气体体积时，为何要使量气管和调节管液面保持同一水平面？

3. 本实验的误差来源及应采取的措施？

实验 3 氯化铵生成焓的测定

【实验目的】

利用量热计测定 NH_4Cl 生成焓，加深对赫斯定律的理解。

【实验原理】

热力学标准状态下，由稳定单质生成 $1mol$ 化合物时的反应焓变称为该化合物的标准摩尔生成焓。标准摩尔生成焓一般可通过测定有关反应热间接求得。本实验就是分别测定氨水和盐酸的中和反应热及氯化铵固体的溶解热，然后利用氨水和盐酸的标准摩尔生成焓，通过赫斯定律，计算求得氯化铵固体的标准摩尔生成焓。

$$NH_3（aq）＋HCl（aq）\!=\!=\!=\! NH_4Cl（aq） \qquad \Delta H_{中和}$$
$$NH_4Cl（s）\!=\!=\!=\! NH_4Cl（aq） \qquad \Delta H_{溶解}$$

中和热和溶解热可采用简易量热计测量。当反应在量热计中进行时，放出或吸收的热量将使量热计系统温度升高或降低，因此，只要测定量热计系统温度的改变值 ΔT 以及量热计系统的热容量 C，就可利用下式计算反应的热效应：

$$\Delta H \approx Q = \frac{-C\Delta T}{n}（n \text{ 为被测物质的物质的量}）$$

量热计系统的热容量 C 是指量热计系统温度升高 $1K$ 时所需的热量。测定量热计系统的热容量有多种方法，本实验采用化学反应标定法，即利用盐酸和氢氧化钠水溶液在量热计内反应，测定其系统温度改变值 ΔT 后，根据已知的中和反应热（$\Delta H^{\ominus}＝-57.3 \text{ kJ·mol}^{-1}$），求出量热计系统的热容量 C。

$$C = \frac{-n\Delta H^{\ominus}}{\Delta T}（n \text{ 为被测物质的物质的量}）$$

注：虽然各种盐溶液测定热容量 C 略有差别，但本实验不予考虑。

【仪器试剂】

简易量热计（由保温杯和一支精度为 $0.1℃$ 的温度计组成），秒表。

$NaOH$（$1.0mol·dm^{-3}$），HCl（$1.0mol·dm^{-3}$、$1.5mol·dm^{-3}$），$NH_3·H_2O$（$1.5mol·dm^{-3}$），NH_4Cl（s）（$378K$ 下干燥存放干燥器内）。

【实验内容】

1. 量热计热容量的测定

简易量热计装置如图 4-5 所示。

量取 $50cm^3$ $1.0mol·dm^{-3}$ $NaOH$ 溶液于量热计中，盖好杯盖并摇动，至温度基本不变。量取 $50cm^3$ $1.0mol·dm^{-3}$ HCl 溶液于 $150cm^3$ 烧杯中，用一支校正过的温度计测量其温度，要求酸碱温度基本一致，若不一致，可用手温热或用水冷却。实验开始时，每隔 $30s$ 记录一次 $NaOH$ 溶液的温度，记录 5 次后，打开杯盖，把酸快速加至量热计中，立即盖好杯盖并摇动，并每隔 $15s$ 记录一次温度，至少记录 10 次。作出温度-时间关系图，由图 4-6 采用外推法求 ΔT，并计算量热计系统的热容量。

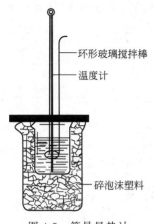

環形玻璃搅拌棒

温度计

碎泡沫塑料

图 4-5　简易量热计

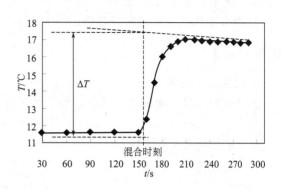

图 4-6　温度-时间关系图

2. $NH_3 \cdot H_2O$ 与 HCl 中和热的测定

洗净量热计，以 $1.5mol \cdot dm^{-3}$ $NH_3 \cdot H_2O$ 代替 $1.0mol \cdot dm^{-3}$ NaOH，$1.5mol \cdot dm^{-3}$ HCl 代替 $1.0mol \cdot dm^{-3}$ HCl 重复上述实验。作图求 ΔT 并计算中和反应热 $\Delta H_{中和}$。

3. NH_4Cl 溶解热的测定

在干净的量热计中加入 $100cm^3$ 蒸馏水，摇动使体系温度趋于稳定后，记录时间、温度数据（30s 记一次），记录 5 次后，打开杯盖，加入适量 NH_4Cl，立即盖好杯盖并摇动，并每隔 15s 记录一次温度，至少记录 10 次。作图求 ΔT，计算 NH_4Cl 溶解热 $\Delta H_{溶解}$。

【数据处理及表达方式】

1. 分别列表记录有关实验的时间-温度数据。
2. 作温度-时间图。用图 4-6 所示的外推法求 ΔT。
3. 计算量热计热容量、中和热、溶解热和 NH_4Cl（s）生成焓。

在数据处理时，对于要求不太高的实验，一般只重复两三次，如数据的精密度好，可用平均值作为结果。如若非得注明结果的误差，可根据相关方法求得误差，或者根据所用仪器的精密度估计出来。对于要求较高的实验，往往要多次重复进行，所获得的一系列数据要经过严格处理。其具体做法是：整理数据（凡是由于明显的原因而引起与其他数据相差很大的数据，先要除去，一些可疑数据或精密度不高的数据，先依照一定方法进行检验，然后决定取舍）；算出平均值；算出各数据对平均值的偏差；计算方差、标准偏差等。

思　考　题

1. 怎样利用赫斯定律计算 NH_3（aq）和 HCl（aq）的生成焓？
2. 如果实验中有少量 HCl 溶液或 NH_4Cl 固体黏附在量热计器壁上，对实验结果有何影响？

 实验 4

化学反应速率、反应级数和活化能的测定

【实验目的】

1. 掌握浓度、温度和催化剂对反应速率的影响。

2. 掌握测定过二硫酸铵与碘化钾反应的平均反应速率的方法，并由此计算该反应的反应级数、速率常数和活化能。

3. 学会用作图法处理实验数据。

【实验原理】

1. 反应速率的测定

水溶液中，过二硫酸铵与碘化钾发生如下反应：

$$S_2O_8^{2-} + 3I^- \Longrightarrow 2SO_4^{2-} + I_3^- \tag{4-1}$$

该反应平均反应速率：

$$\bar{v} = \frac{-\Delta[S_2O_8^{2-}]}{\Delta t}$$

为确定 $\Delta[S_2O_8^{2-}]$，同时向 $(NH_4)_2S_2O_8$ 和 KI 混合溶液中加入一定体积已知浓度的 $Na_2S_2O_3$ 溶液和淀粉溶液（指示剂），发生如下反应：

$$2S_2O_3^{2-} + I_3^- \Longrightarrow S_4O_6^{2-} + 3I^- \tag{4-2}$$

反应（4-1）为慢反应，反应（4-2）则非常快，几乎瞬间完成，因此由反应（4-1）生成的 I_3^- 立刻与 $S_2O_3^{2-}$ 作用生成无色的 $S_4O_6^{2-}$ 和 I^-。在反应开始阶段，看不到碘与淀粉作用显示的特有蓝色，但是一旦 $Na_2S_2O_3$ 耗尽，反应（4-1）继续生成的微量 I_3^- 立即会使淀粉溶液显示蓝色。所以蓝色的出现就标志着 $S_2O_3^{2-}$ 反应完毕。从反应开始到出现蓝色这段时间 Δt 里，$S_2O_3^{2-}$ 浓度的改变实际上就是 $Na_2S_2O_3$ 的起始浓度。

从反应（4-1）和反应（4-2）的计量关系可以看出：

$$\Delta[S_2O_8^{2-}] = \frac{\Delta[S_2O_3^{2-}]}{2}$$

则：

$$\bar{v} = \frac{-\Delta[S_2O_8^{2-}]}{\Delta t} = \frac{-\Delta[S_2O_3^{2-}]}{2\Delta t} = \frac{(0-[S_2O_3^{2-}])}{2\Delta t} = \frac{[S_2O_3^{2-}]}{2\Delta t}$$

由于反应（4-2）瞬间完成，且加入 $S_2O_3^{2-}$ 较少，因此可近似认为：

$$v \approx \bar{v} = \frac{[S_2O_3^{2-}]}{2\Delta t}$$

2. 反应级数的测定

反应（4-1）的速率方程为：$v \approx k[S_2O_8^{2-}]^m \cdot [I^-]^n$，反应级数的确定有两种方法：

(1) 作图法

上式两边取对数得：$\lg v = m \lg[S_2O_8^{2-}] + n \lg[I^-] + \lg k$。

当 $[I^-]$ 一定，改变 $[S_2O_8^{2-}]$ 测 v（实验编号 1、2、3），则 $\lg v$-$\lg[S_2O_8^{2-}]$ 作图为直线，直线斜率为 m。

同理，当 $[S_2O_8^{2-}]$ 一定，改变 $[I^-]$ 测 v（实验编号 1、4、5），$\lg v$-$\lg[I^-]$ 作图也应为直线，直线斜率则为 n。

(2) 计算法

由编号 1、2、3 实验所得数据可得：$\dfrac{v_1}{v_2} = \left[\dfrac{c_1(S_2O_8^{2-})}{c_2(S_2O_8^{2-})}\right]^{m_1}$；$\dfrac{v_2}{v_3} = \left[\dfrac{c_2(S_2O_8^{2-})}{c_3(S_2O_8^{2-})}\right]^{m_2}$；$\dfrac{v_1}{v_3} = \left[\dfrac{c_1(S_2O_8^{2-})}{c_3(S_2O_8^{2-})}\right]^{m_3}$。

两边取对数可分别求得 m_1、m_2、m_3，进而求得三者的平均值 m。

同理，由编号 1、4、5 实验所得数据可得 n。

3. 速率常数的确定

$$k=\frac{v}{[S_2O_8^{2-}]^m[I^-]^n}$$

由实验编号 1～5 所得数据分别计算 k_1、k_2、k_3、k_4、k_5，再求它们的平均值 k。

4. 活化能的确定

（1）作图法

$$\lg k=\frac{-E_a}{2.303RT}+\lg A$$

由实验相关数据得不同温度下的 k 值，以 $\lg k$ 对 $1/T$ 作图可得一直线，直线斜率 $=\frac{-E_a}{2.303R}$，从而求得活化能 E_a。

（2）计算法

$$\lg\frac{k_2}{k_1}=\frac{E_a(T_2-T_1)}{2.303RT_1T_2}$$

【仪器试剂】

秒表，温度计（273～373K），量筒。

KI（0.20mol·dm^{-3}），$(NH_4)_2S_2O_8$（0.20mol·dm^{-3}），$Na_2S_2O_3$（0.010mol·dm^{-3}）、KNO_3（0.20mol·dm^{-3}），$(NH_4)_2SO_4$（0.20mol·dm^{-3}），$Cu(NO_3)_2$（0.020mol·dm^{-3}）、淀粉（0.2%，质量分数）。

【实验步骤】

1. 浓度对反应速率的影响

室温下按表 4-3 中实验编号 1 的用量分别量取 KI、淀粉、$Na_2S_2O_3$ 溶液于 100cm^3 烧杯中，用玻璃棒搅拌均匀。再按要求量取 $(NH_4)_2S_2O_8$ 溶液，迅速加到烧杯中，立刻用玻璃棒搅拌，同时计时。观察溶液，刚一出现蓝色，立即停止计时，记录反应时间。

表 4-3　不同试剂用量实验编号

	实验编号	1	2	3	4	5
试剂用量 /cm³	0.20mol·dm^{-3} KI	20.0	20.0	20.0	10.0	5.0
	0.2%（质量分数）淀粉溶液	4.0	4.0	4.0	4.0	4.0
	0.010mol·dm^{-3} $Na_2S_2O_3$	8.0	8.0	8.0	8.0	8.0
	0.20mol·dm^{-3} KNO_3	0.0	0.0	0.0	10.0	15.0
	0.20mol·dm^{-3} $(NH_4)_2SO_4$	0.0	10.0	15.0	0.0	0.0
	0.20mol·dm^{-3} $(NH_4)_2S_2O_8$	20.0	10.0	5.0	20.0	20.0

用同样方法进行编号 2～5 的实验。在做编号 4 时，同时记录反应变色时的温度（记为 T_1，以此温度作为该反应的温度）。为使溶液的离子强度和总体积保持不变，在实验编号 2～5 中所减少的 KI 或 $(NH_4)_2S_2O_8$ 的量分别用 KNO_3 和 $(NH_4)_2SO_4$ 溶液补充。

2. 温度对反应速率的影响

按实验编号 4 的用量将前五种溶液按顺序混合于 100cm^3 烧杯中，搅拌均匀，将烧杯置于盛有热水的大烧杯中，控制其温度比 T_1 高 20℃左右，取出，将 $(NH_4)_2S_2O_8$ 迅速倒入烧杯中，搅拌，待溶液变色记录反应时间，同时记录此时溶液的温度作为反应温度 T_2。

按相同的方法将温度升至比 T_1 高 35℃左右做此实验，记录相关时间和温度。

3. 催化剂对反应速率的影响

按编号 4 的用量将前五种溶液按顺序混合于 $100cm^3$ 烧杯，再加入 2 滴 $Cu(NO_3)_2$ 溶液，搅拌均匀，迅速加入 $(NH_4)_2S_2O_8$ 溶液，搅拌，记录反应时间。

【实验数据的处理】

对实验数据进行列表和作图处理，求得该反应的反应级数、速率常数和活化能。

思 考 题

1. 在向 KI、淀粉和 $Na_2S_2O_3$ 混合溶液中加入 $(NH_4)_2S_2O_8$ 时，为什么越快越好？

2. 在加入 $(NH_4)_2S_2O_8$ 时，先计时后搅拌或者先搅拌后计时，对实验结果各有何影响？

实验 5 氯化钠的提纯

（一）氯化钠的提纯

【实验目的】

1. 练习减压过滤、蒸发浓缩等基本操作。
2. 了解沉淀溶解平衡原理的应用。
3. 学习在分离提纯物质过程中，定性检验某种物质是否已除去的方法。

【实验原理】

氯化钠试剂或氯碱工业用的食盐水，都是以粗盐为原料进行提纯的。粗盐中除了含有泥沙等不溶性杂质外，还含有 K^+、Ca^{2+}、Mg^{2+} 和 SO_4^{2-} 等可溶性杂质。不溶性杂质可用过滤法除去；可溶性杂质中的 Ca^{2+}、Mg^{2+} 和 SO_4^{2-} 通过加入 $BaCl_2$、$NaOH$ 和 Na_2CO_3 溶液，生成难溶的硫酸盐、碳酸盐或碱式碳酸盐沉淀除去；K^+ 则是利用不同温度下 $NaCl$、KCl 溶解度的不同，经蒸发浓缩后，趁热减压过滤除去。相关反应式如下：

$$Ba^{2+} + SO_4^{2-} = BaSO_4 \downarrow$$
$$2Mg^{2+} + 2OH^- + CO_3^{2-} = Mg_2(OH)_2CO_3 \downarrow$$
$$Ca^{2+} + CO_3^{2-} = CaCO_3 \downarrow$$
$$OH^- + H^+ = H_2O$$
$$CO_3^{2-} + 2H^+ = CO_2 \uparrow + H_2O$$

【实验操作规范】

固液分离

化学实验中经常会遇到沉淀和溶液分离或晶体与母液分离等情况。常用的分离方法有三种：倾析法、过滤法、离心分离法。

（1）倾析法

当沉淀的相对密度较大或结晶的颗粒较大，沉淀很快沉降到容器底部时，可用倾析法将沉淀上部的清液慢慢倾入另一容器中而使沉淀与溶液分离。如需洗涤沉淀时，向盛沉淀的容器内加入少量水或洗涤液，将沉淀搅动均匀，待沉淀沉降到容器的底部后，再用倾析法分离。反复操作两三次，即能将沉淀洗净。要把沉淀转移到滤纸上，可先用洗涤液将沉淀搅起，将悬浮液倾倒在滤纸上，这样大部分沉淀就可从烧杯中移走，然后用洗瓶中的水冲下杯壁和玻璃棒上的沉淀，再行转移。此操作如图 4-7 所示。

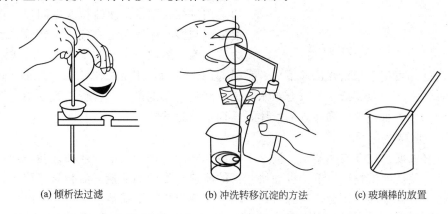

(a) 倾析法过滤　　　　　　　(b) 冲洗转移沉淀的方法　　　　　　(c) 玻璃棒的放置

图 4-7　倾析法过滤转移沉淀操作

（2）过滤法

过滤是固液分离较常用的方法之一。溶液和沉淀的混合物通过过滤器（如滤纸）时，沉淀留在过滤器上，溶液则通过过滤器，过滤后所得的溶液为滤液。

溶液的黏度、温度、过滤时的压力及沉淀的性质、状态，过滤器孔径的大小都会影响过滤速度。溶液的黏度越大，过滤越慢；热溶液比冷溶液容易过滤；减压过滤比常压过滤快；如果沉淀呈胶体状态时，易穿过一般过滤器（滤纸），应先设法将胶体破坏（如用加热法）。

常用的过滤方法有常压过滤、减压过滤和热过滤三种。

① 常压过滤　使用玻璃漏斗和滤纸进行过滤。

a. 滤纸的选用

滤纸按用途分定性、定量两种；按滤纸的空隙大小，又分"快速""中速""慢速"三种。表 4-4 为滤纸的使用范围。当沉淀为胶状或微细晶体时，常压过滤效果较好。

表 4-4　几种滤纸及其适用范围

滤纸类型	纤维组织	色带标志	适用范围
快速	疏松	蓝	过滤无定形沉淀，如 $Fe(OH)_3$、$Al(OH)_3$ 等
中速	中等多孔性	白	大多数晶形沉淀，如 CaC_2O_4、H_2SiO_3 等
慢速	最紧密	红	过滤微细晶形沉淀，如 $BaSO_4$ 等

根据沉淀的性质和量的大小来选用滤纸，一般以直径 7cm 和 9cm 的最常用，前者适用于过滤晶形沉淀，后者则适用于过滤无定形且疏松的沉淀。漏斗的大小应与滤纸相适应。滤纸的边缘不允许超过漏斗的上缘，一般应比漏斗边缘低 0.5～1cm。

b. 滤纸的折叠和安放

用洁净干燥的手将滤纸对折两次，展开后即成 60°角的圆锥体（半边为一层，另半边为

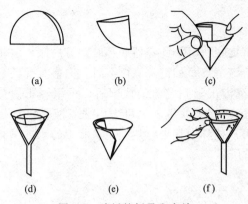

(a)　　　(b)　　　(c)

(d)　　　(e)　　　(f)

图 4-8　滤纸的折叠和安放

三层），放入清洁而干燥的漏斗内，检查是否贴合。如果漏斗的角度大于或小于 60°，应适当改变滤纸折成的角度，使之与漏斗相贴合。为使内层更好地贴紧漏斗，可将三层厚的外两层滤纸撕下一小块。撕下来的滤纸角应保存于干燥的表面皿中，以备擦拭漏斗上的沉淀。具体操作如图 4-8 所示。

滤纸放入漏斗后，用手指按住滤纸三层的一边，用洗瓶挤出的细水流把滤纸润湿，轻压滤纸使滤纸与漏斗贴紧并赶去气泡，然后加水至滤纸边缘，漏斗颈内应全部被水充满，形成水柱。若不能形成水柱，可用手指堵住漏斗下口，稍掀起滤纸一边，用洗瓶向滤纸和漏斗之间的空隙里加水，直到漏斗颈及滤纸一部分全被水充满，然后压紧滤纸边，慢慢松开手指，即能形成水柱。由于水柱的重力曳引漏斗内的液体，从而加快过滤速度。

c. 沉淀的过滤

将准备好的漏斗放在漏斗架上，漏斗下面放一洁净的承接滤液的烧杯。漏斗颈口长的一边紧靠杯壁，使滤液沿杯壁流下，以加快滤液的流速。先倾倒溶液，后转移沉淀，转移时应使用玻璃棒，并使玻璃棒接触三层滤纸处，用玻璃棒引流让上层清液缓缓倾入漏斗，漏斗中的液面应低于滤纸边缘（图 4-9）。溶液倾倒完后，用洗瓶挤少量水淋洗盛放沉淀的容器及玻璃棒，并将洗涤水全部倒在漏斗中。如果沉淀需要洗涤，应待溶液转移完毕，再将少量洗涤液倒在沉淀上，然后用玻璃棒充分搅动，静止放置一段时间，待沉淀下沉后，将上清液倒入漏斗。洗涤两三遍，最后把沉淀转移到其他滤纸上。

强酸、强碱或强氧化剂会破坏滤纸结构，它们的固液分离要以石棉纤维或玻璃纤维代替滤纸，或改用玻璃砂芯漏斗。玻璃质漏斗不适用于强碱性溶液的过滤，因为强碱会腐蚀玻璃。

② 减压过滤（简称"抽滤"）　减压过滤是采用水泵或真空泵抽气使滤器两边产生压差而快速过滤并抽干沉淀上溶液的过滤方法。图 4-10 是联合组装的减压过（抽）滤装置。

图 4-9　过滤（常压）操作

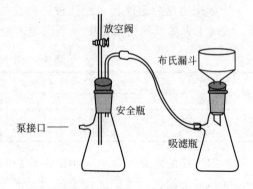

放空阀

布氏漏斗

泵接口——

安全瓶

吸滤瓶

图 4-10　减压过滤装置

减压过滤可缩短过滤时间，并可把沉淀抽得比较干燥，但它不适用于胶状沉淀和颗粒太细的沉淀的过滤。前者会透过滤纸且堵塞滤纸孔，后者会堵塞滤纸孔而难于过滤。在连接水泵的橡皮管和吸滤瓶之间安装一个安全瓶，用以防止因关闭水阀或水泵后流速的改变引起自来水倒吸入吸滤瓶将滤液沾污。在停止过滤时，应先从吸滤瓶上拔掉橡皮管，然后再关闭自来水龙头或真空泵，以防自来水倒吸入瓶内。抽滤用的滤纸应比布氏漏斗的内径略小，但又能把瓷孔全部盖没。将滤纸平铺在瓷板上并用去离子水润湿后，微开水阀，先稍微抽气使滤纸紧贴，然后用玻璃棒往布氏漏斗内转移溶液，注意加入的溶液不要超过漏斗容积的 2/3。开大水阀，等溶液抽完后再转移沉淀。继续减压抽滤，直至将沉淀抽干，并使沉淀平铺在瓷板的滤纸上。洗涤沉淀时，应暂停抽滤，加入少量洗涤液使其与沉淀充分接触后，再接上吸滤瓶的橡皮管，开水阀将沉淀抽干。滤毕，先拔掉橡皮管，再关水阀，然后取下布氏漏斗，用玻璃棒轻轻揭起滤纸边缘，取出滤纸和沉淀。滤液则从吸滤瓶的上口倾出，不要从侧面尖嘴倒出，以免弄脏滤液。欲得干燥沉淀可用干燥滤纸将沉淀上的水分吸干或将沉淀放入恒温烘箱内烘干。

③ 热过滤　当溶质的溶解度对温度极为敏感易结晶析出时，可用热滤漏斗过滤（热过滤）。把玻璃漏斗放在金属制成的外套中，底部用橡皮塞连接并密封，夹套内充水至约 2/3 处，可以在夹套内装热水以维持溶液温度，趁热吸滤；也可以在过滤前把玻璃漏斗放在水浴上用蒸气加热后快速过滤。热过滤尤其适用于滤去热溶液中的脱色炭等细小颗粒的杂质。缺点是过滤速度慢。

（3）离心分离法

当被分离的沉淀量很少时，使用一般的方法过滤后，沉淀会粘在滤纸上，难以取下，这时可以用离心分离法将少量沉淀和溶液分离。实验室内常用电动离心机进行离心分离。

使用时，将装试样的离心管放在离心机的套管中，套管底部先垫些棉花，为了使离心机旋转时保持平衡，几个离心管放在对称的位置上。如果只有一个试样，则在对称的位置上放一支大小相同，盛有等量水的离心试管与之相配，以保持离心机平衡。电动离心机转速极快，要注意安全。放好离心管后，应盖好盖子，先慢速后加速。停止时应逐步减速，最后任其自行停下，决不能用手或其他方法强制它停止，否则离心机很容易损坏，而且容易发生危险。离心沉降后，轻轻取出离心管，不要摇动，左手斜持离心管，右手拿毛细滴管，把毛细管伸入离心管，使末端恰好进入液面，慢慢吸取清液。在毛细管末端接近沉淀时，要特别小心，以免沉淀也被取出。沉淀和溶液分离后，沉淀里面仍含有少量溶液，必须经过洗涤才能得到纯净的沉淀。为此，可以往盛沉淀的离心管中加入适量的蒸馏水或洗涤用的溶液，用玻璃棒充分搅拌后，进行离心分离。用毛细管将上层清液取出，反复数次直至达到要求。

【仪器和药品】

托盘天平，温度计，长颈漏斗，蒸发皿，表面皿，电炉，常压、减压过滤装置，量筒，滤纸等。

HCl（$6mol \cdot dm^{-3}$），（NH_4）$_2C_2O_4$（饱和），$BaCl_2$（$1mol \cdot dm^{-3}$），H_2SO_4（$3mol \cdot dm^{-3}$），$NaOH$（$2mol \cdot dm^{-3}$）和 Na_2CO_3（饱和）混合溶液（50%，体积分数），镁试剂，粗盐，HAc（$2mol \cdot dm^{-3}$）。

【实验内容】

1. 粗盐溶解

称取 10.0g 粗盐于 100cm³ 烧杯，加水约 35cm³，电炉加热，搅拌使其溶解。

2. 除 SO_4^{2-}、Ca^{2+} 和 Mg^{2+}

① 除 SO_4^{2-}　加热溶液至沸腾，边搅拌边滴加 $1mol\cdot dm^{-3}$ $BaCl_2$ 溶液至 SO_4^{2-} 除尽（约 $2\sim3cm^3$）。检验 SO_4^{2-} 是否除尽。若除尽，继续加热煮沸 5min，常压过滤至另一 $100cm^3$ 烧杯中。

检验方法：将烧杯移离石棉网，静置分层后，取少量上清液于小试管内，加入几滴 $6mol\cdot dm^{-3}$ HCl 和 $1mol\cdot dm^{-3}$ $BaCl_2$ 溶液。如浑浊，说明 SO_4^{2-} 未除尽，需再加 $BaCl_2$ 溶液；如不浑浊，表示 SO_4^{2-} 已除尽。

② 除 Ca^{2+}、Mg^{2+} 和过量 Ba^{2+}　将滤液加热至沸，边搅拌边滴加 $NaOH$-Na_2CO_3 混合液至溶液 pH 值约为 11 后，再多加 $1cm^3$。检验 Ba^{2+} 除尽后，继续加热煮沸 5min。常压过滤至蒸发皿中。

检验方法：将烧杯移离石棉网，静置分层，取少量上清液于小试管内，加入几滴 $3mol\cdot dm^{-3}$ H_2SO_4。如浑浊，说明 Ba^{2+} 未除尽；如不浑浊，表示 Ba^{2+} 已除尽。

③ 除 CO_3^{2-}　加热搅拌溶液，滴入 $6mol\cdot dm^{-3}$ HCl 至溶液的 pH＝$2\sim3$。

3. 蒸发、结晶

加热蒸发浓缩上述溶液，并不断搅拌至表面出现晶膜且呈稠状。趁热减压过滤后，转入蒸发皿内小火烘干。冷至室温，称重，计算产率。

4. 产品质量检验

取粗盐及产品各 1g 左右，分别溶于约 $5cm^3$ 蒸馏水中，各分成三份于试管中。定性检验溶液中是否有 SO_4^{2-}、Ca^{2+} 和 Mg^{2+}，并比较实验结果。

检验方法：

① SO_4^{2-} 的检验　在盛粗、纯 NaCl 溶液的两支试管中分别加入 2 滴 $6mol\cdot dm^{-3}$ HCl 和 $3\sim4$ 滴 $1mol\cdot dm^{-3}$ $BaCl_2$ 溶液，观察现象。

② Ca^{2+} 的检验　在盛粗、纯 NaCl 溶液的两支试管中分别加入 $1cm^3$ $2mol\cdot dm^{-3}$ HAc 使呈酸性，再分别加入 $3\sim4$ 滴饱和草酸铵溶液，观察现象。

③ Mg^{2+} 的检验　在盛粗、纯 NaCl 溶液的两支试管中分别加入 $3\sim4$ 滴镁试剂，若溶液中有蓝色絮状沉淀，表明有 Mg^{2+} 存在；若溶液仍为紫色，表示无 Mg^{2+} 存在。

思 考 题

1. 能否用重结晶方法提纯氯化钠？
2. 能否用氯化钙代替毒性大的氯化钡来除去食盐中 SO_4^{2-}？
3. 在实验中，如果以 $Mg(OH)_2$ 沉淀形式除去粗盐溶液中的 Mg^{2+}，则溶液的 pH 应为何值？

（二）氯化钠的提纯（虚拟仿真）

【实验目的】

1. 了解粗盐提纯的原理和步骤。
2. 掌握常压过滤、减压过滤、蒸发浓缩、结晶等实验基本的操作。
3. 了解 Ca^{2+}、Mg^{2+}、SO_4^{2-} 等离子的定性鉴定。

4. 通过实验的探究，培养分析问题和解决问题的能力，设计并完成实验的能力。

【实验原理】

粗食盐中主要含有不溶性杂质（如泥沙）和可溶性杂质（主要是 Ca^{2+}、Mg^{2+}、K^+ 和 SO_4^{2-}）。

对于不溶性杂质，可用溶解和过滤的方法除去。对于可溶性杂质，可用下列方法除去：

① 在粗食盐溶液中加入稍稍过量的 $BaCl_2$ 溶液时，即可将 SO_4^{2-} 转化为难溶解的 $BaSO_4$ 沉淀，过滤除去。反应方程式如下

$$Ba^{2+} + SO_4^{2-} = BaSO_4 \downarrow$$

② 再加入 Na_2CO_3、$NaOH$ 溶液，食盐溶液中的杂质 Mg^{2+}、Ca^{2+} 以及加入的过量 Ba^{2+} 转化为难溶的 $Mg(OH)_2$、$CaCO_3$、$BaCO_3$ 沉淀，并通过过滤的方法除去。反应方程式如下：

$$Mg^{2+} + 2OH^- = Mg(OH)_2 \downarrow$$
$$Ca^{2+} + CO_3^{2-} = CaCO_3 \downarrow$$
$$Ba^{2+} + CO_3^{2-} = BaCO_3 \downarrow$$

③ 过量的 $NaOH$ 和 Na_2CO_3 可以用盐酸除去。反应方程式如下：

$$H^+ + OH^- = H_2O$$
$$CO_3^{2-} + 2H^+ = CO_2 \uparrow + H_2O$$

④ K^+ 则是利用 $NaCl$、KCl 溶解度的不同，蒸发浓缩后，趁热减压过滤除去。

1. 蒸发浓缩

当溶液很稀而所要制备的物质的溶解度又较大时，为了得到该物质的固体，必须通过加热，使水分蒸发、溶液浓缩到一定程度时再冷却，才可析出固体。

若物质的溶解度随温度变化较大，可蒸发浓缩至有晶膜出现为止；否则，应加热到有大量固体出现为止。

2. 结晶

结晶是提纯固体化合物的常用方法之一。其原理是利用被提纯物质与杂质在溶剂中的溶解度不同来进行杂质分离。

① 当被提纯物的溶解度小于杂质时　将被提纯物质的水溶液加热，使溶剂蒸发掉，从而得到被提纯物质的饱和溶液，冷却，溶解度较小的被提纯物质会析出，溶解度较大的杂质则留在溶液中，过滤即可得到纯净的物质。

② 被提纯物的溶解度大于杂质时　将被提纯物质的水溶液加热，使溶剂蒸发掉，从而得到杂质的饱和溶液，冷却，溶解度较小的杂质会析出，过滤即可除去杂质，得到被提纯的物质。

结晶条件会影响析出晶体的颗粒大小，当溶液浓度高、溶解度随温度变化大、冷却速度快、搅拌的情况下析出的晶体颗粒较小。反之，析出的晶体颗粒较大。

3. 常压过滤注意事项

一贴：滤纸紧贴漏斗；

二低：滤纸低于漏斗，溶液低于滤纸；

三靠：漏斗下端靠烧杯壁，玻璃棒靠三层滤纸，小烧杯靠玻璃棒。

4. 减压过滤

利用减压过滤可以加快过滤速度，并且使沉淀抽吸得更干燥。

① 滤纸必须与布氏漏斗内径大小相等。

② 布氏漏斗下端斜口需朝向支管。

③ 转移溶液与沉淀时必须保证水泵是打开的。

④ 洗涤沉淀时应先关闭水泵，让洗涤液充分与沉淀接触后再开水泵。

⑤ 当布氏漏斗下端不滴水时才算抽滤完成。

⑥ 过滤完成后先拔橡皮管，再关闭水泵。

⑦ 滤液从抽滤瓶的上口倒出，滤饼（固体）连同滤纸一同取出。

【仪器试剂】

电子天平，烧杯，玻璃棒，量杯，普通漏斗，漏斗架，蒸发皿，铁三角，布氏漏斗，吸滤瓶，石棉网，煤气灯，洗瓶，坩埚钳。

粗盐，$BaCl_2$ 溶液，Na_2CO_3 溶液，盐酸溶液、NaOH 溶液。

【实验步骤】

1. 称量

用电子天平称量适量的粗盐到烧杯中，并记下称得的质量。

① 将称量纸放在天平上，按下电子天平的清零按钮进行清零，当天平示数为零时，打开盛有氯化钠的试剂瓶，用药匙取试样，开始称量粗盐。

② 在电子天平上称出一定的粗盐，并读取读数。

③ 在数据记录本上记录粗盐的质量。

④ 小心取出称量纸，将称量纸上的粗盐转移到 $100cm^3$ 烧杯中。

2. 溶解

向烧杯中加入 $30cm^3$ 去离子水，打开煤气灯加热，加速溶解。将量杯放到实验台上，在量杯中量取 $15cm^3$ 的去离子水。再将量杯中的水倒入盛有粗盐的烧杯中。打开煤气灯，并将烧杯放到石棉网上加热，用玻璃棒不断搅拌加速溶解。

3. 除 SO_4^{2-}

① 待加热至沸腾之后，向粗盐溶液中滴加氯化钡溶液，使溶液中的硫酸根离子沉淀。

② 关闭煤气灯阀门，静置一会儿，将烧杯移到实验台上。

③ 继续滴加氯化钡溶液来检验硫酸根离子是否沉淀完全。

④ 打开煤气灯，将烧杯放在石棉网上加热，将溶液再次加热煮沸，使沉淀凝聚成大颗粒。

⑤ 过滤除去沉淀。

将滤纸折叠放于漏斗中，用洗瓶中的去离子水将滤纸润湿，将一个 $100cm^3$ 的烧杯放到漏斗的下面来接滤液。关闭煤气灯的开关，将盛有粗盐溶液的烧杯拿下，并完成过滤操作。

4. 除 Ca^{2+}、Mg^{2+}、Ba^{2+}

① 将滤液加热，依次向滤液中滴加 NaOH、Na_2CO_3 溶液，使离子沉淀，并搅拌，一段时间后，取下烧杯静置，继续滴加 NaOH、Na_2CO_3 溶液，检验离子是否沉淀完全。

a. 打开煤气灯的开关，将盛有滤液的烧杯放在石棉网上，将滤液加热至沸腾。

b. 依次向滤液中滴加 NaOH、Na_2CO_3 溶液，使 Ca^{2+}、Mg^{2+} 和过量的 Ba^{2+} 沉淀，同

时用玻璃棒不断搅拌溶液。

c. 关闭煤气灯，将烧杯移至实验台上，静置一会。

d. 再次向滤液中滴加 NaOH、Na_2CO_3 溶液。

② 再次加热使沉淀凝聚，并过滤。

a. 打开煤气灯，将烧杯中的溶液继续加热煮沸。

b. 将滤纸折叠放于漏斗中，用洗瓶将滤纸润湿，将另一个 $100cm^3$ 的烧杯放到漏斗下面来接滤液。

c. 关闭煤气灯，用玻璃棒引流，完成过滤操作，最后将玻璃棒放回原位。

5. 除 CO_3^{2-}

向滤液中滴加盐酸，并用 pH 试纸检验溶液是否为酸性。

① 向盛有滤液的烧杯中滴加 HCl 溶液。

② 用玻璃棒取少量溶液点至 pH 试纸上，测溶液的 pH 值。当溶液的 pH 值近似等于4，为酸性时，可进行蒸发浓缩，并将 pH 试纸放回原位。

6. 蒸发浓缩、结晶

将滤液倒进蒸发皿中加热蒸发，一段时间后，将蒸发皿放到石棉网上冷却结晶。

① 先将石棉网拿下，再将泥三角和蒸发皿置于煤气灯上方，打开煤气灯，将上述操作后烧杯中的溶液转移到蒸发皿内蒸发浓缩。

② 一段时间后，关闭煤气灯，用坩埚钳取下蒸发皿，注意不要将其直接放到桌面上，应放在石棉网上。

7. 抽滤

将结晶后的溶液倒进布氏漏斗里进行抽滤。

① 将滤纸放到布氏漏斗上，用洗瓶将其润湿，打开抽滤装置的开关，将蒸发皿中结晶后的溶液倒入布氏漏斗中，进行抽滤操作，抽滤过后，关闭开关。

② 将称量纸放到电子天平上，按下电子天平的去皮键，当天平示数为零时，将抽滤漏斗中提纯后的盐转移到称量纸上。

8. 称量

在数据记录本上填写精盐的质量。将提纯后的精盐转移到试剂瓶里，并将试剂瓶放回原处。

结束实验，查看得分，分析错误原因及对策。

思 考 题

1. 为什么要加热煮沸？

2. 是如何检验钡离子的？

3. 为什么检验完钡离子还要加热？

4. 为什么要使溶液 pH 值达到4？

5. 在除去 Ca^{2+}、Mg^{2+}、SO_4^{2-} 时，为何先加 $BaCl_2$ 溶液，然后再加 Na_2CO_3 溶液？

6. 能否用 $CaCl_2$ 代替毒性较大的 $BaCl_2$ 来除去食盐中的 SO_4^{2-}？

7. 在除去 Ca^{2+}、Mg^{2+}、SO_4^{2-} 等杂质时，能否用其他可溶性碳酸盐代替 Na_2CO_3？为什么？

三草酸合铁酸钾的制备实验（虚拟仿真）

【实验目的】

1. 了解配合物的概念及性质，初步了解配合物制备的一般方法。
2. 掌握合成 $K_3[Fe(C_2O_4)_3]\cdot 3H_2O$ 的基本原理。
3. 巩固对溶解、沉淀、沉淀洗涤、水浴加热、减压抽滤等操作的掌握。

【实验原理】

三草酸合铁酸钾（含三个结晶水）分子式为 $K_3[Fe(C_2O_4)_3]\cdot 3H_2O$，是翠绿色的单斜晶体。它易溶于水，难溶于乙醇。110℃时可以失去全部结晶水，230℃时会分解。它对光很敏感，见光易分解为黄色物质。因其光敏性，常被用作化学光量计。

本实验以硫酸亚铁铵为原料，在酸性条件下与草酸反应生成草酸亚铁沉淀：

$$(NH_4)_2Fe(SO_4)_2\cdot 6H_2O + H_2C_2O_4 =\!=\!=$$
$$FeC_2O_4\cdot 2H_2O\downarrow + (NH_4)_2SO_4 + H_2SO_4 + 4H_2O$$

然后在过量草酸根存在下，加入过氧化氢来氧化草酸亚铁即可得到三草酸合铁（Ⅲ）酸钾，同时有氢氧化铁生成：

$$6FeC_2O_4\cdot 2H_2O + 3H_2O_2 + 6K_2C_2O_4 =\!=\!= 4K_3[Fe(C_2O_4)_3] + 2Fe(OH)_3 + 12H_2O$$

加入适量草酸可使 $Fe(OH)_3$ 转化为三草酸合铁（Ⅲ）酸钾配合物：

$$2Fe(OH)_3 + 3H_2C_2O_4 + 3K_2C_2O_4 =\!=\!= 2K_3[Fe(C_2O_4)_3]\cdot 3H_2O$$

再加入乙醇，放置即可析出产物的结晶。总反应为：

$$2FeC_2O_4\cdot 2H_2O + H_2O_2 + 3K_2C_2O_4 + H_2C_2O_4 =\!=\!= 2K_3[Fe(C_2O_4)_3]\cdot 3H_2O$$

【仪器试剂】

电子天平，恒温水浴，循环水泵，减压过滤装置，烧杯，量筒，表面皿，滤纸，煤气灯。

硫酸亚铁铵晶体，草酸晶体，$3mol\cdot dm^{-3}$ H_2SO_4 溶液，饱和 $K_2C_2O_4$ 溶液，H_2O_2 溶液，95%乙醇。

【实验步骤】

1. 溶解

称取 6g 左右的硫酸亚铁铵于大烧杯中，加入 $1.5cm^3$ 稀硫酸，再加入 $20cm^3$ 去离子水，加热溶解。

① 将称量纸放到电子天平上，按下电子天平的清零按钮进行清零，用药匙取出 6g 左右的硫酸亚铁铵于称量纸上，将试剂瓶放回原处。

② 将电子天平上已经称量好的硫酸亚铁铵，倒进 $250cm^3$ 的大烧杯中。

③ 将小量杯放到实验台面上，用小量杯量取 $1.5cm^3$ 的稀硫酸。

④ 将小量杯中取好的稀硫酸溶液倒入大烧杯中。

⑤ 再将大量杯放到实验台面上，用大量杯量取 $20cm^3$ 的去离子水。

⑥ 将大量杯中取好的去离子水倒入大烧杯中。

⑦ 打开煤气灯开关，将大烧杯放到煤气灯上加热。

⑧ 当溶液溶解之后，关闭煤气灯，并将烧杯取下放到实验台面上。

2. 沉淀

（1）配制草酸溶液

称取 3g 草酸晶体于 100cm³ 小烧杯中，加入 30cm³ 去离子水，加热溶解。

① 将称量纸放到电子天平上，按下电子天平的清零按钮进行清零，用药匙取出 3g 左右的草酸晶体试剂于称量纸上，并将试剂瓶放回原处。

② 将已称量好的草酸晶体倒入小烧杯中。

③ 将大量杯放到实验台面上，量取 30cm³ 的去离子水。

④ 将大量杯中取好的去离子水倒入盛有草酸晶体的小烧杯中。

⑤ 打开煤气灯，并加热小烧杯，待溶解后，关闭煤气灯，取下烧杯，将其放回原处。

（2）加入草酸溶液

用量杯量取 22cm³ 草酸溶液，加入到大烧杯中，加热反应。可得到黄色沉淀，倒出上层清液。

① 将大量杯放到实验台面上，量取烧杯中已溶解的草酸溶液 22cm³。

② 将取出的草酸溶液加入到大烧杯中。

③ 打开煤气灯，用煤气灯加热大烧杯，并维持加热 5min 后，关闭酒精灯，取下烧杯，并将其放回原处。静置可得到黄色沉淀。

④ 最后将大烧杯中的上层清液倒出。

（3）水洗沉淀

用热的去离子水洗涤黄色沉淀，并倾倒上层清液。

① 打开煤气灯，将盛有去离子水的小烧杯在煤气灯上加热。稍等片刻，关闭煤气灯，将小烧杯中的热去离子水倒入大烧杯中洗涤沉淀。

② 倾倒大烧杯中洗涤沉淀后的溶液，剩下黄色沉淀。

3. 氧化

量取 15cm³ 的草酸钾溶液于大烧杯中，40℃水浴加热过程中，滴加 25cm³ 双氧水。

① 将大量杯放到实验台面上，量取 15cm³ 的草酸钾溶液。

② 将大量杯中的溶液倒入大烧杯中。

③ 打开水浴锅的盖子，并打开水浴锅电源开关，将温度调到 40℃。

④ 将大烧杯放入水浴锅里水浴加热。

⑤ 将大量杯放到实验台面上，量取 25cm³ 的双氧水试剂。

⑥ 将大量杯中取好的双氧水转移到没用过的小烧杯中。

⑦ 用滴管向大烧杯中一滴一滴地滴加双氧水，直到滴加完毕。

⑧ 停止水浴加热，并将大烧杯取出，静置一会儿后，关闭水浴锅。

4. 生成配合物

① 量取 5cm³ 的草酸溶液，将其倒入大烧杯中，使氢氧化铁沉淀溶解。

a. 将小量杯放到实验台面上，量取小烧杯中的草酸溶液 5cm³。

b. 将小量杯中取好的草酸溶液倒入大烧杯使沉淀溶解，此时溶液呈翠绿色。

② 加入 15cm³ 乙醇溶液，放置一段时间，析出晶体，减压抽滤。

a. 将大量杯放到实验台面上，量取 15cm³ 的乙醇溶液，再将大量杯中的乙醇溶液转移到大烧杯中。

b. 将滤纸放到布氏漏斗上，并用洗瓶中的去离子水将滤纸润湿。

c. 先打开真空泵的电源开关，再打开抽滤瓶的控制开关，将大烧杯中的试液减压抽滤至溶液被抽干为止。

5. 称量、保存

用电子天平称量布氏漏斗里的产品，记录质量，将产品保存到试剂瓶里。

① 将表面皿放到天平上，按下电子天平的清零按钮进行清零。关闭真空泵开关，将布氏漏斗中抽滤得到的产物称量。记录数据。

② 将三草酸合铁酸钾试剂瓶放到台面上，将表面皿中称量好的产物转移到试剂瓶里，避光保存。

思 考 题

1. 在硫酸亚铁铵中加入稀硫酸的目的是什么？

2. 为什么要缓慢滴加过氧化氢，而不是一次性倒入？

3. 制备过程中，最后能否在析晶之前适当浓缩溶液？

实验 7

氯化亚铜的制备实验（虚拟仿真）

【实验目的】

1. 巩固氧化还原反应的原理，掌握 Cu^{2+} 与 Cu^+ 之间的转化条件。
2. 掌握还原法制备氯化亚铜的方法。
3. 巩固抽滤、称量、溶解等基本操作。

【实验原理】

氯化亚铜，即 CuCl，为白色立方结晶或白色粉末。相对密度 4.14，熔点 430℃，沸点 1490℃。微溶于水，溶于氨水可生成配合物，溶于浓盐酸生成 H_3CuCl_4，亦可溶于硫代硫酸钠溶液、NaCl 溶液和 KCl 溶液，生成相应配合物，不溶于乙醇。

氯化亚铜露置于空气中易被氧化为绿色的高价铜盐，见光易分解，变成褐色。在干燥空气中稳定，受潮则易变蓝到棕色。在热水中迅速水解生成氧化亚铜水合物而呈红色，与强酸缓慢反应。

CuCl 的盐酸溶液能吸收一氧化碳而生成复合物氯化羰基亚铜 $[Cu_2Cl_2(CO)_2 \cdot 2H_2O]$（有毒！），加热时又可将一氧化碳放出。若有过量的 Cu_2Cl_2 存在，该溶液对 CO 的吸收几乎是定量的，所以此反应在气体分析中可用于测定混合气体中 CO 的量。

氯化亚铜主要用于有机合成工业，作为合成酞菁颜料、合成染料的催化剂、还原剂，在石油工业作为脱硫剂、脱色剂。也可用于冶金、医药、电镀、分析等行业。

本实验采用硫酸铜法制备氯化亚铜，以亚硫酸钠为还原剂，氯化钠为沉淀剂来制备，并用碳酸钠来调节溶液的 pH 值在 3.5 左右，以保证较高的产率和纯度。反应方程式如下：

$$2CuSO_4 + Na_2SO_3 + 2NaCl + Na_2CO_3 \Longrightarrow 2CuCl \downarrow + 3Na_2SO_4 + CO_2 \uparrow$$

【仪器试剂】

电子天平，烧杯，量杯，蒸发皿，布氏漏斗，吸滤瓶，磁力搅拌器，滴液漏斗，铁架台，真空泵。

硫酸铜，氯化钠，碳酸钠，亚硫酸钠，无水乙醇，1‰盐酸溶液。

【实验步骤】

1. 配制溶液

①用电子天平依次称取 25g 五水硫酸铜、10g 氯化钠于大烧杯中。

a. 将称量纸放到电子天平上，按下电子天平的清零按钮进行清零，用药匙取出 25g 左右的五水硫酸铜，并将试剂瓶放回原处。

b. 将称量纸上已经称量好的五水硫酸铜倒入 400cm³ 大烧杯中。

c. 再将称量纸放到电子天平上，按下电子天平的清零按钮进行清零，当天平示数为零时，用药匙取出 10g 左右的氯化钠，将试剂瓶放回原处。

d. 同样将称量纸上已经称量好的氯化钠固体倒进大烧杯中。

② 加入 100cm³ 水溶解，并将大烧杯放到电子搅拌器上。

a. 将大量杯放到实验台上，量取 50cm³ 去离子水，并将大量杯中取得的水倒入大烧杯中。

b. 再用洗瓶向量杯中加入 50cm³ 去离子水，倒入大烧杯中。

c. 将大烧杯放到电子搅拌器上，将置于表面皿上的搅拌子放到大烧杯中，准备搅拌。

③ 用电子天平依次称取 7.5g 亚硫酸钠、5g 碳酸钠于 100cm³ 小烧杯中，加入 40cm³ 去离子水溶解。

a. 将称量纸放到电子天平上，按下电子天平的清零按钮进行清零，用药匙取出 7.5g 左右的亚硫酸钠，并将亚硫酸钠试样瓶放回原处。

b. 将已称量好的亚硫酸钠倒进小烧杯中。

c. 再次把称量纸放到电子天平上，按下电子天平的清零按钮进行清零，用药匙取出 5g 左右的碳酸钠固体，将试剂瓶放回原处。

d. 再将已称量好的碳酸钠倒进小烧杯中。

e. 把大量杯放到实验台上，量取 40cm³ 去离子水，并将取好的水倒入小烧杯中。

2. 搅拌滴加反应

将小烧杯中的溶液转移到滴液漏斗里，将滴液漏斗放到铁架台上，启动电子搅拌器，打开滴液漏斗的旋塞进行滴加。

① 将滴液漏斗放到实验台面上，将小烧杯中的溶液倾倒到滴液漏斗里，可将碳酸钠和亚硫酸钠的混合溶液倒入滴液漏斗里。

② 将装入溶液的滴液漏斗放到铁架台上。

③ 打开电子搅拌器上的开关，启动电子搅拌器。调节滴液漏斗上的旋塞并进行滴加，注意控制滴加速度，保证滴加时间不低于 1h，等待滴加完毕。滴加过程中可看到有白色沉淀产生。

④ 等滴加完毕后，再搅拌 10min。

3. 抽滤

将反应后的烧杯中的溶液转移到布氏漏斗里进行抽滤。

① 将滤纸放到布氏漏斗里面，用洗瓶中的去离子水将滤纸润湿。

② 将大烧杯中的溶液转移到布氏漏斗里，并用抽滤装置进行抽滤。

4. 洗涤沉淀

用 $15cm^3$ 10% 盐酸洗涤沉淀，再用 $15cm^3$ 乙醇溶液洗涤三次。直到抽干为止。

① 将大量杯放到实验台上，量取 $15cm^3$ 1% 盐酸溶液，再将量杯中取好的盐酸倒入布氏漏斗里洗涤沉淀。

② 再用大量杯量取 $15cm^3$ 乙醇溶液，将乙醇溶液倒入布氏漏斗里进行洗涤。

③ 再重复上面第②步两次，即总共用乙醇洗三次。

④ 直到抽干为止。

5. 称量

将布氏漏斗里的产品进行称量，记录质量，并转移到试剂瓶里避光保存。

① 将称量纸放到电子天平上，按下电子天平的清零按钮进行清零。

② 将布氏漏斗中抽滤好的晶体转移到称量纸上进行称量，可记录产品质量。

③ 打开橱子的橱门，将试剂瓶放到实验台面上。

④ 将称量纸上的晶体存入试剂瓶里。将试剂瓶放回橱子里，关闭橱门。

6. 结束实验、查看得分、分析错误原因及对策

思 考 题

1. 氯化亚铜生产中还可使用哪些还原剂？

2. 氯化亚铜产品有哪些用途？

3. 氯化亚铜产品为什么要用无水乙醇洗涤？

实验8 硫酸亚铁铵的制备

【实验目的】

1. 熟练掌握水浴加热、常压过滤和减压过滤等基本操作。

2. 了解复盐的一般特征和制备方法。

3. 了解硫酸亚铁铵的应用。

【实验原理】

硫酸亚铁铵又称摩尔盐，是浅绿色单斜晶体。在空气中比一般亚铁盐稳定，不易被氧化，溶于水但不溶于乙醇。

硫酸铵、硫酸亚铁和硫酸亚铁铵在水中的溶解度（g/100g 水）数据如下

物质(摩尔质量) $t/℃$	10	20	30	70
$(NH_4)_2SO_4$(132.1)	73.0	75.4	78.1	91.9
$FeSO_4$(151.9)	20.5	26.6	33.2	56.0
$(NH_4)_2SO_4 \cdot FeSO_4 \cdot 6H_2O$(392.1)	18.1	21.2	24.5	38.5

由硫酸铵、硫酸亚铁和硫酸亚铁铵在水中的溶解度数据可知，在 0～70℃ 范围内，硫酸

亚铁铵在水中的溶解度比组成它的每一组分的溶解度都小。因此，很容易从浓的 $FeSO_4$ 和 $(NH_4)_2SO_4$ 混合溶液中制得结晶的摩尔盐。

本实验先将金属铁屑溶于稀硫酸，制得硫酸亚铁溶液：

$$Fe + H_2SO_4 \Longrightarrow FeSO_4 + H_2 \uparrow$$

然后加入硫酸铵制得混合溶液，加热浓缩，冷至室温，便析出硫酸亚铁铵；

$$FeSO_4 + (NH_4)_2SO_4 + 6H_2O \Longrightarrow (NH_4)_2SO_4 \cdot FeSO_4 \cdot 6H_2O \downarrow$$

【仪器试剂】

托盘天平，温度计，长颈漏斗，蒸发皿，表面皿，电炉，常压、减压过滤装置，量筒，滤纸等。

铁屑、$(NH_4)_2SO_4(s)$、Na_2CO_3（10％）、H_2SO_4（$3mol \cdot dm^{-3}$）、乙醇（95％）。

【实验内容】

1. 铁屑的净化（去油污）

由机械加工过程得到的铁屑油污较多，可用碱煮的方法除去。为此称取 2.1g 铁屑，放于锥形瓶内，加入 $15cm^3$ 10％ Na_2CO_3 溶液，电炉小火加热约 10min，倾析法除去碱液，用水洗净铁屑（若用纯净铁屑，则省去此步操作）。

2. 硫酸亚铁的制备

向盛有铁屑的锥形瓶中加入约 $13cm^3$ $3mol \cdot dm^{-3}$ H_2SO_4 溶液，水浴加热（通风橱中进行），并经常取出锥形瓶旋摇，适当补充水分（最多 $5cm^3$），直至反应基本完全为止（如何判断？）。再加入 $1cm^3$ $3mol \cdot dm^{-3}$ H_2SO_4（目的是什么？），趁热常压过滤至蒸发皿内。

3. 硫酸亚铁铵的制备

称取 4.7g $(NH_4)_2SO_4$ 固体加入到上面所得滤液中。于自制水浴中加热，搅拌至 $(NH_4)_2SO_4$ 完全溶解，继续蒸发浓缩至表面出现晶膜为止。冷至室温，减压过滤，用少量乙醇洗涤晶体两次。将晶体置于表面皿上晾干、称重、计算产率。

思　考　题

1. 计算硫酸亚铁铵的产率时，应根据铁的用量还是硫酸铵的用量？

2. 蒸发硫酸亚铁铵溶液过程中，为什么有时溶液会由浅蓝绿色逐渐变为黄色？此时应如何处理？

实验9　氧化还原反应和电化学

【实验目的】

1. 试验并掌握电极电势与氧化还原反应进行方向的关系，以及介质和反应物浓度对氧化还原反应的影响。

2. 定性观察并了解化学电池的电动势，氧化态或还原态物质浓度的变化对电极电势的影响。

【实验原理】

氧化还原过程也就是电子的转移过程。氧化剂在反应中得到了电子，还原剂失去了电子。这种得、失电子能力的大小或者说氧化、还原能力的强弱，可用它们的氧化态-还原态（例如 Fe^{3+}-Fe^{2+}，I_2^--I^-，Cu^{2+}-Cu）所组成的电对的电极电势的相对高低来衡量。一个电对的电极电势（以还原电势为准）代数值愈大，其氧化态的氧化能力愈强，其还原态的还原能力愈弱，反之亦然。所以根据其电极电势（φ）的大小，便可判断一个氧化还原反应的进行方向。例如 $\varphi^\ominus(I_2/I^-) = +0.535V$，$\varphi^\ominus(Fe^{3+}/Fe^{2+}) = +0.771V$，$\varphi^\ominus(Br_2/Br^-) = +1.08V$，所以对下列两反应：

$$2Fe^{3+} + 2I^- \rule[0.5ex]{2em}{0.4pt} I_2 + 2Fe^{2+} \tag{4-3}$$

$$2Fe^{3+} + 2Br^- \rule[0.5ex]{2em}{0.4pt} Br_2 + 2Fe^{2+} \tag{4-4}$$

式（4-3）应向右进行，式（4-4）应向左进行，也就是说 Fe^{3+} 可以氧化 I^- 而不能氧化 Br^-。反过来说，Br_2 可以氧化 Fe^{2+}，而 I_2 则不能。总之氧化态的氧化能力 $Br_2 > Fe^{3+} > I_2$，还原态的还原能力 $I^- > Fe^{2+} > Br^-$。

浓度与电极电势的关系（25℃）可用能斯特方程式表示：

$$\varphi = \varphi^\ominus + \frac{0.059}{n} \lg \frac{[氧化态]}{[还原态]}$$

以 Fe^{3+}-Fe^{2+} 电对为例：

$$\varphi = \varphi^\ominus(Fe^{2+}/Fe^{2+}) + \frac{0.059}{1} \lg \frac{[Fe^{3+}]}{[Fe^{2+}]}$$

这样，Fe^{3+} 或 Fe^{2+} 浓度的变化都会改变其电极电势 φ 的数值。特别是有沉淀剂（包括 OH^-）或结合剂的存在，能够大大减少溶液中某一离子浓度的时候，甚至可以改变反应的方向。

有些反应，特别是有含氧酸根离子参加的氧化还原反应中，经常有 H^+ 参加，这样介质的酸度也对 φ 值产生影响。例如对于半电池反应：

$$MnO_4^- + 8H^+ + 5e^- \rule[0.5ex]{2em}{0.4pt} Mn^{2+} + 4H_2O$$

$$\varphi = \varphi^\ominus(MnO_4^-/Mn^{2+}) + \frac{0.059}{5} \lg \frac{[MnO_4^-][H^+]^8}{[Mn^{2+}]}$$

$[H^+]$ 增大可使 MnO_4^- 氧化性增强。

单独电极电势是无法测量的，只能从实验中测量两个电极（或电对）组成的原电池的电动势。因为在一定条件下一个原电池的电动势 E 为正、负电极的电极电势之差：

$$E = \varphi^+ - \varphi^-$$

所以先规定在一个大气压、25℃和氢离子活度 $a_{H^+} = 1$ 的条件下 $\varphi(H^+/H_2)$ 为零，然后测定一系列原电池（包括氢电极或其他参比电极）的电动势，从而直接或间接测出一系列电极的相对标准电极电势 $\varphi^\ominus$。准确的电动势是用对消法在电位差计上测量。因为在本实验中只是为了进行比较，只需知道其相对数值，所以在 pH 计上进行测量。

【仪器试剂】

pHS-3C 型酸度计，烧杯（50cm³），小试管，盐桥，导线。

H_2SO_4（3mol·dm⁻³，2mol·dm⁻³），HAc（6mol·dm⁻³），$Pb(NO_3)_2$（0.5mol·dm⁻³），$CuSO_4$（1mol·dm⁻³，0.5mol·dm⁻³，0.1mol·dm⁻³），KI（0.1mol·dm⁻³），$FeCl_3$（0.1mol·dm⁻³），

KBr（$0.1mol \cdot dm^{-3}$），$FeSO_4$（$0.1mol \cdot dm^{-3}$），$KMnO_4$（$0.01mol \cdot dm^{-3}$），$ZnSO_4$（$1mol \cdot dm^{-3}$，$0.5mol \cdot dm^{-3}$，$0.1mol \cdot dm^{-3}$），Na_2SO_4（$0.5mol \cdot dm^{-3}$），CCl_4，浓硫酸，浓氨水，碘水，溴水，酚酞，锌片，铜片，铅粒，砂纸。

【实验内容】

1. 电极电势与氧化还原反应的关系

① 比较锌、铅、铜在电位序中的位置　在两支小试管中分别注入 $0.5mol \cdot dm^{-3}$ 的 $Pb(NO_3)_2$ 和 $0.5mol \cdot dm^{-3}$ 的 $CuSO_4$，各放入一块表面擦净的锌片，放置片刻，观察锌片表面有何变化。

用表面擦净的铅粒代替锌片，分别放入 $0.5mol \cdot dm^{-3}$ $ZnSO_4$ 和 $0.5mol \cdot dm^{-3}$ $CuSO_4$ 溶液，观察铅粒表面有何变化。

写出反应式，说明电子转移方向，并确定锌、铜、铅在电位序中的相对位置。

② 在小试管中加入 $3 \sim 4$ 滴 $0.1mol \cdot dm^{-3}$ KI 溶液，再加入 2 滴 $0.1mol \cdot dm^{-3}$ $FeCl_3$，摇匀后再加入 $0.5cm^3$ 四氯化碳，充分振荡，观察四氯化碳液层的颜色有何变化（I_2 溶液于四氯化碳层显紫红色）。

③ 用 $0.1mol \cdot dm^{-3}$ KBr 液液代替 $0.1mol \cdot dm^{-3}$ KI 溶液进行同样的实验，观察四氯化碳层的颜色（溴溶于四氯化碳中显棕黄色）。

根据②、③实验结果，定性地比较 $Br^- - Br_2$、$I^- - I_2$、$Fe^{2+} - Fe^{3+}$ 三个电对的电极电势的相对高低（即代数值的相对大小），并指出哪个电对的氧化态是最强的氧化剂，哪个电对的还原态是最强的还原剂。

2. 酸度对氧化还原反应速度的影响

在两个各盛有 $0.5cm^3$ $0.1mol \cdot dm^{-3}$ KBr 溶液试管中分别加入 $0.5cm^3$ $3mol \cdot dm^{-3}$ H_2SO_4 溶液和 $6mol \cdot dm^{-3}$ HAc 溶液，然后往两个试管中各加入 2 滴 $0.01mol \cdot dm^{-3}$ $KMnO_4$ 溶液。观察并比较两个试管中紫色溶液褪色的快慢。写出反应式，并加以解释。

3. 浓度对电极电势的影响

① 在 $100cm^3$ 烧杯中加入 $30cm^3$ $1mol \cdot dm^{-3}$ $CuSO_4$，在另一个 $100cm^3$ 烧杯中加入 $30cm^3$ $1mol \cdot dm^{-3}$ $ZnSO_4$ 溶液，然后在 $CuSO_4$ 溶液内放一铜片，在 $ZnSO_4$ 溶液内放一锌片，组成两个电极。用一个盐桥将它们连接起来，通过导线将铜电极接入酸度计的正极，把锌电极通过"接续头"插入酸度计的负极插孔，测定其电势差。

② 取下盛 $CuSO_4$ 溶液的烧杯，向其中加浓氨水，搅拌，至生成的沉淀完全溶解，形成了深蓝色的溶液：

$$SO_4^{2-} + 2Cu^{2+} + 2NH_3 \cdot H_2O =\!=\!= Cu_2(OH)_2SO_4 \downarrow + 2NH_4^+$$

$$Cu_2(OH)_2SO_4 + 8NH_3 \cdot H_2O =\!=\!= 2[Cu(NH_3)_4]^{2+} + 2OH^- + SO_4^{2-} + 8H_2O$$

测量电势差，观察有何变化，这种变化是怎样引起的？

③ 再在 $ZnSO_4$ 溶液中加浓氨水至生成的沉淀完全溶解：

$$Zn^{2+} + 2NH_3 \cdot H_2O =\!=\!= Zn(OH)_2 \downarrow + 2NH_4^+$$

$$Zn(OH)_2 + 4NH_3 \cdot H_2O =\!=\!= [Zn(NH_3)_4]^{2+} + 2OH^- + 4H_2O$$

测量电势差，其值又有何变化？试解释上面的实验结果。

4. 测定下列浓差电池的电动势

$$Zn \mid ZnSO_4(0.1mol \cdot dm^{-3}) \parallel ZnSO_4(1mol \cdot dm^{-3}) \mid Zn$$

$$Cu | CuSO_4(0.1mol \cdot dm^{-3}) \| CuSO_4(1mol \cdot dm^{-3}) | Cu$$

运用能斯特方程式计算上面浓差电池的电动势,并与实验值比较。

【结果分析】

1. 通过实验结果,分析电极电势对氧化还原反应进行方向的影响,以及介质和反应物浓度对氧化还原反应的影响。

2. 分析讨论氧化态或还原态物质浓度的变化对电极电势的影响,进而明确电极电势的高低如何影响氧化态物质的还原能力和还原态物质的氧化能力。

实验10 草酸亚铁的制备及组成测定

【实验目的】

1. 以硫酸亚铁铵为原料制备草酸亚铁并测定其化学式。
2. 了解高锰酸钾法测定铁及草酸根含量的方法。

【实验原理】

在适当条件下,亚铁离子与草酸可发生反应得到草酸亚铁固体产品,反应式:

$$(NH_4)_2SO_4 \cdot FeSO_4 \cdot 6H_2O + H_2C_2O_4 \longrightarrow FeC_2O_4 \cdot nH_2O + (NH_4)_2SO_4 + H_2SO_4 + H_2O$$

用 $KMnO_4$ 标准溶液滴定一定量的草酸亚铁溶液,即可测定出其中 Fe^{2+}、$C_2O_4^{2-}$ 的含量,进而确定出草酸亚铁的化学式。滴定反应:

$$5Fe^{2+} + 5C_2O_4^{2-} + 3MnO_4^- + 24H^+ \Longrightarrow 5Fe^{3+} + 10CO_2 + 3Mn^{2+} + 12H_2O$$

【仪器试剂】

托盘天平,布氏漏斗,抽滤瓶,点滴板,酸式滴定管,分析天平,锥形瓶,量筒等。

$H_2SO_4(2mol \cdot dm^{-3}$、$1mol \cdot dm^{-3})$,$H_2C_2O_4(1mol \cdot dm^{-3})$,$KMnO_4(0.02mol \cdot dm^{-3})$,$NH_4SCN$ 溶液,丙酮,锌(片、粉)。

【实验步骤】

1. 草酸亚铁的制备

称取自制硫酸亚铁铵 18g 于 $400cm^3$ 烧杯,加入 $90cm^3$ 水、$6cm^3$ $2mol \cdot dm^{-3}$ H_2SO_4 酸化,加热溶解,再向此溶液中加入 $120cm^3$ $1mol \cdot dm^{-3}$ $H_2C_2O_4$,将溶液加热至沸,不断搅拌,以免爆沸,有黄色沉淀析出(让沉淀尽量沉降),静置,倾出上清液,向烧杯中加入 $60cm^3$ 蒸馏水,并加热,充分洗涤沉淀,抽滤(将产品在漏斗中铺平),抽干,再用丙酮洗涤产品 2 次,抽干并晾干(用玻璃棒检查不沾玻璃棒),称量。

2. 草酸亚铁产品分析

① 产品的定性检验 把 0.5g 自制草酸亚铁配成 $5cm^3$ 水溶液(可加$2mol \cdot dm^{-3}$ H_2SO_4 微热溶解)。

a. 取 1 滴溶液于点滴板上,加 1 滴 NH_4SCN,若出现红色表示有 Fe^{3+} 存在。

b. 试验该溶液在酸性介质中与 $KMnO_4$ 溶液的作用,观察现象,并检验铁的价态,然后加一小片锌片，再次检验铁的价态。

② 产品的组成测定　准确称取草酸亚铁样品 $0.18\sim0.23g$（称准至 $\pm0.0001g$）于 $250cm^3$ 锥形瓶中，加入 $25cm^3$ $2mol\cdot dm^{-3}$ H_2SO_4，使样品溶解，加热至 $40\sim50℃$（不烫手），用 $KMnO_4$ 标准溶液滴定，滴至最后 1 滴溶液呈淡紫色并在 30s 不褪色为终点，记录 $KMnO_4$ 的体积 V_1。然后向此溶液中加入 2g 锌粉和 $5cm^3$ $2mol\cdot dm^{-3}$ H_2SO_4（若锌与硫酸不足可补加），煮沸 $5\sim8min$，这时溶液应为无色。用 NH_4SCN 溶液在点滴板上检验 1 滴溶液，如溶液不立即出现红色，可进行下面滴定，否则，应继续煮沸几分钟。将溶液过滤至另一个锥形瓶内，用 $10cm^3$ $1mol\cdot dm^{-3}$ H_2SO_4 彻底冲洗残余的锌和锥形瓶（至少洗涤 2 次，以免 Fe^{2+}、$C_2O_4^{2-}$ 残留在滤纸上），将洗涤液并入滤液内，用 $KMnO_4$ 溶液继续滴定至终点，记录体积 V_2，至少平行两次，由此结果推算产品中 Fe^{2+}、$C_2O_4^{2-}$ 和水的含量，求出产物的化学式。

思　考　题

1. 用什么酸分解金属铁？铁中的杂质如何除去？
2. 使 Fe^{3+} 还原为 Fe^{2+} 时，用什么作还原剂？过量还原剂如何除去？还原反应完成的标志是什么？
3. 用 $KMnO_4$ 滴定 Fe^{2+} 时，溶液中能否带有草酸盐沉淀？

实验11　硝酸钾的制备和提纯

【实验目的】

1. 学习利用各种易溶盐在不同温度时溶解度的差异来制备易溶盐的原理和方法。
2. 熟悉溶解、蒸发、结晶、过滤等技术，学会用重结晶法提纯物质。
3. 掌握过滤（包括常压过滤、减压过滤和热过滤）的基本操作。

【实验原理】

复分解法是制备无机盐类的常用方法。不溶性盐利用复分解法很容易制得，但是可溶性盐则需要根据温度对反应中几种盐类溶解度的不同影响来处理。

本实验用 $NaNO_3$ 和 KCl 通过复分解反应来制取 KNO_3，其反应为：

$$NaNO_3+KCl \Longrightarrow NaCl+KNO_3$$

当 $NaNO_3$ 和 KCl 溶液混合时，在混合液中同时存在 Na^+、K^+、Cl^-、NO_3^-，由这四种离子组成的四种盐 KNO_3、KCl、$NaNO_3$、$NaCl$ 同时存在于溶液中。本实验简单地利用四种盐不同温度下在水中的溶解度差异来分离出 KNO_3 结晶。温度对几种盐在水中溶解度的影响如表 4-5 所示。在 20℃ 时除 $NaNO_3$ 外，其余三种盐的溶解度相差不大，随温度的升高，$NaCl$ 几乎不变，KCl 和 $NaNO_3$ 改变也不大，而 KNO_3 的溶解度却增大得很快。这样把 KCl 和 $NaNO_3$ 混合溶液加热蒸发，在较高温度下 $NaCl$ 由于溶解度较小而首先析出，趁热滤出，冷却滤液，就析出溶解度急剧下降的 KNO_3 结晶。在初次结晶中，一般混有少量杂质，为了进一步除去这些杂质，可采用重结晶进行提纯。

表 4-5　NaNO₃、KCl、NaCl、KNO₃ 在不同温度下水中的溶解度　　　　单位：g/100g 水

温度/℃	0	10	20	30	40	60	80	100
KNO₃	13.3	20.9	31.6	45.8	63.9	110.0	169.0	246.0
KCl	27.6	31.0	34.0	37.0	40.0	45.5	51.1	56.7
NaNO₃	73.0	80.0	88.0	96.0	104.0	124.0	148.0	180.0
NaCl	35.7	35.8	36.0	36.3	36.6	37.3	38.4	39.8

【仪器试剂】

循环水泵，抽滤装置，烧杯（50cm³）。

$NaNO_3(s)$，$KCl(s)$，KNO_3（A. R.，饱和溶液），$AgNO_3$（0.1mol·dm⁻³）。

【实验步骤】

1. KNO₃ 的制备

在 100cm³ 烧杯中加入 11.3g $NaNO_3$ 和 10g KCl，再加入 20cm³ 蒸馏水。将烧杯放在石棉网上，用小火加热搅拌促其溶解，冷却后，常压过滤除去难溶物（若溶液澄清可不用过滤），再将滤液继续加热至烧杯内开始有较多的晶体析出时（什么晶体？），趁热快速吸滤，滤液中又很快出现晶体（这又是什么晶体？）。

另取沸水 10cm³ 加入吸滤瓶，使结晶重新溶解，并将溶液转移至烧杯中缓缓加热，蒸发至原有体积的 3/4。静置，冷却（可用冷水浴冷却）。待结晶重新析出再进行吸滤。用饱和 KNO₃ 溶液洗两遍，将晶体抽干，称重，计算实际产率。

粗结晶保留少许（约 0.2g）供纯度检验，其余进行重结晶。

2. KNO₃ 的提纯

按质量比为 KNO₃：H_2O=1.5：1（该比例根据实验时的温度参照 KNO₃ 的溶解度适当调整）的比例将粗产品溶于所需蒸馏水中，加热并搅拌使溶液刚刚沸腾即停止加热（此时，若晶体尚未完全溶解，可以加适量水，使其刚好完全溶解）。自然冷却到室温，以观察针状晶体的外形，抽滤。取饱和 KNO₃ 溶液，用滴管逐滴加于晶体的各部分洗涤，尽量抽去水，称量。

3. 产品纯度的检验

取粗产品和重结晶后所得 KNO₃ 晶体各 0.2g 分别置于两支试管中，各加 1cm³ 蒸馏水配成溶液，然后再各滴加 2 滴 0.1mol·dm⁻³ 的 AgNO₃ 溶液，观察现象并做出结论。

思　考　题

1. 产品的主要杂质是什么？
2. 能否将除去氯化钠后的滤液直接冷却制取硝酸钾？
3. 考虑在母液中会留有硝酸钾，粗略计算本实验实际得到的最高产量。

【附注】

本实验所用的饱和 KNO₃ 溶液，要用质量好的 A. R. 级 KNO₃，而且溶液配置好后，一定要用 0.1mol·dm⁻³ 的 AgNO₃ 溶液检查，认定确无 Cl⁻ 才能使用，以确保不因洗涤液而

重新引进杂质。

实验12 溶解度的测定

【实验目的】

1. 了解溶解度的概念。
2. 掌握用析晶法测定易溶盐溶解度的方法。
3. 利用所测定的实验数据，绘制溶解度-温度曲线。

【实验原理】

在一定温度和压力下，一定量的饱和溶液中溶解的溶质的量称为该溶质的溶解度。一般情况下，固体的溶解度是用100g溶剂中能溶解的溶质的最大质量数（g）表示。固体物质在水中或多或少地溶解，绝对不溶的物质是没有的。在室温下某物质在100g水中能溶解10g以上的为易溶物质；溶解度在1～10g之间的为可溶物质；溶解度不到0.01g的为难溶物质。本实验测定的物质是易溶性盐。影响盐类在水中溶解度的主要外界因素是温度。盐类物质的溶解度一般是随温度升高而增加的，个别盐则反之。

测定易溶盐溶解度的方法有析晶法和溶质质量法。溶质质量法控制恒温比较困难，而且溶液转移时易损失致使测定不准，因此，现在多采用析晶法（其溶液为无色或浅色时较好）。测定微溶或难溶盐溶解度的方法有离子交换法、电导法、分光光度法及荧光光度法等，可参考有关溶度积常数的测定实验。

在一量的水中，溶入一定量盐使成不饱和溶液。当使溶液缓缓降温并开始析出晶体（溶液成为饱和状态）的同时测出溶液的温度，即可计算出在该温度下的100g水中，溶解达饱和所需要盐的最大质量（g），这个质量即是这种盐在该温度下的溶解度。

【仪器试剂】

温度计，大试管，台秤（0.1g精度），水浴，小量筒。
化学纯硝酸钾，蒸馏水。

【实验步骤】

① 在台秤上称量3.5g、1.5g、1.5g、2.0g、2.5g五份硝酸钾。

② 向大试管中先加入$10cm^3$蒸馏水，再加入3.5g硝酸钾，在水浴中加热，边加热边搅拌至完全溶解。

③ 自水浴中拿出试管，插入一支干净的温度计，一边用玻璃棒轻轻搅拌一边摩擦管壁，同时观察温度计的读数，当开始有晶体析出时，立即读数并作记录。

④ 把试管再放入水浴中加热使晶体全部溶解，然后重复上述③的操作，再测定开始析出晶体的温度，对比两次读数，再重复测一次。

⑤ 向试管中再加1.5g硝酸钾（试管中共有硝酸钾3.5g＋1.5g＝5.0g），然后重复上述③、④的操作。

⑥ 同样重复⑤的操作，依次测得加入1.5g、2.0g、2.5g硝酸钾（即试管中一共有硝酸钾依次为6.5g、8.5g、11.0g）开始析出晶体的温度。该温度计不要洗涤，因为析晶需要

晶种。

⑦ 根据所得数据，以温度为横坐标，溶解度为纵坐标，绘制出溶解度曲线图。从图上应可清楚地反映出溶解度和温度的密切关系。

【数据记录及结果处理】

依次加入 KNO_3 的量/g		3.5	1.5	1.5	2.0	2.5
试管中 KNO_3 的总量/g		3.5	5.0	6.5	8.5	11.0
开始析出晶体的温度/℃	t_1					
	t_2					
	平均					
溶解度/g·(100g 水)$^{-1}$						

【扩展实验】

微型实验

当固体物质的量极少（如微型合成品）时可根据下列提示设计具体的测定步骤：

用细玻璃管或毛细管（直径约 2～3mm，一端封底）装入少量或微量（几毫克或十几毫克等；用分析天平称量，准确到±0.1mg）样品，再用微量进样器加入适量或微量（如几十或几百微升甚至 1cm^3 等）溶剂，插入毛细搅棒搅拌。

思 考 题

1. 当测定带结晶水的物质的溶解度时，溶解过程生成水或析晶过程消耗水时应如何计算？

2. 为什么说一定要把握好刚刚析出晶体的时刻？又为什么说当析出的晶体含结晶水时更应如此？

实验13 溶度积常数的测定

（一）碘酸铜溶度积常数的测定——分光光度法

【实验目的】

1. 了解分光光度法测定光密度的原理，学习分光光度计的使用。
2. 学习工作曲线的制作，学会用工作曲线法测定溶液浓度的方法。

【实验原理】

1. 溶度积常数

碘酸铜是难溶强电解质。在其水溶液中，已溶解的 Cu^{2+} 和 IO_3^- 与未溶解的 $Cu(IO_3)_2$ 固体之间，在一定温度下可达到动态平衡：

$$Cu(IO_3)_2 \rightleftharpoons Cu^{2+} + 2IO_3^- \tag{4-5}$$

平衡时的溶液是饱和溶液，在一定温度下，碘酸铜的饱和溶液中 Cu^{2+} 浓度的一次方与 IO_3^- 浓度［更确切地说应是活度，由于 $Cu(IO_3)_2$ 的溶解度很小，因此可把其饱和溶液看作无限稀释的溶液，离子的活度与浓度近似相等］平方的乘积是一个常数。

$$K_{sp}=[Cu^{2+}][IO_3^-]^2 \tag{4-6}$$

在碘酸铜的饱和溶液中 $[IO_3^-]=2[Cu^{2+}]$，代入式(4-6)，则

$$K_{sp}=[Cu^{2+}][IO_3^-]^2=4[Cu^{2+}]^3 \tag{4-7}$$

K_{sp} 就是溶度积常数，$[Cu^{2+}]$、$[IO_3^-]$ 分别为溶解沉淀平衡时 Cu^{2+} 与 IO_3^- 的浓度 $(mol\cdot dm^{-3})$，在温度恒定时 K_{sp} 数值不随 Cu^{2+} 或 IO_3^- 浓度的改变而改变，如果在一定温度下将 $Cu(IO_3)_2$ 饱和溶液中的 Cu^{2+} 浓度测定出来，便可由式(4-7)计算出 $Cu(IO_3)_2$ 的 K_{sp} 值。

2. 分光光度法测定原理

当一束波长一定的单色光通过有色溶液时，光的一部分被溶液吸收，另一部分透过溶液。

对光的吸收和透过程度，通常有两种表示方法：一种是用透光率 T 表示。即透过光的强度 I_t 与入射光的强度 I_0 之比：

$$T=\frac{I_t}{I_0}$$

另一种是用吸光度 A（又称消光度，光密度）来表示。它是取透光率的负对数：

$$A=-\lg T=\lg \frac{I_0}{I_t}$$

A 值大，表示光被有色溶液吸收的程度大；反之，A 值小，表示光被溶液吸收的程度小。

实验结果证明：有色溶液对光的吸收程度与溶液的浓度 c 和光穿过的液层厚度 l 的乘积成正比。这一定律称朗伯-比尔（Lambert-Beer）定律。

$$A=\varepsilon cl$$

式中，ε 为消光系数（或吸光系数）。

当波长一定时，ε 是有色物质的一个特征常数。比色皿的大小一定时液层厚度 l 也是一定的，所以 A 值只与浓度 c 有关。

【仪器试剂】

容量瓶（$50cm^3$）4 个，刻度移液管（$5cm^3$、$10cm^3$），烧杯（$50cm^3$）6 只，长颈漏斗 3 个，漏斗架 1 个，定量滤纸若干，721 型分光光度计。

$NH_3\cdot H_2O(1mol\cdot dm^{-3})$，标准 $CuSO_4$ 溶液（$0.1mol\cdot dm^{-3}$），$KIO_3(s)$，$CuSO_4\cdot 5H_2O(s)$。

【仪器使用操作规范】

1. 容量瓶

容量瓶的主要用途是配制准确浓度的溶液或定量地稀释溶液。形状是细颈梨形平底，由无色或棕色玻璃制成，带有磨口玻璃塞或塑料塞，颈上有一标线。瓶上标有它的容积和标定时的温度，通常有 $10cm^3$、$25cm^3$、$50cm^3$、$100cm^3$、$250cm^3$、$500cm^3$、$1000cm^3$ 等规格。容量瓶均为量入式，其容量定义为：在 $20℃$ 时，充满至标线所容纳水的体积，以 cm^3 计。

使用时注意以下几点。

① 检查瓶口是否漏水　放入自来水至标线附近，盖好瓶塞，瓶外水珠用布擦拭干净，用左手按住瓶塞，右手手指顶住瓶底边缘，把瓶倒立 2min，观察瓶周围是否有水渗出。如果不漏，将瓶直立，把瓶塞转动约 180°后，再倒立过来试一次。检查两次很有必要，因为有时瓶塞与瓶口不是任何位置都密合。

② 容量瓶使用前用自来水冲洗干净，再用蒸馏水润洗，洗净的容量瓶内壁应完全被水均匀润湿而不挂水珠。使用中，瓶塞要用橡皮筋或细绳系在瓶颈上，以免弄错，引起漏水。

③ 将固体物质（基准试剂或被测样品）配成一定体积、准确浓度的溶液时，先在烧杯中将固体物质全部溶解后，再定量转移至容量瓶中。转移时要使烧杯嘴紧靠玻璃棒，玻璃棒下端靠着瓶颈内壁，慢慢倾斜烧杯，使溶液沿玻璃棒缓缓流入瓶中，如图 3-19 所示。

烧杯中的溶液倒尽后烧杯不要马上离开玻璃棒，而应在烧杯扶正的同时使杯嘴沿棒上提 1~2cm，同时将烧杯直立，使附在玻璃棒与烧杯嘴之间的液滴回到烧杯中，随后烧杯离开玻璃棒（这样可避免烧杯与玻璃棒之间的一滴溶液流到烧杯外面），然后用少量水（或其他溶剂）冲洗玻璃棒和烧杯壁 3~4 次，按同样的方法转入瓶中。当转入溶液的体积达容量瓶容量的 2/3 时，可将容量瓶沿水平方向摆动几周以使溶液初步混合，但注意不要让溶液接触瓶塞及瓶颈磨口部分。再加水至标线以下约 1cm 处，稍停，待瓶颈上附着的液体流下后，用滴管缓缓加水至弯月面下沿与环形标线相切。盖紧瓶塞，左手捏住瓶颈上端，食指压住瓶塞，右手三指托住瓶底，将容量瓶颠倒 15 次以上，并且在倒置状态时水平摇动几周，使溶液充分混匀。

④ 当用浓溶液配制稀溶液时，则用移液管或吸量管取准确体积的浓溶液移入容量瓶中，按上述方法冲稀至标线，摇匀。

⑤ 容量瓶不得在烘箱中烘烤，也不能用任何加热的办法来加速瓶中物料的溶解。对容量瓶材料有腐蚀作用的溶液，尤其是碱性溶液，不可在容量瓶中久贮，配好以后应转移到洁净干燥或经该溶液润冲过的贮藏瓶中保存。

2. 移液管和吸量管

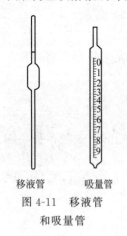

移液管　吸量管

图 4-11　移液管和吸量管

移液管是用于准确量取一定体积溶液的量出式玻璃量器，全称"单标线吸量管"，习惯称为移液管，是一根细长而中部膨大的玻璃管（见图 4-11），膨大部分标有它的容积和标定时的温度。管径上部刻有一标线，此标线的位置是由放出纯水的体积所决定的。其容量定义为：在 20℃时排空后所流出纯水的体积，单位为 cm^3。常用的移液管容积有 $5cm^3$、$10cm^3$、$25cm^3$ 和 $50cm^3$ 等。

移液管使用前应分别用铬酸洗液及蒸馏水将其洗干净，使其内壁及下端的外壁不挂水珠。移取溶液前，用待取溶液润洗 3 次。移取溶液的正确操作方法见图 3-21。

移液管插入烧杯内液面以下 1~2cm 深度，左手拿洗耳球，排空空气后紧按在移液管管口上，然后借助吸力把液体慢慢吸入管中，管中液面上升至标线以上约 2cm 处时，迅速用右手食指按住管口，将移液管移出液面。左手持烧杯并使其倾斜 30°，将移液管流液口靠到烧杯的内壁，稍松食指并用拇指及中指捻转管身，使液面缓缓下降，直到调定零点，立即用食指压紧管口，使溶液不再流出。然后将移液管插入准备接收溶液的容器中，移液管应垂直，锥形瓶稍倾斜，管尖靠在瓶内壁上，放松食指，使溶液自由地沿壁流下，待溶液流尽，再等待 15s，拿出移液管。残留于管尖的液体不必吹出，因为在校正移液管时，也未把这部分液体体积计算在内。移液管使用后，应立即洗净并放在移液管架上。

吸量管的全称是分度吸量管，是带有分度线的量出式玻璃量器，用于准确吸取所需不同体积的液体。管身是直形的，管外壁有刻度。常用的吸量管容积有 $1cm^3$、$2cm^3$、$5cm^3$ 和 $10cm^3$ 等。有以下几种规格：完全流出式、不完全流出式、规定等待时间式、吹出式。目前，市场上还有一种标有"快"的吸量管，与吹出式吸量管相似。

吸量管的用法和移液管基本相同。使用吸量管时通常是使液面从它的最高刻度降至另一刻度，并使两刻度间的体积恰为所需的体积。在同一实验中应尽可能使用同一吸量管的同一部分，且尽可能用上面部分。如果吸量管的分刻度一直刻到管尖，而且要用到末端收缩部分时，则要把残留在管尖的溶液吹出。若用非吹出式的吸量管，则不能吹出管尖的残留液。

【实验步骤】

1. 工作曲线法（方法一）

① 配制 $Cu(IO_3)_2$ 饱和溶液　取少量 $Cu(IO_3)_2$ 沉淀放入 $150cm^3$ 烧杯中，加入 $100cm^3$ 蒸馏水，加热至 $70\sim80℃$，并充分搅拌，冷却至室温，静置数分钟，常压下"干过滤"。

② 用标准 $CuSO_4$ 溶液作工作曲线　计算配制 $25.00cm^3$ $0.00200mol\cdot dm^{-3}$、$0.00500mol\cdot dm^{-3}$、$0.0100mol\cdot dm^{-3}$、$0.0150mol\cdot dm^{-3}$ Cu^{2+} 溶液所需的 $0.1mol\cdot dm^{-3}$ $CuSO_4$ 溶液（配制与标定参见扩展内容 2）的体积。用吸量管分别移取计算量的 $0.1mol\cdot dm^{-3}CuSO_4$ 溶液，分别放到 4 只容量为 $50cm^3$ 的容量瓶中，各加入 $25.00cm^3 1mol\cdot dm^{-3}$ 氨水溶液，并用蒸馏水稀释至刻度。混合均匀后，用 $1cm$（或 $2cm$）比色皿在波长 λ 为 $610nm$ 的条件下，用 721 型分光光度计测吸光度。作吸光度 A-Cu^{2+} 浓度图（工作曲线）。

③ $Cu(IO_3)_2$ 饱和溶液中 Cu^{2+} 浓度的测定　从准备好的 $Cu(IO_3)_2$ 饱和溶液中，吸取滤液 $10.00cm^3$ 共两份，各加入 $10.00cm^3 1mol\cdot dm^{-3}$ 氨水溶液，混合均匀后，再在与作工作曲线相同的条件下，测定溶液吸光度。

④ 根据测得的 A 值，在工作曲线上找出相应的 Cu^{2+} 浓度；根据 Cu^{2+} 浓度计算 K_{sp} 的数值。

2. 直接测定浓度法（方法二）

不作工作曲线，在同样条件下，直接通过已知标准 Cu^{2+} 浓度的溶液调节分光光度计的浓度旋钮，使数显示为已知浓度值，然后将待测液放入光路，即可读出被测溶液的浓度值（平行测定两份）。根据 Cu^{2+} 浓度的平均值计算 K_{sp} 的数值。

【扩展内容】

1. 碘酸铜的制备

称取 $2.5g$ $CuSO_4\cdot 5H_2O$ 于 $20cm^3$ 蒸馏水中溶解，另称 $4.2g$ KIO_3 于 $100cm^3$ 蒸馏水中加热溶解。在搅拌的情况下将两种溶液混合，直至有大量淡蓝色 $Cu(IO_3)_2$ 沉淀析出后，停止加热，继续搅拌数分钟，冷至室温、抽滤、充分洗涤沉淀 $5\sim6$ 次，每次用蒸馏水约 $10cm^3$，洗至洗涤液 $pH=4\sim5$，备用。

2. $0.1mol\cdot dm^{-3}CuSO_4$ 溶液的配制与标定

① 配制 $CuSO_4\cdot 5H_2O$ 样品的待测溶液　称取样品约 $1.2g$（精确至 $\pm0.0001g$），用 $1cm^3$ $2mol\cdot dm^{-3}H_2SO_4$ 溶解后，加入少量水，定量转移至 $50cm^3$ 容量瓶中定容，摇匀。

② 测定待测溶液中 Cu^{2+} 的浓度

a. 用吸量管移取 $5.00cm^3$ 待测液，放入 $150cm^3$ 碘量瓶中，振荡后，再加入 $2cm^3$ $1mol \cdot dm^{-3}$ KI 振荡，塞好瓶塞，置暗处 10min 后，加水 $10cm^3$ 摇匀，以 $0.1mol \cdot dm^{-3}$ 的 $Na_2S_2O_3$ 标准溶液滴定至溶液呈黄色，然后加入 $1cm^3$ 0.2% 的淀粉溶液，再加入 $2cm^3$ 10% KSCN 溶液，继续滴定至蓝色恰好消失。平行滴定 3 次，计算 Cu^{2+} 的浓度。

b. Cu^{2+} 的浓度也可以紫脲酸铵为指示剂，用 EDTA 标准溶液进行标定。准确称取 $0.17 \sim 0.19g$ 产物，用 $15cm^3$ $NH_3 \cdot H_2O$-NH_4Cl 缓冲溶液（pH = 10）溶解，再稀释至 $100cm^3$，以紫脲酸铵作指示剂，用 $0.02mol \cdot dm^{-3}$ 标准 EDTA 溶液滴定，当溶液由亮黄色变至紫色时即到终点。

思 考 题

1. 配制 $Cu(IO_3)_2$ 饱和溶液时，为什么要加热、充分搅拌、静置？
2. 在制备 $Cu(IO_3)_2$ 固体时为什么要用水充分洗涤沉淀？

【附注】

所谓的"干过滤"，就是指在过滤过程中所使用的漏斗、玻璃棒及承接容器必须是干燥的，滤纸只能用待过滤的溶液润湿其内侧，这样被过滤的溶液浓度不变（溶剂挥发的因素除外）。

（二）硫酸钙溶度积常数的测定——离子交换法

【实验目的】

1. 了解使用离子交换树脂的一般方法。
2. 学习离子交换法测定硫酸钙的溶解度和溶度积的原理。
3. 熟悉酸碱滴定操作，继续练习 pH 计、容量瓶及移液管的使用方法。

【实验原理】

溶液中的 Ca^{2+} 可与氢型阳离子交换树脂发生下述交换反应：

$$2R—SO_3H + Ca^{2+} \Longrightarrow (R—SO_3^-)_2Ca^{2+} + 2H^+ \tag{4-8}$$

$CaSO_4$ 是难溶盐，在其水溶液中，Ca^{2+} 和 SO_4^{2-} 与未溶解的 $CaSO_4$ 固体之间，在一定温度下可达到动态平衡，已溶解的 Ca^{2+} 和 SO_4^{2-} 浓度（更确切地说应是活度）的乘积是一个常数。

$$CaSO_4(s) \Longrightarrow Ca^{2+} + SO_4^{2-} \tag{4-9}$$

$$K_{sp} = [Ca^{2+}][SO_4^{2-}]$$

当一定量的 $CaSO_4$ 饱和溶液流经树脂时，由于 Ca^{2+} 全部被交换为 H^+，用已知浓度的 NaOH 溶液滴定交换出的 H^+，根据消耗的 NaOH 溶液的体积（或用 pH 计测出的 pH 值），可计算出被交换的 H^+ 的浓度，由式(4-8)、式(4-9)可知：

$$[Ca^{2+}] = [SO_4^{2-}] = \frac{1}{2}[H^+]$$

所以 $CaSO_4$ 的溶度积常数由下式可以求得：

$$K_{sp} = [Ca^{2+}][SO_4^{2-}] = \frac{1}{4}[H^+]^2$$

【仪器试剂】

离子交换柱 $[\phi(2.0 \sim 2.5)cm \times 50cm]$，玻璃棉，乳胶管，螺旋夹，容量瓶（$100cm^3$），滴定管夹，锥形瓶（$250cm^3$），温度计（$0 \sim 50℃$），烧杯，移液管（$25cm^3$），漏斗，pH试纸。

溴百里酚蓝指示剂（1%），$CaSO_4$ 饱和溶液，强酸型阳离子交换树脂，NaOH标准溶液（$0.0060mol \cdot dm^{-3}$），HCl（$6.0mol \cdot dm^{-3}$）。

【实验步骤】

1. 树脂装柱

将离子交换柱洗净，底部填以少量玻璃棉，把离子交换柱固定在滴定管架上，用小烧杯装入少量的蒸馏水。然后通过玻璃棒连水带树脂转移到交换柱中。在转移树脂的过程中，如水太多，可以打开螺旋夹或活塞，让水慢慢流出。当液面略高于交换柱内树脂时，夹紧螺旋夹。在整个操作过程中都应使树脂完全浸在水中，否则气泡会进入树脂床，影响交换结果。如不慎混入气泡，可以加少量蒸馏水使液面高出树脂面，然后用塑料搅拌棒搅拌树脂，直至所有气泡完全逸出。装好树脂后，应检查流出液的pH是否在 $6 \sim 7$ 之间。如果不在，用蒸馏水淋洗树脂直到符合要求。

2. 干过滤

取新配的 $CaSO_4$ 饱和溶液（测定并记录 $CaSO_4$ 溶液的温度），对溶液进行"干过滤"，滤液备用。

3. 交换和洗涤

调节交换柱下方的活塞（或螺旋夹）控制流出液的速度为每分钟 $20 \sim 25$ 滴，取 $5.00cm^3$ 干过滤所得滤液于小烧杯中，分 $2 \sim 3$ 次加到离子交换柱中进行交换，同时用 $100cm^3$ 容量瓶承接（开始约 $10 \sim 15cm^3$ 可不要）。当液面下降到略高于树脂时，取 $30cm^3$ 蒸馏水分 $4 \sim 5$ 次淌洗小烧杯内壁。每次洗涤液都转移到离子交换柱中，并冲洗交换柱内壁。当树脂上部液面只有约 $2 \sim 3mm$ 厚时再加蒸馏水于树脂上部。当流出液接近 $100cm^3$ 时，用pH试纸测试流出液的pH（应在 $6 \sim 7$ 之间）。关闭活塞，移走容量瓶。注意：每次往交换柱中加液体（包括加水）前，交换柱中液面应略高于树脂（$2 \sim 3mm$），这样既不会带进气泡，又尽可能减少溶液与水的混合，可提高交换和洗涤的效果。

4. 氢离子浓度的测定

（1）pH法用

滴管将蒸馏水加至盛有流出液的 $100cm^3$ 容量瓶中至刻度。充分摇匀后倒入干燥洁净的小烧杯中，用pH计测定溶液的pH值，计算出 $100cm^3$ 溶液中 H^+ 的浓度 $c_{100}(H^+)$，并换算成 $25cm^3$ 溶液中的 H^+ 浓度 $c_{25}(H^+)$。

（2）酸碱滴定法

将 $100cm^3$ 容量瓶中的流出液倒入洗净的 $250cm^3$ 锥形瓶中，用少量水冲洗容量瓶3次，洗涤水并入锥形瓶中，再加 2 滴溴百里酚蓝作指示剂，用标准 NaOH（0.006000mol·dm^{-3}）溶液滴定。当由于滴入半滴或 1 滴标准 NaOH 溶液，锥形瓶中溶液由黄色突变为鲜明的蓝色时即为滴定终点。准确读取消耗的 NaOH 溶液体积数并记录。

【数据处理】

① pH 法

$CaSO_4$ 饱和溶液的温度/℃：

通过交换柱的饱和溶液体积/cm^3：

流出液的 pH 值（定容至 100cm^3 后）：

流出液的 H$^+$ 浓度 $c_{100}(H^+)$：

$CaSO_4$ 的溶度积 K_{sp}：

对照溶解度的文献值（参见附录），讨论测定结果产生误差的原因。

② 自己设计出酸碱滴定法的数据记录及结果处理的格式，并进行数据处理，得出最终结果，讨论产生误差的原因。

思 考 题

1. 为什么要将洗涤液合并到容量瓶中？

2. 交换过程中为什么要控制液体的流速不宜太快？

3. 为什么 $CaSO_4$ 饱和溶液要在"干过滤"以后才能用？

4. 如何根据实验结果计算 $CaSO_4$ 的溶解度和溶度积？

5. 以下情况对实验结果有何影响？

① 滴定过程中，往锥形瓶中加入少量蒸馏水；

② 转移 $CaSO_4$ 饱和溶液至离子交换柱的过程中溶液损失；

③ 流出的淋洗液未接近中性就停止淋洗或流出的淋洗液损失并进行滴定。

6. 本实验所需的树脂进行转型时，用 HCl 还是用 H_2SO_4？若测 $PbCl_2$ 的 K_{sp} 应用何种酸进行转型？

7. 该法能否用于测定 $BaSO_4$ 的 K_{sp}？为什么？

【附注】

1. 离子交换树脂是一种具有网状结构的不溶性高分子聚合物，具有酸性交换基团（如—SO_3H、—COOH），能和阳离子进行交换的叫阳离子交换树脂；具有碱性交换基团（如—NH_3Cl），能和阴离子进行交换的叫阴离子交换树脂。一般为白、黄褐或黑色的半透明的球形固体物质。

离子交换树脂由两部分组成：一部分为网状结构的高分子聚合物，另一部分是结合在高分子聚合物中的活性基团。活性基团既与高分子聚合物一起组成带电荷的树脂骨架（称固定离子），又与固定离子电荷相反的交换离子相结合。如聚苯乙烯型磺酸性阳离子交换树脂（简写为 R—SO_3H），它的活性基团为—SO_3H，能解离出 H$^+$（交换离子），可与其他阳离子进行交换。若树脂的活性基团为≡NOH，就成了阴离子交换树脂，它在水中解离出的 OH$^-$ 可与其他阴离子进行交换。在交换过程中，高分子的骨架结构不发生实质性的变化。

离子交换树脂按活性基团及其强度，可分类如下表 4-6 所示。

表 4-6　离子交换树脂的分类

树脂	活性基团名称	交换离子	分类	国产牌号举例
$R-SO_3H$	$-SO_3H$ 磺酸基	H^+	强酸性阳离子交换树脂	732 或 001×7
$-N(CH_3)_3OH$	$-N(CH_3)_3OH$ 季铵基	OH^-	强碱性阴离子交换树脂	717 或 201×7
$R-COOH$	$-COOH$ 羧酸基	H^+	弱酸性阳离子交换树脂	724 或 101×4
$R-NH_3 \cdot OH$	$-NH_3 \cdot OH$	OH^-	弱碱性阴离子交换树脂	704 或 303×2

2. 离子交换树脂交换能力的大小，常用交换容量来表示。交换容量是指每千克干树脂所能交换的离子的物质的量（$mol \cdot kg^{-1}$）。一般强酸性阳离子交换树脂交换容量在 4.5mol·kg^{-1} 左右，阴离子交换树脂在 3mol·kg^{-1} 左右。由于树脂交换容量有限，故树脂在使用一段时间后常再用酸或碱分别将阳或阴离子树脂浸泡一段时间，使阳或阴离子被置换下来，重新变成氢型或氢氧型，并再用去离子水浸洗，这一过程称为树脂的再生。

市售的阳离子交换树脂大都为钠型，而阴离子交换树脂大都为氯型，在使用前应将它们用酸或碱浸泡一段时间进行转型（变成氢型或氢氧型）。

本实验用的阳离子交换树脂再生时应该用 HCl，不能用 H_2SO_4，以免生成难溶的 $CaSO_4$ 而堵塞树脂孔隙。再生用的酸液不能太稀或太少，否则树脂不能完全转为氢型，影响实验结果。

若用滴定法确定承接液的浓度 $c(H^+)$ 或 H^+ 的物质的量，可换用其他容器（如锥形瓶），但应注意 $100cm^3$ 溶液的液面在容器中的大约位置，以利于确定交换操作可否结束（用 pH 试纸确定）。

（三）硫酸钡溶度积常数的测定——电导率法

【实验目的】

1. 学习电导率法测定 $BaSO_4$ 的溶度积常数。
2. 进一步熟悉电导率仪的使用。

【实验原理】

硫酸钡是难溶电解质，在饱和溶液中存在如下平衡：

$$BaSO_4 \rightleftharpoons Ba^{2+} + SO_4^{2-}$$

$$K_{sp,BaSO_4} = [Ba^{2+}] + [SO_4^{2-}] = c_{BaSO_4}^2$$

由此可见，只需测定出 $[Ba^{2+}]$、$[SO_4^{2-}]$、c_{BaSO_4} 中任何一个浓度即可求出 $K_{sp,BaSO_4}$。由于 $BaSO_4$ 的溶解度很小，因此可把饱和溶液看作无限稀释的溶液，离子的活度与浓度近似相等。由于饱和溶液的浓度很低，因此，常采用电导法，通过测定电解质溶液的电导率计算离子浓度。

当溶液无限稀时，根据 Kohlrausch（科尔劳奇）离子独立移动定律，每种电解质的极限摩尔电导率是解离的两种离子的极限摩尔电导率的简单加和，对 $BaSO_4$ 饱和溶液而言：

$$\lambda_{\infty,BaSO_4} = \lambda_{\infty,Ba^{2+}} + \lambda_{\infty,SO_4^{2-}}$$

当以 $\frac{1}{2}BaSO_4$ 为基本单元，$\lambda_{\infty,BaSO_4} = 2\lambda_{\frac{1}{2}BaSO_4}$。在 25℃ 时，无限稀的 $\frac{1}{2}Ba^{2+}$ 和

$\frac{1}{2}SO_4^{2-}$ 的 λ_∞ 值分别为 $63.6S\cdot cm^2\cdot mol^{-1}$，$8.0S\cdot cm^2\cdot mol^{-1}$。

因此 $\qquad \lambda_{\infty,BaSO_4}=2\lambda_{\frac{1}{2}BaSO_4}=2(\lambda_{\infty,\frac{1}{2}Ba^{2+}}+\lambda_{\infty,\frac{1}{2}SO_4^{2-}})=2\times(63.6+8.0)S\cdot cm^2\cdot mol^{-1}$

$\qquad\qquad\qquad\qquad =143.2S\cdot cm^2\cdot mol^{-1}$

摩尔电导率又是浓度为 $1mol\cdot dm^{-3}$ 溶液的电导率 κ（$\kappa=\lambda\cdot c$），因此只要测得电导率 κ 值，即求得溶液浓度：

$$c_{BaSO_4}=\frac{1000\kappa_{BaSO_4}}{\lambda_{\infty,BaSO_4}}$$

由于测得 $BaSO_4$ 的电导率包括水的电导率，因此真正的 $BaSO_4$ 电导率：

$$\kappa_{BaSO_4}=\kappa_{BaSO_4}-\kappa_{H_2O}$$

$$K_{sp,BaSO_4}=\left[\frac{\kappa_{BaSO_4}}{\lambda_{\infty,BaSO_4}}\times1000\right]^2$$

【仪器试剂】

DDS-6700 型或 DDS-11A 型电导率仪、烧杯、量筒、$BaSO_4$。

【实验步骤】

1. $BaSO_4$ 饱和溶液的制备

将重量分析中经灼烧的 $BaSO_4$ 置于 $50cm^3$ 烧杯中，加已测定电导率的纯蒸馏水 $40cm^3$，加热煮沸 $3\sim5min$，搅拌、静置、冷却。

2. 电导率测定

用 DDS-6700 型或 DDS-11A 电导率仪。

① 取 $40cm^3$ 纯水，测定其电导率 κ_{H_2O}，测定时操作要迅速。

② 将制得的 $BaSO_4$ 饱和溶液冷却至室温后（取上层清液）用 DDS-6700 或 DDS-11A 型电导率仪测得溶液 $\kappa_{BaSO_4,溶液}$ 或电导 G_{BaSO_4} 由测得的温度 $t=$ ℃；$\kappa_{BaSO_4,溶液}=$ $S\cdot m^{-1}$；$\kappa_{H_2O}=$ $S\cdot m^{-1}$，求得

$$K_{sp,BaSO_4}=\left[\frac{\kappa_{BaSO_4,溶液}-\kappa_{H_2O}}{\lambda_{\infty,BaSO_4}}\times1000\right]^2$$

思 考 题

1. 为什么要测纯水电导率？
2. 何谓极限摩尔电导，什么情况下 $\lambda_\infty=\lambda_{\infty,+}+\lambda_{\infty,-}$？
3. 在什么条件下可用电导率计算溶液浓度？

实验14 配合物稳定常数的测定

（一）磺基水杨酸合铁(Ⅲ)配合物稳定常数的测定——分光光度法

【实验目的】

1. 了解光度法测定配合物的组成及其稳定常数的原理和方法。

2. 测定 pH<2.5 时磺基水杨酸合铁的组成及其稳定常数。

【实验原理】

磺基水杨酸（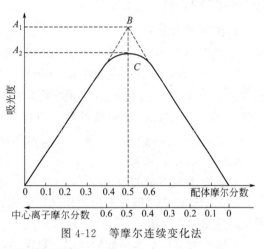，简式为 H_3R）与 Fe^{3+} 可以形成稳定的配合物，因溶液的 pH 不同，形成配合物的组成也不同。本实验将测定 pH<2.5 时，所形成红褐色的磺基水杨酸合铁（Ⅲ）配离子的组成及其稳定常数。

由于所测溶液中，磺基水杨酸是无色的，溶液的浓度很稀，也可认为是无色的，只有磺基水杨酸合铁配离子（MR_n）是有色的，因此溶液的吸光度只与配离子的浓度成正比。通过对溶液吸光度的测定，可以求出该配离子的组成。下面介绍一种常用的测定方法——等摩尔系列法。

用一定波长的单色光，测定一系列组分变化的溶液的吸光度（中心离子和配体的总摩尔数保持不变，而 M 和 R 的摩尔分数连续变化）。显然在这一系列溶液中，有一些溶液的金属离子是过量的，而另有一些溶液的配体是过量的，在这两部分溶液中，配离子的浓度都不可能达到最大值，只有当溶液中金属离子与配体的摩尔数之比与配离子的组成一致时，配离子的浓度才最大。由于中心离子和配体基本无色，只有配离子有色，所以配离子的浓度越大，溶液颜色越深，其吸光度也就越大。若以吸光度对配体的摩尔分数作图（如图 4-12），则从图上最大吸收峰处可以求得配合物的组成 n 值。

图 4-12　等摩尔连续变化法

根据最大吸收处：

$$配体摩尔分数 = \frac{配体摩尔数}{总摩尔数} = 0.5$$

$$中心离子摩尔分数 = \frac{中心离子摩尔数}{总摩尔数} = 0.5$$

$$n = \frac{配体摩尔分数}{中心离子摩尔分数} = 1$$

由此可知该配合物的组成是 MR。

图 4-12 表示一个典型的低稳定性的配合物 MR 的物质的量比与吸光度曲线，将两边直线部分延长相交于 B，B 点位于 50% 处，即金属离子与配体的物质的量比为 1∶1。从图中可见当完全以 MR 形式存在时，在 B 点 MR 的浓度最大，对应的吸光度为 A_1，但由于配合物一部分解离，实验测得的最大吸光度在 C 点，其吸光度值为 A_2。设配合物的离解度为 α，则

$$\alpha = \frac{A_1 - A_2}{A_1}$$

再根据 1∶1 组成配合物的关系式即可导出稳定常数 K。

$$M + R \Longrightarrow MR$$

平衡浓度　　　　　　　　　　　　　　　$c\alpha$　　$c\alpha$　　$c - c\alpha$

$$K = \frac{[MR]}{[M][R]} = \frac{1-\alpha}{c\alpha^2}$$

式中，c 为相应于 B 点的金属离子浓度（这里的 K 是没有考虑溶液中的 Fe^{3+} 离子的水解平衡和磺基水杨酸解离平衡的表现稳定常数）。

【仪器试剂】

721 型或 752 型分光光度计，烧杯（50cm³），容量瓶（100cm³），移液管（10cm³ 带刻度），锥形瓶。

$HClO_4$（0.01mol·dm⁻³），磺基水杨酸（0.0100mol·dm⁻³），Fe^{3+} 溶液（0.0100mol·dm⁻³）。

【实验步骤】

1. 配制系列溶液

① 配制 0.00100mol·dm⁻³ Fe^{3+} 溶液。精确吸取 10.00cm³ 0.0100mol·dm⁻³ Fe^{3+} 溶液，注入 100cm³ 容量瓶中，用 0.01mol·dm⁻³ $HClO_4$ 溶液稀释至刻度，摇匀备用。

② 同法配制 0.00100mol·dm⁻³ 磺基水杨酸溶液。

③ 用 3 支 10cm³ 带刻度的移液管按照下表列出的体积数，分别吸取 0.01mol·dm⁻³ $HClO_4$、0.00100mol·dm⁻³ Fe^{3+} 溶液和 0.00100mol·dm⁻³ 磺基水杨酸溶液，分别注入 11 个 50cm³ 烧杯中，摇匀。

2. 测定系列溶液的吸光度

用 721 型或 752 型分光光度计（在波长为 500nm 的光源下）测系列溶液的吸光度。将测得的数据记入下表。

以吸光度对磺基水杨酸的摩尔分数作图，从图中找出最大吸收峰，求出配合物的组成和稳定常数。

【数据记录及结果处理】

室温_____

序号	0.01mol·dm⁻³ $HClO_4$ /cm³	0.0100mol·dm⁻³ Fe^{3+} /cm³	0.00100mol·dm⁻³ H_3R /cm³	H_3R 摩尔分数	吸光度
1	10.00	10.00	0.00		
2	10.00	9.00	1.00		
3	10.00	8.00	2.00		
4	10.00	7.00	3.00		
5	10.00	6.00	4.00		
6	10.00	5.00	5.00		
7	10.00	4.00	6.00		
8	10.00	3.00	7.00		
9	10.00	2.00	8.00		
10	10.00	1.00	9.00		
11	10.00	0.00	10.00		

思 考 题

1. 用等摩尔系列法测定配合物组成时，为什么说溶液中金属离子的摩尔数与配位体的摩尔数之比正好与配离子组成相同时，配离子的浓度为最大？

2. 用吸光度对配体的体积分数作图是否可求得配合物的组成？

3. 在测定吸光度时，如果温度变化较大，对测得的稳定常数有何影响？

4. 实验中每种溶液的 pH 值是否一样？

5. 使用 721 型、752 型分光光度计应注意哪些问题？

【附注】

1. 溶液的配制

$HClO_4$ 溶液（$0.01mol \cdot dm^{-3}$）：用 $4.4cm^3$ 70% $HClO_4$ 注入 $50cm^3$ 蒸馏水中，再稀释到 $5000cm^3$。

Fe^{3+} 溶液（$0.00100mol \cdot dm^{-3}$）：用分析纯硫酸铁铵 $[NH_4Fe(SO_4)_2 \cdot 12H_2O]$ 溶于 $0.01mol \cdot dm^{-3}$ $HClO_4$ 中配制而成。

磺基水杨酸（$0.0100mol \cdot dm^{-3}$）溶液：用分析纯磺基水杨酸溶于 $0.01mol \cdot dm^{-3}$ $HClO_4$ 配制而成。

2. 本实验测得的是表观稳定常数，如果考虑弱酸的解离平衡，则对表观稳定常数要加以校正，校正后即可得 $K_{稳}$。

校正公式为：$\lg K_{稳} = \lg K + \lg \alpha$

对磺基水杨酸，pH=2 时，$\lg \alpha = 10.2$。

（二）乙二胺合银（Ⅰ）配离子稳定常数的测定——电位法

【实验目的】

1. 了解实验原理，熟悉有关 Nernst 公式的计算。

2. 测定乙二胺合银（Ⅰ）配离子配位数及稳定常数。

【实验原理】

在装有 Ag^+ 和乙二胺（en）混合水溶液的烧杯中插入饱和甘汞电极和银电极，两电极分别与酸度计的电极插孔相连，按下"mV"键，调整好仪器，测得两电极间的电位差为 ε（mV）。

$$\varepsilon - E_{Ag^+/Ag} - E_{Hg_2Cl_2/Hg}$$
$$= E_{Ag^+/Ag}^{\ominus} + 0.059\lg[Ag^+] - 0.241V$$
$$= 0.800V - 0.241V + 0.059\lg[Ag^+]$$
$$= 0.059\lg[Ag^+] + 0.059V \tag{4-10}$$

含有 Ag^+、en 的溶液中，存在着下列平衡：

$$Ag^+ + n\,en \rightleftharpoons Ag(en)_n^+$$

$$K_{稳} = \frac{[Ag(en)_n^+]}{[Ag^+][en]^n}$$

$$[Ag^+]=\frac{[Ag(en)_n^+]}{K_{稳}[en]^n}$$

两边取对数得:

$$\lg[Ag^+]=-n\lg[en]+\lg[Ag(en)_n^+]-\lg K_{稳}$$

若使 $[Ag(en)_n^+]$ 基本保持恒定,则由 $\lg[Ag^+]$ 对 $\lg[en]$ 作图可得一直线,由直线斜率得配位数 n,由直线截距 $\lg[Ag(en)_n^+]-\lg K_{稳}$ 可求得 $K_{稳}$。

由于 $Ag(en)_n^+$ 配离子很稳定,当体系中 en 的浓度 c_{en} 远远大于 Ag^+ 的浓度 c_{Ag^+} 时,$[en]\approx c_{en}$,$[Ag(en)_n^+]\approx c_{Ag^+}$。

测定两电极间的电位差 ε,通过式(4-10)可求得各种不同 $[en]$ 时的 $\lg[Ag^+]$。

【仪器试剂】

酸度计,饱和甘汞电极,银电极,烧杯。

$AgNO_3$ ($0.2mol\cdot dm^{-3}$),en 溶液($7mol\cdot dm^{-3}$)。

【实验步骤】

1. 在一干净的 $250cm^3$ 烧杯中,加入 $96.0cm^3$ 蒸馏水,再加入 $2.00cm^3$ 已知准确浓度($7mol\cdot dm^{-3}$)的 en 溶液和 $2.00cm^3$ 已知准确浓度($0.2mol\cdot dm^{-3}$)的 $AgNO_3$ 溶液。

2. 向烧杯中插入饱和甘汞电极和银电极,并把它们分别与酸度计的甘汞电极接线柱和玻璃电极插口相接。用酸度计的 mV 档,在搅拌下测定两电极间的电位差 ε,这是第一次加 en 溶液后的测定。

3. 向烧杯中再加入 $1.00cm^3$ en 溶液(此时累计加入的 en 溶液为 $3.00cm^3$),并测定相应的 ε。

4. 再继续向烧杯中加 $4cm^3$ en 溶液,使每次累计加入 en 溶液的体积分别为 $4.00cm^3$、$5.00cm^3$、$7.00cm^3$、$10.00cm^3$,并测定相应的 ε 将数据填入下表。

实验原始数据表

测定次数	1	2	3	4	5	6
加入 en 的累计体积/cm^3	2.00	3.00	4.00	5.00	7.00	10.00
ε/V						
en/($mol\cdot dm^{-3}$)						
$\lg[en]$						
$\lg[Ag^+]$						

用 $\lg[Ag^+]$ 对 $\lg[en]$ 作图,由直线斜率和截距分别求算配离子的配位数 n 及 $K_{稳}$。由于实验中,总体积变化不大,$[Ag(en)_n^+]$ 可被认为是一个定值,并等于 $\dfrac{V_{AgNO_3}c_{AgNO_3}}{(V_1+V_6)/2}$,式中,$V_{AgNO_3}$、$c_{AgNO_3}$ 分别为加入 $AgNO_3$ 溶液的体积和浓度;V_1、V_6 分别为第一次和第六次测定 ε 时的总体积。

思 考 题

参考上述实验,设计实验测定:

1. $Ag(S_2O_3)_n^{(2n-1)-}$、$Ag(NH_3)_n^+$ 等配离子的配位数及稳定常数。

2. $AgBr$、AgI 等难溶盐的溶度积常数 K_{sp}。

━━━● 实验15 ●━━━

$K_xFe_y(C_2O_4)_z \cdot wH_2O$ 的制备及组成测定

【实验目的】

1. 以自制草酸亚铁为原料制备铁的化合物。
2. 掌握高锰酸钾法测定铁及草酸根含量的方法。
3. 了解 Fe(Ⅱ)、Fe(Ⅲ) 化合物的性质，Fe^{2+}、Fe^{3+} 的鉴定方法。

【实验原理】

FeC_2O_4 在有 $K_2C_2O_4$ 存在时可被 H_2O_2 氧化生成三草酸合铁酸钾，同时还有 $Fe(OH)_3$ 生成。若加适量 $H_2C_2O_4$ 溶液可使 $Fe(OH)_3$ 转化成三草酸合铁酸钾。

$$6FeC_2O_4 + 3H_2O_2 + 6K_2C_2O_4 = 4K_3Fe(C_2O_4)_3 + 2Fe(OH)_3$$
$$2Fe(OH)_3 + 3H_2C_2O_4 + 3K_2C_2O_4 = 2K_3Fe(C_2O_4)_3 + 6H_2O$$

水合三草酸合铁酸钾易溶于水，难溶于乙醇。它是光敏物质，见光易分解成 $K_3C_2O_4$、FeC_2O_4 及 CO_2。

可用高锰酸钾滴定法和加热恒重法确定产物水合三草酸合铁酸钾——$K_xFe_y(C_2O_4)_z \cdot wH_2O$ 的化学式。

【仪器试剂】

抽滤瓶，布氏漏斗，锥形瓶，表面皿，量筒（$50cm^3$），台秤，水浴锅，酸式滴定管（$50cm^3$，棕色），电烘箱，分析天平（电子天平），称量瓶，坩埚，滤纸，漏斗，烧杯，干燥器。

$K_2C_2O_4(s)$，$H_2C_2O_4(s)$，H_2O_2（30%），乙醇（95%、1:1 水溶液），丙酮，HCl（$2mol \cdot dm^{-3}$），Zn（粒，粉），H_2SO_4（$2mol \cdot dm^{-3}$），$KMnO_4$ 标准溶液，KSCN 溶液。

【实验步骤】

1. $K_xFe_y(C_2O_4)_z \cdot wH_2O$ 的制备

称取 2g 自制的草酸亚铁，加入 $5cm^3$ 蒸馏水配成悬浊液，边搅拌边加入 3.2g $K_2C_2O_4$ 固体，加完后放在水浴中加热至 40℃。再滴加 $10cm^3$ 30% H_2O_2 溶液，在此过程中要保持溶液温度约 40℃，此时会有棕色沉淀析出。把溶液加热至沸，将 1.2g $H_2C_2O_4$ 固体慢慢加入，至体系成亮绿色透明溶液，保持溶液近沸，如有浑浊可趁热过滤。往清液中加 $8cm^3$ 95% 乙醇，如产生浑浊，微热使其溶解，然后放在暗处水浴冷却至室温。待其析出晶体，抽滤，用 $5cm^3$ 1:1 的乙醇溶液及 $5cm^3$ 丙酮各洗涤产物 2 遍，抽干，称重，将产物置于暗处保存待用。

2. 产物的定性试验

取 0.5g 自制的产物溶于 $5cm^3$ 蒸馏水中，配成溶液，做以下试验。

① 取 2 滴溶液加入 1 滴 $2mol \cdot dm^{-3}$ HCl 溶液，检验铁的价态。

② 在酸性介质中，试验与 $KMnO_4$ 溶液的作用，观察现象，并检验铁的价态。再加 1 小片 Zn 片，再次检验铁的价态。

3. 产物的组成测定

① 取自制产物 1～1.5g，放入烘箱，在 110℃干燥 1.5～2h，放入干燥器内冷却待用。

② 称取 0.18～0.22g（称准至±0.0001g）干燥过的样品，用与测定草酸亚铁产物组成相同的方法测出铁及草酸根的含量。

③ 将坩埚洗净后，放入烘箱，在 110℃干燥 1h，放入干燥器中冷却至室温，称重。再在 110℃干燥 20min，冷却，称重，直至恒重。

称取 0.5～0.6g 自制产物（称准至±0.0001g），放入已恒重的坩埚中。放入烘箱在 110℃干燥 1h，放入干燥器中冷却至室温，称重。再在 110℃干燥 20min，冷却，称重，直至恒重。根据称量结果，计算每克无水化合物所对应的含结晶水的物质的量。

根据实验结果，计算产物 $K_x Fe_y(C_2O_4)_z \cdot wH_2O$ 的化学式。

思　考　题

1. 制备操作中为使产品析出，可否用蒸发浓缩来代替加入乙醇的方法？

2. 通过两种产品［草酸亚铁和 $K_x Fe_y(C_2O_4)_z \cdot wH_2O$］的性质试验，能否确定这两种化合物中铁的价态？当它们分别与 $KMnO_4$ 溶液和 Zn 片作用时，铁的价态有何变化？

【附注】

滴加 H_2O_2 溶液时，因反应是放热反应，水浴温度应略低于 40℃，以保持反应温度恒温在约 40℃。

实验16
铜化合物的制备、组成分析及铜含量测定

（一）五水硫酸铜的制备与提纯及微型碘量法测铜

【实验目的】

1. 利用废铜粉焙烧氧化的方法制备硫酸铜。
2. 掌握无机制备中加热、倾析法、过滤、重结晶等基本操作。
3. 学习间接碘量法测定铜含量。

【实验原理】

1. 制备及提纯

$CuSO_4 \cdot 5H_2O$ 俗名胆矾，它易溶于水，而难溶于乙醇，在干燥空气中可缓慢风化，将其加热至 230℃，可失去全部结晶水而成为白色的无水 $CuSO_4$。$CuSO_4 \cdot 5H_2O$ 用途广泛，是制取其他铜盐的主要原料，常用作印染工业的媒染剂、农业的杀虫剂、水的杀菌剂、木材防腐剂，也是电镀铜的主要原料。

$CuSO_4 \cdot 5H_2O$ 的制备方法有许多种，如利用废铜粉焙烧氧化的方法制备硫酸铜，可先将铜粉在空气中灼烧氧化成氧化铜，然后将其溶于硫酸而制得硫酸铜。也可采用浓硝酸作氧

化剂，用废铜与硫酸、浓硝酸反应来制备硫酸铜。

反应式为：

$$Cu + 2HNO_3 + H_2SO_4 = CuSO_4 + 2NO_2\uparrow + 2H_2O$$

溶液中除生成硫酸铜外，还含有一定量的硝酸铜和其他一些可溶性或不溶性杂质，不溶性杂质可经过滤除去。对可溶性杂质 Fe^{2+} 和 Fe^{3+}，一般是先将 Fe^{2+} 用氧化剂（如 H_2O_2 溶液）氧化为 Fe^{3+}，然后调节溶液 pH 值至 3，并加热煮沸，以 $Fe(OH)_3$ 形式沉淀除去：

$$2Fe^{2+} + 2H^+ + H_2O_2 = 2Fe^{3+} + 2H_2O$$

$$Fe^{3+} + 3H_2O = Fe(OH)_3\downarrow + 3H^+$$

$CuSO_4 \cdot 5H_2O$ 在水中的溶解度，随温度变化较大，因此可采用蒸发浓缩、冷却结晶过滤的方法，将 $CuSO_4$ 的杂质除去，得到蓝色水合硫酸铜晶体。

2. 组成分析

（1）结晶水数目的确定

通过对产品进行热重分析，可测定其所含结晶水的数目，并可得知其受热失水情况。

（2）铜含量的测定

可用间接碘量法测定样品中铜离子的浓度，计算得出产品中 $CuSO_4 \cdot 5H_2O$ 的含量。其原理为：将含铜物质中的铜转化成 Cu^{2+}，在弱酸性介质中，Cu^{2+} 与过量的 KI 作用，生成 CuI 沉淀，同时析出 I_2。析出的 I_2 以淀粉为指示剂，用 $Na_2S_2O_3$ 标准溶液滴定。反应如下：

$$2Cu^{2+} + 4I^- = 2CuI\downarrow + I_2$$

或

$$2Cu^{2+} + 5I^- = 2CuI\downarrow + I_3^-$$

$$I_2 + 2S_2O_3^{2-} = 2I^- + S_4O_6^{2-}$$

I^- 不仅是还原剂，而且也是 $Cu(I)$ 的沉淀剂和 I_2 的配合剂。加入适当过量的 KI，可使 Cu^{2+} 的还原趋于完全。上述反应须在弱酸性或中性介质中进行，通常用 NH_4HF_2（或加入磷酸和氟化钠）控制溶液的 pH 值为 3.5~4.0。这种介质对测定铜矿和铜合金特别有利，因铜矿中含有的 Fe、As、Sb 及铜合金中的 Fe 对铜的测定有干扰，而 F^- 可以掩蔽 Fe^{3+}，pH > 3.5 时，五价的 As、Sb 其氧化性也可降低至不能氧化 I^-。

CuI 的沉淀表面易吸附 I_2，使终点变色不够敏锐且产生误差。通常在接近终点时加入 KSCN（或 NH_4SCN），将 CuI 转化成溶解度更小的 CuSCN 沉淀，CuSCN 更容易吸附 SCN^- 从而释放出被吸附的 I_2，使滴定趋于完全，反应如下：

$$CuI + SCN^- = CuSCN\downarrow + I^-$$

【仪器试剂】

微型滴定管（$10cm^3$），吸滤装置，电炉（或煤气灯），水浴锅，研钵，蒸发皿，烧杯，容量瓶（$50cm^3$、$10cm^3$），吸量管（$5cm^3$），热天平等。

废铜粉（或铜屑），H_2O_2 溶液（3%），H_2SO_4（$2mol \cdot dm^{-3}$，$3mol \cdot dm^{-3}$），H_3PO_4（浓），HNO_3（浓），KI（$1mol \cdot dm^{-3}$），淀粉溶液（0.2%），KSCN 溶液（10%），$Na_2S_2O_3$ 标准溶液（$0.1mol \cdot dm^{-3}$）。

【实验内容】

1. $CuSO_4 \cdot 5H_2O$ 的制备与提纯

① 称取 3g 铜屑，放入蒸发皿中，灼烧至表面呈黑色，自然冷却（目的在于除去附着在

铜屑上的油污，若铜屑无油污此步可略去）。

② 在灼烧过的铜屑中，加入 $11cm^3$ $3mol \cdot dm^{-3}$ H_2SO_4，然后缓慢、分批地加入 $5cm^3$ 浓 HNO_3（在通风橱中进行）。待反应缓和后盖上表面皿，水浴加热。在加热过程中需要不断加入 $6cm^3$ $3mol \cdot dm^{-3}$ H_2SO_4 和 $1cm^3$ 浓 HNO_3（由于反应情况不同，补加的酸量根据具体情况而定，在保持反应继续进行的情况下，尽量少加 HNO_3）。待铜屑近于全部溶解后，趁热用倾析法将溶液转至小烧杯中，然后再将溶液转入洗净的蒸发皿中，水浴加热，浓缩至表面有晶体膜出现。取下蒸发皿，使溶液冷却，析出粗的 $CuSO_4 \cdot 5H_2O$，抽滤，称量。

③ 重结晶　将粗产品以每克需 $1.2cm^3$ 水的比例溶于水中。加热使 $CuSO_4 \cdot 5H_2O$ 完全溶解，趁热过滤，滤液收集在小烧杯中，让其自然冷却，即有晶体析出（如无晶体析出，可在水浴上再加热蒸发）。完全冷却后，过滤，抽干，称量。

2. 产品的热重分析

按照使用热天平的操作步骤对产品进行热重分析。操作条件参考如下：

样品质量	$10\sim15mg$	走纸速度	4 格/min
热重量程	25mg	设定升温温度	250℃
升温速率	5℃/min		

测定完成后，分析记录仪绘制的曲线，处理数据，得出水合硫酸铜分几步失水，每步失水的温度，样品总计失水的质量，产品所含结晶水的百分数，每摩尔水合硫酸铜含多少摩尔结晶水（计算结果四舍五入取整数），确定出水合硫酸铜的化学式。再计算出每步失掉几个结晶水，最后查阅 $CuSO_4 \cdot 5H_2O$ 的结构，结合热重分析结果，说明水合硫酸铜五个结晶水热稳定性不同的原因。

3. 产品百分含量的测定（微型碘量法）

① 配制 $CuSO_4 \cdot 5H_2O$ 样品的待测溶液　称取样品约 1.2g（精确至 ±0.0001g），用 $1cm^3$ $2mol \cdot dm^{-3}$ H_2SO_4 溶解后，加入少量水，定量转移至 $50cm^3$ 容量瓶中定容，摇匀。

② 测定待测溶液中 Cu^{2+} 的浓度　用吸量管移取 $5.00cm^3$ 待测液，于 $150cm^3$ 碘量瓶中，振荡后，加入 $2cm^3$ $1mol \cdot dm^{-3}$ KI，振荡，塞好瓶塞，置暗处 10min 后，加水 $10cm^3$ 摇匀，以 $0.1mol \cdot dm^{-3}$ 的 $Na_2S_2O_3$ 标准溶液滴定至溶液呈黄色，然后加入 $1cm^3$ 0.2％的淀粉溶液，再加入 $2cm^3$ 10％ KSCN 溶液，继续滴定至蓝色恰好消失为终点。平行滴定三次。

③ 计算试样中 Cu^{2+} 浓度和产品中 $CuSO_4 \cdot 5H_2O$ 的百分含量。

【扩展内容】

硫酸四氨合铜的制备

称 2.5g 自制的 $CuSO_4 \cdot 5H_2O$ 溶于 $3.5cm^3$ 水中，加入 $5cm^3$ 浓氨水，溶解后过滤。将滤液转入烧杯中，沿烧杯壁慢慢滴加 $8.5cm^3$ 95％乙醇，盖上表面皿，静置。晶体析出后过滤，晶体用乙醇与浓氨水的混合液洗涤，再用乙醇与乙醚的混合液淋洗，室温干燥，称重。观察晶体的颜色、形状。

思　考　题

1. 铜合金试样能否用 HNO_3 分解？

2. 硝酸在 $CuSO_4 \cdot 5H_2O$ 制备过程中的作用是什么？为什么要缓慢分批加入，而且要尽量少加？

3. 列举从铜制备硫酸铜的其他方法，并加以评述。

4. 计算和 3g 铜完全反应所需的 $3mol \cdot dm^{-3}$ 硫酸和浓硝酸的理论值。为什么要用 $3mol \cdot dm^{-3}$ 硫酸？

5. 本实验中加 NaF 的作用是什么？加 KSCN 的作用又是什么？为什么不能过早地加入？

6. 碘量法主要的误差来源有哪些？如何避免？

7. 试说明碘量法为什么既可测定还原性物质，又可以测定氧化性物质？测量时应如何控制溶液的酸碱性？为什么？

【附注】

指示剂淀粉不能加入太早，因滴定反应中产生大量 CuI 沉淀，淀粉与 I_2 过早形成蓝色配合物，大量 I_3^- 被吸附，终点颜色呈较深的灰色，不好观察。加入 KSCN（或 NH_4SCN）不能太早，而且加入后要剧烈摇动，有利于沉淀的转化和释放出吸附的 I_3^-。

（二）二草酸合铜（Ⅱ）酸钾的制备及组成测定

【实验目的】

1. 熟练掌握无机制备的一些基本操作。
2. 了解配位滴定的原理和方法。
3. 熟练容量分析的基本操作。

【实验原理】

草酸钾和硫酸铜反应生成二草酸合铜（Ⅱ）酸钾。产物是一种蓝色晶体，在 150℃ 失去结晶水，在 260℃ 分解。虽可溶于温水，但会缓慢分解。

确定产物组成时，用重量分析法测定结晶水，用 EDTA 配位滴定法测铜含量，用高锰酸钾法测草酸根含量。

【仪器试剂】

布氏漏斗，抽滤瓶，瓷坩埚，酸式滴定管，干燥器。

$CuSO_4 \cdot 5H_2O(s)$，$K_2C_2O_4$（s），$NH_3 \cdot H_2O$-NH_4Cl 缓冲液（pH = 10），H_2SO_4（$2mol \cdot dm^{-3}$），$KMnO_4$ 标准溶液（$0.02mol \cdot dm^{-3}$），EDTA 标准溶液（$0.02mol \cdot dm^{-3}$），$NH_3 \cdot H_2O$（浓），紫脲酸铵。

【实验步骤】

1. 二草酸合铜(Ⅱ)酸钾的制备

称取 3g $CuSO_4 \cdot 5H_2O$ 溶于 $6cm^3$ 90℃ 的水中。取 9g $K_2C_2O_4 \cdot H_2O$ 溶于 $25cm^3$ 90℃ 的水中。在剧烈搅拌下，将 $K_2C_2O_4 \cdot H_2O$ 溶液迅速加入 $CuSO_4$ 溶液中，冷至 10℃，有沉淀析出。减压抽滤，用 $6 \sim 8cm^3$ 冷水分三次洗涤沉淀，抽干，晾干或在 50℃ 烘干产物，

称重。

2. 二草酸合铜（Ⅱ）酸钾的组成分析

（1）结晶水的测定

将两个坩埚放入烘箱，在150℃时干燥1h，然后放入干燥器中冷却30min后称重。同法再干燥30min，冷却，称量至恒重。

准确称取0.5～0.6g产物，分别放入两个已恒重的坩埚中，再将两个坩埚放入烘箱，在150℃时干燥1h，然后放入干燥器中冷却30min后称量。同法再干燥30min，冷却，称量至恒重。根据称量结果，计算结晶水含量。

（2）Cu（Ⅱ）的含量测定

准确称取0.17～0.19g产物，用15cm³ $NH_3 \cdot H_2O$-NH_4Cl 缓冲液（pH＝10）溶解，再稀释至100cm³。以紫脲酸铵作为指示剂，用0.02mol·dm⁻³标准ETDA溶液滴定，当溶液由亮黄色变至紫色时即到终点。根据滴定结果，计算Cu^{2+}含量。

（3）草酸根的含量测定

准确称取0.21～0.23g产物，用2cm³浓$NH_3 \cdot H_2O$溶解后，再加入22cm³ 2mol·dm⁻³ H_2SO_4溶液，此时会有淡蓝色沉淀出现，稀释至100cm³。水浴加热至75～85℃，趁热用0.02mol·dm⁻³标准$KMnO_4$溶液滴定，直至溶液出现微红色（在1min内不褪色）即为终点。沉淀在滴定过程中逐渐消失。根据滴定结果，计算$C_2O_4^{2-}$含量。

根据以上计算结果，进而求出产物的化学式。

思 考 题

1. 在测定Cu^{2+}含量时，加入的$NH_3 \cdot H_2O$-NH_4Cl缓冲溶液的pH值不等于10。对滴定有何影响？为什么？

2. 除用EDTA测定Cu^{2+}含量外，还有那些方法能测Cu^{2+}含量？

3. 在测定$C_2O_4^{2-}$含量时，对溶液的酸度、温度有何要求？为什么？

实验17

三氯化六铵合钴（Ⅲ）的制备及组成测定

【实验目的】

1. 综合练习实验操作技术。
2. 加深理解配合物形成对三价钴稳定性的影响。
3. 练习用电导法测定离子个数。

【实验原理】

1. 制备

在一般情况下，虽然二价钴盐比三价钴盐要稳定，但是在配合状态下，三价钴却比二价钴稳定。所以通常可用H_2O_2或空气中的氧将二价钴配合物氧化制成三价钴的配合物。

氧化钴（Ⅲ）的氨合物由于内界的差异而有多种，如紫红色的 $[Co(NH_3)_5Cl]Cl_2$ 晶体、

橙黄色的 $[Co(NH_3)_6]Cl_3$ 晶体、砖红色的 $[Co(NH_3)_3H_2O]Cl_3$ 晶体等。它们的制备条件也是不同的，如在有活性炭为催化剂时，主要生成 $[Co(NH_3)_6]Cl_3$；无活性炭存在时，主要生成 $[Co(NH_3)_5Cl]Cl_2$。

本实验是在有活性炭存在下，将氯化钴（Ⅱ）与浓氨水混合，用 H_2O_2 将二价钴配合物氧化成三价钴氨配合物，并根据其溶解度及平衡移动原理，将其在浓盐酸中结晶析出，而制得 $[Co(NH_3)_6]Cl_3$ 晶体。主要反应式如下：

$$2[Co(NH_3)_6]^{2+} + H_2O_2 === 2[Co(NH_3)_6]^{3+} + 2OH^-$$
$$[Co(NH_3)_6]^{3+} + 3Cl^- === [Co(NH_3)_6]Cl_3$$

2. 组成测定

（1）配位数的确定

虽然该配离子很稳定，但在强碱性介质中煮沸时可分解为氨气和 $Co(OH)_3$ 沉淀。

$$2[Co(NH_3)_6]Cl_3 + 6NaOH === 2Co(OH)_3\downarrow + 12NH_3\uparrow + 6NaCl$$

用标准酸吸收所挥发出来的氨，即可测得该配离子的配位数。

（2）外界的确定

通过测定配合物的电导率可确定其解离类型及外界 Cl^- 个数，即可确定配合物的组成。

【仪器试剂】

分析天平，蒸馏装置，电导率仪，锥形瓶，滴定管。

$AgNO_3$ 标准溶液（0.1mol·dm^{-3}）；HCl（浓、2mol·dm^{-3}、6mol·dm^{-3}、0.5mol·dm^{-3} 标准溶液），氨水（浓），NaOH（10%、0.5mol·dm^{-3} 标准溶液），$CoCl_2·6H_2O(s)$，NH_4Cl（s），H_2O_2（5%、30%），EDTA（0.05mol·dm^{-3} 标准溶液），六亚甲基四胺（30%），K_2CrO_4（5%），二甲酚橙（0.2%），甲基红（0.1%），$ZnCl_2$ 标准溶液（0.05mol·dm^{-3}），乙醇，活性炭。

【实验步骤】

1. 三氯化六铵合钴的制备

取 6gNH_4Cl 溶于 12.5cm^3 水中，加热至沸，加入 9g 研细的 $CoCl_2·6H_2O$ 晶体，溶解后，趁热倾入事先放有 0.5g 活性炭的锥形瓶中。用冷水冷却后，加入 20cm^3 浓氨水，再冷至 10℃ 以下，用滴管逐滴加入 20cm^{3}5% H_2O_2 溶液。水浴加热至 50～60℃，保持 20min，并不断搅拌。然后用冰浴冷却至 0℃ 左右，吸滤（沉淀不需洗涤），直接把沉淀溶于 75cm^3 沸水中（水中含有 2.5cm^3 浓 HCl）。趁热吸滤，慢慢加入 10cm^3 浓 HCl 于滤液中，即有大量橘黄色晶体析出，用水浴冷却后过滤。晶体用冷的 2mol·dm^{-3} HCl 洗涤，再用少许乙醇洗涤，吸干，在水浴上干燥，或在烘箱中于 105℃ 干燥 20min。称量，计算百分产率。

2. 三氯化六铵合钴（Ⅲ）组成的测定

（1）氨的测定

准确称取 0.2g 左右样品（准确至 ±0.0001g），放入 250cm^3 锥形瓶中，加 80cm^3 水溶解，然后加入 10cm^3 10% NaOH 溶液。在另一锥形瓶中准确加入 30～35cm^3 0.5mol·dm^{-3} 标准 HCl 溶液，放入冰浴中冷却。

装配好蒸馏装置，从漏斗加 3～5cm^3 10%NaOH 溶液于小试管中，漏斗柄下端插入液面约 2～3cm。加热样品，开始可用大火，当溶液近沸时改用小火，保持微沸状态。蒸馏 1h

左右，即可将溶液中的氨全部蒸出。蒸馏完毕，取出插入 HCl 溶液中的导管，用蒸馏水冲洗导管内部（洗涤液流入氨吸收瓶中）。取出吸收瓶，加 2 滴 0.1％甲基红溶液，用 0.5mol·dm^{-3}标准 NaOH 溶液滴定过剩的 HCl。计算氨的百分含量，并与理论值比较。

（2）钴的测定

称 0.17～0.22g 样品（准确至±0.0001g），加 10cm^3 水溶解，再加入 10cm^3 10％ NaOH 溶液，加热至产生黑色沉淀，赶尽氨气。稍冷后加入 6cm^3 6mol·dm^{-3} HCl，滴入 1～2 滴 30％ H_2O_2，加热至黑色沉淀全部溶解，溶液呈透明的浅红色。准确加入 35～40cm^3 0.05mol·dm^{-3}标准 EDTA 溶液，用 30％六亚甲基四胺调溶液 pH 值至 5.6～6.2，加入 2～3 滴 0.2％二甲酚橙，用 0.05mol·dm^{-3}标准溶液滴定，当样品溶液由橙色变为紫红色即为终点。计算钴的百分含量。

（3）氯的测定

a. AgNO$_3$ 标准溶液的浓度为 0.1mol·dm^{-3}。

b. 计算滴定所需的样品量，称量并配制样品溶液。

c. 测定时以 5％的 K_2CrO_4 溶液为指示剂（每次 1cm^3），用 0.1mol·dm^{-3} AgNO$_3$ 标准溶液滴定至出现淡红棕色不再消失为终点。

d. 按照滴定数据，计算氯的百分含量。

由以上分析氨、钴、氯的结果，写出产品的化学式。

3. 三氯化六铵合钴解离类型的测定

① 配制 250cm^3 稀度为 128 的样品溶液，再用此溶液配制稀度分别为 256、512、1024 的样品液各 100cm^3（所谓稀度即溶液的稀释程度，为摩尔浓度的倒数，如稀度为 128，表示 128dm^3 中含有 1mol 溶液），用 DDS-11A 型电导率仪测定溶液的电导率 κ。

② 确定解离类型　　按 $\lambda = \kappa \dfrac{1000}{c}$ 计算摩尔电导率（单位：S·cm^2·mol^{-1}），确定 $[Co(NH_3)_6]Cl_3$ 的解离类型。

思 考 题

1. 在 $[Co(NH_3)_6]Cl_3$ 的制备过程中，氯化铵、活性炭、过氧化氢各起什么作用？影响产品质量的关键在哪里？

2. $[Co(NH_3)_6]^{3+}$ 与 $[Co(NH_3)_6]^{2+}$ 比较，哪个稳定？为什么？

3. 氨的测定原理是什么？用反应方程式表示。氨测定装置中，漏斗下端插入氢氧化钠液面下的作用是什么？

4. 测定钴含量时，样品液加入 10％的 NaOH，加热至产生黑色沉淀，这是什么化合物？稍冷后加入 6mol·dm^{-3} HCl，溶解黑色沉淀，然后滴加 30％ H_2O_2 至溶液呈浅红色，这又是什么化合物？用 EDTA 溶液滴定时，为什么要用 30％六亚甲基四胺将溶液 pH 值调至 5.6～6.2？

5. 氯的测定原理是什么？用反应方程式表示。

6. 稀度是什么？如何表示？如配 250cm^3 稀度为 128 的 $[Co(NH_3)_6]Cl_3$ 溶液，计算应准确称取化合物的量。

7. 还有哪些测定配离子电荷的方法？

镍配合物的制备、组成测定及物性分析

【实验目的】

1. 综合训练无机制备和定量分析的常规操作。
2. 了解并掌握某些物性的测试和结构测试方法。

【实验原理】

1. 制备

先将镍与硝酸在一定条件下反应生成硝酸镍：

$$Ni + 4HNO_3 = Ni(NO_3)_2 + 2H_2O + 2NO_2$$

再以此与浓氨水及氯化铵反应制备氯化镍（Ⅱ）的氨合物。

2. 组成测定

将该配合物溶于水配成一定浓度的溶液，用标准 EDTA 溶液进行配位滴定，以紫脲酸铵作指示剂，滴至溶液由黄色变到紫红色为终点，即可测定 Ni^{2+} 的含量。

将一定浓度的配合物溶液用标准 NaOH 溶液进行酸碱滴定，以甲基红作指示剂，滴至溶液由红变至黄色，即可测得 NH_3 的含量。

用摩尔法测定 Cl^- 的含量。

用电导率仪测定配离子的电荷，确定其解离类型，是一种常用方法。可完全解离的配合物，在浓度极稀的溶液中解离出一定数目的离子，通过测定它们的摩尔电导率 λ，并取其上、下限的平均值即可测得离子数，从而可确定配离子的电荷数。对解离为配离子和一价离子的配合物，在 25℃时，测定浓度为 1.0×10^{-3} mol·dm^{-3} 溶液的摩尔电导率，其实验规律是：

离子数	2	3	4	5
摩尔电导率/S·cm^2·mol^{-1}	0.0100	0.0250	0.0400	0.0500

根据组成分析和配离子电荷测定，可确定配合物的化学式。

3. 物性测定

通过磁化率的测定，可得知中心离子的电子组态及该配合物的磁性。

通过测定配合物的电子光谱，可计算分裂能 Δ 值。不同 d_n 电子和不同构型的配合物，电子光谱是不同的，因此，计算分裂能 Δ 值的方法也不同。对 d_2、d_3、d_7、d_8 电子的电子光谱都有三个吸收峰，其中八面体中的 d_3、d_8 和四面体中 d_2、d_7 电子，由最大波长的吸收峰位置的波长来计算 Δ 值。

【仪器试剂】

抽滤装置，分析天平（电子天平），滴定管，锥形瓶，电导率仪，X 射线粉末衍射仪，磁天平，分光光度计。

镍片，HNO_3（浓，6mol·dm^{-3}），NH_3·H_2O（浓，1.5mol·dm^{-3}，5mol·dm^{-3}），HCl（6mol·dm^{-3}），NH_3·H_2O-NH_4Cl 缓冲溶液（pH＝10），紫脲酸铵，EDTA 标准溶液（0.05mol·dm^{-3}），甲基红，NaOH（2mol·dm^{-3}，0.5mol·dm^{-3}标准溶液），$AgNO_3$ 标准

溶液（0.1mol·dm⁻³），K₂Cr₂O₄（5%）。

【实验步骤】

1. Ni(NH₃)ₓClᵧ 的制备

在 3g 镍片中分批加入 13cm³ 浓 HNO_3，水浴加热（在通风橱内进行）。视反应情况，再补加 3～5cm³ 浓 HNO_3。待镍片近于全部溶解后，用倾析法将溶液转移至另一烧杯中，并在冰盐浴中冷却。慢慢加入 20cm³ 浓 $NH_3·H_2O$ 至沉淀完全（此时溶液的绿色变得很淡，或近于无色）。减压过滤，并用 2cm³ 浓 $NH_3·H_2O$ 洗涤沉淀三次。

将所得的潮湿沉淀溶于 20cm³ 6mol·dm⁻³ 的 HCl 溶液中，并用冰盐浴冷却，然后慢慢加入 60cm³ $NH_3·H_2O$-NH_4Cl 缓冲溶液（pH＝10）。减压过滤，依次用浓氨水、乙醇、乙醚洗涤沉淀，并置于空气中干燥，称量后保存待用。

2. 组分分析

（1）Ni^{2+} 的测定

准确称取 0.25～0.30g 产品（准确至 ±0.0001g），用 50cm³ 水溶解，加入 15cm³ pH＝10 的 $NH_3·H_2O$-NH_4Cl 缓冲溶液，以紫脲酸铵作指示剂，用 0.05mol·dm⁻³ 的 EDTA 标准溶液滴定至溶液由黄色变到紫红色。

（2）NH_3 的测定

准确称取 0.2～0.25g 产品（准确至 ±0.0001g），用 25cm³ 水溶解后加入 3.00cm³ 6mol·dm⁻³ HCl 溶液，以甲基红作指示剂，用 0.5mol·dm⁻³ 标准 NaOH 滴至溶液由红变至黄色，即到终点。

取 3.00cm³ 上面所用 6mol·dm⁻³ HCl 溶液，以甲基红作指示剂，仍用 0.5mol·dm⁻³ 标准 NaOH 滴定。计算氨的百分含量。

（3）Cl^- 的测定

准确称取 0.25～0.30g 产品（准确至 ±0.0001g），用 25cm³ 水溶解后，加入 3cm³ 6mol·dm⁻³ HNO_3 溶液，用 2mol·dm⁻³ NaOH 溶液调 pH＝6～7 之间。用 0.1mol·dm⁻³ 的标准 $AgNO_3$ 溶液滴定，加入 1cm³ 5% $K_2Cr_2O_4$ 溶液作指示剂，滴定至刚好出现浅红色浑浊为终点。

3. 解离类型的确定

配制稀度为 1000 的产品溶液 250cm³，用 DDS-11A 型电导率仪测所配溶液的电导率 κ，并按 $\lambda = \kappa \dfrac{1000}{c}$ 计算摩尔电导率，式中，c 为摩尔浓度。

4. 物性分析

（1）磁化率的测定

用古埃磁天平测定产物的磁化率。在励磁电流 6.5A 的条件下测定。根据测得的磁化率计算磁矩，并确定 Ni^{2+} 外层电子结构。

（2）产物电子光谱的测定

取 0.5g 产物溶于 50cm³ 5mol·dm⁻³ $NH_3·H_2O$ 溶液中，以蒸馏水为参比液，用 1cm 带盖的比色皿，在 752 型分光光度计的整个波长范围内，每隔 10nm 测一次吸光度。根据测得的吸光度，作吸光度-波长曲线。在图上找出最大吸收峰位置的波长，用下式计算分裂能：

$$\Delta = \frac{1}{\lambda} \times 10^7 \quad (cm^{-3})$$

5. 理论值和文献值

(1) 组分		Ni^{2+}	NH_3	Cl^-
	理论值/%	25.32	44.08	30.59

(2) 摩尔电导 $0.0250 S \cdot cm^2 \cdot mol^{-1}$

(3) 磁矩   文献值 $2.83 \mu B$

(4) 分裂能   文献值 $10800 cm^{-1}$

思 考 题

1. 有哪些方法可以测定 Ni^{2+} 的含量？若用配位滴定法，为什么要加入 pH＝10 的缓冲溶液？

2. 用标准 $AgNO_3$ 溶液测 Cl^- 含量时，K_2CrO_4 溶液的浓度、酸度对分析结果有什么影响？合适的条件是什么？

3. 本实验中氨的测定方法能否用于测定三氯化六铵合钴中的氨？

4. 测氨时，为什么另取 $3.00 cm^3$ $6 mol \cdot dm^{-3}$ HCl 溶液，用标准碱滴定？

实验19

十二钨硅酸的制备、萃取分离及表征

【实验目的】

1. 学习十二钨硅酸常量和微量制备的方法。
2. 掌握萃取分离操作。
3. 了解用红外光谱、紫外吸收光谱及热谱等对产物进行表征的方法。

【实验原理】

钒、铌、钼、钨等元素的重要特征是易形成同多酸和杂多酸。在碱性溶液中有 W(Ⅵ) 以及正钨酸根 WO_4^{2-} 存在；随着溶液 pH 值的减小，WO_4^{2-} 逐渐聚合成多酸根离子（如下所示）。

H^+ / WO_4^{2-}（物质的量之比）	同多酸阴离子	
1.14	$[W_7O_{24}]^{6-}$	仲钨酸根(A)离子
1.17	$[H_2W_{12}O_{42}]^{10-}$	仲钨酸根(B)离子
1.50	$\alpha\text{-}[H_2W_{12}O_{40}]^{6-}$	钨酸根离子
1.60	$[W_{10}O_{32}]^{4-}$	十钨酸根离子
……	……	……

若上述酸化过程中，加入一定量的硅酸盐，则可生成有确定组成的钨杂多酸根离子，如 $[PW_{12}O_{40}]^{3-}$、$[SiW_{12}O_{40}]^{4-}$ 等。反应如下：

$$12WO_4^{2-} + SiO_3^{2-} + 22H^+ \Longrightarrow [SiW_{12}O_{40}]^{4-} + 11H_2O$$

其中，十二钨杂多酸阴离子 $[X^{n+}W_{12}O_{40}]^{(8-n)-}$ 的晶体结构称为 Keggin 结构，具有典型性。它是每 3 个 WO_6 八面体两两共边形成 1 组共顶三聚体，4 组这样的三聚体又各通过其他 6 个顶点两两共顶相连，构成如图 4-13(a) 所示的多面体结构；处于中心的杂原子 X 则分别与 4 组三聚体的 4 个共顶氧原子连接，形成 XO_4 四面体，其键结构如图 4-13(b) 所示。这类钨杂多酸在溶液中结晶时，得到高聚合状态的杂多酸（盐）结晶 $H_m[XW_{12}O_{40}] \cdot nH_2O$。后者易溶于水及含氧有机溶剂（乙醚、丙酮等），它们遇强碱时被分解（生成什么物质？），而在酸性水溶液中较稳定。

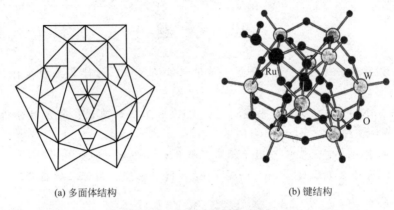

| (a) 多面体结构 | (b) 键结构 |

图 4-13　Keggin 结构示意图

　　本实验利用钨硅酸在强酸性溶液中易与乙醚生成加合物而被乙醚萃取的性质来制备十二钨硅酸。钨硅酸高水合物，在空气中易风化也易潮解。对水合物晶体做热谱分析可以从热重（TG）曲线看出，水合物在 30～165℃ 及 165～310℃ 温度范围，有两个失水阶段，曲线上有两个失水吸热峰。另外 DTA 曲线上，在 540℃ 附近出现 Keggin 结构被破坏后，由无序状态向 XO_4 及 SiO_2 有序结构转化的强吸热峰。十二钨硅酸不仅有强酸性，还有氧化还原性，在紫外光作用下，可以发生单电子或多电子还原反应。Keggin 构型的钨杂多酸在紫外区（260nm 附近）有特征吸收峰，这就是电子由配位氧原子向中心钨原子迁移的电荷迁移峰。

【仪器试剂】

　　差热天平，红外光谱仪，UV-240 型分光光度计，烧杯（$100cm^3$、$250cm^3$、$50cm^3$），磁力加热搅拌器，滴液漏斗（$100cm^3$），分液漏斗（$250cm^3$），蒸发皿，水浴锅，微型抽滤装置，表面皿，吸量管。

　　$Na_2WO_4 \cdot 2H_2O(s)$，$Na_2SiO_3 \cdot 9H_2O(s)$，HCl（$6mol \cdot dm^{-3}$，浓），乙醚，H_2O_2（3%，或溴水）。

【实验步骤】

　　1. 十二钨硅酸的制备

　　（1）常量制备实验

　　① 十二钨硅酸溶液的制备　称取 25g $Na_2WO_4 \cdot 2H_2O$ 置于烧杯中，加入 $50cm^3$ 去离子水，再加入 1.88g $Na_2SiO_3 \cdot 9H_2O$，置于磁力加热搅拌器上加热搅拌，使其溶解。将混合物加热至近沸，由滴液漏斗以 1～2 滴/秒的速度加入浓盐酸（约 $10cm^3$），开始滴入浓盐酸时，有黄钨酸沉淀出现，要继续缓慢滴加并不断搅拌至溶液 pH 值为 2，保持 30min 左右。将混合物冷却。

② 酸化、乙醚萃取十二钨硅酸　将冷却后的全部液体转移至分液漏斗中，加入乙醚（约为混合物液体体积的 1/2），分四次向其中加入 $10cm^3$ 浓盐酸，充分振荡，萃取，静置后液体分为三层，上层是溶有少量杂多酸的醚，中间是氯化钠、盐酸和其他物质的水溶液，下层是油状的杂多酸醚合物[1,2]。将下一层醚合物分出，放于蒸发皿中，加水 $4cm^3$，水浴蒸发至溶液表面有晶体析出时为止，冷却结晶，抽滤，即可得到产品[3]。

（2）微量制备实验

① 十二钨硅酸溶液的制备　称取 5.0g $Na_2WO_4 \cdot 2H_2O$ 置于烧杯中，加入 $10cm^3$ 蒸馏水，再加入 0.38g $Na_2SiO_3 \cdot 9H_2O$，置于磁力加热搅拌器上加热搅拌使其溶解。在微沸下用滴液漏斗（或滴管）以 1～2 滴/秒的速度加入浓盐酸（约需 $2cm^3$）。开始滴入盐酸时，有黄钨酸沉淀出现，要继续滴加盐酸并不断搅拌，直至溶液 pH 值为 2 时，停加盐酸，保持10min 左右。将混合物冷却。

② 酸化、乙醚萃取十二钨硅酸　将冷却后的全部液体转移至分液漏斗中，再加入 $4cm^3$乙醇，$1cm^3$ 浓盐酸，充分振荡萃取，静置后液体分三层，上层是溶有少量杂多酸的醚，中间是氯化钠、盐酸和其他物质的水溶液，下层是油状的杂多酸醚合物。分出底层油状乙醚加合物到另一个分液漏斗中，再加入 $1cm^3$ 浓盐酸、$4cm^3$ 水及 $2cm^3$ 乙醚，剧烈振荡后静置（若油状物颜色偏黄，可重复萃取 1～2 次），分出澄清的第三相于蒸发皿中，加入少量蒸馏水（15～20 滴），在 60℃ 水浴锅上蒸发浓缩至溶液表面有晶体析出时为止，冷却放置，得到无色透明的 $H_4[SiW_{12}O_{40}] \cdot nH_2O$ 晶体，抽滤吸干后，称重装瓶。

2. 测定产品热重（TG）曲线及热差分析（DTA）曲线

取少量未经风化的样品，在热分析仪上，测定室温至 650℃ 范围内的 TG 曲线及 DTA曲线。计算样品的含水量，以确定水合物中结晶水数目。

3. 测定紫外吸收光谱

配制 $5 \times 10^{-5} mol \cdot dm^{-3}$ 十二钨硅酸溶液，用 1cm 比色皿，以蒸馏水为参比液，在 UV-240 型分光光度计上，记录波长范围为 400～200nm 的吸收曲线。

4. 测定红外光谱

将样品用 KBr 压片，在红外光谱仪上记录 4000～400cm^{-1} 范围的红外光谱图，并标志其主要的特征吸收峰。

思 考 题

1. 为什么钒、铌、钼、钨等元素易形成同多酸和杂多酸？

2. 十二钨硅酸易被还原，它与橡胶、纸张、塑料等有机物质接触，甚至与空气中灰尘接触时，均易被还原为"杂多蓝"。因此，在制备过程中要注意哪些问题？

3. 在 $[SiW_{12}O_{40}]^{4-}$ 离子中有几种不同结构的氧原子？每种结构的氧原子各有多少个？

4. 钨硅酸有哪些性质？

【附注】

1. 注意事项

（1）由于十二钨磷酸易被还原，也可用下面方法提取：用水洗分出油状液体，并加少量乙醚，再分三层。将下层分出，用电吹风吹入干净的空气（防止尘埃使之还原）以除去乙醚。将析出的晶体移至玻璃板上，在空气中干燥至无乙醚味为止。

（2）乙醚沸点低，挥发性强，燃点低，易燃、易爆。因此，在使用时一定要小心。

2. 注释

［1］乙醚在高浓度的盐酸中生成的离子能与 Keggin 类型钨杂多酸阴离子缔合成盐，这种油状物的相对密度较大，沉于底部形成第三相。加水降低酸度时，可使盐破坏而析出乙醚及相应的钨杂多酸。

［2］此时油状物应澄清无色，如颜色偏黄，可继续萃取操作 1～2 次。

［3］钨硅酸溶液不要在日光下曝晒，也不要与金属器皿接触，以防被还原。

Ⅱ. 分析化学实验

实验1　滴定练习

【实验目的】

1. 学习掌握酸式、碱式滴定管的洗涤和正确使用方法。
2. 通过练习滴定操作，初步掌握甲基橙、酚酞指示剂终点的确定。

【实验原理】

$$NaOH + HCl = NaCl + H_2O$$

$0.1mol\cdot dm^{-3}$ HCl 溶液（强酸）和 $0.1mol\cdot dm^{-3}$ NaOH（强碱）相互滴定时，化学计量点时的 pH 值为 7.0，滴定的 pH 值突跃范围为 $4.3\sim9.7$，选用在突跃范围内变色的指示剂，可保证测定有足够的准确度。甲基橙（MO）的 pH 值变色区域是 3.1（红）~4.4（黄）；酚酞（PP）的 pH 值变色区域是 8.2（无色）~10.0（红）。在指示剂不变的情况下，一定浓度的 HCl 溶液和 NaOH 溶液相互滴定时，所消耗的体积之比值 V_{HCl}/V_{NaON} 应是一定的，改变被滴定溶液的体积，此体积之比应基本不变。借此，可以检验滴定操作技术和判断终点。

【试剂和仪器】

1. $6mol\cdot dm^{-3}$ HCl 溶液。
2. NaOH（分析纯）。
3. $1g\cdot dm^{-3}$ 甲基橙溶液。
4. $2g\cdot dm^{-3}$ 酚酞指示剂。
5. $50cm^3$ 酸式和碱式滴定管，洗瓶，烧杯，$1dm^3$ 试剂瓶等。

【实验步骤】

1. 溶液配制

a. $0.1mol\cdot dm^{-3}$ HCl 溶液的配制　用量筒量取约 $17cm^3$ $6mol\cdot dm^{-3}$ HCl 溶液，倒入装有约 $980cm^3$ 去离子水的 $1dm^3$ 试剂瓶中，加水稀释至 $1dm^3$，盖上玻璃塞，摇匀备用。

b. $0.1mol\cdot dm^{-3}$ NaOH 溶液的配制　用百分之一天平称取固体 NaOH 4g，置于 $250cm^3$ 烧杯中，加入去离子水溶解，转移到试剂瓶中，加水稀释到 $1dm^3$，用橡皮塞塞好瓶口，摇匀备用。

2. 用配制好的 $0.1mol\cdot dm^{-3}$ NaOH 溶液润洗碱式滴定管 $2\sim3$ 次，每次用 $5\sim10cm^3$ 溶液。然后将 NaOH 溶液装入碱式滴定管中，排气泡，调节滴定管液面至零刻度，记下读数。

3. 用 0.1mol·dm^{-3}盐酸溶液润洗酸式滴定管 2～3 次，每次用 5～10cm^3 溶液，然后将盐酸溶液装入酸式滴定管中，排气泡，调节液面至零刻度，记下读数。

4. 用碱式滴定管放出约 20cm^3 0.1mol·dm^{-3} NaOH 溶液于锥形瓶中，加入 3 滴甲基橙指示剂，用 0.1mol·dm^{-3} HCl 溶液滴定至黄色转变为橙色，记下消耗 0.1mol·dm^{-3} HCl 溶液的体积 V_1；然后再用碱式滴定管放出约 5cm^3 0.1mol·dm^{-3} NaOH 溶液于锥形瓶中，用 0.1mol·dm^{-3} HCl 溶液滴定至黄色转变为橙色，记下消耗 0.1mol·dm^{-3} HCl 溶液的体积 V_2；最后继续用碱式滴定管放出约 5cm^3 0.1mol·dm^{-3} NaOH 溶液于锥形瓶中，用 0.1mol·dm^{-3} HCl 溶液滴定至黄色转变为橙色，记下消耗 HCl 溶液的体积 V_3。计算三次 V_{HCl}/V_{NaOH}。

5. 用酸式滴定管放出约 20cm^3 0.1mol·dm^{-3} HCl 溶液于锥形瓶中，加入 3 滴酚酞指示剂，用 0.1mol·dm^{-3} NaOH 溶液滴定至浅粉色，记下消耗 NaOH 溶液的体积 V_1；然后继续用酸式滴定管放出约 5cm^3 0.1mol·dm^{-3} HCl 溶液于锥形瓶中，用 0.1mol·dm^{-3} NaOH 溶液滴定至浅粉色，记下消耗 NaOH 溶液的体积 V_2；最后继续用碱式滴定管放出约 5cm^3 0.1mol·dm^{-3} HCl 溶液于锥形瓶中，用 0.1mol·dm^{-3} NaOH 溶液滴定至浅粉色，记下消耗 NaOH 溶液的体积 V_3，计算三次 V_{HCl}/V_{NaOH}。

【数据记录与处理】

1. HCl 溶液滴定 NaOH 溶液（指示剂：甲基橙）

项　目		第一次	第二次	第三次
V_{NaOH}/cm^3	初读数			
	终读数			
	V_{NaOH}			
V_{HCl}/cm^3	初读数			
	终读数			
	V_{HCl}			

2. NaOH 溶液滴定 HCl 溶液（指示剂：酚酞）

项　目		第一次	第二次	第三次
V_{HCl}/cm^3	初读数			
	终读数			
	V_{HCl}			
V_{NaOH}/cm^3	初读数			
	终读数			
	V_{NaOH}			

思 考 题

1. 配制 NaOH 溶液时，应选用何种天平称取试剂？为什么？
2. NaOH 溶液和 HCl 溶液能直接配制成准确浓度的吗？为什么？
3. 滴定管为何要用滴定剂润洗？滴定中使用的锥形瓶是否也要润洗？为什么？

4. HCl 溶液与 NaOH 溶液定量反应完全后，生成 NaCl 和水，为什么用 HCl 滴定 NaOH 溶液时采用甲基橙作指示剂，而用 NaOH 滴定 HCl 溶液时使用酚酞作指示剂呢？

实验2
邻苯二甲酸氢钾(KHP)标定NaOH溶液

【实验目的】

1. 了解基准物质 KHP 的性质及其应用。
2. 掌握 NaOH 标准溶液的配制、标定及保存的要点。
3. 学习使用分析天平，掌握减量法称量的要点。
4. 掌握强碱滴定弱酸的滴定过程、突越范围及指示剂的选择原理。

【实验原理】

NaOH 溶液采用间接配制法配制，用基准物质进行标定。本实验采用邻苯二甲酸氢钾(KHP)作为基准物质标定 NaOH 溶液。其标定反应为：

$$KHP + NaOH \longrightarrow KNaP + H_2O$$

反应产物为二元弱碱，在溶液中显弱碱性，可选用酚酞作指示剂。

滴定终点颜色变化：无色变微红（30s 不褪色）。

$$c_{NaOH} = \frac{m_{KHP} \times 1000}{M_{KHP} V_{NaOH}}$$

$$M_{KHP} = 204.2 \text{g} \cdot \text{mol}^{-1}$$

【试剂和仪器】

1. NaOH（分析纯）。
2. $2 \text{g} \cdot \text{dm}^{-3}$ 酚酞指示剂。
3. 邻苯二甲酸氢钾（KHP，$KHC_8H_4O_4$）基准物质，在 $100 \sim 125$℃下干燥 1h 后放于干燥器中备用。
4. 50cm^3 碱式滴定管，电子天平，洗瓶，烧杯，锥形瓶，量筒等。

【实验步骤】

1. 配制 $0.1 \text{mol} \cdot \text{dm}^{-3}$ NaOH 溶液

称取固体 NaOH 4g（如何算得的？）置于 250cm^3 烧杯中，马上加入蒸馏水使之溶解，稍冷却后转入试剂瓶中，加水稀释至 1dm^3，用橡皮塞塞好瓶口，充分摇匀，比较实验 1 配制方法。

2. 标定

减量法准确称取邻苯二甲酸氢钾 $0.4 \sim 0.6$g（如何算得的？）于锥形瓶中，用量筒加 30cm^3 去离子水使之溶解，加 3 滴酚酞指示剂，用 $0.1 \text{mol} \cdot \text{dm}^{-3}$ NaOH 溶液滴定，溶液从无色至微红色，30s 不褪色，即为终点。平行标定三份。

项 目		第一次	第二次	第三次
m_{KHP}/g	初读数			
	终读数			
	m_{KHP}			
V_{NaOH}/cm^3	初读数			
	终读数			
	V_{NaOH}			

思 考 题

1. 标定 NaOH 溶液的基准物质常用的有哪些？本实验采用的基准物质是什么？与其他基准物质相比它有什么显著的优点？

2. 称取 NaOH 和 KHP 各用什么天平？为什么？

3. 若已标定的 NaOH 标准溶液在保存时吸收了空气中的二氧化碳，以它测定 HCl 溶液的浓度，若用 PP 为指示剂，对测定结果有何影响？若改用 MO 为指示剂，结果又如何？

4. 酚酞指示剂由无色变为微红时，溶液的 pH 为多少？变红的溶液在空气中放置后又会变为无色的原因是什么？

5. 用 KHP 标定 0.1mol·dm^{-3} NaOH 标准溶液时，怎样计算出用量为 0.4～0.6g？为什么用酚酞而不用甲基橙作指示剂？

6. 称取 0.4g KHP 溶于 50cm^3 水中，溶液的 pH 为多少？

实验3 有机酸摩尔质量的测定

【实验目的】

1. 了解以滴定分析法测定酸碱物质摩尔质量的基本方法。
2. 学习容量瓶、移液管的使用方法。
3. 进一步熟悉减量法称量的基本操作。

【实验原理】

当多元有机酸的逐级解离常数均符合准确滴定的要求时，可用酸碱滴定法。

本实验所测定的有机酸为二元弱酸，且 $K_{a_1}/K_{a_2} < 10^5$，$cK_{a_2} > 10^{-8}$

反应方程式为：

$$2NaOH + H_2A = Na_2A + H_2O$$

$$M_{H_2A} = 2 \times \frac{m_{H_2A} \times \frac{25.00}{250.0}}{c_{NaOH} V_{NaOH} \times 10^{-3}}$$

选用酚酞（PP）指示剂，溶液由滴定开始的无色变为终点的浅红色，30s 不退色。

1. NaOH（分析纯）。
2. $2g \cdot dm^{-3}$ 酚酞指示剂。
3. 邻苯二甲酸氢钾（KHP，$KHC_8H_4O_4$）基准物质　在 $100 \sim 125℃$ 下干燥 1h 后放于干燥器中备用。
4. 未知有机酸（二元酸）。
5. $50cm^3$ 碱式滴定管、电子天平、洗瓶、烧杯、$250cm^3$ 容量瓶、锥形瓶等。

【实验步骤】

1. KHP 标定 NaOH 溶液

按实验 2 要求，标定 NaOH 溶液，浓度约为 $0.10mol \cdot dm^{-3}$，供下面测试用。

2. 减量法准确称量某有机酸 $1.5 \sim 1.8g$ 试样于小烧杯中，加少量水溶解，定量转入 $250cm^3$ 容量瓶中，稀释至刻度，摇匀。

用移液管从容量瓶中移取 $25cm^3$ 溶液于锥形瓶中，加入两滴酚酞指示剂，用 NaOH 标准溶液滴定，溶液由无色变为浅红色，30s 不褪色即为终点，记录读数，平行滴定三次。

【数据记录与处理】

项　目		第一次	第二次	第三次
m_{H2A}/g	初读数			
	终读数			
	m_{H2A}			
V_{NaOH}/cm^3	初读数			
	终读数			
	V_{NaOH}			

思　考　题

1. 在用 NaOH 滴定有机酸时能否用甲基橙作为指示剂？
2. 草酸、柠檬酸、酒石酸等多元有机酸能否用 NaOH 溶液分步滴定？
3. 草酸钠能否作为酸碱滴定基准物质？为什么？

实验4　混合碱含量的双指示剂法测定

【实验目的】

1. 掌握 HCl 标准溶液的配制和标定方法以及移液管的使用。
2. 掌握用双指示剂法判断混合碱的组成及测定各组分含量的原理和方法。
3. 进一步熟练滴定操作和滴定终点的判断。

工业混合碱通常是 Na_2CO_3 与 NaOH 或 Na_2CO_3 与 $NaHCO_3$ 的混合物。欲测定同一份试样中各组分的含量，可用 HCl 标准溶液滴定，根据滴定过程中 pH 值变化的情况，选用两种不同的指示剂（酚酞和甲基橙）来分别指示第一、第二终点的到达，即"双指示剂法"。此方法简便、快速，在生产实际中应用广泛，其原理如下：

在混合碱试液中先加入酚酞指示剂，用 HCl 标准溶液滴定至由红色变为无色。若试液为 Na_2CO_3 与 NaOH 的混合物，此时 NaOH 被完全滴定中和，而 Na_2CO_3 被滴定生成 $NaHCO_3$，设此时用去酸的体积为 V_1。反应式为：

$$NaOH + HCl = NaCl + H_2O$$
$$Na_2CO_3 + HCl = NaHCO_3 + NaCl$$

Na_2CO_3 为多元碱，能被强酸准确滴定的条件是 $cK_b \geq 10^{-8}$，能分步滴定的条件是 $K_{b_1}/K_{b_2} \geq 10^4$，$Na_2CO_3$ 的 $K_{b_1} = 1.8 \times 10^{-4}$，$K_{b_2} = 2.3 \times 10^{-8}$，$K_{b_1}/K_{b_2} \approx 10^4$，所以 Na_2CO_3 第一步离解产生的 OH^- 可勉强被分步滴定，有一个突跃，理论终点时产物 $NaHCO_3$ 为两性物质，故终点时：

$$pH = -\lg \sqrt{K_{a_1} K_{a_2}} = -\lg \sqrt{4.3 \times 10^{-7} \times 5.6 \times 10^{-11}} = 8.3$$

因此，酚酞变色时 Na_2CO_3 被滴定至 $NaHCO_3$，即滴定反应到达第一终点。

然后，再加入甲基橙指示剂，继续用 HCl 标准溶液滴定至由黄色变为橙色，所消耗 HCl 标准溶液的体积为 V_2。此时 $NaHCO_3$ 全部被滴定，产物为 $H_2CO_3(CO_2 + H_2O)$。反应式为：

$$NaHCO_3 + HCl = NaCl + H_2CO_3$$
$$\quad\quad\quad\quad\quad\quad\longrightarrow CO_2 \uparrow + H_2O$$

H_2CO_3 在室温下，其饱和溶液浓度约为 0.04mol·dm^{-3}，故终点时：

$$pH = -\lg \sqrt{cK_{a_1}} = -\lg \sqrt{0.04 \times 4.3 \times 10^{-7}} = 3.9$$

因此，甲基橙变色时滴定到达第二终点。

两步滴定 Na_2CO_3 所用 HCl 溶液用量相等。所以，由 V_1 和 V_2 的大小可以判断混合碱的组成。滴定曲线如图 4-14 所示。

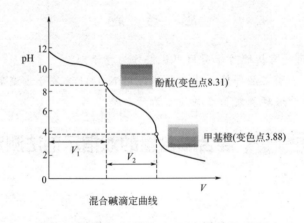

混合碱滴定曲线

图 4-14　两步滴定曲线示意图

① 当 $V_1 > V_2$，说明混合碱主要是 NaOH 和 Na_2CO_3 的混合物：

$$NaOH\ 含量=\frac{c(V_1-V_2)M_{NaOH}\times10^{-3}}{m}\times100\%$$

$$Na_2CO_3\ 含量=\frac{cV_2M_{Na_2CO_3}\times10^{-3}}{m}\times100\%$$

② 当 $V_1<V_2$，说明混合碱主要是 Na_2CO_3 和 $NaHCO_3$ 的混合物：

$$Na_2CO_3\ 含量=\frac{cV_1M_{Na_2CO_3}\times10^{-3}}{m}\times100\%$$

$$NaHCO_3\ 含量=\frac{c(V_2-V_1)M_{NaHCO_3}\times10^{-3}}{m}\times100\%$$

【试剂和仪器】

1. 无水 Na_2CO_3 基准物：270～300℃干燥 1h，稍冷后置于干燥器内保存备用。

2. $2g\cdot dm^{-3}$ 酚酞。

3. 0.2% 甲基橙。

4. 混合碱试样（Na_2CO_3 与 NaOH 或 Na_2CO_3 与 $NaHCO_3$）。

5. $50cm^3$ 酸式滴定管、分析天平、$250cm^3$ 容量瓶、$1dm^3$ 试剂瓶、$25cm^3$ 移液管等。

【实验步骤】

1. $0.1mol\cdot dm^{-3}$ 盐酸溶液的配制和标定

用洁净的量筒量取 $9cm^3$ 浓盐酸，注入预先盛有适量水的试剂瓶中，加水稀释至 $1dm^3$，充分摇匀。

差减法称取无水 Na_2CO_3 1.5～2.0g，于小烧杯中，加 $50cm^3$ 水溶解，定量转移至 $250cm^3$ 容量瓶中，定容，摇匀。从容量瓶中移取 $25cm^3$ Na_2CO_3 溶液于锥形瓶中，加 1～2 滴甲基橙指示剂，用 HCl 溶液滴定到溶液刚好由黄色变为橙色即为终点。平行滴定三次，计算 HCl 溶液的浓度，按数据（取舍后）计算盐酸的平均浓度，要求测定的相对平均偏差≤0.2%。

2. 混合碱分析

用差减法准确称取混合碱试样一（购买市售混合碱）1.3～1.5g 于 $100cm^3$ 小烧杯中，加少量新煮沸并冷却的蒸馏水，搅拌使其完全溶解，然后转移、洗涤、定容于 $250cm^3$ 容量瓶中，充分混匀。

用 $25cm^3$ 定量移液管吸取 25.00cm³ 上述溶液三份，分别置于 $250cm^3$ 锥形瓶中，加 $50cm^3$ 新煮沸的蒸馏水，再加 1～2[1] 滴酚酞指示剂，用 HCl 标准溶液滴定至溶液由红色刚变为无色，即为第一终点，HCl 标准溶液的用量记为 V_1。然后再加入 1～2 滴甲基橙指示剂于此溶液中，此时溶液呈黄色，继续用 HCl 标准溶液滴定至溶液由黄色变为橙色即为第二终点[2]，HCl 标准溶液的用量记为 V_2。根据 V_1 和 V_2 的大小判断组成并计算各组分含量。

对混合混合碱试样二（按一定比例配制混合碱溶液），用移液管移取 $25cm^3$ 三份，分别置于 $250cm^3$ 锥形瓶中，加 $50cm^3$ 新煮沸的蒸馏水，再加 1～2 滴酚酞指示剂，用上述步骤滴定，根据 V_1 和 V_2 的大小判断组成并计算各组分含量。

【数据记录与处理】

1. 盐酸溶液的标定

	1	2	3
$m(Na_2CO_3+称量瓶)$称量前/g			
$m(Na_2CO_3+称量瓶)$称量后/g			
$m_{Na_2CO_3}$/g			
$V_{HCl,初}$/cm^3			
$V_{HCl,终}$/cm^3			
V_{HCl}/cm^3			
c_{HCl}/mol·dm^{-3}			
$\bar{c}_{HCl}$/mol·dm^{-3}			
相对平均偏差/%			

2. 混合碱的测定（写明组分）

		1	2	3
第一终点	$V_{1,初}$/cm^3			
	$V_{1,终}$/cm^3			
	V_1/cm^3			
第二终点	$V_{2,初}$/cm^3			
	$V_{2,终}$/cm^3			
	V_2/cm^3			
组分1含量/%				
组分1平均含量/%				
相对平均偏差/%				
组分2含量/%				
组分2平均含量/%				
相对平均偏差/%				

【注释】

[1] 临近第一终点时，如果滴定速度太快、摇动不均匀，会造成试液中局部 HCl 过浓而与 NaHCO$_3$ 反应生成 H$_2$CO$_3$ 并分解为 CO$_2$ 和水，其中 CO$_2$ 逸出。因此滴定开始至第一终点前摇动要均匀，当酚酞指示剂从红色变为微红色的时候，更应该慢滴、慢摇，使生成的（或者原试液中的）NaHCO$_3$ 在未加甲基橙指示剂前不被滴定而反应。此外试液从浅红色变至无色较难判断，最好采用 NaHCO$_3$ 的酚酞溶液（浓度相当）做对照以减小误差。

[2] 终点产物为 H$_2$CO$_3$，其饱和溶液浓度为 0.04mol·dm^{-3}，计算可得 pH=3.9，因此可选择甲基橙为指示剂（黄色变至橙色时 pH=4.0），但在临近终点时应充分摇动，以防止形成 H$_2$CO$_3$ 过饱和溶液而使终点提前到达。

思 考 题

1. 双指示剂法测定混合碱的准确度较低，还有什么方法能提高分析结果的准确度？

2. 采用双指示剂法测定混合碱，在同一份溶液中测定，试判断下列五种情况下，混合碱中存在的成分是什么？

(1) $V_1=0$，$V_2 \neq 0$；(2) $V_1 \neq 0$，$V_2=0$；(3) $V_1 > V_2$；(4) $V_1 < V_2$；(5) $V_1=V_2 \neq 0$。

3. 为什么标准溶液的浓度一般都为 $0.1 mol \cdot dm^{-3}$，而不宜过高或过低？

4. 酸碱滴定法中，选择指示剂的依据是什么？

5. 测定混合碱，接近第一化学计量点时，若滴定速度太快，摇动锥形瓶不够，会对测定造成什么影响？为什么？

6. 参照本实验的原理，试设计出测定 $HCl-H_3PO_4$ 混合物各组分含量的实验方案（列出所用指示剂及计算公式）。

实验5　碳酸钙为基准物质标定EDTA

【实验目的】

1. 了解 EDTA 的性质和标准溶液的配制与标定方法。
2. 掌握配位滴定的原理，了解配位滴定的特点。
3. 熟悉铬黑 T（EBT）指示剂的使用和终点颜色的变化。
4. 学习容量瓶、移液管的使用方法。

【实验原理】

标定 EDTA 的基准物质有纯金属 Cu、Zn、Pb、Cd、Fe 等，金属氧化物 ZnO、Bi_2O_3、MgO 等，及某些盐类 $CaCO_3$、$ZnSO_4 \cdot 7H_2O$、$MgSO_4 \cdot 7H_2O$ 等。为了减小误差，提高测定的准确度，标定条件和测定条件应尽可能接近，一般选用待测元素的纯金属或其化合物作为基准。

在 pH 值为 10 的缓冲溶液中（EBT 的使用范围为 pH7～11）

$$Ca^{2+} + MgY^{2-} + EBT(蓝) \Longrightarrow CaY^{2-} + Mg^{2+}\text{-}EBT(红)$$

$$Ca^{2+} + Y^{4-} \Longrightarrow CaY^{2-}$$

$$Mg^{2+}\text{-}EBT(红) + Y^{4-} \Longrightarrow MgY^{2-} + EBT(蓝)$$

终点颜色由酒红色变为蓝色（$\lg K_{Ca^{2+}\text{-}EBT}=5.4$，$\lg K_{Mg^{2+}\text{-}EBT}=7.0$，$\lg K_{MgY^{2-}}=8.6$，$\lg K_{CaY^{2-}}=10.7$）

$$c_{EDTA} = \frac{(m_{CaCO_3}/M_{CaCO_3}) \times (25.00/250.0) \times 1000}{V_{EDTA}}$$

$$M_{CaCO_3} = 100.1 g \cdot mol^{-1}$$

【试剂和仪器】

1. 乙二胺四乙酸二钠盐（$Na_2H_2Y \cdot 2H_2O$），摩尔质量为 $372.2 g \cdot mol^{-1}$。

2. Mg^{2+}-EDTA 溶液　先配成 $0.05mol \cdot dm^{-3}$ EDTA 和 $0.05mol \cdot dm^{-3}$ $MgCl_2$ 的溶液各 $500cm^3$，然后在 $pH \approx 10$ 的碱性条件下，以铬黑 T 做指示剂，用上述的 EDTA 滴定 Mg^{2+}，记录使用 EDTA 的体积，根据滴定的结果，把 $MgCl_2$ 和 EDTA 两溶液按比例混合（保证 $MgCl_2$ 和 EDTA 的物质的量比为 1:1），备用。

3. NH_3-NH_4Cl 缓冲溶液　称取 20g $NH_4Cl(s)$ 溶于水后，加 $100cm^3$ 氨水，用去离子水稀释至 $1dm^3$，备用。

4. $CaCO_3$ 基准物质　在 110℃ 下干燥 2h 后，冷却，放于干燥器中备用。

5. $6mol \cdot dm^{-3}$ HCl 溶液。

6. $5g \cdot dm^{-3}$ 铬黑 T　称取 0.5g 铬黑 T，溶于 $25cm^3$ 三乙醇胺和 $75cm^3$ 无水乙醇中，低温保存，备用。

7. 电子天平、$50cm^3$ 碱式滴定管、洗瓶、烧杯、$250cm^3$ 容量瓶，烧杯等。

【实验步骤】

1. $0.01mol \cdot dm^{-3}$ 钙标准溶液的配制

减量法准确称取 $0.25 \sim 0.35g$ $CaCO_3(s)$ 于小烧杯中，在通风橱中，逐滴滴加 $6mol \cdot dm^{-3}$（水和浓盐酸体积比为 1:1）HCl 溶液至全部溶解，加少量水稀释，定量转移至 $250cm^3$ 的容量瓶中，定容，摇匀。

2. EDTA 的标定

用移液管移取 $25cm^3$ 钙标准溶液于锥形瓶中，加 $20cm^3$ 去离子水，加 $2cm^3$ MgY^{2-} 溶液，$5cm^3$ NH_3-NH_4Cl 缓冲溶液，加三滴 EBT，用待标定的 EDTA 溶液滴定，溶液颜色由酒红色变至蓝色，即为终点，平行滴定三次。

【数据记录与处理】

项　目		第一次	第二次	第三次
m_{CaCO_3}/g	初读数			
	终读数			
	m_{CaCO_3}			
V_{EDTA}/cm^3	初读数			
	终读数			
	V_{EDTA}			

思　考　题

1. 本实验是在什么缓冲溶液中进行的？如果没有缓冲溶液存在，对实验结果有何影响？

2. 阐述在以 EBT 为指示剂，碳酸钙为基准标定 EDTA 时，MgY^{2-} 能提高终点敏锐度的原理。

3. 以 $CaCO_3$ 为基准物，EBT 为指示剂标定 EDTA 溶液时，溶液的酸度应控制在什么范围？如何控制？

实验6 水硬度的测定

【实验目的】

1. 了解水硬度测定的意义和常用的硬度表示方法。
2. 掌握 EDTA 法测定水硬度的原理和方法。
3. 掌握铬黑 T 和钙指示剂的应用，了解金属指示剂的特点。

【实验原理】

水硬度的测定分为水的总硬度及钙-镁硬度两种，前者是测定钙镁的总量，后者是分别测定钙、镁的量。水中含有钙、镁的酸式碳酸盐称暂时硬度；含有钙、镁的硫酸盐、氯化物、硝酸盐称永久硬度。水的硬度是衡量水质的一个重要指标，很多工业生产用水都对其硬度有一定的要求，尤其是锅炉用水，硬度较高的水都要经过软化处理，并经分析测定达到一定标准后才能输入锅炉。生活饮用水的硬度对人体健康也有着一定影响，过高会影响肠胃的消化功能，但过低也未必有益。各国表示水硬度的方法不尽相同，可采用 $mmol CaCO_3 \cdot dm^{-3}$ 或 $mg CaCO_3 \cdot dm^{-3}$ 或 $mg CaO \cdot dm^{-3}$ 为单位表示。本实验用德国度表示：$1° = 10 mg CaO \cdot dm^{-3}$。

$$水的总硬度(°) = \frac{c_{EDTA} V_{EDTA} M_{CaO} \times 100}{V_水}$$

$$M_{CaO} = 56.08 g \cdot mol^{-1}$$

各国标准如下所示。

国家	CH(中)	DH(德)	FII(法)	EH(英)	AH(美)
1°	$10mg\ CaO \cdot dm^{-3}$	$10mg\ CaO \cdot dm^{-3}$	$10mg\ CaCO_3 \cdot dm^{-3}$	$10mg\ CaCO_3[1](0.7dm^3)^{-1}$	$10mg\ CaCO_3 \cdot dm^{-3}$

水质一般分五类：

$0°\sim4°$：很软的水；$4°\sim8°$：软水；$8°\sim16°$：中等硬度的水；$16°\sim30°$：硬水；$30°$以上：很硬的水。生活用水的总硬度不得超过 $25°$。

水的硬度测定普遍采用如下方法。

总硬度的测定：即在 $pH = 10$ 的氨性缓冲溶液中，以铬黑 T（EBT）为指示剂，用 EDTA 标准溶液滴定钙镁总量。这是国际标准、我国国家标准及有关部门的行业标准中指定的标准方法，适用于饮用水、锅炉用水、冷却用水、地下水及没有严重污染的地表水的硬度测定。

钙硬度的测定：即在 $pH = 12$ 的溶液中，用钙指示剂指示终点，用 EDTA 标准溶液滴定测定。

镁硬度的计算：总硬度－钙硬度。

若有 Fe^{3+}、Al^{3+} 干扰，可用三乙醇胺掩蔽；若有 Cu^{2+}、Pb^{2+}、Zn^{2+} 等金属离子干扰，可用 KCN、Na_2S 或巯基乙酸等掩蔽。

【试剂和仪器】

1. 乙二胺四乙酸二钠盐（$Na_2H_2Y \cdot 2H_2O$），摩尔质量为 $372.2 g \cdot mol^{-1}$。
2. $NH_3\text{-}NH_4Cl$ 缓冲溶液　称取 $20g\ NH_4Cl(s)$ 溶于水后，加 $100cm^3$ 氨水，用去离子

水稀释至 $1dm^3$，备用。

3. Mg^{2+}-EDTA 溶液　先配成 $0.05mol \cdot dm^{-3}$ EDTA 和 $0.05mol \cdot dm^{-3}$ $MgCl_2$ 溶液各 $500cm^3$，然后在 pH≈10 的碱性条件下，以铬黑 T 做指示剂，用上述的 EDTA 滴定 Mg^{2+}，记录 EDTA 的体积，根据滴定的结果，把 $MgCl_2$ 和 EDTA 两溶液按比例混合（保证 $MgCl_2$ 和 EDTA 为 1∶1），备用。

4. $CaCO_3$ 基准物质　在 110℃下干燥 2h 后，冷却，放于干燥器中备用。

5. $6mol \cdot dm^{-3}$ HCl 溶液。

6. $5g \cdot dm^{-3}$ 铬黑 T　称取 0.5g 铬黑 T，溶于 $25cm^3$ 三乙醇胺和 $75cm^3$ 无水乙醇中，低温保存，备用。

7. 钙指示剂　1g 钙指示剂加 100g NaCl（烘干）研磨均匀，备用。

8. $50cm^3$ 碱式滴定管和酸式滴定管、电子天平、洗瓶、烧杯、$250cm^3$ 容量瓶等。

【实验步骤】

1. 用实验 5 的方法标定浓度约为 $0.01mol \cdot dm^{-3}$ EDTA 溶液，作为标准溶液，以满足分析要求。

2. 用大烧杯接自来水 $600cm^3$，放置、备用。

3. 总硬度的测定　移取自来水 $100.0cm^3$ 于锥形瓶中，加 $5cm^3$ NH_3-NH_4Cl 缓冲溶液，三滴 EBT，用 EDTA 标准溶液滴定，溶液由红色变至蓝色，即为终点，平行滴定三次。

4. 钙硬度的测定　移取自来水 $100.0cm^3$ 于锥形瓶中，加 $2cm^3$ $1mol \cdot dm^{-3}$ NaOH，0.01g 钙指示剂，摇匀，用 EDTA 标准溶液滴定，溶液由红色变至蓝色，即为终点，同样平行滴定三次。

【数据记录与处理】

1. 总硬度的测定

项目		第一次	第二次	第三次
V_{EDTA}/cm^3	初读数			
	终读数			
	V_{EDTA}			

2. 钙硬度的测定

项目		第一次	第二次	第三次
V_{EDTA}/cm^3	初读数			
	终读数			
	V_{EDTA}			

思　考　题

1. 测定不同的样品，为什么要用不同的方法标定 EDTA？

2. 测定总硬度和钙硬度各用什么指示剂？溶液的 pH 应控制在什么范围？怎样控制？

3. 用 EDTA 法测定水硬度时，哪些离子的存在有干扰？怎样干扰？如何消除？

实验 7　锌化合物中锌含量的测定

【实验目的】

1. 进一步熟悉络合滴定的原理，比较不同测定方法之间的区别。
2. 熟悉金属指示剂二甲酚橙的使用和终点颜色的变化。

【实验原理】

络合滴定时，应保证标定、测定条件尽可能一致。在测定 Zn^{2+}、Pb^{2+}、Bi^{3+} 离子时，则宜用 ZnO 或金属锌作为基准物质，用二甲酚橙（XO）为指示剂标定 EDTA 溶液。

在 pH 值为 5~6 的缓冲溶液中（XO：pH≤6）

$$Zn^{2+} + XO(黄) \Longrightarrow Zn\text{-}XO(紫红色)$$

$$Zn^{2+} + Y \Longrightarrow ZnY$$

$$Zn\text{-}XO(紫红色) + Y \Longrightarrow ZnY + XO(亮黄色)$$

终点颜色由紫红色变为亮黄色。由 EDTA 的量计算 Zn 的含量，$M_{Zn} = 65.39 g \cdot mol^{-1}$。

【试剂和仪器】

1. 乙二胺四乙酸二钠盐（$Na_2H_2Y \cdot 2H_2O$），摩尔质量为 $372.2 g \cdot mol^{-1}$。
2. $200 g \cdot dm^{-3}$ 六亚甲基四胺　20g 六亚甲基四胺加水溶解后定容至 $100 cm^3$。
3. ZnO 基准物质　在 110℃ 下干燥 2h 后，冷却，放于干燥器中备用。
4. $6 mol \cdot dm^{-3}$ HCl 溶液。
5. $2 g \cdot dm^{-3}$ 二甲酚橙指示剂（配制方法：0.2g 二甲酚橙溶于 $100 cm^3$ 去离子水，低温保存，备用）。
6. $50 cm^3$ 碱式滴定管、电子天平、洗瓶、烧杯、$250 cm^3$ 容量瓶等。

【实验步骤】

1. 样品溶液的配制：减量法准确称取 0.20~0.30g 样品（ZnO）于小烧杯中，在通风橱中逐滴滴加浓度为 $6 mol \cdot dm^{-3}$（即浓盐酸与水按体积 1:1 稀释）的 HCl 至全部溶解后再多加 20 滴，定量转移至 $250 cm^3$ 容量瓶中，定容，摇匀。

2. 锌含量的测定：用移液管移取 $25 cm^3$ 锌样品溶液于锥形瓶中，加两滴 XO，加六亚甲基四胺至稳定的紫红色，再过量 $3 cm^3$，摇匀，用标准 EDTA 溶液（浓度约为 $0.10 mol \cdot dm^{-3}$）滴定，溶液的颜色由紫红色变为亮黄色，即为终点，平行滴定三次。求 Zn 含量。

【数据记录与处理】

项目		第一次	第二次	第三次
m_{ZnO}/g	初读数			
	终读数			
	m_{ZnO}			

项目		第一次	第二次	第三次
V_{EDTA}/cm^3	初读数			
	终读数			
	V_{EDTA}			

思 考 题

1. 本实验是在什么缓冲溶液中进行的？如果没有缓冲溶液存在，对实验结果有何影响？

2. 本实验所用 EDTA 标准溶液应选用什么基准物质标定？选用何种指示剂？酸度如何控制？

3. 讨论本实验的误差来源。该实验样品中若存在 Ca^{2+}、Mg^{2+} 会干扰实验吗？存在 Cu^{2+}、Pb^{2+} 呢？

实验8

离子交换柱始漏量与总交换量的测定

【实验目的】

1. 进一步熟悉络合滴定的原理。

2. 学会用络合滴定原理测定实际问题中的离子交换柱始漏量与总交换量。

【实验原理】

将氢型阳离子交换树脂充填于交换柱中，将 Mg^{2+} 浓度为 c_0 的试液以一定的流速流经交换柱。交换柱中树脂从上而下一层层地依次被交换，交界层不断地下降。在交界层底部到达树脂柱底部之前，流出液中 Mg^{2+} 浓度为零；当交界层底部到达柱底部时，流出液中开始出现 Mg^{2+}，此时称交换过程达到了"始漏点"或"流穿点"，到达始漏点时的柱交换容量称为"始漏量"。当柱中树脂全部被交换时，流出液中 Mg^{2+} 的浓度与加入的试液中的 Mg^{2+} 浓度 c_0 相等，此时柱中树脂的交换容量称为"总交换量"。始漏量与总交换量都以氢离子物质的量 mmol 表示。

实验中用 EDTA 络合滴定法监测各份流出液中的 Mg^{2+} 浓度 c。以流出液体积为横坐标、c/c_0 为纵坐标，绘制交换曲线，找出始漏点，并计算柱的始漏量与总交换量。

【试剂和仪器】

1. 交换柱，$(0.8\sim1.5)cm\times(20\sim40)cm$。

2. 732 型离子交换树脂　先用 5% 的盐酸（约为 $1.7mol\cdot dm^{-3}$）将树脂浸泡 $24\sim48h$，使其转为氢型。用去离子水洗至中性，40℃烘干备用。注意用 $AgNO_3$ 溶液检验洗涤用的去离子水是否合格。

3. $0.0600mol\cdot dm^{-3}$ Mg^{2+} 溶液　将 14.8g $MgSO_4\cdot7H_2O$ 溶于 $1000cm^3$ 去离子水中。

4. $0.0600mol\cdot dm^{-3}$ EDTA 溶液　用 Zn 标准溶液标定，得准确浓度。

5. NH_3-NH_4Cl 缓冲溶液（pH＝10）　称取 33.8g NH_4Cl 溶于 $100cm^3$ 水中，加入 $280cm^3$ 氨水，用水稀释至 $500cm^3$。

6. 镁试剂 I　溶解 0.001g 镁试剂（对硝基苯偶氮间苯二酚）于 $100cm^3$ $2mol \cdot dm^{-3}$ NaOH 溶液中。

7. $5g \cdot dm^{-3}$ EBT 溶液。

【实验步骤】

1. 装柱

将交换柱洗净、装满蒸馏水。取一团玻璃丝或脱脂棉，蒸馏水润湿后用一根细长的玻璃棒轻轻将其送入交换柱的底部，以支持柱中树脂层。注意在此过程中不要引入气泡。称取干燥的氢型阳离子交换树脂于小烧杯中，加入水提前浸泡过夜。稍微打开交换柱下端的活塞，让柱中的蒸馏水缓慢流出，同时将已浸泡溶胀好的树脂连同水一起慢慢倒入交换柱中，待烧杯中的树脂全部转入交换柱中，且树脂层均匀地自由沉降后，关上活塞。注意装好的树脂层必须是均匀的，且没有气泡。在使用前及使用过程中，柱内液面始终都要高于树脂床的顶部。

2. 柱自由体积的测定

首先使交换柱内的液面下降至尽量接近（但仍高于）树脂床顶层，加入 $1mol \cdot dm^{-3}$ 盐酸 $0.5cm^3$ 于树脂床顶部，然后以 $4 \sim 5cm^3 \cdot min^{-1}$ 的流速用水淋洗（预先检查此水应不含 Cl^-）。取一只 $10cm^3$ 小量筒，洗净、控干水，滴加 6 滴 $0.1mol \cdot dm^{-3}$ $AgNO_3$ 溶液，以此量筒收集流出液。当观察到量筒中开始出现 AgCl 白色浑浊时立即记下此刻流出液体积 V_0（注意扣除 $0.1mol \cdot dm^{-3}$ $AgNO_3$ 溶液的体积），此体积即为交换柱的自由体积。用水冲洗交换柱至流出液中无 Cl^-，重复测定自由体积，以两次平均值为柱自由体积。

3. 始漏量的测定

用 $100cm^3$ 量筒承接流出液，将 Mg^{2+} 试液以 $3 \sim 5cm^3 \cdot min^{-1}$ 的流速通过交换柱，在白瓷板上不时用镁试剂溶液检查流出液中有无 Mg^{2+} 流出。如发现 Mg^{2+} 流出，立即记录流出液的体积。此后每 $25cm^3$ 收集流出液测定一次其中 Mg^{2+} 的浓度，直至流出液中的 Mg^{2+} 浓度与加入的试液中的 Mg^{2+} 浓度相等，此时表示树脂已被全部交换。根据实验数据绘制交换曲线（c/c_0-流出液体积变化曲线）。

4. 交换柱中总交换量的测定

将以上交换柱用水快速冲洗至无游离的 Mg^{2+}（约 $15 \sim 20cm^3$/次，$3 \sim 4$ 次），然后用 $2mol \cdot dm^{-3}$ 盐酸淋洗（$3 \sim 4cm^3 \cdot min^{-1}$）交换树脂，使树脂上被交换上去的 Mg^{2+} 淋洗下来。收集淋洗液于 $250cm^3$ 容量瓶中，用水定容。移取该溶液 $25cm^3$ 于锥形瓶中，EDTA 滴定法测定其中 Mg^{2+} 浓度，平行滴定三次。按下式计算柱的总交换容量：

$$柱总交换容量(mmol \cdot L^{-1}, H^+) = \frac{c_{EDTA} \times V_{EDTA}}{25.00} \times 250.0 \times 2$$

5. EDTA 滴定法测镁

将各份流出液置于 $250cm^3$ 锥形瓶中，用 1∶1 的氨水溶液（市售浓氨水与水等体积混合均匀）中和（约 4 滴），加 $5cm^3$ NH_3-NH_4Cl 缓冲溶液，$2 \sim 3$ 滴 EBT 指示剂，用 EDTA 标准溶液滴定，溶液由酒红色突变至纯蓝色即为终点。按下式计算溶液中 Mg^{2+} 的浓度：

$$c_{Mg} = \frac{c_{EDTA} \times V_{EDTA}}{V_{试}}$$

式中 c_{Mg}、c_{EDTA} 分别表示镁离子与 EDTA 标准溶液的浓度；V_{EDTA}、$V_{试}$ 分别表示滴定所消耗的 EDTA 标准溶液的体积和滴定时所取流出液的体积。

【注意事项】

1. 对于一定数量的树脂来说，其总交换量是一定的，而始漏量却与许多因素有关，如树脂颗粒的大小、溶液的流速、交换柱的横截面积、温度等因素都对始漏量有影响。在实验过程中应注意控制流速。

2. 试液和淋洗液要缓慢加入到交换柱中，不要引起顶层树脂的松动，否则树脂不能充分交换。也可在树脂层顶部铺一薄层玻璃丝或脱脂棉，以防树脂在加液时被冲动。

3. 始漏点的体积等于流出液中刚出现 Mg^{2+} 时的体积减去柱的自由体积。

思 考 题

1. 如何装一根符合要求的离子交换柱？

2. 交换柱的总交换容量可以通过交换曲线计算获得。请根据实验数据，从交换曲线中找出计算总交换容量的方法，并与实验测得的总交换容量进行比较，说明二者之间差异的来源。

3. 测定交换柱的始漏量与总交换量对实际工作有什么意义？哪些因素影响始漏量？

实验 9

$K_2Cr_2O_7$标定硫代硫酸钠 ($Na_2S_2O_3$) 溶液

【实验目的】

1. 学会 $Na_2S_2O_3$ 溶液的配制、保存方法。

2. 掌握 $Na_2S_2O_3$ 溶液标定的原理和方法。

【实验原理】

$Na_2S_2O_3 \cdot 5H_2O$ 含杂质，容易风化、潮解，因此不能直接配制成溶液，只能用间接法配制。为了获得浓度较稳定的标准 $Na_2S_2O_3$ 溶液，配制时，必须用新煮沸并冷却的蒸馏水，以杀死细菌并除去水中的 CO_2 和 O_2，并加少量 Na_2CO_3 保持溶液成弱碱性，抑制细菌生长。避光、贮于棕色瓶中，放置 8～14 天标定。

氧化剂基准物一般为：$K_2Cr_2O_7$、$KBrO_3$、KIO_3、I_2、Cu 等。$K_2Cr_2O_7$ 与 KI 的反应为：

$$Cr_2O_7^{2-} + 6I^- + 14H^+ = 2Cr^{3+} + 3I_2 + 7H_2O$$

因 $K_2Cr_2O_7$ 与 KI 反应速率慢，故反应要于暗处放置一段时间使其充分反应。

标定 $Na_2S_2O_3$ 的基本反应是：

$$I_2 + 2S_2O_3^{2-} = 2I^- + S_4S_6^{2-}$$

反应条件为中性或弱酸性。

指示剂为淀粉；终点颜色变化为蓝色消失。

$$c_{Na_2S_2O_3} = \frac{6 \times \dfrac{m_{K_2Cr_2O_7}}{M_{K_2Cr_2O_7}} \times \dfrac{25.00}{100.0} \times 1000}{V_{Na_2S_2O_3}}$$

$$M_{K_2Cr_2O_7} = 294.2 g \cdot mol^{-1}$$

【试剂和仪器】

1. 分析纯 $K_2Cr_2O_7$。

2. 分析纯 KI。

3. $6mol \cdot dm^{-3}$ HCl 溶液。

4. $0.05mol \cdot dm^{-3}$ $Na_2S_2O_3$ 溶液　称取 $14g$ $Na_2S_2O_3 \cdot 5H_2O$ 和 $0.2g$ Na_2CO_3 加去离子水搅拌溶解于 $300cm^3$ 烧杯中（水越多越易溶解），倒入 $1dm^3$ 试剂瓶中，加水，搅匀备用。

5. $50cm^3$ 碱式滴定管、电子天平、洗瓶、烧杯、$250cm^3$ 容量瓶等。

【实验步骤】

1. $0.05mol \cdot dm^{-3}$ （$1/6K_2Cr_2O_7$）标准溶液的配制

用减量法准确称取 $0.22 \sim 0.27g$ $K_2Cr_2O_7$ 于小烧杯中，加水溶解，定量转移至 $100cm^3$ 容量瓶中，加水稀释至刻度，摇匀。

2. $Na_2S_2O_3$ 溶液的标定

用移液管准确吸取 $K_2Cr_2O_7$ 溶液 $25.00cm^3$ 于 $250cm^3$ 锥形瓶中，加入 $0.6 \sim 0.8g$ KI 固体，摇动数次使其溶解。再加入 $3cm^3$ $6mol \cdot dm^{-3}$ 的 HCl 溶液，盖上表面皿摇匀，迅速放在暗处（实验柜中）$5min$。待反应完全后，加入 $50cm^3$ 蒸馏水（量筒量取，为什么？），摇匀后立即用待标定的 $Na_2S_2O_3$ 溶液滴定至浅黄绿色。加 $2cm^3$ 1% 淀粉溶液，摇匀（溶液为蓝色），继续用 $Na_2S_2O_3$ 溶液滴定至蓝色刚好消失即为终点，记录消耗的 $Na_2S_2O_3$ 溶液的体积，平行测定三次。

【数据记录与处理】

项目		第一次	第二次	第三次
$m_{K_2Cr_2O_7}$/g	初读数			
	终读数			
	$m_{K_2Cr_2O_7}$			
$V_{Na_2S_2O_3}$/cm³	初读数			
	终读数			
	$V_{Na_2S_2O_3}$			

思　考　题

1. 用来标定硫代硫酸钠溶液的基准物质有哪些？

2. 用 $K_2Cr_2O_7$ 标定 $Na_2S_2O_3$ 溶液时，为何在滴定前时要将溶液冲稀？如果冲稀过早，会有什么后果？

3. 碘量法误差的来源有哪些？应如何避免？

4. 哪些因素影响了 $Na_2S_2O_3$ 溶液的稳定性？如何配制和保存浓度比较稳定的 $Na_2S_2O_3$ 标准溶液？

实验10 铜盐中铜含量的测定

【实验目的】

掌握间接碘量法测定铜的方法和原理。

【实验原理】

在以 H_2SO_4 为介质的酸性溶液中（pH＝3～4），Cu^{2+} 与过量的 I^- 作用生成不溶性的 CuI 沉淀并定量析出 I_2：

$$2Cu^{2+}+4I^-\!=\!=\!=2CuI\downarrow+I_2$$
$$\text{或 } 2Cu^{2+}+5I^-\!=\!=\!=2CuI\downarrow+I_3^-$$

以淀粉为指示剂，生成的 I_2 用 $Na_2S_2O_3$ 标准溶液滴定，滴定至溶液的蓝色刚好消失即为终点。

$$I_2+2S_2O_3^{2-}\!=\!=\!=2I^-+S_4O_6^{2-}$$

由于 CuI 沉淀表面强烈地吸附 I_2，故分析结果偏低，为了减少 CuI 沉淀对 I_2 的吸附，可在大部分 I_2 被 $Na_2S_2O_3$ 溶液滴定后，再加入 KSCN，使 CuI（$K_{sp}=1.1\times10^{-12}$）沉淀转化为溶解度更小的 CuSCN（$K_{sp}=4.8\times10^{-15}$）沉淀。

$$CuI+SCN^-\!=\!=\!=CuSCN\downarrow+I^-$$

CuSCN 吸附 I_2 的倾向较小，因而可以提高测定结果的准确度。

根据 $Na_2S_2O_3$ 标准溶液的浓度、消耗的体积及试样的重量，计算试样中铜的含量。$M_{Cu}=63.55\text{g}\cdot\text{mol}^{-1}$。

Fe^{3+} 能氧化 I^-，对测定有干扰，可加入 NH_4HF_2 掩蔽。As（Ⅲ）、Sb（Ⅲ）的干扰可用 HCl-HNO_3 溶样，再加溴水氧化，过量的溴煮沸除去。加浓 H_2SO_4 加热冒浓白烟以除去 Cl^-、NO_3^- 干扰，再加尿素除氮氧化物。

【试剂和仪器】

1. $CuSO_4\cdot5H_2O$ 分析纯。

2. KI 分析纯。

3. $1\text{mol}\cdot\text{dm}^{-3}$ H_2SO_4 溶液　将 54cm^3 浓 H_2SO_4 缓缓倒入 300cm^3 水中，边倒边快速搅拌，然后再加水至 1dm^3。

4. $0.05\text{mol}\cdot\text{dm}^{-3}$ $Na_2S_2O_3$ 溶液　称取 14g $Na_2S_2O_3\cdot5H_2O$ 和 0.2g Na_2CO_3 加去离子水搅拌溶解于 300cm^3 烧杯中（水越多溶解越快），转入 1dm^3 容量瓶中，加水至刻度，摇匀备用。

5. 10％ KSCN 溶液　10g KSCN 加水溶解再稀释至 100cm^3。

6. 0.5％淀粉　0.5g 淀粉倒入煮沸的 100cm^3 水中，搅拌溶解。

7. 50cm^3 碱式滴定管、电子天平、洗瓶、烧杯、250cm^3 容量瓶等。

【实验步骤】

准确称取硫酸铜试样 $0.30 \sim 0.35g$ 于 $250cm^3$ 锥形瓶中，加 $1mol \cdot dm^{-3}$ H_2SO_4 溶液 $1cm^3$ 和 $30cm^3$ 水使之溶解。首先加入 $0.6 \sim 0.8g$ KI，立即用 $Na_2S_2O_3$ 标准溶液滴定至溶液呈浅黄色。然后加入 1‰ 淀粉溶液 $2cm^3$，继续滴定到溶液呈浅蓝色。再加入 $5cm^3$ 10‰ KSCN 溶液，充分摇动，溶液蓝色变深。再继续滴定到溶液蓝色恰好消失，记录消耗的 $Na_2S_2O_3$ 溶液的体积，平行测定三次。

【数据记录与处理】

项目		第一次	第二次	第三次
$m_{CuSO_4 \cdot 5H_2O}/g$	初读数			
	终读数			
	$m_{CuSO_4 \cdot 5H_2O}$			
$V_{Na_2S_2O_3}/cm^3$	初读数			
	终读数			
	$V_{Na_2S_2O_3}$			

思 考 题

1. 碘量法测定铜时，为什么临近终点时加入 NH_4SCN（或 KSCN）？
2. 已知 $E^{\ominus}_{Cu^{2+}/Cu^+} = 0.159V$，$E^{\ominus}_{I_3^-/I^-} = 0.545V$，为何本实验中 Cu^{2+} 却能将 I^- 氧化成 I_2？
3. 碘量法测定铜为什么要在弱酸性介质中进行？

实验11

硫代硫酸钠的标定和维生素C片(粒)中维生素C含量的测定

【实验目的】

1. 掌握碘量法标定硫代硫酸钠浓度的原理、方法与操作技能。
2. 学习直接碘量法测定样品中维生素 C 含量的原理及方法。
3. 巩固滴定分析实验操作技能。

【实验原理】

维生素 C 是一种水溶性的维生素，可用于预防和治疗坏血病，故又称为抗坏血酸，分子式为 $C_6H_8O_6$，摩尔质量为 $176.12g \cdot mol^{-1}$。由于维生素 C 分子中的烯二醇基具有还原性，能被 I_2 定量地氧化成二酮基，因此可采用直接碘量法测定其含量，反应如下：

1mol 维生素 C 与 1mol I_2 定量反应，生成 1mol 产物，所以该反应可以用来测定药物、食品中的维生素 C 含量。此外也可用紫外分光光度计法和荧光法测定维生素 C 的含量。

由于维生素 C 的还原性很强，在空气中极易被氧化，尤其是在碱性介质中更甚，因此在测定时加入 HAc 使溶液呈弱酸性，以减少维生素 C 的副反应。

维生素 C 在分析化学中常作为掩蔽剂和还原剂应用在分光光度计法和配位滴定法中。

本实验用 $K_2Cr_2O_7$ 标定 $Na_2S_2O_3$。$K_2Cr_2O_7$ 与 KI 的反应为：

$$Cr_2O_7^{2-} + 6I^- + 14H^+ \rightleftharpoons 2Cr^{3+} + 3I_2 + 7H_2O$$

标定 $Na_2S_2O_3$ 的基本反应是：

$$I_2 + 2S_2O_3^{2-} \rightleftharpoons 2I^- + S_4O_6^{2-}$$

反应条件为中性或弱酸性。指示剂为淀粉，终点颜色变化为蓝色消失。用标定的 $Na_2S_2O_3$ 求得 I_2 的含量进而求得维生素 C 的含量。

【试剂和仪器】

1. 分析纯 $Na_2S_2O_3 \cdot 5H_2O$。

2. 分析纯 $K_2Cr_2O_7$。

3. 20% KI。

4. $2mol \cdot dm^{-3}$ HAc。

5. $5g \cdot dm^{-3}$ 淀粉指示剂　称取 0.5g 可溶性淀粉于烧杯中，加入少量水搅匀，再加入 $100cm^3$ 沸水搅匀即配制好指示剂。实验时应现用现配。

6. 维生素 C 片（粒）。

7. 电子天平、烧杯、容量瓶、锥形瓶、试剂瓶、洗瓶、洗耳球、酸式滴定管、碱式滴定管、移液管、滴定台、研钵等。

【实验步骤】

1. $0.05mol \cdot dm^{-3}$ $K_2Cr_2O_7$ 标准溶液的配制

将分析纯 $K_2Cr_2O_7$ 在 150~180℃ 干燥 2h，置于干燥其中冷却至室温。用固定样称量法准确称取 0.6129g 于小烧杯中，加水溶解，定量转入 $250cm^3$ 容量瓶中，稀至刻度摇匀。

2. $0.1mol \cdot dm^{-3}$ I_2 溶液的配制

称取 3.3g I_2 和 5g KI，置于研钵中，（通风橱中操作）加入少量水研磨，待 I_2 全部溶解后，将溶液转入棕色试剂瓶中，加水稀至 $250cm^3$，摇匀，暗处保存。

3. $0.1mol \cdot dm^{-3}$ $Na_2S_2O_3$ 溶液的配制

称取 $Na_2S_2O_3 \cdot 5H_2O$ 12.5g 置于 $400cm^3$ 烧杯中，加入约 0.1g Na_2CO_3，用新煮沸经冷却的蒸馏水溶液并稀释到 $500cm^3$，保存于棕色瓶中，在暗处放置一周后再标定浓度。

4. $0.1mol \cdot dm^{-3}$ $Na_2S_2O_3$ 溶液的标定

用移液管吸取 $K_2Cr_2O_7$ 溶液 $25.00cm^3$ 与 $250cm^3$ 锥形瓶（碘量瓶）中，加入 $5cm^3$ $6mol \cdot dm^{-3}$ HCl 溶液，加入 20% KI $5cm^3$，摇匀后放在暗处 5min 后，立即用待标定的 $Na_2S_2O_3$ 溶液滴定至淡黄色，然后加 0.2% 淀粉溶液 $5cm^3$，继续用 $Na_2S_2O_3$ 的滴定至蓝色刚好消失，计算浓度。平行滴定 3~5 份，计算平均值。

5. I_2 标准溶液的标定

吸取 $25.00cm^3$ $Na_2S_2O_3$ 标准溶液 3 份，分别置于 $250cm^3$ 锥形瓶中，加入 $50cm^3$ 水，

$2cm^3$ 淀粉溶液，用 I_2 滴定至稳定的蓝色，半分钟不褪色即为终点。平行测定 3～5 份，计算 I_2 溶液的浓度。

6. 维生素 C 片（粒）中 Vc 含量的测定

取维生素 C 片（粒）1 片（粒）到 2 片（粒）(质量大于 0.2g)，研碎，准确称重后置于锥形瓶中，加 $10cm^3$ $2mol \cdot dm^{-3}$ HAc，加水 $30cm^3$，淀粉指示剂 $2cm^3$，立即用 I_2 标准溶液滴定，使溶液呈稳定的蓝色为终点，平行测定 3～5 份，计算 Vc 含量，其含量用质量分数表示。即

$$w_{维生素C} = \frac{c_{I_2} V_{I_2} \times 0.1763}{m}$$

式中，0.1763 为每毫摩尔维生素 C 的质量。

【数据记录与处理】

项目		第一次	第二次	第三次	第四次	第五次
$w_{维生素C}$	初读数					
	终读数					
	$w_{维生素C}$					
V_{I_2}/cm^3	初读数					
	终读数					
	V_{I_2}					

也可自行拟定实验数据表格和报告表格。

思 考 题

1. 为什么要用强氧化剂与 KI 反应产生 I_2 来标定 $Na_2S_2O_3$，而不能用氧化剂直接反应来标定 $Na_2S_2O_3$？

2. $K_2Cr_2O_7$、$KBrO_3$、KIO_3 三种氧化剂与 KI 反应，有何区别？

3. 碘量法的误差来源有哪些？

实验12

邻二氮菲分光光度法测定微量铁

【实验目的】

1. 学习邻二氮菲分光光度法测定微量物质的原理及方法。

2. 熟悉绘制吸收曲线的方法，正确选择测定波长。

3. 掌握用标准曲线测定未知物含量。

4. 了解并掌握 721 型分光光度计的构造和使用方法。

【实验原理】

邻二氮菲（Phen）是测定微量铁的一种较好试剂。在 pH＝2～9 的条件下 Fe^{2+} 与邻二

氮菲生成极稳定的橘红色络合物 $Fe(Phen)_3^{2+}$，此络合物的 $lgK_稳 = 21.3$，摩尔吸光系数 $\varepsilon_{510} = 1.1 \times 10^4$。

在显色前，首先用盐酸羟胺把 Fe^{3+} 还原为 Fe^{2+}，其反应式如下：

$$2Fe^{3+} + 2NH_2OH \cdot HCl \longrightarrow 2Fe^{2+} + N_2 + 4H^+ + 2Cl^-$$

测定时，控制溶液酸度在 pH＝5 左右较为适宜。酸度高时，反应进行较慢；酸度太低，则 Fe^{2+} 水解，影响显色。

Bi^{3+}、Cd^{2+}、Hg^{2+}、Ag^+、Zn^{2+} 等与显色剂生成沉淀，Ca^{2+}、Cu^{2+}、Ni^{2+} 等与显色剂形成有色络合物。因此当这些离子共存时，应注意它们的干扰作用。

本实验通过绘制吸收曲线，选择最大吸收波长或选择适宜的测量波长，通过变动某实验条件，固定其他条件，确定测定最佳酸度和显色剂用量；通过绘制标准曲线求得标准曲线的回归方程、相关系数，计算摩尔吸光系数 ε_{max}，并根据标准曲线测定未知样品。最后根据回归方程计算出未知水样中铁的含量，用 $\mu g \cdot cm^{-3}$ 表示。

【试剂和仪器】

1. $100\mu g \cdot cm^{-3}$ Fe 标液　精确称取 0.8634g $NH_4Fe(SO_4)_2 \cdot 12H_2O$ 于 $100cm^3$ 烧杯中加 1∶1 HCl $20cm^3$ 和少许水搅拌溶解（温度低稍加热），移入 $1000cm^3$ 容量瓶中，加水定容至 $1000cm^3$。

2. 10％盐酸羟胺　10g 盐酸羟胺加水溶解至 $100cm^3$，临用前现配。

3. 0.15％邻二氮菲（Phen）0.15g　邻二氮菲加 $100cm^3$ 水加热溶解。

4. $1mol \cdot dm^{-3}$ NaAc　13.608g $NaAc \cdot 3H_2O$ 加无水乙酸钠 8.2g 加水溶解至 $100cm^3$。

5. 未知液　将 Fe 标液稀释到一定倍数作为未知液。

6. 分光光度计、电子天平、洗瓶、烧杯、$250cm^3$ 容量瓶等。

【实验步骤】

1. 标准系列及未知样溶液的配制

按"数据记录与处理"表 2 于各容量瓶中依次加入相应铁标液及未知液，再于每个容量瓶中依次加入盐酸羟胺 $1.0cm^3$、Phen $2.0cm^3$、NaAc $5.0cm^3$，加蒸馏水稀释至刻度，摇匀，放置 10min，测吸光度 A。

2. 邻二氮菲-Fe^{2+} 吸收曲线的绘制

以水做参比，根据"数据记录与处理"表 1 改变波长测定表 2 中 4# 溶液的吸光度 A。

3. 标准曲线的绘制

入射波长为 510nm 时，以 1# 做参比，测定标准系列中 2#、3#、4#、5#、6# 的吸光度 A。

4. 未知溶液（7#）中铁含量的测定

入射波长为 510nm，以 1# 做参比，测定未知样的吸光度 A。

【数据记录及处理】

1. 吸收曲线的制作和测量波长的选择（表 1）

λ/nm	440	450	460	470	480	490	500	505	510	515	520	530	540
A													

2. 未知样铁含量的测定（表2）（铁标液 $100\mu g \cdot cm^{-3}$）

序号	1#	2#	3#	4#	5#	6#	7#（未知样）
铁标液/cm^3	0.00	0.40	0.70	1.00	1.30	1.60	2.00
A							

思 考 题

1. 邻二氮菲分光光度法测定微量铁时，加入盐酸羟胺、NaAc 和邻二氮菲的作用是什么？加入的次序是否可改变？

2. 本实验中，用移液管量取各溶液时，哪些溶液的体积必须准确量取？

3. 分光光度计的五大组成部分是什么？

4. 参比溶液选择的原则是什么？

实验13 光度分析条件实验

【实验目的】

用分光光度法确定显色反应的条件。

【实验原理】

分光光度法测定物质含量时应注意的条件主要是显色反应的条件和测量吸光度的条件。显色反应的条件有显色剂用量、介质的酸度、显色时溶液的温度、显色时间及干扰物质的消除方法等；测量吸光度的条件包括应选择的入射光波长、吸光度范围和参比溶液等。

【试剂和仪器】

1. $100\mu g \cdot cm^{-3}$ Fe 标液　精确称取 0.8634g $NH_4Fe(SO_4)_2 \cdot 12H_2O$ 于 100cm^3 烧杯中，加 1:1 HCl 20cm^3 和少许水搅拌溶解（温度低稍加热），移入 1000cm^3 容量瓶中，加水定容至 1000cm^3。

2. 10% 盐酸羟胺　10g 盐酸羟胺加水溶解至 100cm^3，临用前现配。

3. 0.15% 邻二氮菲（Phen）　0.15g 邻二氮菲加 100cm^3 水加热溶解。

4. 1mol·dm^{-3} NaAc　13.608g NaAc·$3H_2O$ 加无水乙酸钠 8.2g 加水溶解至 100cm^3。

5. 1mol·dm^{-3} NaOH　4g NaOH 加水溶解至 100cm^3。

6. 分光光度计、电子天平、洗瓶、烧杯、250cm^3 容量瓶等。

【实验步骤】

1. 溶液酸度的选择

按照"数据记录与处理"1 中的表，在 1#~7# 容量瓶中依次加入 $100\mu g \cdot cm^{-3}$ 铁标液各 1.00cm^3，盐酸羟胺各 1.0cm^3，Phen 各 2.0cm^3；依次加入不同量 NaOH 以控制不同 pH 值，加蒸馏水稀释至刻度，摇匀，放置 10min。于 510nm 波长处，以水做参比，测定 1#~7# 溶液的吸光度 A。

2. 显色剂用量的选择

按照"数据记录与处理"2中的表，在 $1^{\#} \sim 7^{\#}$ 容量瓶中依次加入 $100\mu g \cdot cm^{-3}$ 铁标液各 $1.00 cm^3$，盐酸羟胺各 $1.0 cm^3$；按表 2 依次加入不同量 Phen；各加 $5.0 cm^3$ NaAc，加蒸馏水稀释至刻度，摇匀，放置 10min。于 510nm 波长处，以水做参比，测定 $1^{\#} \sim 7^{\#}$ 溶液的吸光度 A。

3. 显色时间

以蒸馏水作参比，改变时间测定"数据记录与处理"2表中的 $6^{\#}$ 样品的吸光度 A。

【数据记录与处理】

1. 溶液酸度的选择

序号	$1^{\#}$	$2^{\#}$	$3^{\#}$	$4^{\#}$	$5^{\#}$	$6^{\#}$	$7^{\#}$
V_{NaOH}/cm^3							
对应的 pH							
A							

2. 显色剂用量的选择

序号	$1^{\#}$	$2^{\#}$	$3^{\#}$	$4^{\#}$	$5^{\#}$	$6^{\#}$	$7^{\#}$
V_{Phen}/cm^3	0.2	0.4	0.6	1.0	1.5	2.0	3.0
A							

3. 显色时间（2表中的 $6^{\#}$ 样品）

t/min	2	4	6	8	10	15	20	30	40	50	60
A											

综合上述结果，得出邻二氮菲分光光度法测定微量铁的合适显色条件。

思 考 题

1. 为什么要用参比溶液调节仪器的零点？
2. 怎样选择参比溶液？什么情况下可以用蒸馏水作参比溶液？
3. 对照分析和空白分析是什么？何时做对照分析、何时做空白分析？

实验14

乙酸的电位滴定分析及解离常数的测定

【实验目的】

1. 学习电位滴定的基本原理和操作技术。
2. 使用 pH-V 曲线和（ΔpH/ΔV）-V 曲线与二级微商法确定滴定终点。
3. 学习测定弱解离常数的方法。

【实验原理】

乙酸为一元弱酸，其 $pK_a = 4.74$，当以标准碱溶液滴定乙酸试液时，在化学计量点附近可以观察到 pH 的突跃。

玻璃电板和饱和甘汞电池插入试液时组成工作电池：

$$Ag \mid AgCl(s) \mid HCl(0.1mol \cdot dm^{-3}) \mid 玻璃膜 \mid HAc\ 试液 \mid\mid KCl(饱和) \mid HgCl_2(s) \mid Hg(l)$$

该工作电池的电动势在酸度计上反映出来，并表示为滴定过程中的 pH 值，记录加入标准碱溶液的体积和相应被滴定溶液的 pH 值，然后以 $\Delta pH'/\Delta V' = 0$ 处确定终点。根据标准碱溶液消耗的体积和试液体积，即可求得试样中乙酸的浓度。

根据乙酸解离平衡：

$$HAc \Longrightarrow H^+ + Ac^-$$

其解离常数：

$$K_a = \frac{[H^+][Ac^-]}{[HAc]}$$

当滴定分数为 50% 时，$[Ac^-] = [HAc]$，此时，$K_a = [H^+]$，即 $pK_a = pH$。因此，在滴定分数为 50% 时的 pH 值，即为乙酸的 pK_a 值。

【试剂和仪器】

1. $0.05mol \cdot dm^{-3}$ 邻苯二甲酸氢钾溶液，pH = 4.00（20℃）。

2. $0.05mol \cdot dm^{-3}$ 磷酸氢二钠与 $0.05mol \cdot dm^{-3}$ 磷酸二氢钾混合溶液，pH = 6.88（20℃）。

3. $1mol \cdot dm^{-3}$ 乙酸标准溶液，$0.1mol \cdot dm^{-3}$ NaOH 标准溶液，乙酸试剂（浓度约为 $1mol \cdot dm^{-3}$）。

4. 自动电位滴定计，雷磁 E-201-C 型（65-1AC 型）塑壳可充实复合电极，玻璃电板，甘汞电极，容量瓶，移液管，微量滴定管。

【实验步骤】

1. 调试电位滴定仪，将选择开关置于 pH 滴定挡。摘去饱和甘汞电极的橡胶帽，并检查内电极是否浸入饱和 KCl 溶液中，如未浸入，应补充饱和 KCl 溶液。在电极架上装好玻璃电极，以防止烧杯碰坏玻璃电极薄膜。

2. 将 pH = 4 的标准缓冲溶液放入小烧杯中，开动搅拌器，进行酸度计定位，再以 pH = 6.88 的标准缓冲溶液校正，所得读数和测量温度下的缓冲溶液的标准 pH 值之差应该在 ±0.05 个单位之内。

3. 移取乙酸标准溶液 $10.00cm^3$，置于 $100cm^3$ 烧杯中，加水约 $30cm^3$，加入搅拌子。

4. 取稀释后的乙酸标准溶液 $5.00cm^3$，置于 $100cm^3$ 烧杯中，加水至 $30cm^3$，加入搅拌子。

5. 将标准的 NaOH 溶液装入微量滴定管中，调整液面到 $0.00cm^3$ 处。

6. 开动搅拌器，调节至适当的搅拌速度，进行粗测，即测量在加入 NaOH 溶液 $0.00cm^3$、$1.00cm^3$、$2.00cm^3$、$3.00cm^3$、$4.00cm^3$、$5.00cm^3$、$6.00cm^3$、$7.00cm^3$、$8.00cm^3$、$9.00cm^3$、$10.00cm^3$ 时各点的 pH 值。

7. 重复④、⑤操作，然后进行细测，即在化学计量点附近进行测试。

将正式细测的实验数据列表，绘制 pH-V 曲线和（$\Delta pH/\Delta V$）-V 曲线；用 pH-V 曲线、（$\Delta pH/\Delta V$）-V 曲线法、二级微商法求出滴定终点，从而求得 pK_a。

思 考 题

1. 电位滴定终点判断的依据是什么？
2. 缓冲溶液的作用是什么？

实验15

莫尔法测定自来水中氯的含量

【实验目的】

1. 掌握莫尔法的原理和方法。
2. 掌握沉淀滴定法测定水中微量 Cl^- 含量的条件及操作方法。
3. 学习沉淀滴定的基本操作。

【实验原理】

莫尔法属于银量法。莫尔法可以用来测定可溶性氯化物中的氯含量。该法是在中性或弱碱性介质中，以 K_2CrO_4 作为指示剂，用 $AgNO_3$ 标准溶液进行滴定，可以直接滴定测定 Cl^- 或 Br^- 的含量。

由于 AgCl 的溶解度比 Ag_2CrO_4 小，因此在滴定过程中，当 Cl^- 与 CrO_4^{2-} 共存时，首先生成 AgCl 沉淀，当 Cl^- 沉淀完全后，微过量的 Ag^+ 与 CrO_4^{2-} 生成砖红色的 Ag_2CrO_4 沉淀，指示终点的到达。反应如下：

$$Ag^+ + Cl^- \Longrightarrow AgCl\downarrow（白色）\qquad K_{sp} = 1.77 \times 10^{-10}, s = (K_{sp})^{1/2} = 1.3 \times 10^{-5}$$

$$2Ag^+ + CrO_4^{2-} \Longrightarrow Ag_2CrO_4\downarrow（砖红色）\qquad K_{sp} = 1.12 \times 10^{-12}, s = (1/4K_{sp})^{1/3} = 7.9 \times 10^{-5}$$

在沉淀过程中需要注意指示剂的用量：

sp 时，$[Cl^-] = [Ag^+] = (K_{sp})^{1/2} = 1.3 \times 10^{-5} \, mol \cdot dm^{-3}$

$$[CrO_4^{2-}] = \frac{K_{sp, Ag_2CrO_4}}{[Ag^+]^2} = 1.1 \times 10^{-2} \, mol \cdot dm^{-3}$$

若实际终点时 $[CrO_4^{2-}] > 1.1 \times 10^{-2} \, mol \cdot dm^{-3}$，终点提前出现，为负误差。

若实际终点时 $[CrO_4^{2-}] < 1.1 \times 10^{-2} \, mol \cdot dm^{-3}$，终点拖后出现，为正误差。

由于 K_2CrO_4 指示剂本身为黄色，影响终点颜色判断，实验中一般控制其浓度为 $5.0 \times 10^{-3} \, mol \cdot dm^{-3}$，产生正误差。

在测定时，酸度一般控制在 pH＝6.5～10.5。

若酸度太高，则 $CrO_4^{2-} \longrightarrow HCrO_4^- \longrightarrow H_2CrO_4$，$H_2CrO_4$ 的 p$K_{a_2} = 6.5$，只有当 pH＞6.5 时，几乎全以 CrO_4^{2-} 的形式存在。

若酸度太低，Ag_2CrO_4 的溶解度增大，造成终点拖后或无法确定。

干扰测定的物质：与 Ag^+ 或 CrO_4^{2-} 发生反应的物质对测定过程有干扰。PO_4^{3-}、S^{2-}、SO_3^{2-}、CO_3^{2-}、$C_2O_4^{2-}$、AsO_4^{2-} 可与 Ag^+ 形成沉淀，产生正误差；Pb^{2+}、Ba^{2+}、Hg^{2+} 等可与 CrO_4^{2-} 形成沉淀，产生正误差；能与 Ag^+ 形成络合物的物质（如 NH_3、CN^- 等）也有干扰；在中性及弱碱性条件下水解的离子有干扰（如 Fe^{3+}、Al^{3+}）。

莫尔法只能测定 Cl^- 或 Br^-，不能测 I^-、SCN^-，因为 AgI、$AgSCN$ 吸附能力太强，AgI 吸附 I^-，$AgSCN$ 吸附 SCN^-，使终点提前出现，产生负误差。

因为由 Ag_2CrO_4 转化为 $AgCl$ 的转化速度很慢，不能用 $NaCl$ 标准溶液滴定 Ag^+。

【试剂和仪器】

1. 分析纯 $AgNO_3$。

2. 分析纯 K_2CrO_4。

3. 分析纯 $NaCl$。

4. $50cm^3$ 碱式滴定管、电子天平、洗瓶、烧杯、$250cm^3$ 容量瓶等。

【实验步骤】

1. $AgNO_3$ 标准溶液的配制

（1）配制 $100cm^3$ 浓度约为 $0.005mol \cdot dm^{-3}$ $AgNO_3$ 溶液

用台秤粗略称取 $0.085g$ 硝酸银溶解于 $100cm^3$ 蒸馏水中，摇匀后贮存于带玻璃塞的棕色试剂瓶中，待标定。

（2）标定

准确称取 $0.07 \sim 0.08g$ $NaCl$ 基准试剂于小烧杯中，用蒸馏水溶解后定量转移至 $250cm^3$ 容量瓶中，稀释至刻度，摇匀。移取该溶液 $10.00cm^3$ 置于锥形瓶中，加入 1 滴 K_2CrO_4 指示剂（按 0.5 配制），在充分摇动下，用 $AgNO_3$ 溶液滴定至呈现砖红色即为终点。平行测定三份，计算 $AgNO_3$ 溶液的平均浓度。

2. 自来水中微量氯的测定

量取 $150cm^3$ 自来水于锥形瓶中，加 $1cm^3$ K_2CrO_4 指示剂，用标准 $AgNO_3$ 溶液滴定至呈现微（暗）砖红色即为终点，记录 V_{AgNO_3}。平行测定三份，计算自来水中微量氯的平均含量。

【数据记录与处理】

1. $AgNO_3$ 溶液浓度的标定

m_{NaCl}/g			
$c_{NaCl}/mol \cdot dm^{-3}$			
平行实验	1	2	3
V_{NaCl}/cm^3	10.00	10.00	10.00
V_{AgNO_3}/cm^3			
$c_{AgNO_3}/mol \cdot dm^{-3}$			
相对偏差			
平均 $c_{AgNO_3}/mol \cdot dm^{-3}$			

2. 自来水中氯的测定

$c_{AgNO_3}/mol \cdot dm^{-3}$			
平行实验	1	2	3
$V_{自来水}/cm^3$	150	150	150
V_{AgNO_3}/cm^3			
$c_{Cl}/mg \cdot dm^{-3}$			
相对偏差			
平均 $c_{Cl}/mg \cdot dm^{-3}$			

思 考 题

1. 指示剂用量的过多或过少，对测定结果有何影响？

2. 为什么不能在酸性介质中进行？pH 过高对测定结果有何影响？

3. 能否用标准 NaCl 溶液直接滴定 Ag^+？如果要用此法测定试样中的 Ag^+，应如何进行？

4. 测定有机物中的氯含量应如何进行？

实验16 方案设计实验

【实验目的】

1. 巩固理论课中学过的酸碱反应、配位反应和氧化还原反应的重要知识。

2. 对滴定前的预先处理过程有所了解。

3. 培养学生查阅有关书刊的能力，运用所学知识及有关参考资料对实际样品写出实验方案设计。

【要求】

1. 提前一周将待测定混合体系交学生选择，学生根据所查阅的资料自拟分析方案交教师审阅后，进行实验，写出实验报告。

2. 设计测定方法时，主要考虑以下几个问题：

① 有几种测定方法？选择一种最优方案。

② 所设计方法的原理。

③ 所需试剂的用量、浓度，配制方法。

④ 实验步骤，包括标定、测定及其他实验步骤。

⑤ 数据记录（最好以表格形式，需要图解的需设计描画出规范的图）。

⑥ 讨论，包括注意事项，误差分析，心得体会等。

【参考选题】

1. 葡萄糖注射液中葡萄糖的含量测定

I_2 在 NaOH 溶液中生成次碘酸钠，它可将葡萄糖定量地氧化为葡萄糖酸，过量的次碘

酸钠歧化为 $NaIO_3$ 和 NaI，酸化后 $NaIO_3$ 和 NaI 作用析出 I_2，以硫代硫酸钠标准溶液滴定 I_2，可计算出葡萄糖的质量分数。

2. H_2SO_4 和 $H_2C_2O_4$ 混合液中各组分浓度测定

以 $NaOH$ 滴定 H_2SO_4 和 $H_2C_2O_4$ 总酸量，酚酞为指示剂。用 $KMnO_4$ 法测定 $H_2C_2O_4$ 的量，总酸量减去 $H_2C_2O_4$ 的含量后，可求得 H_2SO_4 的量。

3. $HCOOH$ 与 HAc 混合液的测定

以酚酞为指示剂，用氢氧化钠溶液滴定总酸量，在强碱性介质中向试样溶液中加入过量高锰酸钾标准溶液，此时甲酸被氧化成二氧化碳，高锰酸根还原为锰酸根，并歧化为高锰酸根和二氧化锰。加酸，加入过量的碘化钾还原过量部分的高锰酸根及歧化生成的高锰酸根和二氧化锰至二价锰并析出碘单质，再以硫代硫酸钠标准溶液滴定。

4. Fe_2O_3 与 Al_2O_3 混合物的测定

以酸溶解后，将 Fe^{3+} 还原为 Fe^{2+}，用重铬酸钾标准溶液滴定。向试液中加入过量的 EDTA 标准溶液，在 pH 值为 3~4 时煮沸以络合铝离子，冷却后加入六亚甲基四胺缓冲溶液，以二甲酚橙（XO）为指示剂，用 Zn^{2+} 标准溶液滴定过量的 EDTA。也可以在 pH 值为 1 时，用磺基水杨酸为指示剂，以 EDTA 滴定 Fe^{3+}，然后用上述方法测定 Al^{3+}。

Ⅲ．有机化学实验

——● 实验 1 熔点测定及温度计校正 ●——

Determination of Melting Point and Thermometer Calibration

【实验目的】

1. 了解熔点测定的基本原理及应用。
2. 掌握熔点的测定方法和温度计的校正方法。

【实验原理】

熔点是指在一个大气压下固体化合物固相与液相平衡时的温度。这时固相和液相的蒸气压相等。纯净的固体有机化合物一般都有一个固定的熔点。纯粹化合物的熔点和凝固点是一致的。

微量法仅需极少量的样品，操作又方便，故广泛采用微量法测量化合物的熔点。但是微量法不可能达到真正的两相平衡，所以不管是毛细管法，还是各种显微电热法的结果都是一个近似值。在微量法中应该观测到初熔和全熔两个温度，这一温度范围称为熔程。在测定熔点过程中，当温度接近熔点时，加热速度一定要慢，一般每分钟升温不能超过 1～2℃。只有这样，才能使熔化过程近似于相平衡条件，精确测得熔点。纯物质熔点敏锐，微量法测得的熔程一般不超过 0.5～1℃。

根据拉乌尔定律，当含有非挥发性杂质时，液相的蒸气压将降低，熔点也降低，且杂质越多，化合物熔点越低。一般有机化合物的混合物显示这种性质。但应注意样品组成恰巧和最低共熔点组分相同时，会像纯粹化合物那样显示敏锐的熔点，但这种情况是极少见的。

利用化合物中混有杂质时，熔点降低、熔程变长的性质可进行化合物的鉴定，这种方法称作混合熔点法。当测得一未知物的熔点同已知某物质的熔点相同或相近时，可将该已知物与未知物混合，测量混合物的熔点，至少要按 1∶9、1∶1、9∶1 这三种比例混合。若它们是不同化合物，则熔点降低，且熔程变长。

【仪器与试剂】

提勒（Thiele）管（或短颈圆底烧瓶与大径试管），温度计，酒精灯。
二苯胺，萘，乙酰苯胺，尿素，苯甲酸，肉桂酸，水杨酸，对二苯酚。

【实验装置】

熔点测定实验装置如图 4-15 所示。

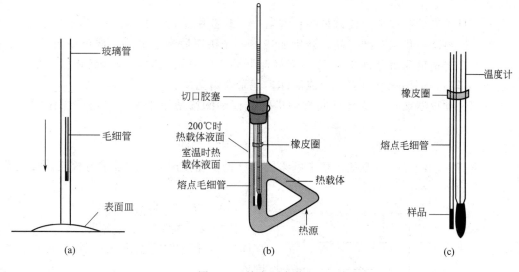

图 4-15　熔点测定装置图

【测定方法】

1. 毛细管法

毛细管法是最常用的熔点测定法，操作步骤如下：

① 取少许（约 0.1g）干燥的粉末状样品放在表面皿上研细后堆成小堆，将熔点管（专门用于测熔点的 1mm×100mm 毛细管）的开口端插入样品中，装取少量粉末。然后把熔点管竖立起来，在桌面上蹾几下，使样品掉入管底。这样重复取样品几次，装入 2～3mm 高的样品。最后使熔点管从一根长约 50～60cm 高的玻璃管中掉到表面皿上，多重复几次，使样品粉末装填紧密，否则，装入样品如有空隙则传热不均匀，影响测定结果。

② 把提勒管（又称 b 形管）中装入载热体（可根据所测物质的熔点选择，一般用甘油、液体石蜡、硫酸、硅油等）。

③ 用硅胶圈把毛细管捆在温度计上，毛细管中的样品应位于水银球的中部，用有缺口的木塞或橡皮塞作支撑套入温度计放到提勒管中，并使水银球处在提勒管的两叉口中部。

④ 在图 4-15(b) 所示位置加热。载热体被加热后在管内呈对流循环，使温度变化比较均匀。

在测定已知熔点的样品时，可先以较快速度加热，在距离熔点 10℃时，应以每分钟 1～2℃的速度加热，愈接近熔点，加热速度愈慢，直到测出熔程。在测定未知熔点的样品时，应先粗测熔点范围，再如上述方法细测。测定时，应观察和记录样品开始塌落并有液相产生时（初熔）和固体完全消失时（全熔）的温度读数，所得数据即为该物质的熔程。还要观察和记录在加热过程中是否有萎缩、变色、发泡、升华及炭化等现象，以供分析参考。

熔点测定至少要有两次重复数据，每次要用新毛细管重新装入样品。

2. 显微熔点仪测定熔点

这类仪器型号较多，但共同特点是使用样品量少（2～3 颗小结晶），能测量室温至 300℃的样品熔点，可观察晶体在加热过程中的变化情况，如结晶的失水、多晶的变化及分解。其具体操作如下。

在干净且干燥的载玻片上放微量晶粒并盖一片载玻片，放在加热台上。调节反光镜、物镜和目镜，使显微镜焦点对准样品，开启加热器，先快速后慢速加热，温度快升至熔点时，控制温度上升的速度为每分钟 1～2℃。当样品开始有液滴出现时，表示熔化已开始，记录初熔温度。样品逐渐熔化直至完全变成液体，记录全熔温度。

在使用这类仪器前必须认真听取教师讲解或仔细阅读使用指南，严格按操作规程进行操作。

3. 温度计校正

为了进行准确测量，一般从市场上购来的温度计，在使用前需对其进行校正。校正温度计的方法有如下几种。

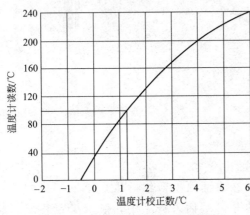

图 4-16　定点法温度计校正示意图

（1）比较法

选一支标准温度计与要进行校正的温度计在同一条件下测定温度。比较其所指示的温度值。

（2）定点法

选择数种已知准确熔点的标准样品，测定它们的熔点，以观察到的熔点（t_2）为纵坐标，以此熔点（t_2）与准确熔点（t_1）之差（Δt）为横坐标，作图。定点法温度计校正如图 4-16 所示。

从图中求得校正后的正确温度误差值，例如测得的温度为 100℃，则校正后应为 101.3℃。

【实验内容】

测定下列已知化合物的熔点：①苯甲酸（A.R.）122.4℃；②水杨酸（A.R.）159℃。再测定未知物的熔点，确定该化合物是尿素（132.7℃）还是肉桂酸（135～136℃）。

【注意事项】

1. 1 个大气压＝101.325kPa。

2. 不能将已测过熔点的熔点管冷却，使其中的样品固化后再作第二次测定。这是因为有些物质在测定熔点时可能发生了部分分解或变成了具有不同熔点的其他结晶形式。

3. 测定易升华物质的熔点时，应将熔点管的开口端烧熔封闭，以免升华。

思　考　题

1. 纯物质熔距短，熔距短的是否一定是纯物质？为什么？

2. 测熔点时，如遇下列情况，将产生什么后果？

a. 加热太快；

b. 样品研得不细或装得不紧；

c. 样品管粘贴在提勒管壁上。

Determination of Boiling Point

【实验目的】

1. 了解沸点测定的基本原理。
2. 掌握微量法测定沸点的方法。

【实验原理】

由于分子运动，液体分子有从液体表面逸出的倾向，这种倾向常随温度升高而增大。即液体在一定温度下具有一定的蒸气压，液体的蒸气压随温度升高而增大，与体系中存在的液体及蒸气的绝对量无关。纯净液态物质的饱和蒸气压与外界压力相等时的温度 T 即为该物质的沸点。T 与外界压力成正比。压力一定时，液态物质的饱和蒸气压随温度升高而增大。通常所说的沸点是指外界压力为一个大气压时液体的沸腾温度。

【仪器与试剂】

提勒（Thiele）管（或短颈圆底烧瓶与大径试管），温度计，酒精灯。
已知沸点的正丁醇和丙酮，1个沸点未知的样品。

【实验装置】

微量法测定液体沸点的实验装置与熔点的测定加热装置基本相同，可采用提勒管加热法或双浴式加热法，分别如图 4-17 和图 4-18 所示。

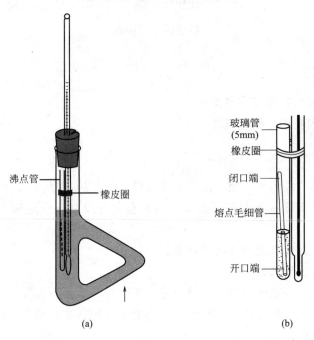

(a)　　　　　　　　　　(b)

图 4-17　提勒管测沸点装置图

下面以提勒管加热法为例，介绍沸点的测定方法。

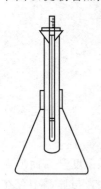

用少许待测液体冲洗小试管，加入待测液体，使液面高度约1cm［如图4-17(b)］。

将图4-17(b)的装置置于装有液态石蜡的提勒管中，慢慢地加热，使温度均匀地上升。当温度到达比沸点稍高的时候，可以看到从毛细管中有一连串的小气泡不断地逸出。停止加热，让热浴慢慢冷却。当最后一个气泡将要缩入毛细管时的温度即为该液体的沸点，记录下这一温度。

重复操作几次，误差应小于1℃。

图 4-18 双浴法测
沸点装置图

【实验内容】

按上述方法测定 2 个已知样品（正丁醇、丙酮）和 1 个未知样品的沸点，并且根据测定结果推测未知物可能是什么物质。

思 考 题

1. 液体的沸点与蒸气压有什么关系？

2. 测定已知样品沸点时，如发现加热温度已远远超过其沸点但还未出现气泡，可能的原因是什么？

实验3 普通蒸馏

Distillation

【实验目的】

1. 掌握蒸馏装置的安装及基本操作。
2. 学会运用蒸馏技术提纯有机物。

【实验原理】

蒸馏：液体受热变成蒸气，蒸气冷却后再凝结成液体的过程。

用途：用于分离提纯易挥发和不易挥发的混合组分及具有一定沸点差（30℃）的混合组分。

过热：液体超过其沸点而不沸腾的现象。

暴沸：过热液体突然沸腾的现象。

助沸物：保证沸腾平稳的物质。如碎瓷片、毛细管、沸石等。

蒸馏瓶大小的选择：根据待蒸馏物的体积不少于蒸馏瓶容积的1/3和不多于2/3的原则选用适当体积的蒸馏瓶。

冷凝方式的选择：当蒸馏物的沸点大于 140℃时，用空气冷凝管冷凝，小于该温度时，用水冷凝管冷凝。

热源的选择：蒸馏温度小于100℃时，可用水浴；温度在100～250℃之间，可用油浴，也可用电热套来加热。

温度计的位置：保持温度计水银球的上缘与蒸馏头支管的下缘在同一水平线上。

【仪器与试剂】

100cm³蒸馏瓶，蒸馏头，直形冷凝管，接引管，锥形瓶，漏斗，温度计，电热套。工业酒精。

【实验装置】

普通蒸馏通常指常压蒸馏，其装置见图4-19。

【实验步骤及方法】

按从左到右、由低到高的顺序，将蒸馏瓶、蒸馏头、温度计、冷凝管、接液管及接收瓶安装成图4-19所示的装置图。用铁架台、十字夹和铁夹固定蒸馏瓶和冷凝管。

加料：取下温度计，在蒸馏头上口放一玻璃漏斗，向蒸馏瓶中缓慢加入50cm³工业酒精；取下漏斗，并加入小碎瓷片（或沸石）2～3粒；再将温度计装好。

加热：通冷凝水后，开始加热。加热初期，电压可略高一些，一旦液体沸腾，开始控制调压器电压，以冷凝液每秒流出1～2滴为宜。

蒸馏时，温度计水银球上应始终保持有液滴存在。如果没有液滴说明可能有两种情况：一是温度低于沸点，体系内气-液相没有

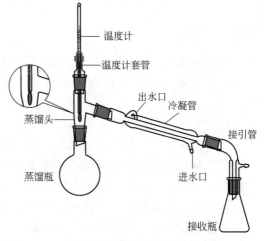

图4-19　普通蒸馏装置图

达到平衡，此时应当将加热电压调高；二是温度过高，出现过热现象，此时温度已超过被蒸馏物的沸点，应将电压调低。

馏出液的收集：进行蒸馏前，至少准备两个接收瓶。在达到预期物质的沸点之前，沸点较低的液体先蒸出，这部分馏出液称为"前馏分"或"馏头"。前馏分蒸完，温度趋于稳定后，蒸出的就是较纯的物质，即"主馏分"。这时应更换一个洁净干燥的接收瓶收集，记下这部分液体开始馏出时和最后一滴时温度计的读数，即沸程。纯粹的液体沸程一般不超过1～2℃。一般液体中或多或少地含有一些高沸点杂质，即"后馏分"。在主馏分蒸出后，若再继续升高温度，温度计的读数会显著升高；若维持原来的加热温度，就不会再有馏出液蒸出，温度会突然下降，这时就应停止蒸馏。即使杂质含量极少，也不可蒸干，以免蒸馏瓶破裂或发生其他意外事故。

装置的拆卸：移去热源，停止通水，按安装时的相反顺序拆下仪器，清洗所用仪器，放置于柜中。

思 考 题

1. 蒸馏过程中应注意哪些问题？

2. 如果液体具有恒定的沸点，那么能否认为它是单纯物质？本实验蒸出的主馏分是纯乙醇吗？

3. 蒸馏时加入沸石的作用是什么？如果蒸馏前忘加沸石，该怎么办？当重新进行蒸馏时，用过的沸石能否继续使用？为什么？

实验4 重结晶

Recrystallization

【实验目的】

掌握重结晶的原理和实验方法。

【实验原理】

固体有机物在溶剂中的溶解度与温度有密切关系。一般是温度升高溶解度增大。若把固体溶解在热的溶剂中达到饱和，冷却时，由于溶解度降低，溶液变成过饱和溶液而析出晶体。

利用溶剂对被提纯物质及杂质的溶解度不同，可以使被提纯物质从过饱和溶液中析出，而让杂质全部或大部分仍留在溶液中（或被过滤除去）从而达到提纯的目的。

重结晶是提纯固体化合物的一种重要方法，它适用于产品和杂质性质差别较大，产品中杂质含量小于 5% 的体系。所以从反应粗产物直接重结晶是不适宜的，需在重结晶前先用其他方法如萃取、水蒸气蒸馏、减压蒸馏等进行初步提纯。

在进行重结晶时，选择理想的溶剂是一个关键，理想的溶剂必须具备以下条件：

① 不与被提纯物质发生化学反应；

② 在较高温度时能溶解多量的被提纯物质，而在室温或更低温度下只能溶解很少量；

③ 对杂质的溶解度非常大或非常小（前一种情况是使杂质留在母液中不随提纯物质晶体一同析出，后一种情况是使杂质在热过滤时被滤去）；

④ 容易挥发（溶剂的沸点较低），易与结晶分离除去；

⑤ 能给出较好的结晶。

用于重结晶（或结晶）的常用单一溶剂和混合溶剂见表 4-7。

表 4-7 重结晶常用单一溶剂、混合溶剂的物理常数

单一溶剂	沸点/℃	d_4^{20}	混合溶剂
水	100.0	1.00	水-乙醇
甲醇	64.7	0.79	水-丙酮
乙醇	78.0	0.79	水-乙酸
丙酮	56.1	0.79	甲醇-水

单一溶剂	沸点/℃	d_4^{20}	混合溶剂
乙醚	34.6	0.71	甲醇-乙醚
石油醚	30.0～60.0	0.68～0.72	甲醇-二氯乙烷
	60.0～90.0		石油醚-苯
环己烷	80.8	0.78	石油醚-丙酮
苯	80.1	0.88	氯仿-石油醚
甲苯	110.6	0.87	乙醚-丙酮
乙酸乙酯	77.1	0.90	乙醇-乙醚-乙酸乙酯
二氧六环	101.3	1.03	氯仿-乙醇
二氯甲烷	40.8	1.34	苯-无水乙醇
二氯乙烷	83.8	1.24	
三氯甲烷	61.2	1.49	
四氯化碳	76.8	1.58	
硝基甲烷	120.0	1.14	
丁酮	79.6	0.81	
乙腈	81.6	0.78	

【仪器与试剂】

吸滤瓶，布氏漏斗，真空泵，烧杯，滤纸，表面皿，电热套，锥形瓶等。

活性炭，苯甲酸。

【实验装置】

实验用滤纸的折叠方法和减压过滤装置分别如图 4-20 和图 4-21 所示。

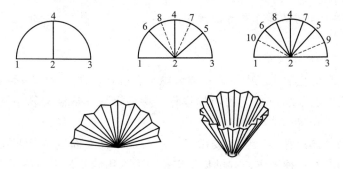

图 4-20　折叠滤纸的方法

【实验步骤及方法】

取 1.5g 粗苯甲酸，放入锥形瓶中，加入 75cm³ 水，搅拌加热至沸，直至完全溶解。再多加 15cm³ 水，稍冷，加入适量活性炭（活性炭的主要作用是除去粗产品中溶剂不能除去的一些有色杂质。活性炭是多孔物质，可以吸附色素和树脂状物质，但同时也可以吸附产品，因此加入量不宜太多，一般为粗产品质量的 5% 为宜），继续加热微沸 5～10min，趁热

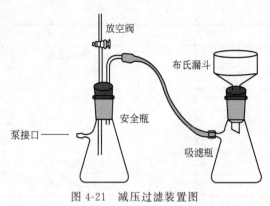

图 4-21 减压过滤装置图

过滤（热过滤的目的是去除不溶性杂质。为了减少过滤过程中产品的损失，操作时应做到仪器热、溶液热和动作快）。

将滤液置于 100cm³ 烧杯中，用表面皿将盛滤液的烧杯盖好，放置冷却，结晶完全。

减压过滤，用少量冷水洗涤滤饼两次，压紧抽干。将结晶转移至洁净干燥的表面皿上，再将表面皿放在石棉网上，用电热套加热，烘干至恒重。

实验结束后拆卸装置，洗净玻璃仪器并放置好。

思 考 题

1. 在进行重结晶时，如何选择溶剂？
2. 为什么活性炭要在固体物质全部溶解后加入？加活性炭时，需要注意哪些事项？

实验5 两组分混合物的分离

Separation of Mixture of Two Components

【实验目的】

1. 学习萃取的基本原理。
2. 掌握分液漏斗的使用方法。
3. 掌握萃取的操作方法。
4. 进一步熟悉减压过滤操作和蒸馏操作。

【实验原理】

萃取与洗涤是有机化学实验中用来提取与纯化有机化合物常用的基本操作。利用溶剂从固体或液体混合物中提取出所需的物质的操作，称为萃取。从混合物中洗去少量杂质的操作，称为洗涤。

萃取是利用物质在两种不互溶（或微溶）的溶剂中具有固定的分配比的特性来达到分离、提取或提纯物质的一种操作。有机化学实验中最常用的，是用不溶于水的有机溶剂从水中萃取有机化合物。在一定温度下，有机化合物在有机相中和水相中的浓度之比为一常数，被称为"分配系数"，可近似看作此物质在两溶剂中溶解度之比。一般情况下，有机物质在有机溶剂中的溶解度比在水中的溶解度要大。

向有机物溶液中加入另一种不相溶的溶剂时，由于物质在两种溶剂中溶解度不同，物质在两相中重新进行分配；当达到新的平衡时，物质在溶解度大的溶剂中（萃取剂）的浓度大于在溶解度小的溶剂中的浓度，经过几次这样的操作，大多数的物质会转移到萃取剂中，从而达到分离的目的。

另一类萃取剂的萃取原理是利用它能与被萃取物质起化学反应。这种萃取常用于从化合物中移去少量杂质或分离混合物。例如碱性萃取剂可以从有机物中移出有机酸，酸性萃取剂可以从混合物中萃取碱性物质（或杂质）等。常用萃取剂有 5% 的氢氧化钠（或盐酸）溶液、饱和碳酸氢钠溶液等。

【仪器与试剂】

分液漏斗，烧杯，锥形瓶，铁架台，电热套，安装好的蒸馏装置等。

苯甲酸，甲苯，饱和碳酸氢钠溶液，$4mol \cdot dm^{-3}$ HCl 溶液，无水氯化钙等。

【实验装置】

分液漏斗的使用方法和蒸馏装置如图 4-22 和图 4-23 所示。

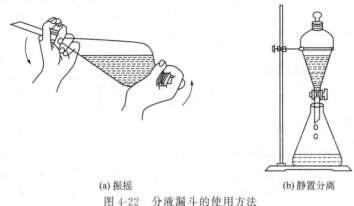

(a) 振摇   (b) 静置分离

图 4-22　分液漏斗的使用方法

【实验步骤及方法】

分液漏斗试漏：向分液漏斗中加入约 1/2 体积的水，检查下端活塞是否漏水；将分液漏斗上端塞子处于密闭状态，用手掌顶住上端塞子，将分液漏斗倒置，检查上端塞子密封是否完好。确认下端活塞和上端塞子均不漏水后可进行下一步操作。

取 $30cm^3$ 待分离混合液体（苯甲酸的甲苯溶液）倒入锥形瓶中，边摇边向混合液逐滴加入饱和碳酸氢钠溶液［溶解度（20℃）：9.6g］，使溶液 pH＝8～9。

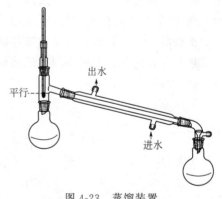

图 4-23　蒸馏装置

将混合液转入分液漏斗中，盖上塞子并处于密闭状态，一只手抓住漏斗上口颈（手掌顶住上端塞子），另一只手抓住活塞，大拇指压住活塞（活塞朝上）。将分液漏斗放平，前后或上下振荡，然后将漏斗下支口向上倾斜指向无人处，旋开活塞放气。重复几次以上操作，使两相充分接触，将漏斗放在铁圈上，静置、分层。

分液漏斗上口与大气相通，将下层液体（有机相/水相）放出至干净的 $100cm^3$ 烧杯中（备用）；上层液体从上口倒入干燥的锥形瓶中（备用）。

边搅拌边向水相中逐滴加入 $4mol \cdot dm^{-3}$ 的盐酸，至 pH＝2。抽滤（尽量抽干），将固体转移至表面皿上，干燥至恒重，得到粗产品苯甲酸。

向有机相中加入适量无水氯化钙（颗粒状）干燥，液体倾至干燥的 $50cm^3$ 圆底烧瓶中，加入沸石，蒸馏得到沸程 110～112℃的馏分，即为甲苯。

思 考 题

1. 分液漏斗使用时的注意事项有哪些？
2. 有机相加入干燥剂后由浑浊变为澄清是否表明它已干燥完成？

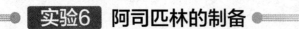

Preparation of Aspirin

【实验目的】

1. 熟悉阿司匹林的制备原理及方法。
2. 掌握普通回流装置的安装与操作。
3. 掌握抽滤装置的使用，进一步了解转移和洗涤的操作。

【实验原理】

　　阿司匹林学名又称乙酰水杨酸，用途广泛，其最基本的药理作用是解热镇痛，通过发汗增加散热作用，从而达到降温的目的。它也可以有效地控制由炎症、手术引起的慢性疼痛，且不会产生药物依赖性。其另一个重要作用是抗炎、抗风湿，是治疗风湿性关节炎的首选药物。另外在预防和治疗血栓性疾病等方面也有显著作用。阿司匹林价格低廉，疗效显著，防治疾病范围广，因此一直被广泛使用。

　　水杨酸是一个具有酚羟基和羧基的双官能团化合物，酚羟基和羧基能分别与其他的酰化剂或羟基化合物进行两种不同的酯化反应。当与乙酸酐作用时，可以得到乙酰水杨酸，即阿司匹林。其反应式如下：

主反应：

副反应：

乙酰水杨酸能溶于碳酸氢钠水溶液，而副产物在碳酸氢钠水溶液中不溶，这种性质上的差异可用于乙酰水杨酸的纯化。

存在于最终产物中的杂质可能是水杨酸本身，这是由于乙酰化反应不完全或由于产物在分离步骤中发生水解造成的。它可以在各步纯化过程和产物的重结晶过程中被除去。与大多数酚类化合物一样，水杨酸可与三氯化铁形成配合物而显色，阿司匹林因酚羟基已被酰化，不再与三氯化铁发生显色反应，因此杂质很容易被检出。

【仪器与试剂】

1. 主要仪器

球形冷凝管，圆底烧瓶，吸滤瓶，布氏漏斗，真空泵，表面皿，电热套等。

2. 主要原料及产物的物理性质

名　称	分子量	性　状	折射率 n_D^{20}	相对密度 d_4^{20}	熔点 /℃	沸点 /℃	溶解度		
							水	醇	醚
水杨酸	138.12	白色晶体			159.0(升华)		微溶	溶	溶
乙酸酐	102.09	无色液体	1.3904	1.2475		139.5	溶	溶	溶
乙酸	60.05	无色液体	1.3718	1.0491		117.9	溶	溶	溶
乙酰水杨酸	180.15	白色晶体			135.0～136.0(分解)		微溶	溶	溶

3. 主要试剂及用量

水杨酸 1.8g，乙酸酐 2.5cm³（新蒸），饱和 NaHCO₃ 水溶液 25cm³（自配），浓硫酸，浓盐酸，1% FeCl₃ 溶液。

【实验装置】

实验所需的回流冷凝装置和减压过滤装置如图 4-24 和图 4-21 所示。

【实验步骤及方法】

于干燥的 100cm³ 圆底烧瓶中加入 1.8g 水杨酸和 2.5cm³（2.7g）新蒸馏的乙酸酐，在轻摇下缓慢滴加 4 滴浓硫酸，参照图 4-24 安装回流装置。通水后，振荡反应液使水杨酸溶解。然后用水浴加热，控制水浴温度在 80～85℃。加热过程中，摇动几次，反应 30min。

稍冷后，从冷凝管上口加入 30cm³ 水，摇晃均匀，拆下冷凝装置，冷至室温，使结晶析出完全后，按图 4-21 所示，进行减压过滤。

将粗产品转入 100cm³ 烧杯中，在搅拌下加入 25cm³ 饱和碳酸氢钠溶液，继续搅拌，直至无二氧化碳气泡产生为止。减压过滤，除去不溶性杂质。在烧杯中预先将 4cm³ 浓盐酸稀释到 9cm³ 水中，然后在搅拌下分次加入滤液，搅拌均匀，阿司匹林即结晶析出。

将烧杯充分冷却后，减压过滤。用少量冷水洗涤滤饼两次，压紧抽干。将结晶转移至洁净干燥的表面皿上，用蒸汽浴加热表面皿，经常翻动晶体干燥至恒重。

取几粒结晶，加入 1～2 滴 1% 三氯化铁溶液，观察有无颜色变化，从而判断产物中有无未反应的水杨酸。

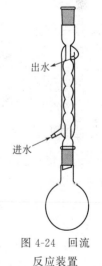

出水

进水

图 4-24　回流反应装置

【注意事项】

1. 乙酸酐有毒并有较强烈的刺激性，取用时应注意不要与皮肤直接接触，防止吸入大量蒸气。加料时最好于通风罩内操作，物料加入烧瓶后，应尽快安装冷凝管，冷凝管内事先接通冷却水。

2. 反应温度不宜过高，否则将会增加副产物的生成。

3. 由于阿司匹林微溶于水，所以洗涤结晶时，水的用量要少些，温度要低些，以减少产品损失。

4. 浓硫酸具有强腐蚀性，应避免触及皮肤或衣物。

5. 乙酰水杨酸受热易分解，它的分解温度为 $128 \sim 135℃$，烘干产品时应避免温度过高。

6. 也可以用稀乙酸乙酯或苯、乙醚-石油醚（$30 \sim 60℃$）重结晶，但其溶液不宜加热过久，亦不宜用高沸点溶剂，因为阿司匹林在温度较高时可能部分分解。使用这些溶剂时应注意防毒、防火。

思 考 题

1. 制备阿司匹林时，为什么要使用干燥的仪器？

2. 浓硫酸在反应中起什么作用？

3. 阿司匹林在沸水中受热时，分解而得到一种溶液，此溶液对三氯化铁呈阳性，请解释生成了什么？试写出反应方程式。

实验7 1-溴丁烷的制备

Preparation of 1-Bromobutane

【实验目的】

1. 学习从醇制备卤代烃的原理和实验方法。
2. 学习掌握液体化合物的回流、萃取、蒸馏及有害气体吸收等基本操作。
3. 巩固分液漏斗的使用、液体化合物的干燥等操作。

【实验原理】

卤代烃是有机化学中一大类重要物质。在有机化学中卤代烃作为重要的烷基化试剂，经过各种烷基化反应可以在分子中引入相应的烷基，合成各类具有特定烷基的有机化合物。

在实验室中，脂肪族卤代烃通常是由醇和氢卤酸、三卤化磷或氯化亚砜反应来制备。本实验将正丁醇与溴化钠、浓硫酸共热即可得到1-溴丁烷（正溴丁烷），其反应式如下：

主反应：

$$CH_3CH_2CH_2CH_2OH \xrightarrow{NaBr, H_2SO_4} CH_3CH_2CH_2CH_2Br + NaHSO_4 + H_2O$$

副反应：

$$CH_3CH_2CH_2CH_2OH \xrightarrow{H_2SO_4} \begin{cases} CH_3CH_2CH_2CH_2-O-CH_2CH_2CH_2CH_3 \\ CH_3CH_2CH=CH_2 \end{cases}$$

$$NaBr + H_2SO_4 \longrightarrow Br_2 + SO_2 + H_2O + NaHSO_4$$

实验中所用的浓硫酸是过量的,其作用是:

① 使醇羟基质子化而易于离去(实际上离去基团是水,不是羟基)。

② 使反应中生成的水质子化(H_3O^+),阻止卤代烃通过水的亲核取代反应重新转化为醇,使反应按 S_N2 历程进行。

浓硫酸的存在也会引起副反应,它使醇脱水生成烯和醚,使氢溴酸氧化析出溴。

实验中适当增加溴化钠的用量,可使平衡向右移动,提高产率。

【仪器与试剂】

1. 主要仪器

圆底烧瓶,球形冷凝管,常压蒸馏装置,烧杯,锥形瓶等。

2. 主要原料及产物的物理性质

名　称	分子量	性状	折射率 n_D^{20}	相对密度 d_4^{20}	沸点 /℃	溶　解　度		
						水	醇	醚
正丁醇	74.12	无色液体	1.3992	0.8098	117.7	溶	溶	溶
正溴丁烷	137.02	无色液体	1.4399	1.2764	101.6	不溶	溶	溶
正丁醚	130.23	无色液体	1.3992	0.7689	142.0	不溶	溶	溶

3. 主要试剂及用量

溴化钠 8.3g,正丁醇 $6.2cm^3$,浓硫酸 $16cm^3$,饱和 $NaHCO_3$ 水溶液 $8cm^3$(自配),无水氯化钙,饱和亚硫酸氢钠溶液。

【实验装置】

实验所需的连有酸性气体吸收装置的回流冷凝装置见图 4-25,蒸馏装置见实验 5 图 4-23。

【实验步骤及方法】

向 $100cm^3$ 圆底烧瓶中加入 $10cm^3$ H_2O,再缓慢加入 $10cm^3$ 浓 H_2SO_4,摇匀,冷却至室温。然后加入 $6.2cm^3$ 正丁醇、8.3g NaBr(研细的粉末),及 1~2 粒沸石,按图 4-25 连接好装置。冷凝管上口连接气体吸收装置,用烧杯中 5% 的 NaOH 稀溶液吸收反应中逸出的溴化氢气体,倒放的漏斗贴近液面,但不要全部浸在液面下,以免液体倒吸。

将烧瓶加热至沸腾,保持平稳回流,并经常小心振摇反应液,回流 40min 后,反应趋于完成(如何判断反应终点?),停止加热。冷却后拆除冷凝管,改为如图 4-19 或图 4-23 的蒸馏装置,蒸出粗产物。

图 4-25　连有酸性气体吸收装置的回流装置

——5%NaOH溶液

将粗产品转入分液漏斗中,按照下列提纯过程操作。

粗产物 $\xrightarrow{10\text{mL } H_2O}$ { 水层(　　) / 有机层(下) } $\xrightarrow{6\text{mL } H_2SO_4}$ { 酸层(　　) / 有机层(上) } $\xrightarrow{6\sim8\text{mL } H_2O}$

水层（　　）

有机层（下）$\xrightarrow{\text{6～8mL 饱和 NaHCO}_3\text{ 溶液}}$ 水层（　　）

有机层（下）$\xrightarrow{\text{6～8mL H}_2\text{O}}$ 水层（　　）

有机层（下）

分出粗正溴丁烷于事先干燥好的锥形瓶中，加入无水氯化钙，干燥半小时。将干燥后的粗产品过滤到 $50cm^3$ 圆底烧瓶中，加入沸石进行蒸馏，收集 99～101℃ 馏分。

思 考 题

1. 实验过程中蒸馏粗产品时，如何判断产品已全部蒸出？
2. 萃取过程中，如果不知道产物的密度时，如何判断哪一层是产品？

◆— 实验8 肉桂酸的制备 —◆

Preparation of Cinnamic Acid

【实验目的】

1. 了解肉桂酸的制备原理和方法。
2. 学习水蒸气蒸馏的原理及装置。
3. 巩固回流等基本操作。

【实验原理】

肉桂酸化学名 3-苯基 2-丙烯酸，又名桂皮酸、桂酸。有顺式和反式两种异构体，通常以反式存在，是一种重要的精细化工合成中间体，主要用于制备香料、化妆品、医药、塑料、感光树脂等精细化学品。也是合成治疗冠心病的药物"心可安"的重要中间体；可用于合成新型甜味剂阿斯巴甜的原料苯丙氨酸；还可用作缓蚀剂、聚氯乙烯热稳定剂等。

芳香醛和酸酐在碱性催化剂作用下，可发生类似羟醛缩合的反应，生成 α,β-不饱和芳香酸，称为 Perkin 反应。催化剂通常是相应酸酐的羧酸钾或钠盐，有时也可用碳酸钾或叔胺代替，典型的例子是肉桂酸的制备，其反应式如下：

$$\text{C}_6\text{H}_5-\text{CHO} + (\text{CH}_3\text{CO})_2\text{O} \xrightarrow[\text{② HCl}]{\text{① K}_2\text{CO}_3} \text{C}_6\text{H}_5-\text{CH}=\text{CH}-\text{COOH} + \text{CH}_3\text{COOH}$$

碱的作用是促使酸酐的烯醇化，用碳酸钾代替醋酸钾，反应周期可明显缩短。

工业上，也采用铜盐、银盐为催化剂用空气氧化肉桂醛的方法，或在钴催化剂和水存在下，以芳烃为溶剂，使肉桂醛氧化为肉桂酸。

【仪器与试剂】

1. 主要仪器

圆底烧瓶，球形冷凝管，水蒸气蒸馏装置，减压过滤装置，锥形瓶等。

2. 主要原料及产物的物理性质

名称	分子量	性状	折射率 n_D^{20}	相对密度 d_4^{20}	熔点 /℃	沸点 /℃	溶解度 水	溶解度 醇	溶解度 醚
苯甲醛	106.12	无色液体	1.5455	1.0447		178.0	微溶	溶	溶
乙酸酐	102.09	无色液体	1.3904	1.2475		139.6	溶	溶	溶
肉桂酸	148.16	白色结晶		1.2475	133.0	300.0	不溶(冷) 微溶(热)	溶	溶

3. 主要试剂及用量

苯甲醛 1.5cm³（新蒸），乙酸酐 4cm³（新蒸），无水碳酸钾 2.2g，10％氢氧化钠溶液 10cm³（自配），活性炭，浓盐酸，刚果红试纸。

【实验装置】

实验所用回流反应、简易水蒸气蒸馏及完整的水蒸气蒸馏装置见图 4-26～图 4-28。

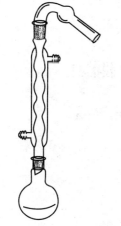

图 4-26　回流反应装置

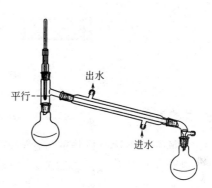

图 4-27　简易水蒸气蒸馏装置

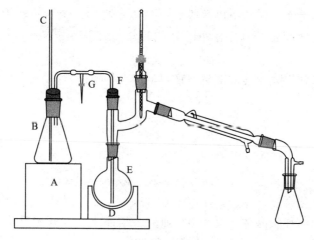

图 4-28　水蒸气蒸馏装置

A—加热器；B—水蒸气发生器；C—安全管；D—电加热包；

E—圆底烧瓶；F—蒸汽导入管；G—螺旋夹

【实验步骤及方法】

向 100cm³ 圆底烧瓶中加入 2.2g 无水碳酸钾、4cm³ 乙酸酐（新蒸）和 1.5cm³ 苯甲醛（新蒸），摇匀，按图 4-26 装置回流 30min。

结束回流，反应物冷却后，加入 30cm³ 温水，将装置改成图 4-27 的简易水蒸气蒸馏装置，或者采用图 4-28 完整的水蒸气蒸馏装置进行水蒸气蒸馏操作。水蒸气蒸馏蒸出未反应的苯甲醛（根据温度的升高、流出液是否含有油滴判断蒸馏的结束）。

将烧瓶冷却，加入 10cm³ 10％氢氧化钠溶液（如有色，需加少量活性炭，再加 10cm³ 水煮沸脱色），减压过滤。

滤液转入 250cm³ 烧杯中，冷至室温，搅拌下加浓盐酸（约需 5～6cm³）至刚果红试纸变蓝（pH＝3）。充分冷却，再减压过滤，用少量水洗涤沉淀，抽干。干燥产品至恒重，称重。

思 考 题

1. 进行 Perkin 反应时对醛的要求是什么？
2. 什么体系适合用水蒸气蒸馏来分离？

实验9 从茶叶中提取咖啡因

Extraction of Caffeine from Tea

【实验目的】

1. 了解提取天然有机物的方法，掌握升华操作。
2. 巩固回流、萃取、蒸馏等基本操作。

【实验原理】

茶叶中含有多种生物碱，其中以咖啡碱（又称咖啡因）为主，约占 1％～5％，茶叶的品种不同，咖啡因的含量也不同。另外还含有 11％～12％丹宁酸，0.6％的色素、纤维素、蛋白质等。

咖啡因是杂环化合物嘌呤的衍生物，它的结构式和名称为：

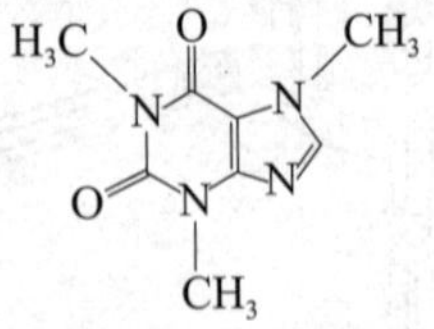

1,3,7-三甲基-2,6-二氧嘌呤

咖啡因是弱碱性化合物，味苦，能溶于水（2％）、乙醇（2％）、氯仿（12.5％）等。含结晶水的咖啡因为无色针状晶体，在 100℃ 即失去结晶水，并开始升华，120℃ 时升华相当显著，178℃ 时升华很快。无水咖啡因的熔点为 234.5℃。

为了提取茶叶中的咖啡因，先用较大量的水煮泡茶叶，咖啡因溶解在水中，然后利用咖啡因在氯仿（沸点：61℃）中的溶解度比水大的性质，用少量氯仿萃取，最后，蒸馏回收大部分氯仿后，采用升华来得到比较纯净的咖啡因。

【仪器与试剂】

回流冷凝管，烧瓶，蒸发皿，分液漏斗，三角漏斗，表面皿，蒸馏装置等。
茶叶，碳酸钠，氯仿等。

【实验装置】

提取咖啡因的装置如下：

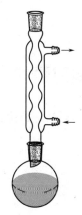

图 4-29　回流装置

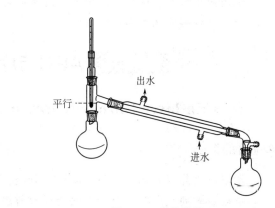

图 4-30　蒸馏装置

【实验步骤及方法】

在装有球形冷凝管的 $250cm^3$ 圆底烧瓶（图 4-29）中，加入 8g 干茶叶，8g 碳酸钠及 $80cm^3$ 水，回流 30min。趁热将溶液倾析至 $250cm^3$ 烧杯中，残渣倒入废液桶中（切勿倒入水槽）。

将滤液冷至室温后倾入分液漏斗中，每次用约 $10cm^3$ 氯仿萃取，萃取两次，合并氯仿萃取液，水浴加热蒸馏（图 4-30）回收溶剂氯仿，烧瓶中剩下 $1\sim2cm^3$ 液体时，停止蒸馏。

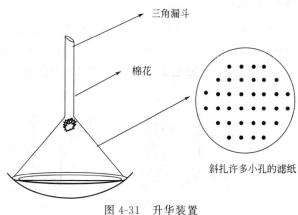

图 4-31　升华装置

将烧瓶中残留的 $1\sim2cm^3$ 液体倒入蒸发皿中，用酒精灯小火赶去可能有的少量氯仿，至半膏状后在蒸发皿上盖上一张斜刺许多小孔的滤纸（毛刺朝上），再用三角漏斗罩在滤纸上，用酒精灯小心加热升华（图 4-31）。当漏斗中出现白雾或发现滤纸上出现白色结晶时，要调整火焰强度，尽可能使升华速度放慢，以提高结晶的纯度。出现棕色烟雾时，停止加热，完全冷却后，小心揭开滤纸，仔细刮下附在漏斗壁上的结晶，连同滤纸一起包好。

【注意事项】

1. 回流过程中，如果茶叶溶胀到冷凝管下口处，切勿用玻璃棒捅，以免蒸汽喷出造成烫伤或玻璃棒落下击碎烧瓶。

2. 将滤液转入分液漏斗中时，勿将胶质状物和茶残渣倾入，以免堵塞漏斗。

3. 升华操作是实验成功的关键，升华过程中始终都应严格控制加热温度，温度太高，会发生炭化，从而将一些有色物带入产品。

思 考 题

1. 回流时加入碳酸钠的作用是什么？
2. 用氯仿萃取水中的咖啡因时，氯仿层在上层还下层？
3. 蒸馏回收溶剂氯仿时，流出液是澄清的还是浑浊的？为什么？
4. 升华操作中要注意那些问题？

实验10 APC药片的薄层色谱分析

Thin-layer Chromatography Analysis of APC Tablets

【实验目的】

1. 学习色谱分离的基本原理、应用及分类。
2. 掌握吸附剂、溶剂、展开剂的选择及薄层色谱的操作。

【实验原理】

薄层色谱（简称 TLC），是固-液吸附色谱的形式之一，是一种微量而快速的有机物鉴定和分离的方法，在混合物分离分析、反应进程检测等方面应用广泛。特别适用于挥发性较低，或在高温下易发生变化而不能用气相色谱进行分离的化合物。其示意图如图 4-32。

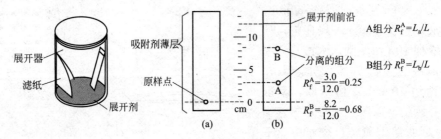

图 4-32 薄层色谱示意图

它是根据分析试样中各组分在不相混溶并做相对运动的两相——流动相和固定相中的溶解度的不同或者在固定相上的物理吸附程度的不同，即在两相中的分配不同，而使各组分进行分离。

各组分的分离程度用 R_f（比移值）值表示。通过下式求出 R_f 值：

$$R_f = \frac{L_s}{L}$$

式中，L_s 为从斑点中心到起点的距离；L 为从展开剂前沿到起点的距离。

薄层色谱有三个重要的方面需要深入了解和掌握，即吸附剂的确定、展开剂的选择和薄层板的制板技术。常用的吸附剂主要有硅胶、氧化铝、硅藻土、微晶纤维等多种，其中硅胶和氧化铝最为常用。目前，商品硅胶可分为硅胶 G（含 12%～14% 石膏）、硅胶 H（不含石膏）和硅胶 GF（含石膏和荧光指示剂）。硅胶粒度的大小对分离效果、R_f 值及展开时间都有一定影响，一般用 200 目左右为宜。展开剂是薄层色谱技术的另一个关键因素，选择展开剂的依据主要是极性和溶解度，展开剂的极性越大，洗脱能力越强，化合物的移动越远，即 R_f 值越大。选择展开剂时应先从试用单组分开始，若效果不佳，再试用双组分和多组分展开剂。常用展开剂的洗脱能力有如下顺序：石油醚＜环己烷＜四氯化碳＜苯＜氯仿＜乙酸乙酯＜1,2-二氯乙烷＜丙酮＜乙醇＜甲醇＜水＜吡啶＜乙酸。多数情况下，使用双组分或多组分展开剂会得到较为理想的效果。薄层板的制板技术也至关重要，吸附剂的厚度、均匀度、牢度、活性等方面的差异，都会对分析结果有影响。

【实验仪器与试剂】

玻璃板，电热干燥箱，红外灯，紫外分析仪，烧杯等。

硅胶 GF254，苯，乙醚，冰醋酸，甲醇，1% 的羧甲基纤维素钠水溶液等。

【实验步骤及方法】

1. 薄层板的制备

玻璃板的选择与清洗：领取 6 片载玻片，依次用去污粉、自来水、蒸馏水洗净，待基本晾干后，用脱脂棉蘸丙酮擦干。

调浆与涂布：称取 3g 硅胶 GF254 放入一小烧杯中，慢慢加入 1% 的羧甲基纤维素钠水溶液 9.5cm³，调成糊状物后，用勺将浆液均匀涂在玻璃板上，用手将带浆液的玻璃板在水平的桌面上做上下轻微的颤动，并不时转动方向，快速制成厚薄均匀、表面光洁平整的薄层板。每块板上所用的硅胶量要大致相同。从调浆到涂布结束要求在 5min 内完成，否则浆面干固，难涂均匀。

薄层板制备的好坏直接影响色谱分离的效果，在制备过程中应注意：

① 吸附剂尽可能铺均匀，不能有气泡和颗粒等；

② 吸附层的厚度不能太厚也不能太薄，太厚展开时会出现拖尾，太薄样品分不开，一般厚度为 0.5～1.0mm；

③ 湿板铺好后，应放在比较平的地方晾干，然后转移至试管架上慢慢地自然干燥，千万不要快速干燥，否则薄层板会出现裂纹。

干燥与活化：将上述制成的湿板停放在一个水平、防尘的地方，让其自行干固化，表面呈白色（最好放置 24h 以上），然后在 110℃ 烘箱中活化 30min，稍冷，取出，置于干燥器中待用。水分对活性的影响很大，须严格控制薄层板的干燥与活化条件。

2. 点样

样品液的制备：取 APC 药片 1 片包在纸中碾细，转移到小烧杯中加入 10cm³ 水，充分搅拌（约 10min 以上），至固体物大部溶解，静置。将上层清液倾入分液漏斗中，加入 5cm³ 二氯甲烷萃取，将有机层收集到锥形瓶中，用少量无水硫酸镁干燥，干燥完成后可直接用于点样。

点样：点样是把样品点加在预制的薄层薄板上，点样量不宜过多，原点不宜过大，控制直径在 1～2mm 内，样点间距 1.0cm 左右，将样品点在距板端 1.0cm 的起点线上（用铅笔标出起点线两端）。点样用内径小于 1mm 管口平整的毛细管即可。样品点得不好，会引起斑点的重叠和拖尾现象。点样时拿毛细管稍蘸一下样液，轻轻地在预定位置上一触即可，每块板点 2～3 个样点。点样后应使溶剂挥发至干，再进行下一步操作。

3. 展开

本实验所用的展开缸，用 125cm³ 广口瓶代替，使用前将其洗净烘干。

将事先选好的展开剂（本实验用苯：乙醚：冰醋酸：甲醇＝120∶60∶18∶1 混合溶剂），放入干净干燥的展开缸中，展开剂液体深度 0.5cm 左右即可。盖好玻璃盖，使缸内达到蒸气压饱和。放入点好样品的薄层板，盖好盖子，观察展开剂上升及样品点情况。当展开剂上升到预定位置时（从点样点到离顶端 1cm 处，几块薄层板的展开距离应大致相同），立即取出薄层板，标出展开剂终点线，并置于水平位置上风干，然后在红外灯下烘干。

4. 鉴定

显色与定位　将烘干的薄层板放入波长 254nm 紫外分析仪中照射显色，可清晰地看出样品展开后的斑点，标出它们的位置。

R_f 值的测定　量出从斑点中心到起点的距离（L_S）及展开剂前沿到起点的距离（L），通过下式求出 R_f 值：

$$R_f = \frac{L_S}{L}$$

由 R_f 及标准样品的 R_f 值分析 APC 药片中的主要成分可能是什么化合物。一些常见镇痛药的有关数据参见表 4-8。

表 4-8　一些常用镇痛药的薄层色谱数据

药名	R_f 值	λ_{max}/nm	熔点/℃
水杨酸	0.86	304	159.0
阿司匹林	0.81	276	135.0～138.0
水杨酰胺	0.72	302	140.0
乙酰苯胺	0.64	241	113.0～115.0
非那西汀	0.60	249	134.0～136.0
扑热息痛	0.44	250	169.0～170.0
咖啡因	0.30	273	234.0～237.0
安替比林	0.29	267	110.0～113.0
氨基吡啉	0.31	269	109.0

思　考　题

1. 展开剂高度超过点样线，对实验结果会有什么影响？
2. 如何利用 R_f 值来鉴定化合物？
3. 薄层色谱有哪些优点和缺点？

实验11　乙酸异戊酯的制备

Preparation of Isoamyl Acetate

【实验目的】

1. 了解有机酸酯化反应合成酯的一般原理及方法。

2. 进一步巩固回流、洗涤、分离等操作。

3. 了解气相色谱分析原理。

【实验原理】

乙酸酯类化合物是重要的香料物质，广泛用于食品、饮料、烟草和酿酒工业，还用作化妆品、香皂、牙膏等日化用品的香料原料。乙酸异戊酯具有甜的菠萝蜜水果香气，并略带辣、酸气息及乳酪香韵，用于调配菠萝、香蕉、葡萄、乳酪、苹果等各种味道的食用香精，是较新的食品香料。

乙酸和异戊醇在浓硫酸催化下进行酯化反应，生成乙酸异戊酯和水：

$$CH_3COOH+CH_3\overset{\underset{\displaystyle CH_3}{|}}{C}HCH_2CH_2OH \xrightleftharpoons{H_2SO_4} CH_3\overset{\overset{\displaystyle O}{\|}}{C}-OCH_2CH_2\overset{\underset{\displaystyle CH_3}{|}}{C}HCH_3 + H_2O$$

也可在新型的固体酸催化剂如对甲苯磺酸的催化下完成上述反应。

【仪器与试剂】

1. 主要仪器

温度计，回流冷凝管，烧瓶，气相色谱仪等。

2. 主要原料及产物的物理性质

名称	分子量	性　状	折射率 n_D^{20}	相对密度 d_4^{20}	熔点 /℃	沸点 /℃	溶解度		
							水	醇	醚
异戊醇	106.12	无色液体	1.5455	0.8100		178.0	微溶	溶	溶
乙酸	102.09	无色液体	1.3904	1.0429		139.6	溶	溶	溶
乙酸异戊酯	148.16	白色固体		0.8800	133.0	300.0	微溶	溶	溶

3. 主要试剂及用量

异戊醇 $10.8cm^3$（0.1mol），冰醋酸 $12.8cm^3$（0.225mol）浓 H_2SO_4，5％碳酸氢钠水溶液，饱和氯化钠水溶液，无水氯化镁。

【实验装置】

回流反应、分离和蒸馏装置分别见图 4-24、图 4-22 和图 4-30。

【实验步骤及方法】

在 $50cm^3$ 干燥的圆底烧瓶中，加入 $10.8cm^3$ 异戊醇和 $12.8cm^3$ 冰醋酸，摇动下慢慢加入 $2.5cm^3$ 浓硫酸，混匀后加入几粒沸石，装上回流冷凝管，加热回流 1h。

将反应物冷至室温，小心转入分液漏斗中，用 $25cm^3$ 冷水洗涤烧瓶，并将涮洗液合并至分液漏斗中。摇振后静置，分出下层水溶液，有机相用 $25cm^3$ 5％碳酸氢钠水溶液洗涤，以除去粗酯中少量的醋酸杂质。静置后分去下层水溶液，再用 $15cm^3$ 5％碳酸氢钠水溶液洗涤一次，至水溶液呈碱性为止。然后再用 $10cm^3$ 饱和氯化钠水溶液洗涤一次，分出水层，酯层转入锥形瓶中，用 1～2g 无水氯化镁干燥。

粗产物滤入圆底烧瓶中，进行蒸馏，收集 138～143℃的馏分。产量约 9g。

将产物进行气相色谱分析。打印出色谱图。

1. 如果浓硫酸与有机物混合不均匀，加热时会有有机物炭化，溶液发黑。
2. 用碳酸氢钠溶液洗涤时，有大量二氧化碳气体产生，因此开始时不要塞住分液漏斗。振摇漏斗至无明显的气泡产生后再塞住振摇，洗涤时应注意及时放气。
3. 氯化钠饱和溶液不仅降低酯在水中的溶解度，而且可以防止乳化，有利分层，便于分离。

思 考 题

1. 本实验为何要用过量乙酸？如使用过量异戊醇有什么不好？
2. 画出分离提纯乙酸异戊酯的流程图，各步洗涤的目的何在？

实验12 环己酮的合成

Preparation of Cyclohexanone

【实验目的】

1. 学习仲醇氧化法制备酮的反应原理和实验室制备方法。
2. 了解水蒸气蒸馏的适用条件和装置。
3. 巩固蒸馏、水蒸气蒸馏、分液漏斗的使用、液体有机化合物的干燥等基本操作。

【实验原理】

环己酮是一种重要的有机化工产品和重要的化工原料，是制备己二酸、己内酰胺的主要中间体，广泛应用于纤维、合成橡胶、工业涂料，也是合成医药、农药产品的中间体，另外还是许多聚合物的特种溶剂。合成环己酮的新技术、新工艺的研究和开发一直受到广泛关注。

醛和酮可用相应的伯醇和仲醇氧化得到。在实验室中常用的氧化剂是铬酸（重铬酸盐与稀硫酸的混合液）。

酮虽比醛稳定，可以留在反应混合物中，但必须严格控制好反应条件，勿使氧化反应进行得过于猛烈，否则产物将可能进一步氧化而发生碳链断裂。环己酮合成的反应如下：

主反应：

可能的副反应：

【仪器与试剂】

1. 主要仪器

三口瓶，磁力搅拌器，加热回流装置，恒压滴液漏斗，水蒸气蒸馏装置。

2. 主要原料及产物的物理性质

名称	分子量	性 状	折射率 n_D^{20}	相对密度 d_4^{20}	熔点 /℃	沸点 /℃	溶解度 水	溶解度 醇	溶解度 醚
环己醇	100.16	白色液体	1.4641	0.9624	25.15	161.10	微溶	溶	溶
环己酮	98.15	无色液体	1.4507	0.9478	−16.40	155.65	微溶	溶	溶

3. 主要试剂及用量

浓硫酸 $9.3cm^3$，环己醇 $9.8cm^3$（0.0941mol），重铬酸钠（$Na_2Cr_2O_7 \cdot 2H_2O$）11.5g（0.0386mol），草酸，食盐，无水硫酸镁。

【实验装置】

合成和纯化环己酮的装置分别如图 4-33 和图 4-34 所示。

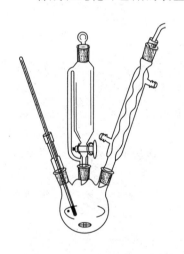

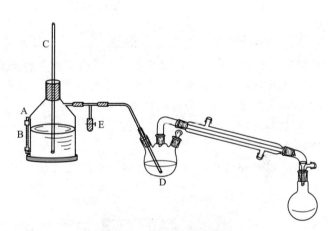

图 4-33　合成环己酮的装置　　　　　图 4-34　水蒸气蒸馏装置

　　　　　　　　　　　　　　　　　A—水蒸气发生器；B—水位计；

　　　　　　　　　　　　　　　　　C—玻璃管；D—蒸馏烧瓶；E—弹簧夹

【实验步骤】

在 $250cm^3$ 三口烧瓶内，加入 $56cm^3$ 冰水，慢慢加入 $9.3cm^3$ 浓硫酸，充分混合后，小心加入 $9.8cm^3$ 环己醇（9.43g，0.0941mol）。在上述混合液中放入一支温度计，控制溶液温度在 30℃ 以下。

在烧杯中将 11.5g 重铬酸钠（0.0386mol）溶解于 $6cm^3$ 水中。

开动搅拌，将重铬酸钠溶液缓慢滴加入反应烧瓶中，氧化反应开始。这时可观察到反应温度上升和反应液由橙红色变为墨绿色，表明氧化反应已经发生，全程控制反应温度在 60～65℃ 之间。重铬酸钠溶液全部加完后继续搅拌，直至温度有自动下降趋势再反应 10min。然后，根据反应瓶颜色的情况，加入少量草酸（1g 左右）或甲醇（1～$2cm^3$）使反应液完全变成墨绿色，以还原过量的重铬酸盐。

在反应瓶内加入 $60cm^3$ 水，再加几粒沸石，改成蒸馏装置（简化的水蒸气蒸馏），将粗环己酮蒸馏出来，直至馏出液不再浑浊，再多收集 $10\sim15cm^3$（总收集约 $50cm^3$）。

用约 10g 食盐使馏出液饱和，在分液漏斗中静置后分出有机层。

用少量无水硫酸镁干燥。

如果在常压下蒸馏，收集 154~156℃ 的馏分，为保证纯度收集馏分沸程在 1℃ 范围。环己酮产量约 5.6~6.3g（产率 61%~68%）。

【注意事项】

1. 配制硫酸溶液时，一定要在振摇或搅拌下，慢慢将酸加入水中。

2. 铬酸氧化醇是一个放热反应，实验中必须控制好反应温度。温度过低，反应速度慢且容易使氧化剂局部浓度过高甚至反应失控；过高，易导致副反应增多。

3. 水蒸气蒸馏的馏出量不宜过多，否则即使用盐析，仍不可避免有少量环己酮溶于水而损失。室温下环己酮在水中的溶解度为 2.4g。

4. 环己酮与水能形成恒沸点为 95℃ 的恒沸混合物。

思 考 题

1. 如果实验中分批加重铬酸钠溶液，为什么要待反应物的橙红色消失后，方能加下一批重铬酸钠？在整个氧化反应过程中，为什么要控制温度在一定的范围？

2. 氧化反应结束后，为什么要加入草酸或甲醇，如果不加有什么不好？

3. 水蒸气蒸馏对分离的有机化合物有什么要求？

4. 我们知道环己酮的沸点为 155.6℃。在收集最终产品时，应选用水冷却型冷凝管还是空气冷凝管？

5. 从反应混合物中分离出环己酮，除了现在采用的水蒸气蒸馏法外，还可采用何种方法？

实验13 己二酸的合成

Preparation of Adipic Acid

【实验目的】

1. 学习环酮氧化法制备二元羧酸的反应原理和实验室制备方法。
2. 巩固热过滤、固体有机化合物的结晶、干燥等基本操作。

【实验原理】

己二酸又称肥酸，是一种重要的有机二元酸，能够发生成盐反应、酯化反应、酰胺化反应等，并能与二元胺或二元醇缩聚成高分子聚合物等。己二酸是工业上具有重要意义的二元羧酸，在化工生产、有机合成工业、医药、润滑剂制造等方面都有重要作用，产量居所有二元羧酸中的第二位。己二酸主要用作尼龙 66 和工程塑料的原料，也用于生产各种酯类产品，还用作聚氨基甲酸酯弹性体的原料，各种食品和饮料的酸化剂，其作用有时胜过柠檬酸和酒石酸。己二酸也是医药、酵母提纯、杀虫剂、黏合剂、合成革、合成染料和香料的原料。己二酸酸味柔和且持久，在较大的浓度范围内 pH 值变化较小，是较好的 pH 值调节剂。

环己酮是环状结构的对称酮，在碱作用下只能得到一种烯醇负离子，控制好反应温度，氧化断裂后得到单一化合物——己二酸。

$KMnO_4$ 在碱性条件下能将环己酮氧化为己二酸，在弱碱性溶液中 MnO_4^- 被还原为 MnO_2，还原的 MnO_2 易于回收，经洗涤烘干后可直接利用。在弱碱性条件下高锰酸钾的反应选择性好，生成的己二酸盐易于分离，操作简便，反应平稳，反应速度快。

其反应如下：

【仪器与试剂】

1. 主要仪器

烧杯（300cm³，150cm³），温度计，滴管，玻璃棒，电热套，抽滤装置 1 套。

2. 主要原料及产物的物理性质

名称	分子量	性　状	折射率 n_D^{20}	相对密度 d_4^{20}	熔点 /℃	沸点 /℃	溶解度		
							水	醇	醚
环己酮	98.15	无色液体	1.4507	0.9478	−16.4	155.7	微溶	溶	溶
己二酸	146.14	白色结晶		1.3660	153.0		稍溶	溶	微溶

3. 主要试剂用量

投料比　环己酮（自制）∶高锰酸钾∶氢氧化钠（10%）∶浓硫酸＝1g∶3g∶0.25cm³∶2.5cm³。

【实验装置】

抽滤装置如图 4-21 所示。

【实验步骤】

在 250cm³ 烧杯中，将计算量的高锰酸钾溶于 8 倍水中，加入自制环己酮，在温水浴上将反应混合物温度升至 30℃ 后，加入计算量的氢氧化钠溶液，摇荡或搅拌反应混合物，控制温度在 45℃（必要时水浴温热），并在此温度下用水浴维持反应 1h。

擦干烧杯外的水，直接放到电热套里加热，沸腾后保持 5min，使反应完全。

用玻璃棒蘸取一滴反应液于滤纸上，若在黑色二氧化锰周围仍出现紫色环，可加入少量亚硫酸钠以除去过量的高锰酸钾。重复操作，直到不显紫环为止。

抽滤反应混合物，用热水充分洗涤棕黑色沉淀。

将滤液在蒸发皿中浓缩至环己酮体积的约 7～8 倍。趁热小心用滴管加入浓硫酸，使 pH 值为 1～2。

冷却至室温使结晶完全，抽滤得己二酸白色晶体，熔点为 $152\sim153℃$。

【注意事项】

滤液如浑浊或有色，需先用活性炭脱色后再浓缩。

思 考 题

1. 试写出利用高锰酸钾氧化环己酮生成己二酸的氧化还原配平式，并指出其中的高锰酸钾与环己酮哪个试剂是过量的？为什么？

2. 反应温度及氧化剂的用量对反应有什么影响？

实验14 呋喃甲醇及呋喃甲酸的制备

Preparation of α-Furyl Methanol and α-Furoic Acid

【实验目的】

1. 了解 Cannizzaro 反应的基本原理。
2. 掌握利用 Cannizzaro 反应制备呋喃甲醇和呋喃甲酸。
3. 进一步熟悉巩固洗涤、萃取、蒸馏、减压过滤和重结晶操作。

【实验原理】

呋喃甲醇是制药工业的重要原料，可用于合成抗菌剂、抗癌新药、防血吸虫病药、抗高血压药等；也可以制备呋喃甲醇酯类香料等。同时呋喃甲醇又是呋喃树脂、涂料、颜料的良好溶剂。还用于合成纤维、橡胶和铸造工业。

呋喃甲酸又称糠酸，用途也十分广泛，主要用于生产增塑剂、热固性树脂。在精细有机化合物合成中作为合成呋喃甲酸酯类香料必不可少的原料，还可作为食品工业防腐剂、防霉剂；现在还是一种新抗癌药物的重要中间体。

呋喃甲醛和其他无 α-活泼氢的醛（如芳醛、甲醛等）与浓的强碱溶液作用，发生分子间的自身氧化还原反应，一分子醛被还原成醇，另一分子醛被氧化成酸，此类反应称为 Cannizzaro 反应。

利用 Cannizzaro 反应，以呋喃甲醛作为反应物，在浓氢氧化钠的作用下，制备呋喃甲醇和呋喃甲酸。其反应式如下：

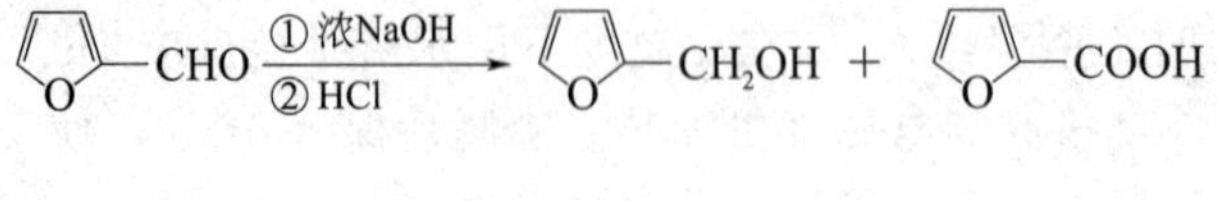

【仪器与试剂】

1. 主要仪器

圆底烧瓶（$50cm^3$，$100cm^3$），球形冷凝管，空气冷凝管，蒸馏头，温度计套管，接引管，锥形瓶，分液漏斗，吸滤瓶，布氏漏斗，烧杯（$250cm^3$）。

2. 主要原料及产物的物理性质

名称	分子量	性状	折射率 n_D^{20}	相对密度 d_4^{20}	熔点 /℃	沸点 /℃	溶解度 水	溶解度 醇	溶解度 醚
呋喃甲醛	96.09	无色或琥珀色液体	1.5261	1.1596		161.7	微溶	溶	溶
呋喃甲醇	98.1	无色或淡黄色液体	1.4865	1.1296		139.6	溶	溶	溶
呋喃甲酸	102.09	无色结晶			133.0	230.0~232.0	不溶(冷水)溶(热水)	溶	溶

3. 主要试剂及用量

呋喃甲醛（新蒸）16.4cm³（0.2mol），33％氢氧化钠溶液 16cm³，乙醚，25％盐酸，无水硫酸镁，活性炭。

【实验步骤】

在 250cm³ 烧杯中，加入 16.4cm³（0.2mol）新蒸的呋喃甲醛，将烧杯浸入冰水浴冷至 5℃。在搅拌下自滴液漏斗慢慢滴入 16cm³ 33％氢氧化钠溶液，保持反应温度在 8~12℃。滴加时间约 0.5h，加完后室温下再搅拌 0.5h，有黄色浆状物生成。搅拌下慢慢加入约 16cm³ 水，使沉淀恰好完全溶解。把溶液移入分液漏斗中，每次用 15cm³ 乙醚萃取，共萃取 4 次，合并萃取液（水层保留待用），用无水 MgSO₄ 干燥。将干燥后的溶液进行蒸馏，先低温蒸去乙醚，改用空气冷凝管，蒸出呋喃甲醇，收集 169~172℃ 的馏分，产量约 7~8g，产率 71％~82％。

乙醚萃取后的水溶液用 25％盐酸（约需 18~20cm³）酸化至刚果红试纸变蓝或 pH 值为 2~3。冷却使呋喃甲酸析出完全，抽滤，用 1~2cm³ 水洗涤固体。粗产物用水重结晶，得白色针状或叶片状结晶。得产品约 8g，产率 71％。

【注意事项】

1. 呋喃甲醛久置易变成深红褐色，且往往含有水，一般使用前需要重新蒸馏提纯，收集 54~55℃/2.27kPa 或 57~58℃/4.00kPa 的馏分，新蒸过的呋喃甲醛为无色或淡黄色液体。

2. 反应温度高于 12℃ 时，温度就会迅速升高，难以控制；低于 8℃ 时，反应很慢，会使未反应的氢氧化钠积聚，一旦反应起来，会过于激烈，温度迅速升高，增加副反应，影响产率及纯度。再者，反应是在两相进行的，故应充分搅拌。也可用反加的方法，把呋喃甲醛滴加到氢氧化钠溶液中，反应较易控制，产量相仿。

3. 当氢氧化钠溶液滴加完后，如反应液变成黏稠物而无法搅拌时，可不再搅拌，使反应往下进行。

4. 加水过多会损失一部分产品。

思 考 题

1. 在 Cannizzaro 反应中和在羟醛缩合反应中所用醛的结构有何不同？

2. 乙醚萃取后的水溶液用 25％盐酸酸化到中性是否合适？为什么？
3. 怎样利用 Cannizzaro 反应将呋喃甲醛全部转化成呋喃甲醇？

实验15 苯甲酸乙酯的制备

Preparation of Ethyl Benzoate

【实验目的】

1. 学习酯化反应，了解三元共沸除水原理。
2. 掌握分水器在除水实验中的使用。

【实验原理】

苯甲酸乙酯又名安息香酸乙酯（Ethyl benzoate）。苯甲酸乙酯为无色或淡黄色透明液体，不溶于水，略似依兰油香气，具有较强的水果气味。因其毒性小，可普遍作为食用香料使用；也可用于配制香水香精和人造精油。天然存在于桃、菠萝、红茶中。同时也用作纤维素酯、纤维素醚、树脂等的溶剂。

苯甲酸和乙醇在浓硫酸催化下进行酯化反应，生成苯甲酸乙酯和水：

$$\text{COOH} + CH_3CH_2OH \xrightarrow{H_2SO_4} \text{COOC}_2H_5 + H_2O$$

酯化反应是一个平衡反应，在反应过程中分去生成的水是提高产率的有效方法。

由于苯甲酸乙酯的沸点很高，很难蒸出，所以本实验采用加入环己烷的方法，使环己烷、乙醇和水组成三元共沸物，其共沸点为 62.1℃。三元共沸物经冷却分成两层，环己烷在上层比例大，放回反应瓶，而水在下层比例大，放出下层即可除去反应中生成的水。水的分出促使酯化反应完全。

【仪器与试剂】

1. 主要仪器
圆底烧瓶，分水器，回流冷凝管，温度计，分液漏斗，蒸馏装置。
2. 主要原料及产物的物理性质

名称	分子量	性状	折射率 n_D^{20}	相对密度 d_4^{20}	熔点 /℃	沸点 /℃	溶解度 水	醇	醚
苯甲酸	122.12	白色晶体	1.5397	1.2659	122.0	249.0	微溶	溶	溶
环己烷	84.16	无色液体	1.4266	0.7786		80.7	不溶	溶	溶
苯甲酸乙酯	150.12	无色液体	1.5001	1.0509		213.0	微溶	溶	溶

3. 主要试剂及用量
苯甲酸 12.2g（0.1mol），95％乙醇 25cm³，环己烷 20cm³，浓硫酸，乙醚，无水氯化钙，碳酸钠。

【实验装置】

反应装置如图 4-35 所示。蒸馏装置见图 4-23。

【实验步骤】

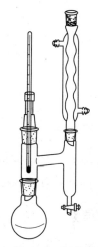

图 4-35　制备苯甲酸
乙酯的回流分
水反应装置

在 $100cm^3$ 圆底烧瓶中，加入 12.2g（0.1mol）苯甲酸、$25cm^3$ 95%乙醇、$20cm^3$ 环己烷及 $4cm^3$ 浓硫酸。混合均匀并加入沸石，安装分水器，分水器上端接回流冷凝管。加热反应瓶，使液体回流。开始回流速度要慢，随着回流的进行，分水器中出现上、下两层，下层（水层）越来越多，当下层接近分水器支管处时，将下层液体放进量筒中，约用 $1\sim2h$ 共收集 $12cm^3$。继续加热，蒸出多余的环己烷和乙醇。注意回流速度和瓶内的现象，若回流速度减慢或瓶内有白色烟雾出现，立即停止加热。

将反应瓶中液体倒入盛有 $80cm^3$ 水的烧杯，搅拌下分批加入碳酸钠粉末中和，直至无二氧化碳气体产生，pH 试纸检验呈中性。用分液漏斗分出有机层，水层用 $25cm^3$ 乙醚萃取。将有机层和萃取液合并，用无水氯化钙干燥。将粗产物进行蒸馏，先低温蒸出乙醚，当温度超过 140℃时，可直接用牛角管接收 $210\sim213℃$ 的馏分或在减压下蒸馏，收集 $95\sim100℃/1.995kPa$ 的馏分。产量 $12\sim14g$，产率 80%~90%。

【结构表征】

液膜法测得苯甲酸乙酯样品的红外光谱图。

特征吸收峰归属：在 $3050cm^{-1}$ 的肩峰是苯环上的 C—H 伸缩振动吸收带，$1719cm^{-1}$ 的强峰为羰基的 C=O 伸缩振动吸收带，$1276cm^{-1}$ 和 $1109cm^{-1}$ 两个峰则分别为酰氧键和烷氧键的吸收带。

【注意事项】

1. 由反应瓶蒸出的液体为三元共沸物（沸点 62.1℃，含环己烷 76%、乙醇 17%、水 7%），它从冷凝管流入分水器后分为两层：上层含环己烷 94.8%、乙醇 4.9%、水 0.3%；下层含环己烷 8.2%、乙醇 63.3%、水 28.5%。

2. 根据理论计算，带出的总水量约 3.1g。因为反应是借共沸蒸馏带出反应瓶中的水，根据附注计算，共沸物下层总重 11g 左右，但随分离温度不同而变化。反应终点判断也可用薄层色谱（TLC）跟踪法。当 TLC 分析苯甲酸点消失，则反应完成。

3. 加碳酸钠是为了除去硫酸和未反应的苯甲酸。要研细后分批加入，否则会产生大量泡沫而使液体溢出。

思　考　题

1. 本实验是根据什么原理，采取什么措施来提高产率的？

2. 在分析现象和进行操作时用到了哪些物理常数？

实验16 甲基橙的制备

Preparation of Methyl Orange

【实验目的】

1. 学习并掌握重氮化反应和重氮盐偶联反应的理论知识和实验方法。
2. 熟练掌握有机固体化合物的重结晶。

【实验原理】

甲基橙，结构式命名是对二甲基氨基偶氮苯磺酸钠或4-((4-(二甲氨基）苯基）偶氮基）苯磺酸钠盐。甲基橙主要用作酸碱滴定指示剂，也可用于印染纺织品。它可通过对氨基苯磺酸的重氮化反应以及重氮盐与 N,N-二甲基苯胺的醋酸盐在弱酸性介质中进行偶联来合成。由于对氨基苯磺酸不溶于酸，因此先将对氨基苯磺酸与碱作用，得到溶解度较大的钠盐。重氮化时，由于溶液的酸化（亚硝酸钠加盐酸生成亚硝酸），当对氨基苯磺酸从溶液中以很小的微粒析出时，立即与亚硝酸发生重氮化反应，生成重氮盐微粒（逆重氮化法）。后者与 N,N-二甲基苯胺的醋酸盐发生偶联反应。偶联反应首先得到的是亮红色的酸式甲基橙，称为酸性黄。在碱性条件下，酸性黄转变成橙黄色钠盐，即甲基橙。

其化学反应过程如下：

$$H_2N \underbrace{\hspace{1.5cm}} SO_3H + NaOH \longrightarrow H_2N \underbrace{\hspace{1.5cm}} SO_3^-Na^+ + H_2O$$

$$H_2N \underbrace{\hspace{1.5cm}} SO_3^-Na^+ \xrightarrow[\text{HCl}]{NaNO_2} HO_3S \underbrace{\hspace{1.5cm}} N^+ \equiv NCl^-$$

$$\xrightarrow[\text{HOAc}]{C_6H_5N(CH_3)_2} HO_3S \underbrace{\hspace{1.5cm}} N=N \underbrace{\hspace{1.5cm}} \underset{H}{N^+(CH_3)_2} OAc^-$$

$$\xrightarrow{NaOH} HO_3S \underbrace{\hspace{1.5cm}} N=N \underbrace{\hspace{1.5cm}} N(CH_3)_2 + NaOH + H_2O$$

【仪器与试剂】

1. 主要仪器

烧杯，试管，抽滤装置。

2. 主要原料及产物的物理性质

名称	分子量	性状	折射率 n_D^{20}	相对密度 d_4^{20}	熔点/℃	沸点/℃	溶解度		
							水	醇	醚
对氨基苯磺酸	173.2	白色或灰白色晶体			280 分解	249	微溶	不溶	不溶
N,N-二甲基苯胺	121.2	无色至淡黄色液体	1.5582	0.9563		193	不溶	溶	溶
甲基橙	150.12	橙色片状结晶							

甲基橙主要用作酸碱指示剂，它的变色范围为 pH 3.2～4.4，水溶液为黄色，溶液 pH 值小于 3.5 时则转变为红色。

3. 主要试剂及用量

亚硝酸钠 0.8g(0.11mol)，对氨基苯磺酸 2.1g(0.01mol)，N,N-二甲基苯胺 1.2g (0.01mol)，浓盐酸，冰醋酸，95％乙醇，乙醚，5％氢氧化钠溶液。

【实验步骤】

1. 重氮盐的制备

在烧杯中加入 $10cm^3$（0.013mol）5％的氢氧化钠溶液及 2.1g（0.01mol）含两个结晶水的对氨基苯磺酸晶体，温热溶解后，加入 0.8g（0.11mol）亚硝酸钠和 $6cm^3$ 水配成的溶液，用冰盐浴冷却至 0～-5℃。在不断搅拌下，将 $3cm^3$ 浓盐酸与 $10cm^3$ 水配成的溶液逐滴加到混合溶液中，控制温度在 5℃以下，对氨基苯磺酸重氮盐的白色针状晶体迅速析出。滴加完毕，用淀粉-碘化钾试纸检验。在冰盐浴中放置 15min，以保证反应完全。

2. 偶合

取一小烧杯加入 1.2g（0.01mol）N,N-二甲基苯胺和 $1cm^3$ 冰醋酸，混合均匀。在不断搅拌下将此溶液慢慢加入到上述冷却的重氮盐溶液中。加完后，继续搅拌 10min，然后慢慢加入 $25cm^3$ 5％的氢氧化钠溶液，这时反应液呈碱性，烧杯中的反应物变为橙色，粗制的甲基橙呈细粒状析出。将烧杯加热（约 100℃）5min，冷却至室温，再用冰水冷却，使甲基橙晶体完全析出。抽滤，晶体依次用少量的水、乙醇、乙醚洗涤，压紧，抽干。

3. 纯化

每克粗产品用 100℃、$25cm^3$ 1％氢氧化钠水溶液重结晶。待结晶完全析出后抽滤，沉淀依次用很少量的乙醇、乙醚洗涤，得到橙色的小叶片状甲基橙结晶。产量约 2.5g，产率 76％。

取少量甲基橙溶于水，加几滴稀盐酸溶液，观察所呈现的颜色。接着用稀氢氧化钠溶液中和，观察颜色变化。

【注意事项】

1. 对氨基苯磺酸是两性化合物，酸性比碱性强，以酸性内盐存在，所以它能与碱作用成盐而不与酸作用成盐。

2. 淀粉-碘化钾试纸若不变蓝，可再补加亚硝酸钠溶液。若过量可加尿素以减少亚硝酸氧化及亚硝化等副反应。

3. 第 1 步往往析出对氨基苯磺酸的重氮盐。这是由于重氮盐在水中可以电离，形成中性内盐，在低温时难溶于水而形成细小晶体析出。

4. 若含有未反应的 N,N-二甲基苯胺醋酸盐，在加入氢氧化钠后，就会有难溶于水的 N,N-二甲基苯胺析出，影响产物纯度。湿甲基橙在空气中受光照后，颜色很快变深，所以粗产物一般是紫红色的。

5. 由于产物呈碱性，温度高易变质，颜色加深。用乙醇、乙醚洗涤的目的是使其快速干燥。甲基橙的变色范围的 pH 值在 3.2～4.4。

思 考 题

1. 重氮盐与酚类及芳胺类化合物发生偶联反应，在什么条件下进行为宜？为什么说溶液的 pH 值是偶联反应的重要条件？

2. 如何判断重氮化反应的终点？如何去除过量的亚硝酸？

3. 解释甲基橙在酸碱介质中变色的原因，并用反应方程式表示。

Ⅳ. 物理化学实验

实验 1 燃烧热的测定

【实验目的】

1. 学习用氧弹式量热计测定萘的燃烧热的方法。
2. 明确燃烧热的定义，了解恒压燃烧热与恒容燃烧热的区别。
3. 了解量热计中主要部件的作用，掌握氧弹式量热计的实验技术。
4. 学会用雷诺曲线法求温度的改变量。

【实验原理】

燃烧热是指 1mol 物质完全燃烧时所放出的热量，是热化学中重要的基本数据。"完全燃烧"对燃烧的产物有明确规定，如有机化合物中的 C 氧化成 $CO_2(g)$，而不是 $CO(g)$。燃烧热的测定是热化学的基本手段，对于一些因反应速度太慢或反应不完全而难以直接测定的化学反应的热效应，可通过赫斯定律利用燃烧热数据间接算出。测定燃烧热的氧弹式量热计是重要的化学仪器，在热化学、生物化学以及某些工业部门中应用广泛。

燃烧热可在恒容或恒压条件下测定。本实验采用环境恒温式氧弹式量热计测量有机物萘的恒容燃烧热 Q_V，氧弹式量热计、氧弹构造如图 4-36 所示。

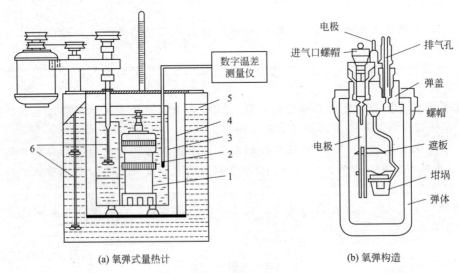

(a) 氧弹式量热计 (b) 氧弹构造

图 4-36　环境恒温式氧弹量热计

1—氧弹；2—温度传感器；3—内筒；4—空气隔绝层；5—外筒；6—搅拌器

由热力学第一定律可知：在恒容条件下测得的燃烧热称为恒容燃烧热（Q_V），恒容燃烧热等于该过程热力学能的变化（ΔU）；在恒压条件下测得的燃烧热称为恒压燃烧热（Q_p），恒压燃烧热等于该过程焓的变化（ΔH）。然后利用下面关系计算出恒压燃烧热 Q_p：

$$Q_p = Q_V + \Delta nRT \tag{4-11}$$

式中，Δn 为生成物与反应物中气体的摩尔数之差；R 为摩尔气体常数；T 为反应温度，K。

在实际测量中，燃烧反应是在恒容条件下进行的，因此，可以直接测得反应的恒容热 Q_V。在盛有定量水的容器中，放入装有一定量样品和氧气的密闭氧弹，然后使样品完全燃烧，由能量守恒定律，放出的热量通过氧弹传递给水及仪器，引起温度升高。通过测量燃烧前后水温的变化 ΔT，就可用热平衡式（4-12）求出该样品的恒容燃烧热 Q_V。

$$-(m/M)Q_V - (m_燃 - m'_燃)Q_燃 - m_棉 Q_棉 = W\Delta T \tag{4-12}$$

式中，m 为燃烧掉的样品的质量；M 为样品的摩尔质量；$m_燃$ 为燃烧丝燃烧前的质量；$m'_燃$ 为燃烧丝燃烧后剩余的质量；$Q_燃$ 为燃烧丝的燃烧热，-1400.8J·g^{-1}；$m_棉$ 为燃烧掉的棉线的质量；$Q_棉$ 为棉线的燃烧热，-17479J·g^{-1}；W 为水当量，其物理意义是量热计及氧弹周围的介质水温度升高一摄氏度所吸收的热量。

由于 m、M、$m_燃$、$m'_燃$、$Q_燃$、$m_棉$、$Q_棉$ 均可称量、计算或为已知量，因此，若再知道了 W 的数值，测定了 ΔT 就可计算出所测样品的 Q_V。

为了保证样品完全燃烧，氧弹中须充以高压氧气或其他氧化剂。因此氧弹应有很好的密封性能、耐高压且耐腐蚀。氧弹放在一个与室温一致的恒温套壳中。盛水桶与套壳之间有一个高度抛光的挡板，以减少热辐射和空气的对流。

实际上，量热计与周围环境的热交换无法完全避免。从图 4-36 可看出，环境恒温式量热计采用的是装满恒温水的水夹套，当氧弹中的样品开始燃烧时，内筒与外筒水夹套之间有少量的热交换，因此不能直接测出初始温度和最高温度，必须经过雷诺（Renolds）曲线进行校正。具体方法如下：

称取适量待测物质，估计其燃烧后可使水温上升 $1.5\sim2.0℃$。预先调节水温使其低于室温（外桶温度）$1.0℃$ 左右。按操作步骤进行测定，将燃烧前后观察所得的一系列水温和时间关系作图。得一曲线如图 4-37。图中 b 点意味着燃烧开始，热量传入介质；c 点为观察到的最高温度值；从相当于室温的 T 点作水平线交曲线于 0，过 0 点作垂线 AB，再将 ab 线和 cd 线延长并交 AB 线于 E、F 两点，其间的温度差值即为经过校正的 ΔT。图中 EE' 为开始燃烧到温度上升至室温这一段时间 Δt_1 内，由环境辐射和搅拌引进的能量所造成的升温，故应予扣除。FF' 为由室温升高到最高点 c 这一段时间 Δt_2 内，热量计向环境的热漏造成的温度降低，计算时必须考虑在内。故可认为，EF 两点的差值较客观地表示了样品燃烧

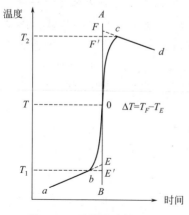

图 4-37　雷诺温度校正图

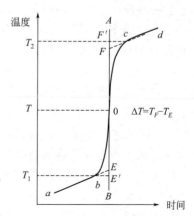

图 4-38　绝热良好情况下的雷诺校正图

引起的升温数值。

在某些情况下，热量计的绝热情况良好，热漏很小，且搅拌器功率较大，不断稍微引进能量使得曲线不出现极高温度点，如图4-38所示。这种情况下 ΔT 仍然按照同样方法校正。

【仪器试剂】

氧弹式量热计(SHR-15)	1台	数字式测温仪	1台
电子天平	1台	压片机	1台
制冰机	1台	超级恒温水浴	1台
氧气钢瓶	1个	减压阀	1只
充氧机	1台	$1000cm^3$ 量筒	1个
点火丝	若干	棉线	若干
苯甲酸(A.R.)	若干	萘(A.R.)	若干

【实验步骤】

1. 水当量 W 的测定

（1）称量样品、压片

① 称量　取约10cm长的燃烧丝和棉线各一根，分别在电子天平上精确称量；粗称0.7～0.8g苯甲酸。

② 压片　接着用压片机把称好的萘粉压成片状。压片的方法为：把垫板装进圆筒中，将垫板和圆筒放在托板上，倒入称好的萘，转动托板，使圆筒上的小槽卡在隔板的开口处，用左手拇指顶住圆筒，其余四指顶住隔板，右手按顺时针方向旋转螺杆，使压片柱将萘粉压成片状（不要压得太紧也不要太松）；压好后，按逆时针方向旋转螺杆两到三圈，推走托板，将称量纸垫在圆筒下面，再按顺时针方向旋转螺杆，将压好的萘片从圆筒里挤压出来，挤出后，再按逆时针方向旋转螺杆，直至压片柱全部脱离圆筒。

③ 再称量　把燃烧丝的中部放在压好的萘片表面，用棉线捆紧，打结，系死。再将燃烧丝＋棉线＋萘片放在电子天平上精确称量。

（2）装氧弹、充氧气

① 装氧弹　打开氧弹盖放在支架上，把电极柱上的小套筒向上推起，将萘片两端的燃烧丝分别卡在电极柱上的小槽里并缠紧（燃烧丝不能碰触坩埚）盖好氧弹盖，拧紧。

② 充氧气　先按逆时针方向打开氧气钢瓶总阀；再按顺时针方向旋紧减压阀螺杆至减压表压力为1.5MPa；接着左手拿氧弹将氧弹进气口对准充氧器出气口，右手下压充氧器手柄，保持约10秒后将手柄抬起；然后按顺时针方向关闭氧气钢瓶总阀；还要拿一氧弹盖，将其进气口对准充氧器出气口并上压，排出充氧器内余气；最后旋松减压阀螺杆。

（3）调水温

用塑料桶接大半桶自来水；将测温仪电源打开，将测温探头插入量热计外筒，测量量热计外筒水温；抽出测温探头插入盛有自来水的塑料桶里，此时需用添加热水或冰的方法调整塑料桶内的水温，使其比量热计外筒的水温低1℃。

（4）装置仪器、充水

将氧弹放入量热计内桶垫圈里；用量筒准确量取调好水温的自来水 $3000cm^3$ 倒入量热计内桶；将电源线与氧弹的电极连通；盖上量热计桶盖，电源线经过桶盖开口处；把电源线插头插入量热计控制箱插孔里；将量热计电源开关打开，按下搅拌按钮开始搅拌。

（5）测量

将测温仪测温探头插入量热计外桶，依次按测温仪采零、锁定按钮；抽出测温探头插入量热计内桶，不断按测温仪定时按钮使定时器显示 15（表明测量数据的时间间隔为 15s）。

测量开始，此时注意：测温仪每隔 15s 会自动鸣响一次，鸣响时读数；读温差数据；共读取 75 个数据，读第 15 个数的同时按下量热计点火按扭（点火指示灯熄灭，而且量热计温度迅速上升，表明萘已燃烧）。75 个数据测量完毕后，停止搅拌，关闭量热计和测温仪电源开关。

（6）拆仪器、称量剩余燃烧丝

从量热计上抽出测温探头，拔下电源线插头；打开量热计桶盖，摘下电源线；取出氧弹，擦干，将排气帽放在排气孔上并下压，排出氧弹内气体；拧开氧弹盖放在支架上，观察燃烧情况；取下电极柱上未烧尽的燃烧丝，精确称量剩余燃烧丝的质量；取出量热计内桶，倒掉桶中的水，擦干备用。

2.测量萘的燃烧热

粗称约 0.6g 的萘，重复上述步骤测定。

【注意事项】

1. 样品按要求称取，不要过量。
2. 燃烧丝与样品要接触良好。
3. 装弹时不要把样品打湿，以免点火失败。
4. 点火要果断。
5. 摘取电源线时，要手拿电源帽，以防电源帽从电源线上脱落。

【数据记录】

将实验条件和实验原始数据列表记录。

1. 水当量 W 的测定

苯甲酸样品重_____g；燃烧丝的质量_____g；燃烧丝剩余质量_____g；
棉线质量_____g；量热计外筒水温_____℃。

时间/次	1	2	3	4	5	6	7	8	9	10	……
温差/℃											

2. 萘的燃烧热的测定

萘样品重_____g；燃烧丝的质量_____g；燃烧丝剩余质量_____g；
棉线质量_____g；量热计外筒水温_____℃。

时间/次	1	2	3	4	5	6	7	8	9	10	……
温差/℃											

【数据处理】

1. 由实验数据分别用雷诺曲线法求苯甲酸、萘燃烧时的 ΔT。
2. 由苯甲酸数据求出水当量 W。

3. 求出萘的恒容燃烧热 Q_V。

4. 求出萘的恒压燃烧热 Q_p。

5. 将所测得的燃烧热值与文献值比较，求出误差，并分析误差产生的原因。

注：萘 $C_{10}H_8(s)$ 的 $\Delta_c H_m^{\ominus}$（101.325kPa，298K）文献值为 $-5138.7kJ \cdot mol^{-1}$。

思 考 题

1. 在这个实验中，哪些是体系？哪些是环境？实验过程中有无热损耗？这些损耗对实验结果有何影响？

2. 实验测得的温度差为何要用雷诺曲线法校正？还有哪些误差影响测量的结果？

3. 使用氧气钢瓶、减压阀和充氧器要注意哪些事项？

4. 欲测定液体样品的燃烧热，你能想出测定方法吗？

实验 2　液体饱和蒸气压的测定

【实验目的】

1. 掌握静态法测量液体饱和蒸气压的原理及操作方法，学会由图解法求液体的平均摩尔汽化焓。

2. 理解纯液体的饱和蒸气压与温度的关系，克劳修斯-克拉贝龙（Clausius-Clapeyron）方程式的意义。

3. 了解真空泵、恒温槽、缓冲储气罐、数字式气压计的使用及注意事项。

【实验原理】

在通常温度下（距离临界温度较远时），纯液体与其蒸气达平衡时的蒸气压称为该温度下液体的饱和蒸气压，简称为蒸气压。蒸发1mol液体所吸收的热量称为该温度下液体的摩尔汽化热。

液体的蒸气压随温度而变化，温度升高时，蒸气压增大；温度降低时，蒸气压降低，这主要与分子的动能有关。当蒸气压等于外界压力时，液体便沸腾，此时的温度称为沸点。外压不同时，液体沸点将相应改变，当外压为1atm（101.325kPa）时，液体的沸点称为该液体的正常沸点。

液体的饱和蒸气压与温度的关系可用 Clausius-Clapeyron 方程式表示：

$$\frac{\mathrm{d}\ln p}{\mathrm{d}T} = \frac{\Delta_{vap}H_m}{RT^2} \tag{4-13}$$

式中，p 为液体在温度 T 时的饱和蒸气压；T 为绝对温度；$\Delta_{vap}H_m$ 为液体摩尔汽化热，$J \cdot mol^{-1}$；R 为摩尔气体常数。

假定 $\Delta_{vap}H_m$ 与温度无关，或因温度范围较小，$\Delta_{vap}H_m$ 可视为常数，积分上式，得：

$$\ln p = -\frac{\Delta_{vap}H_m}{RT} + C \tag{4-14}$$

其中 C 为积分常数。由上式可以看出，以 $\ln p$ 对 $1/T$ 作图，得一直线，斜率为：

$$k = -\frac{\Delta_{vap}H_m}{R} \tag{4-15}$$

由斜率可求算液体的平均摩尔汽化热 $\Delta_{vap}H_m$。

测定饱和蒸气压常用的方法有静态法和动态法，本实验采用静态法。静态法测定液体饱和蒸气压，是指在某一温度下，直接测量饱和蒸气压，此法一般适用于蒸气压比较大的液体，通常有升温法和降温法。本实验采用升温法测定不同温度下纯液体的饱和蒸气压，实验装置如图4-39所示。

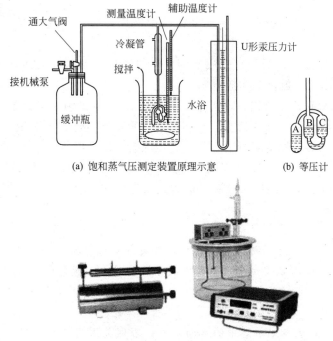

(a) 饱和蒸气压测定装置原理示意　　　　　(b) 等压计

(c) 饱和蒸气压实验装置实物图

图 4-39　液体饱和蒸气压测定装置及等压计

平衡管由 A 球和 U 形管 BC 组成。平衡管上接一冷凝管，以橡皮管与压力计相连。A 内装待测液体，U 形管 BC 充以同样待测液体。当 A 球的液面上纯粹是待测液体的蒸气，而 B 管与 C 管的液面处于同一水平时，则表示 B 管液面上的蒸气压（即 A 球液面上的蒸气压）与加在 C 管液面上的外压相等。此时，体系气液两相平衡的温度称为液体在此外压下的沸点。

【仪器试剂】

纯液体饱和蒸气压测定装置(DP-AF)	1 套	DP-AF 数字精密数字压力计	1 台
SYP 玻璃恒温水浴装置	1 套	真空泵	1 台
缓冲储气罐	1 个	乳胶管	若干
橡皮管	若干	乙醇(A.R.)	若干

【实验步骤】

① 装样　将乙醇溶液通过等压计的加样口装入等压计，使试样球内的乙醇约占 A 球体积的 2/3，同时保证 U 形管 BC 内含有一定量的乙醇，将等压计放入恒温水槽中，然后按图 4-39 连接好仪器。

② 加热及仪器预热　打开饱和蒸气压测定实验仪电源开关，预热 5min 后，调量纲旋钮至 "kPa" 档。使饱和蒸气压测定实验仪通大气，再按下 "清零" 键。

③ 检查装置气密性　温度恒定后，插上真空泵电源，捏住乳胶管，打开缓冲储气罐的抽气阀和平衡阀，对系统抽气减压，当测压仪示数在 −53～−83kPa 时，关闭平衡阀。1min 后关闭抽气阀，松开乳胶管，断开真空泵电源。若测压仪器示数 1min 之内变化不超过 0.2kPa，表明气密性良好。

④ 排空气　缓慢打开平衡阀，使得平衡管中液体沸腾，持续 3min，排出 U 形管中的空气。

⑤ 测量　空气排净后，缓慢打开放空阀，调节平衡管两侧的液面，当两侧液面相平的瞬间记下温度与测压仪示数，关闭放空阀。

说明：a. 操作顺利，无差错，可进行下一步。b. 发生倒灌，但读数正确，升温后先排空气再测量。c. 发生倒灌，未能读数，实验失败。重新排空气，再测量。

⑥ 将温度升高 2℃，等温度恒定后，重复步骤⑤。以此类推，共测五组数据。

⑦ 关闭仪器　测量全部完成后，记录此时的大气压。关闭加热、搅拌。打开放空阀，测压仪示数变为 0 后，关闭测压仪电源。最后完成实验的一组关掉冷凝水。

【注意事项】

1. 减压系统不能漏气，否则抽气时达不到本实验要求的真空度。

2. 抽气速度要合适，必须防止平衡管内液体沸腾过剧，致使管内液体快速蒸发。

3. 实验过程中，必须充分排除净 BC 弯管空间中全部空气，使 B 管液面上空只含待测液体的蒸气分子。

4. AB 管必须放置于恒温水浴中的水面以下，否则其温度与水浴温度不同。

5. 测定中，打开进空气活塞时，切不可太快，以免空气倒灌入 AB 弯管的空间中。如果发生倒灌，则必须重新排出空气。

【数据记录与处理】

1. 记录原始数据。

室温		大气压一		大气压二	
$t/℃$					
$\Delta p/kPa$					

2. 完成下列的表格：

$t/℃$	T/K	$(1/T)/10^{-3}·K^{-1}$	$\Delta p/kPa$	p/kPa	$\ln(p/Pa)$

3. 绘制乙醇液体的蒸气压-温度曲线，并求出指定温度下的温度系数 dp/dT。

4. 根据实验数据以 $\ln p$ 对 $1/T$ 作图，求出直线的斜率，并由斜率算出此温度范围内的乙醇液体的平均摩尔汽化热 $\Delta_{vap}H_m$ 和 C，给出 $\ln p$ 与 $1/T$ 的函数关系式。

5. 与实际的正常沸点比较并讨论。

思 考 题

1. 试分析引起本实验误差的原因。
2. 缓冲储气罐的三个阀和平衡管中三个球分别有何作用？
3. 为什么 AB 弯管中的空气要排除净，怎样操作，怎样防止空气倒灌？
4. 使用氧气钢瓶、减压阀和充氧器要注意哪些事项？
5. 为什么实验完毕后必须使体系和真空泵与大气相通才能关闭真空泵？

实验 3 电导滴定

【实验目的】

1. 了解溶液电导、电导率等基本概念。
2. 学会使用电导率仪。
3. 掌握电导滴定确定等当点的方法。

【实验原理】

1. 电解质溶液的导电机理

电解质溶液是指溶质溶解于溶剂后完全或部分解离为离子的溶液，相应溶质即为电解质。某物质是否为电解质并不是绝对的，同一物质在不同的溶剂中，可以表现出完全不同的性质。一般把完全解离的电解质称为强电解质，部分解离的电解质称为弱电解质。

电解质溶液中的离子，在没有外力作用时，时刻都在进行着杂乱无章的热运动。在一定时间间隔内，粒子在各方向上的总位移为零。但是在外力作用下，离子沿着某一方向移动的距离将比其他方向大些，因此产生了一定的净位移。如果离子是在外电场力作用下发生的定向移动，我们称为电迁移。离子的电迁移不但是物质的迁移，而且也是电荷的迁移，所以离子的电迁移可以在溶液中形成电流。由于正负离子沿着相反的方向迁移，所以它们的导电效果是相同的，也就是说正负离子沿着同一方向导电。电解质溶液的导电过程，必须既有电解质溶液中离子的定向迁移过程，又有电极上物质发生化学反应的过程，两者缺一不可，否则就不可能形成持续的电流，如图 4-40 所示。

2. 电解质溶液的导电能力

导体的导电能力用电阻来衡量；电解质溶液的导电能力用电导（G）来衡量。电导是电阻的倒数：

$$G=\frac{1}{R} \tag{4-16}$$

电阻的单位是欧姆，电导的单位是西门子，简称西（S）。电阻公式：

$$R=\rho\frac{L}{A} \tag{4-17}$$

式中，L 为电极间的距离；A 为电极面积。因而，电导 G 可表示为：

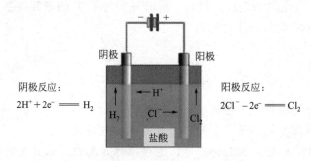

阴极反应：

$2H^+ + 2e^- \Longrightarrow H_2$

阳极反应：

$2Cl^- - 2e^- \Longrightarrow Cl_2$

电池反应：$2H^+ + 2Cl^- \Longrightarrow H_2 + Cl_2$

图 4-40　电解池示意图

$$G = \frac{1}{\rho} \times \frac{A}{L} \qquad (4-18)$$

电导与电极面积成正比，与电极间的距离成反比。电阻率的倒数叫电导率：

$$\kappa = \frac{1}{\rho} = G \times \frac{L}{A} \qquad (4-19)$$

其中 $\frac{L}{A}$ 叫电极常数。电导率的单位：$S \cdot m^{-1}$，$\mu S \cdot cm^{-1}$。

3.电导率的物理意义

电导率是表示物质传输电流能力强弱的一个物理量。当施加电压于导体的两端时，其电荷载子会呈现朝某方向流动的行为，因而产生电流。电导率 κ 是电流密度 I 和电场强度 V 的比率。电导率 κ 是电阻率 ρ 的倒数，在国际单位制中的单位是西门子•米$^{-1}$（$S \cdot m^{-1}$）。对于各向同性介质，电导率是标量；对于各向异性介质，电导率是向量。电导率是以数字表示的溶液传导电流的能力。电导率越大则导电性能越强，反之越小。电导率测量时通常是测溶液的电导率。电解质溶液电导率的测量一般采用交流信号作用于电导池的两电极板，由测量到的电导池常数 K 和两电极板之间的电导 G 而求得电导率 κ。

电导率测量采用电导率仪，它直接测量到的是电导值。最常用的仪器设置有常数调节器、温度系数调节器和自动温度补偿器，有些仪表由电导池和温度传感器组成，可以直接测量电解质溶液的电导率。

电导率的物理意义就是当极板的表面积为 $1m^2$，在间距为 $1m$ 的两极板间充满电解质溶液时的电导，如图 4-41 所示。

4.电导率与溶液浓度的关系

电解质溶液的电导率随溶液的浓度变化而变化，但强、弱电解质的变化规律却不尽相同。几种不同的强弱电解质其电导率 κ 随溶液浓度的变化关系如图 4-42 所示。

从图 4-42 可以看出，对强电解质来说，在浓度不是很大时，κ 随浓度增大而明显增大。这是单位体积溶液中导电粒子数增多的缘故。当浓度超过某值之后，由于正、负离子间相互作用力增大，而由此造成的导电能力减小大于导电粒子增多而引起的导电能力增大，故净结果是 κ 随浓度增大而下降。所以在电导率与浓度的关系曲线上可能会出现最高点。弱电解质溶液的电导率随浓度的变化不显著，这是因为浓度增加溶液解离度随之减小，所以溶液中离子数目变化不大。

5.电导滴定原理

在分析化学中常用指示剂法来确定滴定的终点。当溶液浑浊或有颜色，不能用指示剂变

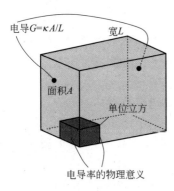

图 4-41 电导率的物理意义示意图

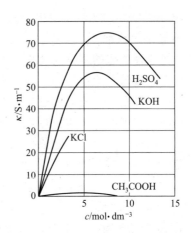

图 4-42 一些电解质溶液电导率随浓度变化

色来指示终点时，电导滴定的方法更显得实用、方便，所以该方法也常应用于分析化学中。电导滴定可用于酸碱中和、生成沉淀、氧化还原等各类滴定反应。其原理通常是被滴定溶液中的一种离子与滴入试剂中的一种离子结合生成解离度极小的电解质或固体沉淀，使得溶液中原有的某种离子被另一种离子所替代，即利用不同电解质电导率之间的差异来确定反应终点。示例见图 4-43。

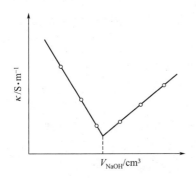

图 4-43 NaOH 标准液滴定 HCl
溶液电导率变化示意图

图 4-44 电导率仪

本实验就是利用滴定过程中混合溶液电导率的变化来确定酸碱中和反应的等当点即终点。所用仪器电导率以如图 4-44 所示。

【仪器试剂】

电导率仪（DDS-307）	1 台	$50cm^3$ 碱式滴定管	1 个
25cm^3 移液管	1 个	100cm^3 烧杯	1 个
25cm^3 量筒	1 个	玻璃棒	1 根
氢氧化钠标准溶液	若干	盐酸溶液	若干

【实验步骤】

1. 电导率仪预热打开电源开关，预热 30min。

2. 电极悬空并用滤纸将电极上的水轻轻吸干。

3. 电导率仪校准

(1) 将选择旋钮的刻痕与"检查"挡对齐;

(2) 将"常数"旋钮的刻痕与"1"对齐;

(3) 将"温度"旋钮的刻痕与"25℃"对齐;

(4) 调节"校准"旋钮使得显示屏读数为"100.0";

(5) 常数补偿 调节"常数"旋钮使显示屏读数＝电极常数×100。

4. 选择量程 将"选择"旋钮与"IV"对齐。

5. 按照滴定分析基本要求洗涤、润洗碱式滴定管,装入 NaOH 标准溶液,调节滴定液面至"0.00cm³"或稍低于"0.00cm³"刻度线。

6. 用移液管准确移取 25cm³ 未知浓度的 HCl 溶液,置于 100cm³ 烧杯中。

7. 用量筒量取 25cm³ 去离子水,也加入 100cm³ 烧杯中,用玻璃杯搅拌均匀。

8. 将电极浸入溶液中,液面要与电极所包黑纸下缘平齐,以确保整个电极板全部浸入电解质溶液中。

9. 开始滴加已知浓度的 NaOH 标准溶液,每次滴加约 0.5cm³,小心搅拌,待显示屏数值稳定后读取电导率数值。

10. 每加一次 NaOH 标准溶液读取一次溶液的电导率数值,随着 NaOH 标准溶液的不断加入,溶液电导率数值呈现先降低后升高的变化规律,待电导率数值出现升高时,再滴加几次 NaOH 标准溶液结束滴定。

11. 洗刷仪器 用去离子水冲洗电极、烧杯和玻璃棒。

【注意事项】

1. 电导电极不用时,应将其浸泡在蒸馏水中,以免干燥致使表面发生改变。

2. 测定前,碱式滴定管必须清洗干净,并用 NaOH 标准溶液润洗 2～3 次;必须将电导电极及电导池洗涤干净,以免影响测定结果。

3. 每滴加一次 NaOH 标准溶液后,电导率仪显示的值会跳动,这是因为溶液还在混匀之中,要用玻璃棒充分搅拌均匀,待显示值稳定后再记录电导率值。

【数据记录与处理】

1. NaOH 标准溶液体积(cm³)和溶液电导率(μS•cm⁻¹)。

V_{NaOH}/cm³										
κ/μS•cm⁻¹										
V_{NaOH}/cm³										
κ/μS•cm⁻¹										

2. 以测定的溶液电导率值为纵坐标,滴加的 NaOH 标准溶液体积为横坐标,用坐标纸作 κ-V_{NaOH} 关系图,确定等当点。

3. 求出未知浓度 HCl 溶液的摩尔浓度。

4. 计算实验百分误差。

5. 对结果进行分析和讨论。

思 考 题

1. 测电导率时为什么要恒温？
2. 实验中为何用镀铂黑的铂电极？使用时应注意什么？
3. 试分析误差产生的主要原因。

实验 4　完全互溶双液系的平衡相图

【实验目的】

1. 用沸点仪测定并绘制环己烷-乙醇双液系的气-液平衡相图。
2. 掌握沸点的测定方法。
3. 用折射率确定二元平衡液相和气相冷凝液的组成，掌握阿贝折光仪的使用方法。

【实验原理】

常温下，任意两种液体混合组成的体系，称为双液体系。若两液体能按任意比例相互溶解，则称完全互溶双液体系；若只能在一定比例范围内互相溶解，则称部分互溶双液系。液体的沸点是指液体的饱和蒸气压等于外压时的温度。在一定外压下，纯液体的沸点有确定的值。但对于双液系，沸点不仅与外压有关，还与双液系的组成有关，即与双液系中两种液体的相对含量有关。恒压下将完全互溶双液体系蒸馏，测定馏出物（气相）和蒸馏液（液相）的组成，将双液系的沸点对其气相、液相组成作 T-x 图，即得二组分气-液平衡相图。

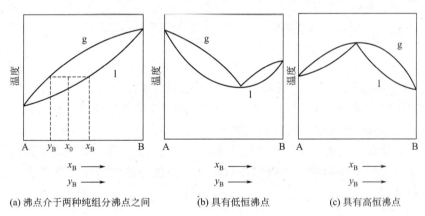

(a) 沸点介于两种纯组分沸点之间　　(b) 具有低恒沸点　　(c) 具有高恒沸点

图 4-45　完全互溶双液系的沸点-组成相图

通常，如果液体与拉乌尔定律的偏差不大，在 T-x 图上溶液的沸点介于 A、B 二纯液体的沸点之间，见图 4-45(a)。而实际溶液由于 A、B 二组分的相互影响，常与拉乌尔定律有较大偏差：一种情况是两组分都发生正偏差，并在 p-x 图上 p 有极大值（即最高点）；另一种情况是两组分都发生负偏差，并在 p-x 图上 p 有极小值（即最低点）。从而在 T-x 图上就会有最低或最高点出现，这些点称为恒沸点，其相应的溶液称为恒沸点混合物，如图 4-45(b) 和 (c) 所示。恒沸点混合物蒸馏时，所得的气相与液相组成相同，因此通过蒸馏或精馏无法改变其组成。为了测定双液系的 T-x 图，在气、液两相平衡后，需同时测定双液系的沸点和液相、气相的平衡组成。实验中通过沸点仪实现气、液平衡组分的分离，通过阿贝折光仪测量折射率进行各相组成的准确测定。

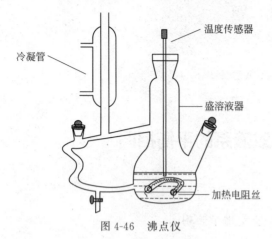

图 4-46　沸点仪

本实验测定的环己烷-乙醇完全互溶双液系相图属于有最低恒沸点的系统，在恒压下，其气-液平衡体系的自由度 $f=1$。相律：

$$f=C-\Phi+2$$

式中，f 为体系的自由度；C 为体系的独立组分数；Φ 为体系的相数；2 为温度、压力。

在恒压条件下，体系平衡时，如果指定了沸点，气-液两相的组成就确定了；反之，如果气-液两相组成确定，溶液的沸点也就确定了。本实验采用回流冷凝的方法绘制环己烷-乙醇体系的 T-x 图。其方法是利用沸点仪（图 4-46）直接测定一系列不同组成混合物的气、液平衡温度（沸点），并收集少量气相和液相冷凝液，分别用阿贝折光仪测定其折射率，再从折射率-组成工作曲线上查得相应的组成，然后绘制 T-x 图。

【仪器试剂】

沸点仪（FDY-Ⅱ）	1 套	阿贝折光仪（WAY-2W）	1 台
恒温槽	1 台	温度计（数字温度计）	1 支
移液管	2 支	吸管	2 支
乙醇（A.R.）	若干	环己烷（A.R.）	若干

【实验步骤】

① 调节恒温槽温度为 25℃，通恒温水于阿贝折光仪中。

② 测定折射率与组成的关系，绘制工作曲线。将 9 支小试管编号，依次移入 0.100cm³、0.200cm³…0.900cm³ 环己烷，然后依次移入 0.900cm³、0.800cm³…0.100cm³ 无水乙醇，轻轻摇动，混合均匀，配成 9 份已知浓度的溶液。用阿贝折光仪测定每份溶液的折射率及纯环己烷和纯无水乙醇的折射率。以折射率对浓度（按纯样品的密度，换算成质量分数）作图，即得工作曲线。

③ 观察沸点仪是否洁净。

④ 加入纯乙醇 20cm³，盖好瓶盖，使电热丝浸入液体中。

⑤ 开冷凝水，将稳流电源调至 2.0A 左右，接通电热丝，加热至沸腾，待温度恒定后，读下该温度值。

⑥ 关闭电源，停止加热，将干燥的吸管自冷凝管上端插入冷凝液收集小槽中，取气相冷凝液样，迅速用阿贝折光仪测其折射率。

⑦ 用干燥的吸管取液相液样，用阿贝折光仪测其折射率。

⑧ 右半支沸点-组成关系的测定　取 20cm³ 无水乙醇加入沸点仪中，然后依次加入环己烷 0.3cm³、0.5cm³、0.7cm³、2.0cm³、5.0cm³、10.0cm³。用前述方法分别测定溶液沸

点及气相组分折射率 n_g、液相组分折射率 n_l。实验完毕，将溶液倒入回收瓶中。

⑨ 左半支沸点-组成关系的测定。取 $20cm^3$ 环己烷加入沸点仪中，然后依次加入无水乙醇 $1.0cm^3$、$2.0cm^3$、$3.0cm^3$，用前述方法分别测定溶液沸点及气相组分折射率 n_g、液相组分折射率 n_l。

⑩ 实验完毕后，关闭冷凝水，关闭电源，整理实验台。

【注意事项】

1. 由于整个体系并非绝对恒温，气-液两相的温度会有少许差别，因此沸点仪温度计水银球应一半浸在溶液中，一半露在蒸气中，且随着溶液量增加要不断调节水银球位置。

2. 实验中可调节加热电压来控制回流速度的快慢，电压不可过大，能使待测液体沸腾即可。电阻丝不能露出液面，一定要被待测液体浸没。

3. 测完折射率后，倾斜沸点仪，使小球中残留的气相冷凝液流回烧瓶。

4. 测折射率用的液体量不可太少，否则视野不清晰，但也不可过多，浪费试剂。

5. 测完折射率后，松开锁钮，用洗耳球吹干测量棱镜和辅助棱镜上残留的液体，不可用吹风机（热风）吹扫。

【数据记录与处理】

1. 记录原始数据。

乙醇 /cm^3	环己烷 /cm^3	沸点 T/K	液相		气相	
			折射率 n_l	组成($x_环$)	折射率 n_g	组成($x_环$)
20	0					
--	0.3					
--	0.5					
--	0.7					
--	2.0					
--	5.0					
--	10					
倒出沸点仪中的液体，做另一组实验						
0	--					
1.0	--					
2.0	--					
3.0	-					

2. 绘制环己烷-乙醇体系的折射率-组成工作曲线。

3. 从"环己烷-乙醇体系的折射率-组成工作曲线"上查出实验测出的折射率数据相对应的液体组成。

4. 绘制环己烷-乙醇体系的气-液平衡相图，指出恒沸点的温度和组成。

5. 标准压力下，环己烷-乙醇体系的恒沸点为 64.8℃，$x_环=0.55$。分析本实验的主要误差来源。

思 考 题

1. 如何判定气-液相已达到平衡?

2. 该实验中，测定工作曲线时折光仪的工作温度与测定样品时折光仪的工作温度是否需要保持一致？为什么？

3. 在实验中，环己烷、乙醇的加入量是否应十分精确？为什么？

4. 过热现象对实验产生什么影响？如何在实验中尽可能避免？

实验 5 凝固点降低法测物质的摩尔质量

【实验目的】

1. 熟练掌握数字贝克曼温度计的原理及使用方法。
2. 学习凝固点降低法测物质摩尔质量的原理。
3. 测定水的凝固点降低值，计算尿素的摩尔质量。

【实验原理】

稀溶液的依数性有蒸气压降低、凝固点降低、沸点升高及渗透压。它们均能测定溶质的摩尔质量。本实验我们以水作为溶剂，以尿素作为溶质，用凝固点降低法测定溶质尿素的摩尔质量。

当稀溶液凝固析出纯固体溶剂时，则溶液的凝固点低于纯溶剂的凝固点，其降低值与溶质的质量摩尔浓度成正比，即

$$\Delta T = T_f^* - T_f = K_f b_B \tag{4-20}$$

式中，T_f^* 为纯溶剂的凝固点，指在一定的压力下，液态纯溶剂与固态纯溶剂平衡共存时的温度；T_f 为溶液的凝固点，指在一定的压力下，液态稀溶液与固态纯溶剂平衡共存时的温度；K_f 为凝固点下降常数（以水为溶剂时，其 $K_f = 1.862 \text{K·kg·mol}^{-1}$），它的数值仅与溶剂的性质有关；$b_B$ 为溶质的质量摩尔浓度。

若称得质量为 m_B 的溶质溶于质量为 m_A 的溶剂中，则溶质的质量摩尔浓度为：

$$b_B = \frac{n_B}{m_A} = \frac{m_B/M_B}{m_A} \tag{4-21}$$

式中，M_B 为溶质的摩尔质量。计算溶质摩尔质量的公式：

$$M_B = \frac{K_f}{(T_f^* - T_f)} \times \frac{m_B}{m_A} \tag{4-22}$$

从上式看出，如已知溶剂的 K_f 值，则只要求得 ΔT，溶质的摩尔质量 M_B 即可算出。因此，本实验的关键是准确测定溶剂及溶液的凝固点。其方法是：将溶液逐渐冷却成为过冷溶液，然后通过搅拌或加入晶种促使溶剂结晶，放出的凝固热使体系温度回升，当放热与散热达到平衡时，温度不再改变，此固液两相平衡共存的温度，即为溶液中溶剂的凝固点。本实验测纯溶剂与溶液中溶剂的凝固点之差，由于差值较小，所以测温采用精密数字温度（温差）测量仪。

从相律看，溶剂与溶液的冷却曲线形状不同。在大气压力下，纯溶剂两相共存时，自由度 $f^* = 1 - 2 + 1 = 0$，冷却曲线形状如图 4-47(a) 所示，水平线段对应纯溶剂的凝固点。而溶液两相共存时，自由度 $f^* = 2 - 2 + 1 = 1$，温度仍可下降，但由于溶剂凝固时放出凝固热，使温度回升，回升到最高点又开始下降，其冷却曲线形状如图 4-47(b)，所以不出现水平线段。由于溶剂析出后，剩余溶液浓度逐渐增大，溶液中溶剂的凝固点还要逐渐下降，使

得溶液温度进一步降低，所以在冷却曲线上得不到温度不变的水平线段。如果溶液的过冷程度不大，可以将温度回升的最高值作为溶液中溶剂的凝固点；若过冷程度太大，则回升的最高温度不是原浓度溶液中溶剂的凝固点，严格的做法应是作出冷却曲线，并按图 4-47（b）中所示的方法加以校正。

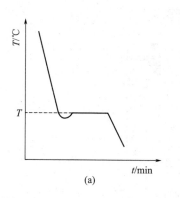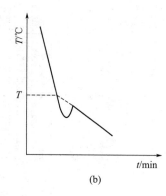

图 4-47　溶剂与溶液的冷却曲线

【仪器试剂】

保温桶	1个	数字贝克曼温度计	1台
电子分析天平	1台	气流烘干器	1台
测定管	1支	铜制搅拌棒	1支
50cm³ 烧杯	1个	酒精温度计（-5～50℃）	1支
250cm³ 烧杯	1个	尿素（A.R.）	若干
玻璃棒	1支	纯水	若干
粗盐	若干		

仪器装置如图 4-48 所示。

【实验步骤】

1. 配制寒剂，使温度在 $-3\sim-4℃$　取出保温桶的内桶，加半桶适当浓度的盐水，从制冰机中取部分冰加到内桶，用玻璃搅拌棒，用普通温度计测量，使温度达到 $-3\sim-4℃$。若温度降不下去则再添加一些盐，若温度过低则加自来水，最后盖上木盖。注意：每次测凝固点前搅拌寒剂 20s。

2. 量取 25cm³ 纯水，注入到测定管中，套上铜制搅拌棒和热电偶后，马上用精密数字温差测量仪读取水的温度。

3. 测定纯水的凝固点　将装置放到寒剂中，按精密数字温差测量仪的温差键，基温选择为"0"，用铜制搅拌棒上下来回搅拌，观察温差值。出现过冷现象后，温度回升，待温度较稳定时读取温差记为水的凝固点。将装置从寒剂中拿出来，在空气中搅拌，直至冰融化完后再平行测量三次，三次数据的平均值作为纯水的凝固点。

4. 溶质的处理　粗称尿素 $0.240\sim0.260g$，用压片机用力压片后再精确称量，记录准确质量，从测定管的上口放入压好的尿素药片，用铜制搅拌棒搅拌，直到完全溶解。

5. 测定稀溶液中溶剂的凝固点　测定方法与纯水的相同，但溶液的凝固点是取回升后所达到的最高温度。重复三次，取平均值。

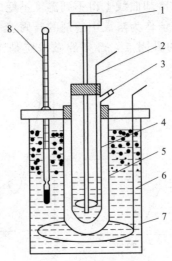

图 4-48　凝固点测定装置

1—精密数字温差测量仪；2—内管搅棒；3—投料支管；

4—凝固点管；5—空气套管；6—寒剂搅棒；7—冰槽；8—温度计

6. 关闭电源，洗刷仪器，整理实验台。

【注意事项】

1. 实验所用的凝固点管必须洁净、干燥。

2. 精密数字温差测量仪属精密贵重仪器，注意轻拿轻放、放牢靠，切勿在实验过程中将其倒置或撞碰、跌落。

3. 搅拌速度的控制是做好本实验的关键，每次测定应按要求的速度搅拌，并且测溶剂与溶液凝固点时搅拌条件要完全一致。

4. 测定凝固点温度时，注意防止过冷温度超过 $0.5℃$，为了减少过冷度，可加入少量溶剂的微小晶种，前后加入晶种大小应尽量一致。

5. 冷却过程中的搅拌要充分，但不可使搅拌桨超出液面，以免把样品溅在器壁上。

【数据记录与处理】

1. 根据水温查水的密度，计算水的质量 $m_水$。

2. 记录原始数据。

物质	质量/g	凝固点/℃		凝固点降低值/℃
		测量值	平均值	
纯水		1		
		2		
		3		
尿素		1		
		2		
		3		

3. 根据公式计算尿素的摩尔质量 $M_尿素$。

4. 计算值与理论值的相对误差。

思 考 题

1. 寒剂的温度是如何确定的？
2. 在稀溶液凝固点的测量过程中，如何控制冰尽可能少量析出？
3. 为什么会产生过冷现象？如何控制过冷程度？
4. 为什么测定溶剂的凝固点时，过冷程度大一些对测定结果影响不大，而测定溶液中溶剂凝固点时却必须尽量减小过冷现象？

实验6 一级反应——蔗糖转化

【实验目的】

1. 了解蔗糖转化反应体系中各物质浓度与旋光度之间的关系。
2. 用旋光法测定蔗糖水解反应的速率常数，掌握测定反应速率常数的基本方法。
3. 了解和掌握旋光仪的工作原理和使用方法。

【实验原理】

在酸性介质中蔗糖水解反应如下：

$$C_{12}H_{22}O_{11} + H_2O \xrightarrow{H^+} C_6H_{12}O_6 + C_6H_{12}O_6$$

蔗糖（右旋）　　　　　葡萄糖（右旋）果糖（左旋）

在该反应中，H^+ 是催化剂，其浓度是固定的。在浓度不大的情况下，蔗糖水解所消耗的水量是很小的，可近似认为在整个反应过程中水的浓度是恒定的。因此，此反应可视为准一级反应，反应速率只与蔗糖浓度成正比。其速率方程简化为：

$$r = -\frac{dc_{C_{12}H_{22}O_{11}}}{dt} = k_1 c_{C_{12}H_{22}O_{11}} \tag{4-23}$$

将上式积分得：

$$\ln\frac{c_t}{c_0} = -k_1 t \tag{4-24}$$

或

$$\ln c_t = -k_1 t + \ln c_0 \tag{4-25}$$

蔗糖及其水解产物均有旋光性，尽管其旋光能力各不相同，但在稀溶液中旋光度与浓度成正比关系，又因体系的旋光度有加和性，据此可用旋光仪测定体系旋光度随反应时间的变化来跟踪反应系统物质浓度的变化，从而测定速率常数。

而溶液的旋光度与溶液中所含旋光物质的种类、浓度、光线透过液层厚度、光源波长及反应温度等因素有关，当物质的种类、浓度、光线透过液层厚度、光源波长及反应温度等因素固定时，旋光度 α 与反应物质浓度 c 呈线形关系：

$$\alpha = Kc \tag{4-26}$$

蔗糖是右旋性物质，其比旋光度为 $[\alpha]_D^{20} = 66.6°$；葡萄糖也是右旋性物质，其比旋光度为 $[\alpha]_D^{20} = 52.5°$；果糖是左旋性物质，其比旋光度为 $[\alpha]_D^{20} = -91.9°$。由于生成物中果糖的左旋性比葡萄糖的右旋性大，因此随着水解反应的进行，溶液的右旋角逐渐减小，最后经过零点变成左旋。设 α_0、α_t、α_∞ 分别代表反应时间为 0、t、∞ 时体系的旋光度。则：

$$t=0 \quad (\text{蔗糖尚未水解}) \quad \alpha_0 = K_1 c_0 \tag{4-27}$$

$$t=t \quad (\text{水解一部分}) \quad \alpha_t = K_1 c_t + K_{-1}(c_0 - c_t) \tag{4-28}$$

$$t=\infty \quad (\text{水解完全}) \quad \alpha_\infty = K_{-1} c_0 \tag{4-29}$$

据此导出反应物和生成物的浓度与旋光度的关系，代入积分式可得：

$$\ln(\alpha_t - \alpha_\infty) = -k_1 t + \ln(\alpha_0 - \alpha_\infty) \tag{4-30}$$

若以 $\ln(\alpha_t - \alpha_\infty)$ 对时间 t 作图可得一直线，由直线的斜率可求得反应的速率常数 k_1，由截距求得 α_0。

对于一级反应，半衰期只决定于反应速率常数 k，而与起始物浓度无关，这是一级反应的一个特征。即：

$$t_{1/2} = \frac{\ln 2}{k} \tag{4-31}$$

【旋光仪的结构原理】

见 3.3.13 旋光仪的原理和使用。

【仪器试剂】

旋光仪	1 台	恒温水浴	1 台
秒表	1 个	150cm³ 碘量瓶	2 个
25cm³ 移液管	2 支	洗耳球	1 个
2.0mol·dm⁻³ HCl 溶液	若干	20% 蔗糖溶液	若干

【实验步骤】

① 旋光仪的使用　通电预热 2~3min，转动手轮使游标尺的零点线处于度盘上半圆 0~20° 之间的任一位置，调焦距，使目镜看到的三分视野清晰。

② 零视场的调节　若仪器度盘没有任何偏差，即转动手轮使度盘至零位（度盘 "0" 点线与游标尺 "0" 点线相对接），此时观察到的视场为照度均匀的零视场；若有偏差，需根据情况调节。

③ 练习旋光度 α 的读数。

④ 调试恒温水浴温度为 $(25 \pm 0.1)℃$。

⑤ 测定蔗糖转化过程的旋光度

a. 准确移取 25cm³ 20% 的蔗糖溶液和 2mol·dm⁻³ HCl 溶液分别于两个 150cm³ 的碘量瓶中，盖好塞子置于恒温水浴中恒温 10min。

b. 恒温 10min 后，迅速将碘量瓶拿出，并快速将 HCl 溶液倒入蔗糖溶液中，倒入一半时启动秒表计时，倒入后摇匀。

c. 将旋光管（10cm）一端拧开，用混合液润洗两次，并注满旋光管。装液时，旋光管外面难免会沾上混合液，应当用 25℃ 的去离子水冲洗旋光管，再用毛巾或滤纸擦干。

d. 将旋光管鼓肚朝上置于旋光仪内，若有小气泡，应使气泡位于旋光管的鼓肚处。盖好盖子后，旋转手轮带动度盘顺时针旋转，在三分视野消失的瞬间，读取秒表显示的准确时间 t_1，并读取对应的旋光度值 α_{t_1}。

e. 取出旋光管放入恒温水浴继续反应，待时间到后，取出擦干再次鼓肚朝上置于旋光仪内。同样，若有小气泡，应使气泡位于旋光管的鼓肚处，盖好盖子后，旋转手轮带动度盘逆时针旋转，在三分视野消失的瞬间，读取秒表显示的准确时间 t_2，并读取对应的旋光度值 α_{t_2}。

f. 以此类推，共测定 7 个 α_t 值，反应时间间隔如下。

次数	1	2	3	4	5	6	7
t/min	<2	3	3	3	5	5	5

⑥ 旋光度 α_∞ 的测定

a. 将剩余的混合液置于 60℃水浴中加热反应 30min，然后放入（25±0.1）℃的恒温水浴恒温 10min 左右，直到温度降为（25±0.1）℃。

b. 按步骤⑤中 c 和 d 的方法测定 α_∞。

⑦ 全部测定完毕后，洗净旋光管、碘量瓶等，清理台面，关闭电源。

【注意事项】

1. 旋光管中不能有气泡。

2. 旋光管管盖只要旋至不漏水即可。过紧了，会对旋钮造成损坏，或因玻璃片受力产生应力而致使有一定的假旋光。

3. 混合液酸度较大，做完实验要洗净、擦干仪器，防止对仪器的腐蚀。

4. 旋光仪中的钠灯不宜长时间开启，测量间隔较长时应该熄灭，以免损坏。

【数据记录与处理】

1. 记录原始数据。

t/min	t_1	t_2	t_3	t_4	t_5	t_6	t_7
$\alpha_t/°$							
$(\alpha_t-\alpha_\infty)/°$							
$\ln(\alpha_t-\alpha_\infty)$							
α_∞							

2. 以 $\ln(\alpha_t-\alpha_\infty)$ 对 t 作图，由所得直线的斜率求出反应的速率常数 k。

3. 计算蔗糖转化反应的半衰期 $t_{1/2}$。

思 考 题

1. 在测定一个物质的吸光度时，一般用蒸馏水来校正旋光仪的零点，蔗糖转化反应过程所测的旋光度是否需要零点校正？为什么？

2. 混合蔗糖和盐酸溶液时，可否把蔗糖溶液加到盐酸中去？为什么？

3. 旋光管的凸出部分有何用途？

4. 如果本实验所用蔗糖不纯，对实验有什么影响？

5. 试分析本实验误差的来源，怎样减少实验误差？

实验 7 原电池电动势的测定

【实验目的】

1. 了解对消法测定原电池电动势的原理。

2. 学会铜半电池和锌半电池的制备。

3. 掌握几种金属电极的电极电势的测定方法。

4. 掌握电位差计的使用。

【实验原理】

原电池是将化学能变为电能的装置，它由两个"半电池"组成，每个半电池由一个电极和相应的电解质溶液构成。在电池放电反应中，正极发生还原反应，负极发生氧化反应，电池反应是电池中两个电极反应的总和，其电动势为组成该电池的两个半电池的电极电势的代数和。

电池的书写习惯是左边为负极，右边为正极，符号"｜"表示两相界面，"‖"表示盐桥，盐桥的作用主要是降低和消除不同电解质溶液之间的接触电势。例如：

铜锌电池：$Zn|ZnSO_4(a_1)‖CuSO_4(a_2)|Cu$

负极反应：$Zn \Longrightarrow Zn^{2+}(a_{Zn^{2+}})+2e^-$

正极反应：$Cu^{2+}(a_{Cu^{2+}})+2e^- \Longrightarrow Cu$

电池总反应：$Zn+Cu^{2+}(a_{Cu^{2+}}) \Longrightarrow Zn^{2+}(a_{Zn^{2+}})+Cu$

电池电动势：$E=\varphi_右-\varphi_左=\varphi_+-\varphi_-$

电池反应的 Nernst 方程为：

$$E_{Zn-Cu}=E_{Zn-Cu}^{\ominus}-\frac{RT}{2F}\ln\frac{a_{Zn^{2+}}}{a_{Cu^{2+}}}$$

式中，$E_{Zn-Cu}^{\ominus}$ 是原电池的标准电动势；R 是理想气体常数；T 是反应温度；2 是反应转移的电子数；F 是法拉第常数，约等于 $96500C \cdot mol^{-1}$；a 是离子的活度，$a=c\gamma$；c 为离子的量浓度（即体积）摩尔浓度；γ 为活度系数。

测定电池电动势必须要求电池反应本身是可逆的，即电池必须在可逆的情况下工作，此时只允许有无限小的电流通过电池。因此根据对消法原理（在外电路上加一个方向相反而电动势几乎相等的电池）设计了一种电位差计，以满足测量工作的需要。对消法测量原理见图 3-55。

电位差计的原理和使用见 3.3.7。

【仪器试剂】

电位差计	1 套	甘汞电极	1 个
$0.1mol \cdot dm^{-3}$ 硫酸铜溶液	若干	$0.1mol \cdot dm^{-3}$ 硫酸锌溶液	若干

常用的参比电极（饱和甘汞电极和氢电极）的结构如图 4-49 所示，铜-锌电极组成的电池如图 4-50。

【实验步骤】

1. 预热

打开电位差计的电源开关，预热 15min。

2. Cu 和 Zn 半电池的制备

① 制备盐桥　在小烧杯中加入饱和氯化钾溶液，不要太满了，液面离烧杯口 5mm，放入固定架中间的孔中。

② 制备 Zn 半电池　向容器中加入 $ZnSO_4$ 溶液，液面不要超过弯管上沿，用大拇指堵

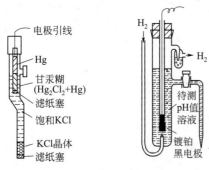
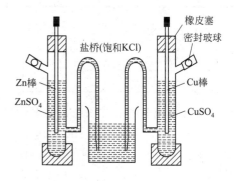

图 4-49　饱和甘汞电极和
氢电极结构图

图 4-50　铜-锌电池的组成

住测管，插入电极，塞紧，倾斜半电池，适当松开大拇指，使弯管全部充满电解质溶液。将容器放入固定架一边的孔中，这时不要放开拇指，对比半电池液面和盐桥液面是否相齐。若半电池液面高，拿出，稍微松开大拇指，放出一部分液体至废液缸，直至两个液面相齐，再松开大拇指。

③ 用类似的方法制备 Cu 半电池。

3. 原电池电动势的测量

① 首先用测试线将被测电动势的正负极与测量插孔连接，正极和红色线连接，负极和黑色线连接；

② 然后将"测量选择"旋钮置于"内标"挡，将"10^0"旋钮置于1，"补偿"旋钮逆时针转到底，其他旋钮都置于"0"，这时"电位指示"显示"1.00000V"，观察"检零指示"，待其数值稳定后，按"采零"键，这时"检零指示"显示"0000"；

③ 最后将"测量选择"旋钮置于"测量"挡，这时"检零指示"为一正值，依次调节"10^0""10^{-1}""10^{-2}""10^{-3}""10^{-4}"旋钮，从高到低调，注意要一挡一挡地调节，目的是使"检零指示"尽可能接近于零，当只有最后一位数值不为零时，调节"补偿"旋钮，使"检零指示"为"0000"，这时读取"电位指示"的数值，此值即为电池电动势。

4. 电池的组合及其电动势的测量

分别组成如下三个原电池并分别测量其电动势（重复测量 3 次，取平均值）。

$Zn|ZnSO_4(0.1mol \cdot dm^{-3}) \| CuSO_4(0.1mol \cdot dm^{-3})|Cu$

$Zn|ZnSO_4(0.1mol \cdot dm^{-3}) \| KCl(饱和)|Hg_2Cl_2|Hg$

$Hg|Hg_2Cl_2|KCl(饱和) \| CuSO_4(0.1mol \cdot dm^{-3})|Cu$

【注意事项】

1. 连接仪器时，防止将正、负极接错。

2. 测定时特别注意不要摇动、倾斜标准电池，以防液体互混使电动势变化。

3. 在工作电流"标准化"或测定未知电动势时，要瞬时按下电键而不能长时间按。

4. 测原电池的电动势时，注意随时进行工作电流"标准化"的校正。

【数据记录与处理】

1. 记录原始数据。

	实测电动势/V			电动势平均值/V
Zn-Cu 电池				
Zn-甘汞电池				
甘汞-Cu 电池				

2. 计算室温时饱和甘汞电极的电动势。

$$\varphi_{甘汞}(T)=0.2415-7.61\times10^{-4}(T/K-298)$$

3. 根据 Nernst 公式计算下列电池的电动势的理论值并与测量值进行比较，计算出相对误差。

$$Zn|ZnSO_4(0.1mol\cdot dm^{-3})\parallel CuSO_4(0.1mol\cdot dm^{-3})\ |Cu$$

4. 根据下列电池的电动势的实验值，分别计算锌的电极电动势及铜的电极电动势。

$$Zn|ZnSO_4(0.1mol\cdot dm^{-3})\parallel KCl(饱和)|Hg_2Cl_2|Hg$$
$$Hg|Hg_2Cl_2|KCl(饱和)\parallel CuSO_4(0.1mol\cdot dm^{-3})|Cu$$

有关活度计算：

$$\gamma_{Zn^{2+}}=0.15,\ \gamma_{Cu^{2+}}=0.16$$
$$\varphi_T^{\ominus}=\varphi_{298}^{\ominus}+\alpha(T-298)+1/2\beta(T-298)^2$$

铜电极：$\alpha=-0.016\times10^{-3}V\cdot K^{-1},\ \beta=0$

锌电极：$\alpha=-0.100\times10^{-3}V\cdot K^{-1},\ \beta=0.62\times10^{-6}V\cdot K^{-2}$

思 考 题

1. 为什么不能用伏特计测量电池的电动势？
2. 测量电池电动势为何要用盐桥？选择"盐桥"液有什么要求？
3. 电位差计的平衡指示始终要调节为零，如不为零，说明什么？
4. 影响实验测量精确度的因素有哪些？

实验8 表面张力的测定

【实验目的】

1. 熟练掌握表面张力、附加压力和表面吸附量的概念及影响因素。
2. 掌握最大泡压法测表面张力的原理及方法。
3. 学会用图解法计算不同浓度下的溶液表面吸附量的方法。

【实验原理】

1. 溶液中的表面吸附

液体（固体）表面分子和内部分子所处的环境不同，表面层分子受到向内的拉力，所以液体表面都有自动缩小的趋势。如果把一个分子由内部迁移到表面，就需要对抗拉力而做功。在温度、压力和组成恒定时，可逆地增加表面 ΔA 所需对体系做的功，叫表面功，可以表示为：

$$-W'=\sigma\cdot\Delta A \tag{4-32}$$

如果 ΔA 为 $1m^2$，则 $-W' = \sigma$ 是在恒温恒压下形成 $1m^2$ 新表面所需的可逆功，所以 σ 称为比表面吉布斯自由能，其单位为 $J \cdot m^{-2}$。也可将 σ 看作为作用在界面上每单位长度边缘上的力，称为表面张力，其单位是 $N \cdot m^{-1}$，其方向为作用在液体表面任一条线的两侧，垂直于该线，沿着液面拉向两侧（见图 4-51）。

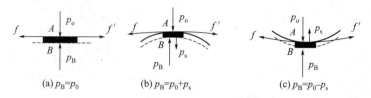

图 4-51　弯曲液面的附加压力

液体的表面张力与液体的本性、温度及压力有关。当压力变化不大时，纯液体的表面张力只与温度有关，即 $\sigma = f(T)$。常用液体在不同温度下的表面张力已经有人准确测出，可在附录中查得。当加入溶质形成溶液时，表面张力发生变化，其变化的大小取决于溶质的性质和加入量的多少。根据能量最低原则，溶质能降低溶剂的表面张力时，表面层中溶质的浓度应比溶液内部大；反之，溶质使溶剂的表面张力升高时，它在表面层中的浓度比在内部的浓度低，这种表面浓度与溶液内部浓度不同的现象叫做溶液的表面吸附。显然，在指定温度和压力下，溶质的吸附量与溶液的表面张力及溶液的浓度有关，其关系遵循吉布斯（Gibbs）吸附方程：

$$\Gamma = -\frac{c}{RT}\left(\frac{d\sigma}{dc}\right)_T \tag{4-33}$$

式中，Γ 为溶质在表层的吸附量，$mol \cdot m^{-2}$；σ 为溶液的表面张力，$J \cdot m^{-2}$；T 为热力学温度；c 为吸附达到平衡时溶质在溶液中的浓度，$mol \cdot m^{-3}$；R 为气体常数。

当 $\left(\frac{d\sigma}{dc}\right)_T < 0$ 时，$\Gamma > 0$，称为正吸附；当 $\left(\frac{d\sigma}{dc}\right)_T > 0$ 时，$\Gamma < 0$，称为负吸附。吉布斯吸附等温式应用范围很广，但上述形式仅适用于稀溶液。

引起液体表面张力显著降低的物质叫表面活性物质，被吸附的表面活性物质分子在界面层中的排列，决定于它在液层中的浓度，如图 4-52 所示。

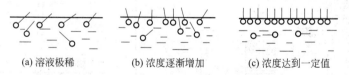

(a)溶液极稀　　　(b)浓度逐渐增加　　　(c)浓度达到一定值

图 4-52　被吸附分子在界面上的排列

图 4-52 中（a）（溶液极稀）和（b）（浓度逐渐增加）是不饱和层中分子的排列，（c）（浓度达到一定值）是饱和层分子的排列。

当界面上被吸附分子的浓度增大时，它的排列方式在改变着，最后，当浓度足够大时，被吸附分子盖住了所有界面的位置，形成饱和吸附层，分子排列方式如图 4-52(c) 所示。这样的吸附层是单分子层，随着表面活性物质的分子在界面上愈益紧密排列，则此界面的表面张力也就逐渐减小。以表面张力对浓度作图，可得到 σ-c 曲线，如图 4-53 所示，从图中可以看出，在开始时 σ 随浓度增加而迅速下降，以后的变化比较缓慢。在 σ-c 曲线任选一点 a 作切线，交纵坐标于 b 点，再从 a 点作横坐标的平行线，交纵坐标于 b' 以 Z 表示切线和平行线在纵坐标上截距间的距离，显然：

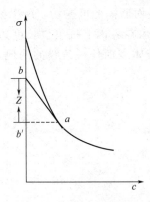

图 4-53 表面张力和浓度关系

$$Z = -c \cdot \left(\frac{d\sigma}{dc}\right)_T$$

$$\left(\frac{d\sigma}{dc}\right)_T = -\frac{Z}{c}$$

$$Z = -\left(\frac{d\sigma}{dc}\right)_T c \tag{4-34}$$

$$\Gamma = -\frac{c}{RT}\left(\frac{d\sigma}{dc}\right)_T = \frac{Z}{RT}$$

以不同的浓度对其相应的 Γ 可做出曲线，$\Gamma = f(c)$ 称为吸附等温线。

根据朗格缪尔（Langmuir）公式：

$$\Gamma = \Gamma_\infty \frac{kc}{1+kc} \tag{4-35}$$

式中，Γ_∞ 为饱和吸附量，即吸附物分子在表面上铺满一层时的 Γ。将式（4-35）整理可得：

$$\frac{c}{\Gamma} = \frac{kc+1}{k\Gamma_\infty} = \frac{c}{\Gamma_\infty} + \frac{1}{k\Gamma_\infty} \tag{4-36}$$

以 c/Γ 对 c 作图，得一条直线，该直线的斜率为 $1/\Gamma_\infty$。

由所求的 Γ_∞ 代入可求得被吸附分子的截面积 $S_0 = \dfrac{1}{\Gamma_\infty N}$（$N$ 为阿伏伽德罗常数）。

若已知溶质的密度 ρ，分子量 M，就可计算出吸附层厚度 δ：

$$\delta = \frac{\Gamma_\infty M}{\rho} \tag{4-37}$$

2. 最大气泡压力法测表面张力

测定表面张力的方法有很多种，常用而简便的方法有毛细管上升法、最大泡压法、挂片法、滴体重法等。当测定纯液体或溶质分子量较小的溶液的表面张力时，用最大泡压法，其装置如图 4-54 所示。

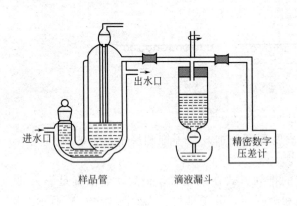

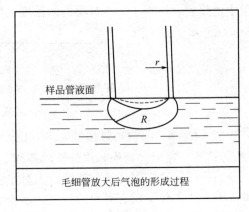

图 4-54　表面张力测定装置

将待测表面张力的液体装于表面张力仪中，使毛细管的端面与液面相切，液面即沿毛细管上升。打开抽气瓶的活塞缓缓抽气，毛细管内液面上受到一个比表面张力仪瓶中液面上方稍大的压力，当此压力差即附加压力（$\Delta p = p_{大气} - p_{系统}$）在毛细管端面上产生的作用力稍大于毛细管口的表面张力时，气泡就从毛细管口脱出。此附加压力与表面张力成正比，与气泡的曲率半径成反比，其关系为：

$$\Delta p = \Delta h \rho g = \frac{2\sigma}{R}$$ (4-38)

式中，Δp 为附加压力；σ 为表面张力；R 为气泡的曲率半径。

如果毛细管半径很小，则形成的气泡基本上是球形的。当气泡开始形成时，表面几乎是平的，这时曲率半径最大；随着气泡的形成，曲率半径逐渐变小，直到形成半球形，这时曲率半径 R 和毛细管半径 r 相等，曲率半径达最小值，根据式(4-38)，这时附加压力达最大值；若气泡进一步增大，R 变大，附加压力则变小，直到气泡逸出。

根据式(4-38)，$R = r$ 时的最大附加压力为：

$$\Delta p_{最大} = \frac{2\sigma}{r}$$ (4-39)

$$\sigma = \frac{r}{2} \Delta p_{最大} = K \Delta p_{最大}$$ (4-40)

式中，K 为仪器常数，可用已知表面张力的标准物质测得。

【仪器试剂】

最大泡压法表面张力仪	1 套	500cm³ 烧杯	2 只
普通酒精温度计(0～100℃)	1 支	洗耳球	1 个
胶头滴管	2 支	乙醇(A.R.)	若干
去离子水	若干		

【实验步骤】

1. 最小曲率半径的测定

① 打开滴液漏斗上的旋塞，使其通空气。用手夹紧固定样品管的万用夹，将万用夹的螺栓松开后慢慢从万用夹中取出样品管。从样品管的侧管注入洗瓶里的去离子水到毛细管端面，提高乳胶管，样品管管口朝上，轻轻圆圈式地摇晃，清洗样品管。用洗耳球吹毛细管，每一遍清洗吹三次毛细管。把样品管倾斜后用废液滴管取出废液。样品管每次用待测液洗三遍后安装在万用夹上。

② 用洗耳球吹掉毛细管端面的液滴，从样品管的侧管注入洗瓶里的去离子水，当水面快到毛细管端面时改用纯水专用滴管滴入，直到液面与端面刚好相切。如果不小心滴多了，则用废液滴管取出样品使液面与端面分开，用洗耳球吹掉毛细管端面的水滴，重新操作直到相切。

③ 当毛细管端面与液面相切时，液体在毛细管中上升一定高度。若毛细管的液柱中有气泡，用洗耳球轻轻吹掉气泡。侧管的塞子沿管壁慢慢盖住。

④ 打开滴液漏斗瓶塞，把普通漏斗支在手上放入瓶中，向滴液漏斗灌满自来水，将瓶塞来回盖紧，以免漏气。水一次灌满，以保证整个实验够用。微差压计采零后，关闭滴液漏斗上的旋塞。

⑤ 滴液漏斗下面放一只烧杯，缓慢打开滴液漏斗下方的旋塞，使微差压计的表值小数点后第三位跳动幅度为 3～5。如果不小心旋塞开大了，则关闭滴水旋塞，打开通气旋塞后再关闭，重新操作，直到旋塞打开合适为止。整个实验过程中，调好滴液漏斗下方旋塞后不要关掉。但如果实验过程滴水速度不合适，可以重新调整。

⑥ 测定水的温度，温度计和水放在制冰机上面。

2. 不同浓度乙醇水溶液的 $\Delta p_{最大}$ 的测定

① 取 3 支滴管量乙醇水溶液，洗样品管，洗法与上述相似。

② 分别测定体积分数为 5％、10％、20％、25％、30％乙醇水溶液的最大附加压力。

③ 乙醇水溶液的温度与水的温度作相同处理。

④ 按从稀到浓的顺序测定，测完后先关电源，再将样品管用纯水清洗三遍。

【注意事项】

1. 整个实验过程中，毛细管不能从样品管中拿出来。拆卸样品管一定要先用手夹紧万用夹后再拧螺栓，否则，螺栓纹变浅，容易脱丝。取出样品管后一定要拿好，不要碰任何硬的地方。用滴管取废液时滴管不要往侧管伸得太多，滴管尖端尽量减少与样品管侧管内侧之间的碰撞。

2. 三种情况通大气：①用待测液洗样品管；②装样品；③采零。

3. 三种情况测不出数据：①乳胶管内进水。将乳胶管从样品管上拆下来，把管内水放掉。②毛细管堵塞。毛细管一旦堵塞处理时间很长，洗耳球尖端的清洁是毛细管保持干净的重要因素。所以用洗耳球之前一定向空中吹几次保证洗耳球尖端无灰尘后再使用，不用时尖端朝上放在高台面上。③毛细管内的液体中有气泡。将样品管侧管的塞子拿出来，用洗耳球轻轻吹掉气泡。

【数据记录与处理】

1. 根据水温查表得出水的 $\sigma_水$，计算最小曲率半径 r（负值）。

2. 将实验中得到的原始数据和一些处理结果列表。（$\rho_{乙醇}=0.790 \text{g·dm}^{-3}$）

乙醇水溶液的浓度		$\Delta p_{最大}$			$\bar{\sigma}$
体积分数	$c_B/\text{mol·dm}^{-3}$	1	2	平均	

3. 作乙醇水溶液的 $\sigma\text{-}c_B$ 图，在曲线上取出易读的五个点，分别作切线，写出 b 和 b' 的数值，求出 Z，进一步求出五个浓度下的表面吸附量 Γ，再列出表格。

$b/\text{N·m}^{-1}$	$b'/\text{N·m}^{-1}$	$Z/\text{N·m}^{-1}$	$\Gamma/\text{mol·m}^{-2}$

4. 作乙醇水溶液的 $\Gamma\text{-}c_B$ 图。

思 考 题

1. 毛细管尖端为何必须调节得恰与液面相切？否则对实验有何影响？

2. 最大气泡法测定表面张力时为什么要读最大压力差？如果气泡溢出的很快，或几个气泡一起溢出，对实验结果有无影响？

3. 本实验选用的毛细管管尖的半径大小对实验测定有何影响？若毛细管不清洁会不会影响测定结果？

实验9 **BF$_3$-Na体系量子化学计算**

【实验目的】

1. 掌握 Gaussian 和 GaussView 软件的基本使用方法。
2. 熟悉计算机模拟化学体系的过程。
3. 了解吸附能的概念及其计算并了解吸附活化体系的量子化学描述。

【实验原理】

计算机的发展为人们提供了解、认识微观世界的除实验与理论研究之外的"第三种手段"，是化学、物理、生物、材料研究中的有力工具。计算化学实验的本质就是对分子体系进行计算机模拟，并尝试理解和预测化学实验现象。随着计算化学理论，尤其是计算机的迅速发展，"计算化学实验"作为集理论与计算于一体的新型化学教学内容，其应运而生的时机已经成熟。它不需要传统的化学实验仪器和药品试剂，是纯粹的电子计算机模拟，是建立在理论的、演绎的思维基础上，通过对涵盖若干公理的一组系统方程的求解，试图解决某些化学问题。

本实验中所使用的计算化学程序是 Gaussian。Gaussian 系列程序是当前最常见的化学计算软件之一，可以计算许多物理量，经过 20 多年的发展，已经比较成熟和完善，能够满足大多数化学工作者的需要。当前版本是 Gaussian09。首先它可以对分子的结构进行优化，得到分子的最优构型与最低能量值。构型优化是计算化学的基础，只有在优化好的构型的基础上才可以进行其他化学性质的计算，若以未优化的分子构型进行化学性质的计算，则会得到不够准确的计算结果。然后，Gaussian 可以模拟分子的多种光谱学性质，如红外振动光谱和紫外-可见电子跃迁光谱。

本实验所选择的体系是 BF$_3$-Na 体系。BF$_3$ 是非极性多原子分子，有振动光谱，有 6 （$3n-6$）个振动自由度，每个自由度都有一个基本振动方式——简正振动（见图 4-55），其振动频率称为简正（基础）频率。简正振动——分子中的原子以相同的位相和频率在振动，对应的光谱为振动光谱，常见的有红外和拉曼光谱。简正振动一般分两大类：①只有键长变化而键角不变（伸缩振动）；②键长不变，而键角改变（弯曲振动）。

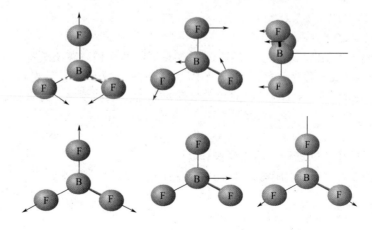

图 4-55　BF$_3$ 的 6 种振动方式

BF_3-Na 由于吸附作用而产生吸附能，故可以影响 BF_3 的振动频率，从而影响 BF_3 的能量。其中，吸附能量 $E_吸 = E_{BF_3\text{-}Na} - E_{BF_3} - E_{Na}$。

【仪器试剂】

计算机　　　　　　1 台

【实验步骤】

① BF_3 体系的计算　打开 Gassian 软件，在"file"下拉菜单中选择"new"，会弹出一个对话框，在对话框中依次填入：

Route section：# T B3lyp/6-31g opt freq

Title section：Name（任意英文）

Charge Multiple：0，1

B

F1 B 1.34

F2 B 1.34 F1 120.0

F3 B 1.34 F2 120.0 F1 180.0

写好后，点击右上角的"run"，开始运行，并等待运行结果。

② Na 体系的计算　在第一步的基础上，略作修改各项为：

Route section：# T B3lyp/6-31g opt freq

Title section：Name（任意英文）

Charge Multiple：0，2

Na

填好后，点击"run"，等待结果。

③ BF_3-Na 体系的计算　在第二步基础上，再修改为：

Route section：# T B3lyp/6-31g opt freq

Title section：Name（任意英文）

Charge Multiple：0，2

B

F1 B 1.34

F2 B 1.34 F1 120.0

F3 B 1.34 F2 120.0 F1 180.0

Na B 3.98 F1 90.0 F2 90.0

填好后，点击"run"，以上三个结果分别存在不同的文档（英文名称）中。

④ 打开 GaussView 程序，打开 BF_3 及 BF_3-Na 的 out 文件，然后观看不同的振动情况，根据观察记下特定的 BF_3 和 BF_3-Na 的相关数据：能量、振动频率、力常数。

【注意事项】

1. 严格按照操作步骤进行，防止误操作。
2. 计算过程中，严禁中间停机，以防数据丢失。

【数据记录与处理】

列出求算过程。

项 目 体 系	体系总能量(E)/kJ·mol^{-1}	频率/cm^{-1}	力常数/N·m^{-1}
BF$_3$			
Na			
BF$_3$-Na			

思 考 题

依据 $E_{吸}$ 和特征频率的变化，讨论 Au 对 BF$_3$ 体系及其反应活性的影响？

实验10 二级反应——乙酸乙酯皂化反应

【实验目的】

1. 掌握测定乙酸乙酯皂化反应速率常数及反应活化能的物理方法——电导法。
2. 了解二级反应的特点，学会用作图法求二级反应的速率常数及活化能。
3. 熟悉电导测量方法和电导率仪的使用。

【实验原理】

乙酸乙酯皂化反应是个典型的二级反应，反应计量方程式如下，并设反应物乙酸乙酯和 NaOH 的起始浓度均为 c_0，经反应时间 t 后产物的浓度为 x。

$$CH_3COOC_2H_5 + NaOH \longrightarrow CH_3COONa + C_2H_5OH$$

$t=0$	c_0	c_0	0	0
$t=t$	c_0-x	c_0-x	x	x
$t=\infty$	0	0	c_0	c_0

则该反应的速率方程为：

$$\frac{dx}{dt} = k(c_0-x)^2 \tag{4-41}$$

式中，k 为反应速率常数。将上式积分得：

$$\frac{1}{c_0-x} = kt + \frac{1}{c_0} \tag{4-42}$$

只要由实验测得不同反应时间 t 时的 x 值，以 $1/(c_0-x)$ 对 t 作图，若所得为一条直线，证明是二级反应，并由直线的斜率可求速率常数 k。

不同反应时间下生成物的浓度可用化学分析法测定（如分析反应液中的 OH$^-$），也可用物理法测定，本实验用电导法测定。

用电导法测定 x 的依据是：乙酸乙酯皂化反应中，溶液中参与导电的离子只有 OH$^-$、Na$^+$ 和 CH$_3$COO$^-$。由于反应体系是很稀的水溶液，可认为 CH$_3$COONa 是完全电离的，因此，反应前后 Na$^+$ 的浓度不变。随着反应进行，OH$^-$ 则不断减少，而 CH$_3$COO$^-$ 不断增多，由于 OH$^-$ 的摩尔电导率比 CH$_3$COO$^-$ 的摩尔电导率大得多，因此，随着反应的进行，溶液电导率不断减少。在很稀溶液中，每种强电解质的电导率 κ 与浓度成正比，而且溶液的总电导率等于溶液中各电解质电导率之和。因此，可用电导率仪测量皂化反应进程中电导率随时间的变化，从而达到跟踪反应物浓度随时间变化的目的。

实验采用电导法测量皂化反应中电导率 κ 随反应时间 t 的变化。设 κ_0、κ_t、κ_∞ 分别代表反应时间为 0、t、∞ 时溶液的电导率。在稀溶液下，乙酸乙酯皂化反应，在不同反应时刻，其电导率与浓度满足以下关系：

$$\begin{cases} \kappa_0 = \alpha c_0 \\ \kappa_\infty = \beta c_0 \\ \kappa_t = \alpha(c_0 - x) + \beta x \end{cases} \tag{4-43}$$

式中，α、β 是与温度、溶剂、电解质 NaOH 及 CH$_3$COONa 的性质有关的比例常数；κ_0、κ_∞ 为反应开始和终了时溶液的总电导率；κ_t 为时间 t 时溶液的总电导率。

由（4-43）式得：

$$x = \left(\frac{\kappa_0 - \kappa_t}{\kappa_0 - \kappa_\infty} \right) c_0 \tag{4-44}$$

将（4-44）式代入（4-42）式得：

$$\kappa_t = \frac{1}{kc_0} \cdot \frac{\kappa_0 - \kappa_t}{t} + \kappa_\infty \tag{4-45}$$

以 κ_t 对 $(\kappa_0 - \kappa_t)/t$ 作图，由直线斜率求出反应速率常数 k。

如果知道不同温度下的反应速率常数 $k_2(T_2)$ 和 $k_1(T_1)$，根据 Arrhenius 公式，可计算出该反应的活化能 E_a：

$$\ln \frac{k_2}{k_1} = \frac{E_a}{R} \left(\frac{1}{T_1} - \frac{1}{T_2} \right) \tag{4-46}$$

【仪器试剂】

电导率仪（DDS-307 型）	1 台	恒温水浴	1 台
电导池（小烧杯）	1 只	25cm³ 移液管	3 支
1cm³ 移液管	1 支	碘量瓶	5 个
乙酸乙酯（A. R.）	若干	氢氧化钠（A. R.）	若干

反应装置的示意图如图 4-56 所示。

【实验步骤】

1. 将电导率仪接通电源，预热 30min。

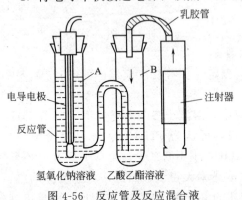

电导电极
反应管
A
B
注射器
乳胶管
氢氧化钠溶液　乙酸乙酯溶液

图 4-56　反应管及反应混合液

2. 电导率仪的校准　将电极悬空，用滤纸轻轻将电极上的水吸取，然后调整中导率仪，使量程旋钮旋至"检查"，常数旋钮旋至"1"，温度旋钮旋至"25℃"，调校准旋钮使显示屏读数为"100.0"。

3. 常数补偿　调整常数旋钮，使显示屏的读数为"电极常数值×100.0"。

4. 选择量程挡为"Ⅲ"挡或"Ⅳ"挡。

5. 打开恒温水浴，调节温度设定旋钮为 25℃（作为反应温度 T_1）。

6. 按溶液的配制方法配制浓度为 $0.01mol \cdot dm^{-3}$ 和 $0.02mol \cdot dm^{-3}$ 的 NaOH 溶液，以及浓度为 $0.02mol \cdot dm^{-3}$ 的 $CH_3COOC_2H_5$ 溶液。

7. 溶液初始电导率 κ_0 的测定　在电导池中加入约 $20cm^3$ 已配制好的 $0.01mol \cdot dm^{-3}$ 的 NaOH 溶液，用温度计测温后，调节电导率仪温度旋钮到所测的温度值，把电极插入溶液测定 κ_0 值，直到显示屏读数不变为止，读取 κ_0 值（此步骤最好选择量程 Ⅳ 挡），考虑到在实验过程中温度会发生一些变化，所以重复测量三次。

8. κ_t 的测定　首先将电导率仪温控旋钮调整到 "25℃"。然后分别用移液管准确量取 $25cm^3$ 浓度为 $0.02mol \cdot dm^{-3}$ 的氢氧化钠和 $CH_3COOC_2H_5$ 分别置于反应管 A 管和 B 管中，B 管管口用塞子塞紧，以防止 $CH_3COOC_2H_5$ 挥发。用去离子水冲洗电极后小心用滤纸吸干电极上的水再将其插入 A 管中，将反应管置于恒温水浴中恒温 10min。在 B 管管口换上配有注射器的塞子，用注射器从乳胶管通过小孔将 $CH_3COOC_2H_5$ 迅速压入 A 管内与 NaOH 溶液混合，并同时用秒表计时，以此刻作为反应开始时间（注意：秒表启动后不得停止，直到实验结束）。再用注射器反复推拉抽吸混合液，使之混合均匀。混合均匀后，进行电导率-时间测定。恒温 10min 后开始测定 κ_t，以后每隔 2min 记录一次 κ_t，一直测定到反应时间为 50min 时结束。

9. 调节恒温水浴温度为 T_2（作为反应温度 T_2），重复上述步骤再测定 κ_0 和 κ_t。

10. 实验结束后，冲洗电极并将电极浸入去离子水中。洗净反应管置于通风处干燥。

【注意事项】

1. 电导率仪要进行温度补偿及常数校正。
2. 反应液在恒温时都要用橡胶塞子盖好。
3. 混合过程既要快速，又要小心谨慎，不要把溶液弄到容器外面。
4. 严格控制恒温的温度，因为反应过程温度对反应速率常数影响很大。

【数据记录与处理】

1. 原始数据列表。将所测得的不同反应时间的 κ_t 以及 κ_0 和 κ_∞ 列表。

2. 计算 $\dfrac{\kappa_0 - \kappa_t}{t}$。

3. 作 κ_t-$\dfrac{\kappa_0 - \kappa_t}{t}$ 关系图。

4. 计算直线斜率 s，反应速率常数 k。

5. 计算实验结果与文献值比较，求出偏差并分析产生偏差的原因。

文献值：

① 在 25℃下，氢氧化钠和乙酸乙酯浓度均为 $0.02mol \cdot dm^{-3}$，其速率常数：

$$k = 6.4(mol \cdot dm^{-3})^{-1} \cdot min^{-1}$$

其中反应速率常数与温度的关系式为：

$$\lg k = \frac{1780}{T} + 0.00754T + 4.54$$

② 乙酸乙酯皂化反应的活化能　$E_a = 27.3kJ \cdot mol^{-1}$。

思　考　题

1. 为什么本实验要在恒温下进行？而且氢氧化钠与乙酸乙酯溶液混合前要预先恒温？

2. 各溶液在恒温和操作过程中为什么要盖好？

3. 如何从实验结果验证乙酸乙酯皂化反应为二级反应？

4. 如果氢氧化钠和乙酸乙酯起始浓度不相等，则应怎样计算 k 值？

5. 被测溶液的电导率是哪些离子的贡献？反应过程中溶液的电导率为何发生变化？

● 实验11 B-Z振荡反应 ●

【实验目的】

1. 了解 Belousov-Zhabotinsky 反应（简称 B-Z 反应）的基本原理及机理、初步认识体系远离平衡态的复杂行为及研究化学振荡反应的方法。

2. 掌握在硫酸介质中以金属铈离子作催化剂时，丙二酸被溴酸氧化体系的基本原理。

3. 了解化学振荡反应的电势测定方法。

4. 测定振荡反应诱导期和振荡反应活化能。

【实验原理】

人们通常所研究的化学反应，其反应物和产物的浓度呈单调变化，最终达到不随时间变化的平衡状态。而某些自催化反应有可能使化学反应体系中出现非平衡非线性现象，即有些组分的浓度会呈现周期性变化，该现象称为化学振荡，这类反应就称为化学振荡反应。为了纪念最先发现、研究这类反应的两位科学家（Belousov 和 Zhabotinsky），人们将可呈现化学振荡现象的含溴酸盐的反应系统笼统地称为 B-Z 振荡反应（B-Z Oscillating Reaction）。

有关 B-Z 振荡反应的机理，目前为人们所普遍接受的是 FKN 机理，即由 Field、Koros 和 Noyes 三位学者提出的机理。对于下列著名的化学振荡反应：

$$2BrO_3^- + 3CH_2(COOH)_2 + 2H^+ \xrightarrow{Ce^{3+}, Br^+} 2BrCH(COOH)_2 + 3CO_2 + 4H_2O \quad (A)$$

FKN 机理认为，在硫酸介质中以铈离子作催化剂的条件下，丙二酸被溴酸盐氧化的过程至少涉及 9 个反应。

当上述反应中 $[Br^-]$ 较大时，$[BrO_3^-]$ 是通过下面系列反应被还原为 Br_2 的：

$$Br^- + BrO_3^- + 2H^+ \xrightarrow{k_1} HBrO_2 + HOBr \quad [k_1 = 2.1 mol^{-3} \cdot (cm^3)^9 \cdot s^{-1}, 5℃] \quad (4-47)$$

$$HBrO_2 + Br^- + H^+ \xrightarrow{k_2} 2HOBr \quad [k_2 = 2 \times 10^9 mol^{-2} \cdot (cm^3)^6 \cdot s^{-1}, 25℃] \quad (4-48)$$

$$HOBr + Br^- + H^+ \xrightarrow{k_3} Br_2 + H_2O \quad [k_3 = 8 \times 10^9 mol^{-2} \cdot (cm^3)^6 \cdot s^{-1}, 25℃] \quad (4-49)$$

其中反应(4-47)是控制步骤。上述反应产生的 Br_2 使丙二酸溴化：

$$Br_2 + CH_2(COOH)_2 \xrightarrow{k_4} BrCH(COOH)_2 + Br^- + H^+$$
$$[(k_4 = 1.3 \times 10^{-2} mol \cdot (cm^3)^{-1} \cdot s^{-1}, 25℃] \quad (4-50)$$

因此，丙二酸溴化的总反应（B）为上述四个反应形成一条反应链：

$$2BrO_3^- + 2Br^- + 3CH_2(COOH)_2 + 3H^+ \longrightarrow 3BrCH(COOH)_2 + 3H_2O \quad (B)$$

当 $[Br^-]$ 较小时，溶液中的下列反应导致了铈离子的氧化：

$$2HBrO_2 \xrightarrow{k_5} BrO_3^- + HOBr + H^+ \quad [k_5 = 4 \times 10^7 mol^{-1} \cdot (cm^3) \cdot s^{-1}, 25℃] \quad (4-51)$$

$$H^+ + BrO_3^- + HBrO_2 \xrightarrow{k_6} 2BrO_2 + H_2O \quad [k_6 = 1 \times 10^4 \, mol^{-2} \cdot (cm^3)^6 \cdot s^{-1}, \, 25℃]$$

$$(4\text{-}52)$$

$$H^+ + BrO_2 + Ce^{3+} \xrightarrow{k_7} HBrO_2 + Ce^{4+} \quad (k_7 = 快速) \tag{4-53}$$

上面三个反应的总和组成了下列反应链：

$$BrO_3^- + 4Ce^{3+} + 5H^+ \longrightarrow HOBr + 4Ce^{4+} + 2H_2O \tag{C}$$

该反应链是振荡反应发生所必需的自催化反应，其中反应式（4-52）是速度控制步骤。

最后，Br^- 可通过下列两步反应而得到再生：

$$BrCH(COOH)_2 + 4Ce^{4+} + 2H_2O \xrightarrow{k_8} Br^- + HCOOH + 2CO_2 + 4Ce^{3+} + 5H^+$$

$$\left[k_8 = \frac{1.7 \times 10^{-2} \, s^{-1} [Ce^{4+}][BrCH(COOH)_2]}{0.20 \, mol \cdot L^{-1} + [BrCH(COOH)_2]}, \, 25℃ \right] \tag{4-54}$$

$$HOBr + HCOOH \xrightarrow{k_9} Br^- + CO_2 + H_2O + H^+ \quad (k_9 = 快速)$$

上述两式偶合给出的净反应为：

$$BrCH(COOH)_2 + 4Ce^{4+} + HOBr + H_2O \longrightarrow 2Br^- + 3CO_2 + 4Ce^{3+} + 6H^+ \tag{D}$$

如将反应式（B）、（C）和（D）相加就组成了反应系统中的一个振荡周期，即得到总反应式（A）。必须指出，在总反应中铈离子和溴离子已对消，起到了真正的催化作用。

综上所述，B-Z 振荡反应体系中存在着两个受溴离子浓度控制的过程（B）和（C），即 $[Br^-]$ 起着转向开关的作用，当 $[Br^-] > [Br^-]_{临界}$ 时发生（B）过程；而当 $[Br^-] < [Br^-]_{临界}$ 时发生（C）过程。该反应溴离子的临界浓度为：

$$[Br^-]_{临界} = \frac{k_6}{k_2}[BrO_3^-] = 5 \times 10^{-6}[BrO_3^-]$$

由上述可知，化学振荡现象的发生必须满足三个条件：

① 反应必须远离平衡态。化学振荡只有在远离平衡态，具有很大的不可逆程度时才能发生。在封闭体系中振荡是衰减的，在敞开体系中，可以长期持续振荡。

② 反应历程中应含有自催化步骤。产物之所以能加速反应，因为是自催化反应，如过程 B [反应（4-47）～（4-50）] 中的产物 $HBrO_2$ 同时又是反应物。

③ 体系必须具有双稳态性（bistability），即可在两个稳态间来回振荡。

化学振荡体系的振荡现象可以通过多种方法观察到，如观察溶液颜色的变化、观察吸光度随时间的变化以及测定电势随时间的变化等。

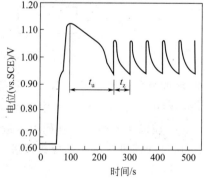

图 4-57 U-t 图

本实验通过测定离子选择性电极上的电势（U）随时间（t）变化的 U-t 曲线来观察 B-Z 反应的振荡现象（见图 4-57），同时测定不同温度对振荡反应的影响。

根据 U-t 曲线，得到诱导期（t_u）和振荡周期（t_z）。按照文献方法，依据

$$\ln\frac{1}{t_u} = -\left(\frac{E_u}{RT}\right) + \ln A \quad 及 \quad \ln\frac{1}{t_z} = -\left(\frac{E_z}{RT}\right) + \ln A$$

式中，E_u、E_z 为表观活化能；R 是摩尔气体常数，8.314 $J \cdot mol^{-1} \cdot K^{-1}$；$T$ 是热力学

温度；A 是经验常数。分别作 $\ln(1/t_u)$-$1/T$ 和 $\ln(1/t_z)$-$1/T$ 图，最后从图中的曲线斜率分别求得表观活化能（E_u 和 E_z）。

【仪器试剂】

电化学分析仪	1 套	超级恒温槽	1 台
饱和甘汞电极	1 个	100cm³ 电解池	1 套
铂丝电极	1 个	100cm³ 容量瓶	1 个
硫酸铈铵（A. R.）	若干	硫酸（A. R.）	若干
丙二酸（A. R.）	若干	溴酸钾（A. R.）	若干

【实验步骤】

1. 配制溶液

分别用去离子水配制 0.005mol·dm^{-3} 硫酸铈铵（必须在 0.2mol·dm^{-3} H_2SO_4 介质中配制），0.4mol·dm^{-3} 丙二酸，0.2mol·dm^{-3} 溴酸钾，3mol·dm^{-3} 硫酸各 100cm^3。

2. 准备工作

① 测量线路如图 4-58 所示。打开仪器电源预热 10min；同时开启恒温槽电源（包括加热器的电源），并调节温度为 30℃（或比当时的室温高 3～5℃）。

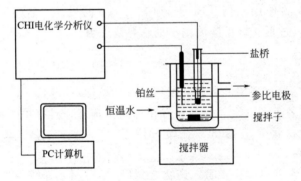

图 4-58　振荡反应测量线路图

② 将配好的硫酸铈铵、丙二酸和硫酸溶液各 10cm^3 放入已洗干净的电解池中，同时也将 10cm^3 溴酸钾溶液在恒温槽中恒温。开启电磁搅拌的电源使溶液在设定的温度下恒温至少 10min。在以下系列实验过程中尽量使搅拌子的位置和转速保持一致。

③ 通过计算机使电化学分析仪进入 Windows 工作界面。

3. 测量

① 使被测溶液在指定温度下恒温足够长时间（至少 10min），点击工作界面工具栏里的运行键，实验立刻开始，屏幕上会显示电位-时间（U-t）曲线（同时也分别显示电位和时间的数值），此时的曲线应该为一水平线。60s（或基线平坦）后将预先已恒温的 10cm^3 溴酸钾溶液倒入电解池中。此时曲线（电位）会发生突跃，同时注意溶液颜色的变化。经过一段时间的"诱导"，开始振荡反应，此后的曲线呈现有规律的周期变化（如图 4-57 所示），实验结束后给实验结果取个文件名存盘。

② 将恒温槽温度调至 32℃，取出电极，洗净电解池和所有用过的电极，然后重复上述步骤进行测量。分别每间隔 2℃测定一条曲线，至少测量六个温度下的曲线。

③ 如有兴趣，在测量最后一条曲线前将参数改成 Run Time（sec）＝3000s 或更长一些，则可从实验结果中看到化学振荡反应的"兴衰"。

【注意事项】

1. 各个组分的混合顺序对体系的振荡行为有影响。应在丙二酸、溴酸钾、硫酸混合均匀后，且当记录仪的基线走稳后，再加入硫酸铈铵溶液。

2. 反应温度可明显地改变诱导期和振荡周期，故应严格控制温度恒定。

3. 实验中溴酸钾试剂的纯度要求高。

4. 配制硫酸铈铵溶液时候，一定要在硫酸介质中配制，防止发生水解使溶液呈浑浊。

5. 所使用的反应容器一定要冲洗干净，转子位置及速度都必须加以控制。

【数据记录与处理】

1. 分别从各条曲线中找出诱导时间（t_u）和振荡周期（t_z），并列表（可参考下表）。

实验数据记录表

温度/K	$1/T(T/10^{-3}K)$	t_u	$\ln(1/t_u)$	t_z	$\ln(1/t_z)$

2. 根据计算结果分别作 $\ln(1/t_u)$-$1/T$ 和 $\ln(1/t_z)$-$1/T$ 图。

3. 根据图中直线的斜率分别求出诱导表观活化能（E_u）和振荡表观活化能（E_z）。

思 考 题

1. 影响诱导期、周期及振荡寿命的主要因素有哪些？

2. 为什么在实验过程中应尽量使搅拌子的位置和转速保持一致？

实验12 吸附柱色谱

【实验目的】

1. 了解吸附柱色谱的基本原理。

2. 掌握吸附柱色谱的一般操作技术。

3. 定性分离几种碱性染料。

【实验原理】

柱色谱法是一种以分配平衡为机理的分配方法。色谱体系包含两个相，一个是固定相，另一个是流动相。当两相相对运动时，反复多次地利用混合物中所含各组分分配平衡性质的差异，最后达到彼此分离的目的。它是纯化和分离有机或无机物的一种常用方法。

在吸附柱色谱中，吸附剂是固定相，洗脱剂是流动相，相当于薄层色谱中的展开剂。吸附剂的基本原理与吸附薄层色谱相同，也是基于各组分与吸附剂间存在的吸附强弱差异，通过使之在柱色谱上反复进行吸附、解吸、再吸附、再解吸的过程而完成的。所不同的是，在进行柱色谱的过程中，混合样品一般是加在色谱柱的顶端，流动相从色谱柱顶端流经色谱柱，并不断地从柱中流出。由于混合样中的各组分与吸附剂的吸附作用强弱不同，因此各组分随流动相在柱中的移动速度也不同，最终导致各组分按顺序从色谱柱中流出。如果分步接收流出的洗脱液，便可达到使混合物分离的目的。一般与吸附剂作用较弱的成分先流出，与吸附作用较强的成分后流出。

根据待分离组分的结构和性质选择合适的吸附剂和洗脱剂是分离成败的关键。

1. 吸附剂的要求

一种合适的吸附剂，一般应满足下列几个基本要求：

① 对样品组分和洗脱剂都不会发生任何化学反应，在洗脱剂中也不会溶解。

② 对待分离组分能够进行可逆的吸附，同时具有足够的吸附力，使组分在固定相与流动相之间能最快地达到平衡。

③ 颗粒形状均匀，大小适当，以保证洗脱剂能够以一定的流速（一般为 $1.5cm^3 \cdot min^{-1}$）通过色谱柱。

④ 材料易得，价格便宜而且是无色的，以便于观察。可用于吸附剂的物质有氧化铝、硅胶、聚酰胺、硅酸镁、滑石粉、氧化钙（镁）、淀粉、纤维素、蔗糖和活性炭等。其中有些对几类物质分离效果较好，而对其他大多数化合物不适用。

2. 几种常见吸附剂

① 氧化铝　市售的色谱用氧化铝有碱性、中性和酸性三种类型，粒度规格大多为100～150目。

碱性氧化铝（pH9～10）适用于碱性物质（如胺、生物碱）和对酸敏感的样品（如缩醛、糖苷等），也适用于烃类、甾体化合物等中性物质的分离。但这种吸附剂能引起被吸附的醛、酮的缩合，酯和内酯的水解，醇羟基的脱水，乙酰糖的去乙酰化，维生素 A 和 K 等的破坏等不良副反应。所以，这些化合物不宜用碱性氧化铝分离。

酸性氧化铝（pH3.5～4.5）适用于酸性物质如有机酸、氨基酸等的分离。

中性氧化铝（pH7～7.5）适用于醛、酮、醌、苷和硝基化合物以及在碱性介质中不稳定的物质如酯、内酯等的分离，也可以用来分离弱的有机酸和碱等。

② 硅胶　硅胶是硅酸部分脱水后的产物，其成分是 $SiO_2 \cdot nH_2O$，又叫缩水硅酸。柱色谱用硅胶一般不含黏合剂。

③ 聚酰胺　聚酰胺是聚己内酰胺的简称，商业上叫做锦纶、尼龙-6 或卡普纶。色谱用聚酰胺是一种白色多孔性非晶形粉末，它是用锦纶丝溶于浓盐酸中制成的。不溶于水和一般有机溶剂，易溶于浓无机酸、酚、甲酸及热的乙酸、甲酰胺和二甲基甲酰胺中。聚酰胺分子表面的酰氨基和末端氨基可以和酚类、酸类、醌类、硝基化合物等形成强度不等的氢键，因此可以分离上述化合物，也可以分离含羟基、氨基、亚氨基的化合物及腈和醛等类化合物。

④ 硅酸镁　中性硅酸镁的吸附特性介于氧化铝和硅胶之间，主要用于分离甾体化合物和某些糖类衍生物。为了得到中性硅酸镁，使用前先用稀盐酸，然后用醋酸洗涤，最后用甲醇和蒸馏水彻底洗涤至中性。

3. 吸附剂的活度及其调节

吸附剂的吸附能力常称为活度或活性。吸附剂的活性取决于它们含水量的多少，活性最强的吸附剂含有最少的水。吸附剂的活性一般分为五级，分别用Ⅰ、Ⅱ、Ⅲ、Ⅳ和Ⅴ表示。数字越大，表示活性越小，一般常用Ⅱ和Ⅲ。向吸附剂中添加一定的水，可以降低其活性；反之，如果用加热处理的方法除去吸附剂中的部分水，则可以增加其活性，后者称为吸附剂的活化。

4.吸附剂和洗脱剂的选择

样品在色谱柱中的移动速度和分离效果取决于吸附剂对样品各组分的吸附能力大小和洗脱剂对各组分的解吸能力大小，因此，吸附剂的选择和洗脱剂的选择常常是结合起来进行的。首先，根据待分离物质的分子结构和性质，结合各种吸附剂的特性，初步选择一种吸附剂。然后，根据吸附剂和待分离物质之间的吸附力大小，选择出认为适宜的洗脱剂。最后，采用薄层色谱法进行试验，根据试验结果，再进一步决定是调节吸附剂的活性，还是更换吸附剂的种类，或是改变洗脱剂的极性。直到确定出合适的吸附剂和洗脱剂为止。

物质与吸附剂之间的吸附能力大小既与吸附剂的活性有关，又与物质的分子极性有关。分子极性越强，吸附能力越大；分子中所含极性基团越多，极性基团越大，其吸附能力也就越强。具有下列极性基团的化合物，其吸附能力按下列次序递增：

$-Cl$，$-Br$，$-I<-C\equiv C-<-OCH_3<-CO_2R<-CO-<-CHO<-SH<-NH_2$
$<-OH<-COOH$

分离色素的方法有多种，如纸色谱、柱色谱等。色谱分离法又称色层分离法，是色谱法中的一种。无论何种色谱，都是由互不相溶的两个相组成：一是固定相（固体或吸附在固体上的液体），一是流动相（液体或气体）。色谱分离时，利用混合物中各组分理化性质（如吸附力、分子形状和大小、分子极性、分子亲和力、溶解度等）的差异，使各组分不同程度地分布在两相中，随着流动相从固定相上流过，不同组分以不同速度移动而最终被分离。常用的柱色谱有吸附柱色谱和分配柱色谱两类。本实验仅介绍吸附柱色谱法。

吸附柱色谱法是分离、纯化和鉴定有机物的重要方法。它是根据混合物中各组分的分子结构和性质（极性）来选择合适的吸附剂和洗脱剂，从而利用吸附剂对各组分吸附能力的不同及各组分在洗脱剂中的溶解性能不同达到分离目的。吸附柱色谱法通常是在玻璃色谱柱中装入表面积很大、经过活化的多孔性或粉状固体吸附剂（常用的吸附剂有氧化铝、硅胶等）。色谱时将欲分离的样品自柱顶加入，当样品溶液全部流入吸附色谱柱后，再加入溶剂冲洗。冲洗的过程称为洗脱，加入的溶剂称为洗脱剂。由于不同化合物吸附能力不同，从而随着溶剂下移的速度不同，于是混合物中各组分按吸附剂对它们所吸附的强弱顺序在柱中自上而下形成了若干色带，如图4-59所示。

在洗脱过程中，柱中连续不断地发生吸附和溶解的交替现象。被吸附的组分被溶解出来，随着溶剂向下移动，又遇到新的吸附剂颗粒，把组分从溶液中吸附出来，而继续流下的新溶剂又使组分溶解而向下移动，这样经过适当时间移动后，各种组分就可以完全分开。继续用溶剂洗脱，吸附能力最弱的组分随溶剂首先流出，再继续加溶剂直至各组分依次全部由柱中洗出为止，分别收集各组分。

本实验是用活性氧化铝作吸附剂，分离几种碱性染料。氧化铝是一种极性吸附剂，对极性较强的物质（如甲基橙）的吸附力强；对极性较弱的物质（如甲基紫）的吸附力较弱。由于染料的种类不同，被吸附的强弱不同，就在吸附柱上排列成为不同的色层，从而达到分离效果，实验装置如图4-60所示。

【仪器试剂】

分液漏斗	1 支	漏斗	1 个

胶头滴管	2支	烧杯	2个
乳胶管	1支	铁架台	2套
色谱柱	1支	混合染料	若干
乙醇（A.R.）	若干	氧化铝（A.R.）	若干

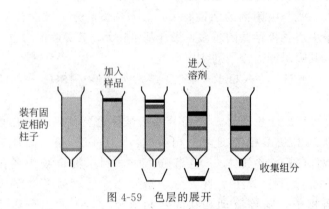

图 4-59　色层的展开

图 4-60　吸附柱层析装置图

洗脱剂
石英砂
固定相
石英砂
脱脂棉

装有固定相的柱子

加入样品

进入溶剂

收集组分

【实验步骤】

1. 装柱

色谱柱的大小规格由待分离样品的量和吸附难易程度来决定。一般柱管的直径为 0.5～10cm，长度为直径的 10～40 倍。填充吸附剂的量约为样品重量的 20～50 倍，柱体高度应占柱管高度的 3/4，柱子过于细长或过于粗短都不好。装柱前，柱子应干净、干燥，并垂直固定在铁架台上，将少量洗脱剂注入柱内，取一小团玻璃棉或脱脂棉用溶剂润湿后塞入管中，用一长玻璃棒轻轻送到底部，适当捣压，赶出棉团中的气泡，但不能压得太紧，以免阻碍溶剂畅流（如管子带有筛板，则可省略该操作）。再在上面加入一层约 0.5cm 厚的洁净细砂，从对称方向轻轻叩击柱管，使砂面平整。

常用的装柱方法有干装法和湿装法两种。

（1）干装法　在柱内装入 2/3 溶剂，在管口上放一漏斗，打开活塞，让溶剂慢慢地滴入锥形瓶中，接着把干吸附剂经漏斗以细流状倾泻到管柱内，同时用套在玻璃棒（或铅笔等）上的橡皮塞轻轻敲击管柱，使吸附剂均匀地向下沉降到底部。填充完毕后，用滴管吸取少量溶剂把黏附在管壁上的吸附剂颗粒冲入柱内，继续敲击管子直到柱体不再下沉为止。柱面上再加盖一薄层洁净细砂，把柱面上液层高度降至 0.1～1cm，再把收集的溶剂反复循环通过柱体几次，便可得到沉降得较紧密的柱体。

（2）湿装法　该方法与干装法类似，所不同的是，装柱前吸附剂需要预先用溶剂调成淤浆状，在倒入淤浆时，应尽可能连续均匀地一次完成。如果柱子较大，应事先将吸附剂泡在一定量的溶剂中，并充分搅拌后过夜（排除气泡），然后再装。无论是干装法，还是湿装法，装好的色谱柱应是充填均匀，松紧适宜一致，没有气泡和裂缝，否则会造成洗脱剂流动不规则而形成"沟流"，引起色谱带变形，影响分离效果。

本实验通过干装的方法将 Al_2O_3 装入色谱柱，至距管口 5.5cm（如图 4-61）。装样要求均匀且紧密。

2.加样

如果是固体样品，应将干燥待分离固体样品称重后，溶解于极性尽可能小的溶剂中使之成为浓溶液。将柱内液面降到与柱面相齐时，关闭柱子。用滴管将样品溶液小心沿色谱柱管壁均匀地加到柱顶上。加完后，用少量溶剂把容器和滴管冲洗净并全部加到柱内，再用溶剂把粘附在管壁上的样品溶液淋洗下去。慢慢打开活塞，调整液面和柱面相平为止，关好活塞。如果样品是液体，可直接加样。

实验中加 3 滴已溶解的碱性染料于层析柱中（残留液用乙醇冲入柱床，注意操作要谨慎细微）。

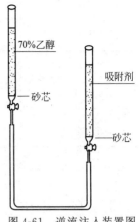

图 4-61　逆流注入装置图

3.洗脱

将选好的洗脱剂沿柱管内壁缓慢地加入柱内，直到充满为止（任何时候都不要冲起柱面覆盖物）。打开活塞，让洗脱剂慢慢流经柱体，洗脱开始。在洗脱过程中，注意随时添加洗脱剂，以保持液面的高度恒定，特别应注意不可使柱面暴露于空气中。在进行大柱洗脱时，可在柱顶上架一个装有洗脱剂的带盖塞的分液漏斗或倒置的长颈烧瓶，让漏斗颈口浸入柱内液面下，这样便可以自动加液。如果采用梯度溶剂分段洗脱，则应从极性最小的洗脱剂开始，依次增加极性，并记录每种溶剂的体积和柱子内滞留的溶剂体积，直到最后一个成分流出为止。洗脱的速度也是影响柱色谱分离效果的一个重要因素。大柱一般调节在每小时流出的毫升数等于柱内吸附剂的克数；中小型柱一般以 1～5 滴/秒的速度为宜。

本实验待染料全部渗入柱床后，向色谱柱内加洗脱剂（沿管壁缓慢操作），使其高出柱床 5 cm。调节活塞，以 10 s 1 滴的速度淋洗，当最下层接近砂芯时关闭活塞，停止淋洗。

淋洗结束，用直尺量出各分层高度及间距，完成后面的表格。清除色谱柱内淋洗液、吸附剂，色谱柱干燥备用。

【注意事项】

1. 在吸附剂上端加入脱脂棉（或滤纸）是使加样品时不致把吸附剂冲起；在吸附柱下端加脱脂棉（或砂子）可以防止吸附剂细粒流出。

2. 洗脱流速不宜过快，避免因此压紧凝胶，使各组分分离不开；也不要过慢，使柱装得太松，导致层析过程中，凝胶床高度下降，组分洗脱很慢。

3. 样品一定要足够浓缩，加样量不要过大，否则，分离条带过宽，如果色谱柱不够长，各组分不易分开，易同时洗脱下来；加样量过少，色带不是很清楚，不易观察，效果不好。

4. 层析柱粗细必须均匀，柱管大小可根据试剂需要选择。一般来说，细长的柱分离效果较好。若样品量多，最好选用内径较粗的柱，但此时分离效果稍差。柱管内径太小时，会发生"管壁效应"，即柱管中心部分的组分移动慢，而管壁周围的移动快。柱越长，分离效果越好，但柱过长，实验时间长，样品稀释度大，分离效果反而不好。

【数据记录与处理】

1.数据列表。

	颜色	高度/cm	间距/cm
曙红			
甲基橙			
次甲基蓝			
甲基紫			

2. 分析结果并讨论。

思 考 题

1. 吸附柱的分离作用的主要依据是物理吸附还是化学吸附？由实验结果详述。
2. 色谱柱中若留有空气或填装不均匀，会怎样影响分离效果？如何避免？
3. 为什么极性较大的物质要用极性较大的溶剂洗脱？

实验13

甲基红溶液电离平衡常数的测定

【实验目的】

1. 掌握分光光度计及 pH 计的正确使用方法。
2. 掌握分光光度法测定甲基红电离常数的基本原理。
3. 用分光光度法测定弱电解质的电离常数。

【实验原理】

弱电解质的解离常数测定方法很多，如电导法、电位法、分光光度法等。甲基红（对二甲基邻羧基偶氮苯）是一种弱酸型的染料指示剂，具有酸（HMR）和碱（MR⁻）两种形式，它在溶液中部分解离，在碱性溶液中呈黄色，酸性溶液中呈红色。本实验测定甲基红的解离常数，是根据甲基红在解离前后具有不同颜色和对单色光的吸收特性，借助于分光光度法的原理，测定其电离常数。甲基红在溶液中的电离可表示为：

酸式(HMR)红色

$$OH^- \big\Vert H^+$$

碱式(MR⁻)黄色

简写为 HMR $\rightleftharpoons$ H⁺ + MR⁻
　　　　　酸式　　　　　碱式

则其解离平衡常数 K 表示为

$$K = \frac{[H^+][MR^-]}{[HMR]} \tag{4-55}$$

或

$$pK = pH - \lg \frac{[MR^-]}{[HMR]} \tag{4-56}$$

由于 HMR 和 MR^- 两者在可见光谱范围内具有强的吸收峰，溶液离子强度的变化对它的酸离解平衡常数没有显著的影响，而且在简单 CH_3COOH-CH_3COONa 缓冲体系中就很容易使颜色在 pH=4～6 范围内改变。根据分光光度法（多组分测定方法）测得 $[MR^-]$ 和 $[HMR]$ 值，由(4-56)式可知，再测定出甲基红溶液的 pH 值，即可求得 pK 值。

根据朗伯-比尔定律，溶液颜色对单色光的吸收遵循下列关系式：

$$A = -\lg \frac{I}{I_0} = \lg \frac{1}{T} = kcl \tag{4-57}$$

式中，A 为吸光度；I/I_0 为透光率 T；c 为溶液浓度；l 为溶液的厚度；k 为消光系数。溶液中如含有一种组分，吸收程度，以波长（λ）为横坐标、溶液对不同波长的单色光的吸光度（A）为纵坐标可得一条曲线，如图4-62中单组分 a 和单组分 b 的曲线均称为吸收曲线，亦称为吸收光谱曲线。根据公式(4-57)，当吸收槽长度一定时，则

$$A^a = k^a c_a \tag{4-58}$$
$$A^b = k^b c_b \tag{4-59}$$

如在某波长时，溶液遵守朗伯-比尔定律，可选用此波长进行单组分的测定。

溶液中如含有两种组分（或两种组分以上），

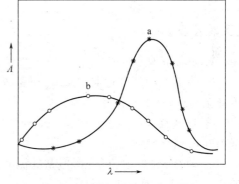

图 4-62　部分重合的光吸收曲线

又具有特征的光吸收曲线，并且各组分的吸收曲线互不干扰时，可在不同波长下，对各组分进行吸光度测定。

当溶液中两种组分 a、b 各具有特征的光吸收曲线，且均遵守朗伯-比尔定律，但吸收曲线部分重合，如图4-62所示，则两组分（a+b）溶液的吸光度应等于各组分吸光度之和，即吸光度具有加和性。当吸收槽长度一定时，则混合溶液在波长分别为 λ_a 和 λ_b 时的吸光度 $A_{\lambda_a}^{a+b}$ 和 $A_{\lambda_b}^{a+b}$ 可表示为

$$A_{\lambda_a}^{a+b} = A_{\lambda_a}^a + A_{\lambda_a}^b = k_{\lambda_a}^a c_a + k_{\lambda_a}^b c_b \tag{4-60}$$
$$A_{\lambda_b}^{a+b} = A_{\lambda_b}^a + A_{\lambda_b}^b = k_{\lambda_b}^a c_a + k_{\lambda_b}^b c_b \tag{4-61}$$

由光谱曲线可知，组分 a 代表 $[HMR]$，组分 b 代表 $[MR^-]$，根据式(4-60) 可得到 $[MR^-]$，即

$$c_b = \frac{A_{\lambda_a}^{a+b} - k_{\lambda_a}^a c_a}{k_{\lambda_a}^b} \tag{4-62}$$

将式(4-62)代入式(4-61)，则可得 $[HMR]$，即

$$c_a = \frac{A_{\lambda_b}^{a+b} k_{\lambda_a}^b - A_{\lambda_a}^{a+b} k_{\lambda_b}^b}{k_{\lambda_b}^a k_{\lambda_a}^b - k_{\lambda_b}^b k_{\lambda_a}^a} \tag{4-63}$$

式中，$k_{\lambda_a}^a$、$k_{\lambda_a}^b$、$k_{\lambda_b}^a$ 和 $k_{\lambda_b}^b$ 分别表示单组分在波长 λ_a 和 λ_b 时的 k 值。而 λ_a 和 λ_b 可以

通过测定单组分的光吸收曲线，分别求得其最大吸收波长。如在该波长下，各组分均遵守朗伯-比尔定律，则测得的吸光度与单组分浓度应为线性关系，直线的斜率即为 k 值，再通过两组分的混合溶液可以测得 $A_{\lambda_a}^{a+b}$ 和 $A_{\lambda_b}^{a+b}$，根据 (4-62)、(4-63) 两式可以求出 $[MR^-]$ 和 $[HMR]$ 值。

【仪器试剂】

分光光度计	1台	酸度计	1台
饱和甘汞电极	1支	玻璃电极	1支
100cm³ 容量瓶	5个	50cm³ 容量瓶	2个
25cm³ 容量瓶	6个	50cm³ 量筒	1只
50cm³ 烧杯	4个	5cm³ 移液管	1支
10cm³ 移液管	1支	95％乙醇（A. R.）	若干
盐酸（A. R.）	若干	甲基红（A. R.）	若干
醋酸钠（A. R.）	若干	醋酸（A. R.）	若干

【实验步骤】

1. 制备溶液

① 甲基红溶液　称取 0.400g 甲基红，加入 300cm³ 95％的乙醇，待溶解后，用蒸馏水稀释至 500cm³ 容量瓶中。

② 甲基红标准溶液　取 10.00cm³ 上述溶液，加入 50cm³ 95％的乙醇，用蒸馏水稀释至 100cm³ 容量瓶中。

③ 溶液 a　取 10.00cm³ 甲基红标准溶液，加入 0.1mol·dm⁻³盐酸 10cm³，用蒸馏水稀释至 100cm³ 容量瓶中。

④ 溶液 b　取 10.00cm³ 甲基红标准溶液，加入 0.05mol·dm⁻³醋酸钠 20cm³，用蒸馏水稀释至 100cm³ 容量瓶中。将溶液 a、b 和空白液（蒸馏水）分别放入三个洁净的比色皿内。

2. 吸收光谱曲线的测定

接通电压，预热仪器。测定溶液 a 和溶液 b 的吸收光谱曲线，求出最大吸收峰的波长 λ_a 和 λ_b。波长从 380nm 开始，每隔 20nm 测定一次，在吸收高峰附近，每隔 5nm 测定一次，每改变一次波长都要用空白溶液校正，直至波长为 600nm 为止。作 A-λ 曲线，求出波长 λ_a 和 λ_b 值。

3. 验证朗伯-比尔定律，并求出 $k_{\lambda_a}^a$、$k_{\lambda_a}^b$、$k_{\lambda_b}^a$ 和 $k_{\lambda_b}^b$

① 分别移取溶液 a5.00cm³、10.00cm³、15.00cm³、20.00cm³ 于 4 个 25cm³ 容量瓶中，然后用 0.01mol·dm⁻³盐酸稀释至刻度，此时甲基红主要以 $[HMR]$ 形式存在。

② 分别移取溶液 b5.00cm³、10.00cm³、15.00cm³、20.00cm³ 于 4 个 25cm³ 容量瓶中，然后用 0.01mol·dm⁻³醋酸钠稀释至刻度，此时甲基红主要以 $[MR^-]$ 形式存在。

③ 在波长为 λ_a、λ_b 处分别测定上述各溶液的吸光度 A。如果在 λ_a、λ_b 处，上述溶液符合朗伯-比尔定律，则可得四条 A-c 直线，由此可求出 $k_{\lambda_a}^a$、$k_{\lambda_a}^b$、$k_{\lambda_b}^a$ 和 $k_{\lambda_b}^b$ 值。

4. 测定混合溶液的总吸光度及其 pH 值

① 取四个 100cm³ 容量瓶，分别配置含甲基红标准溶液、醋酸钠溶液和醋酸溶液的四种

混合溶液，所需的各溶液毫升数，列入下表。

编号	试剂用量/cm³		
	甲基红标准液	醋酸钠溶液(0.05mol·dm⁻³)	醋酸溶液(0.02mol·dm⁻³)
A	10	20	50
B	10	20	25
C	10	20	10
D	10	20	5

② 分别用 λ_a 和 λ_b 波长测定上述四个溶液的总吸光度。

③ 测定上述四个溶液的 pH 值。

【注意事项】

1. 使用分光光度计时，先接通电源，预热 20min。为了延长光电管的寿命，在不测定时，应将暗盒盖打开。

2. 使用酸度计前应预热半小时，使仪器稳定。

3. 玻璃电极使用前需在蒸馏水中浸泡一昼夜。

4. 使用饱和甘汞电极时应将上面的小橡皮塞及下端橡皮套取下来，以保持液位压差。

【数据记录与处理】

1. 将实验步骤 3 和 4 中的数据分别列入以下两个表中。

溶液相对浓度	$A_{\lambda_a}^a$	$A_{\lambda_b}^a$	$A_{\lambda_a}^b$	$A_{\lambda_b}^b$

编号	$A_{\lambda_a}^{a+b}$	$A_{\lambda_b}^{a+b}$	pH

2. 根据实验步骤 2 测得的数据作 A-λ 图，绘制溶液 a 和溶液 b 的吸收光谱曲线，求出最大吸收峰的波长 λ_a 和 λ_b。

3. 实验步骤 3 中得到四组 A-c 关系图，从图上可求得单组分溶液 a 和溶液 b 在波长各为 λ_a 和 λ_b 时的 4 个吸光系数 $k_{\lambda_a}^a$、$k_{\lambda_a}^b$、$k_{\lambda_b}^a$ 和 $k_{\lambda_b}^b$。

4. 由实验步骤 4 所测得的混合溶液的总吸光度，根据(4-62)、(4-63)两式，求出各混合溶液中［MR⁻］、［HMR］值。

5. 根据测得的 pH 值，按(4-56)式求出各混合溶液中甲基红的解离平衡常数。

思 考 题

1. 测定的溶液中为什么要加入盐酸、醋酸钠和醋酸？

2. 在测定吸光度时，为什么每个波长都要用空白液校正零点？理论上应该用什么溶液作为空白溶液？本实验用的是什么溶液？

3. 本实验应该怎样选择比色皿？

4. 在本实验中，温度对测定结果有何影响？采取哪些措施可以减少由此而引起的实验误差？

实验14　二组分金属相图的绘制

【实验目的】

1. 了解热电偶测量温度和进行热电偶校正的方法。
2. 学会用热分析法测绘 Sn-Bi 二组分金属相图。
3. 掌握步冷曲线测绘二组分金属的固液平衡相图的原理和方法。

【实验原理】

两组分凝聚体系相图广泛用于合金、硅酸盐、盐类水溶液以及有机物等体系的研究中。在金相学中，可利用相图判断合金的内部结构；在水盐、硅酸盐体系等方面，除研究它们的内部结构外，还可以根据相图确定分离个别组分的最适宜方法和条件。除此之外，两组分低共熔点相图在化学化工生产中也具有重要的指导作用。

二组分金属相图是表示两种金属混合系统组成与凝固点关系的图。由于此系统属凝聚系统，一般视为不受压力影响，通常表示为固液平衡时液相组成与温度的关系。若两种金属在固相完全不互溶，在液相可完全互溶，其相图具有比较简单的形式。

测绘金属相图常用的实验方法是热分析法，其原理是将一种金属或两种金属混合物熔融后，使之均匀冷却，每隔一定时间记录一次温度。表示温度与时间关系的曲线称为步冷曲线。当熔融体系在均匀冷却过程中无相变化时，其温度将连续均匀下降，得到一平滑的步冷曲线；当体系内发生相变时，则因体系产生的相变热与自然冷却时体系放出的热量相抵消，步冷曲线就会出现转折或水平线段，转折点所对应的温度，即为该组成体系的相变温度。

利用步冷曲线所得到的一系列组成和所对应的相变温度数据，以横轴表示混合物的组成，纵轴上标出开始出现相变的温度，把这些点连接起来，就可绘出相图。二元简单低共熔体系的步冷曲线及相图如图 4-63 所示。

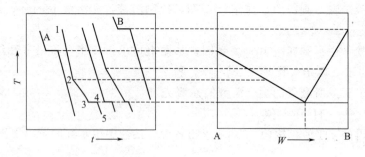

图 4-63　根据步冷曲线绘制相图

当金属混合物加热熔化时，由于无相变发生，系统的温度随时间变化较大，冷却较快（如图 4-63 左图中 1～2 段）。若冷却过程中发生放热凝固时，产生固相将减小温度随时间的变化，使系统的冷却速度减慢（2～3 段），此时系统两相共存，体系的自由度 $f=1$。当熔融液继续冷却到某一点时，如图 4-63 中 3 点，又有新的即第二种固相形成，此时系统三相共存，体系的自由度 $f=0$，由于此时液相的组成为低共熔物的组成，在最低共熔混合物完全凝固以前系统温度保持不变，步冷曲线出现平台（3～4 段）。当熔融液完全凝固形成两种固态金属后，系统两相共存，体系的自由度 $f=1$，系统温度又继续下降（4～5 段）。

用热分析法测绘相图时，被测体系必须时时处于或接近相平衡状态，因此必须保证冷却速度足够慢才能得到较好的效果。此外，在冷却过程中，一个新的固相出现以前，常常发生过冷现象，轻微过冷则有利于测量相变温度；但严重过冷现象，却会使转折点发生起伏，使相变温度的确定产生困难，见图 4-64。遇此情况，可延长 dc 线与 ab 线相交，交点 e 即为转折点。

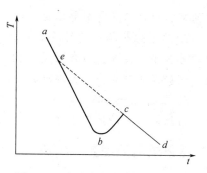

图 4-64　有过冷现象时的步冷曲线

【仪器试剂】

金属相图实验加热装置	1 台	保温炉（测量装置）	1 台
不锈钢套管	6 只	Sn(A. R.)	若干
记录仪	1 台	石蜡油	若干
Bi(A. R.)	若干	石墨粉	若干

【实验步骤】

1. 热电偶的制备

取 60cm 长的镍铬丝和镍硅丝各一段，将镍铬丝用小绝缘瓷管穿好，将其一端与镍硅丝的一端紧密地扭合在一起（扭合头为 0.5cm），将扭合头稍稍加热立即沾以硼砂粉，并用小火熔化，然后放在高温焰上小心烧结，直到扭头熔成一光滑的小珠，冷却后将硼砂玻璃层除去。

2. 样品配制

用感量 0.1g 的台秤分别称取纯 Sn、纯 Bi 各 50g，另配制含锡 20%、40%、60%、80% 的铋锡混合物各 50g，分别置于坩埚中，在样品上方各覆盖一层石墨粉。

3. 绘制步冷曲线

① 将热电偶及测量仪器如图 4-65 连接好。

② 将盛样品的坩埚放入加热炉内加热（控制炉温不超过 400℃）。待样品熔化后停止加热，用玻璃棒将样品搅拌均匀，并将石墨粉拨至样品表面，以防止样品氧化。

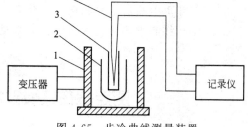

图 4-65　步冷曲线测量装置
1—加热炉；2—坩埚；
3—不锈钢套管；4—热电偶

③ 将坩埚移至保温炉中冷却，此时热电偶的尖端应置于样品中央，以便反映出体系的真实温度，同时开启记录仪绘制步冷曲线，直至水平线段以下为止。

④ 用上述方法绘制所有样品的步冷曲线。

⑤ 用小烧杯装一定的水，在电炉上加热，将热电偶插入水中绘制出水沸腾时的水平线。

【注意事项】

1. 用电炉加热样品时，注意温度要适当，温度过高样品易氧化变质；温度过低或加热时间不够则样品没有全部熔化，步冷曲线转折点测不出。

2. 热电偶热端应插到样品中心部位，在套管内注入少量的石蜡油，将热电偶浸入油中，以改善其导热情况。搅拌时要注意勿使热端离开样品；金属熔化后常使热电偶玻璃套管浮起，这些因素都会导致测温点变动，必须消除。

3. 在测定一样品时，可将另一待测样品放入加热炉内预热，以便节约时间。合金有两个转折点，必须待第二个转折点测完后方可停止实验；否则，须重新测定。

【数据记录与处理】

1. 实验数据记录于下表中。

Sn 的含量(质量分数)	0	20%	40%	60%	80%	100%
热力学温度/K						
摄氏温度/℃						

2. 用已知纯 Bi、纯 Sn 的熔点及水的沸点作横坐标，以纯物质步冷曲线中的平台温度为纵坐标，画出热电偶的工作曲线。

3. 根据表中数据作温度（T）-时间（t）的曲线，找出各步冷曲线中转折点和水平线段所对应的温度值。

4. 从热电偶的工作曲线上查出各转折点温度和水平线段所对应的温度，以温度为纵坐标，以物质组成为横坐标，绘制完成 Sn-Bi 金属两组分具有低共熔点的相图，并表示出各区域的相数、自由度和意义等。

思 考 题

1. 试用相律分析各步冷曲线上出现平台的原因。为什么在不同组分的熔融液的步冷曲线上，最低共熔点的水平线段长度不同？

2. 绘制相图还有哪些方法？

3. 是否可用加热法来作相图？为什么？

4. 为什么样品中严防进入杂质？如果进入杂质，则步冷曲线会出现什么情况？

实验15

测定萘在硫酸铵水溶液中的活度因子

【实验目的】

1. 了解和初步掌握紫外分光光度计的使用方法。
2. 了解紫外分光光度法测定萘在硫酸铵水溶液中活度因子的基本原理。
3. 用紫外分光光度计测定萘在硫酸铵水溶液中的活度因子，并求出极限盐效应常数。

【实验原理】

化合物分子内电子能级的跃迁发生在紫外及可见区的光谱称为电子光谱或紫外-可见光谱。通常紫外-可见分光光度计的测量范围在 $200\sim400nm$ 的紫外区及 $400\sim1000nm$ 的可见区及部分红外区。

许多有机物在紫外光区具有特征的吸收光谱，并对具有 π 电子及共轭双键的化合物特别灵敏，这些化合物在紫外光区具有强烈的吸收。

因萘的水溶液符合朗伯-比尔定律，可用三个不同波长（$\lambda = 267\text{nm}$，$\lambda = 275\text{nm}$，$\lambda = 283\text{nm}$）的光，以水作参比，测定不同相对浓度的萘水溶液的吸光度，以吸光度对萘的相对浓度作图，得到三条通过零点的直线。

$$A_0 = kc_0 l \tag{4-64}$$

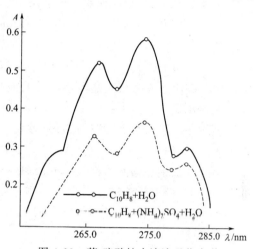

式中，A_0 为萘在纯水中的吸光度；c_0 为萘在纯水中的浓度；l 为溶液的厚度；k 为吸光系数。

对于萘的盐水溶液，用相同的波长进行测定，并绘制 A-λ 曲线，即可确定吸收峰位置（如图 4-66）。

从图 4-66 可以看出，萘在水中和盐水溶液中，都是在 $\lambda = 267\text{nm}$、275nm、283nm 处出现吸收峰，吸收光谱几乎相同。说明盐（硫酸铵）的存在并不影响萘的吸收光谱，萘在两种溶液中的吸光系数是一样的。则

$$A = kcl \tag{4-65}$$

图 4-66　萘-硫酸铵水溶液吸收光谱

式中，A 为萘在盐水溶液中的吸光度；c 为萘在盐水中的浓度。

把盐加入饱和的非电解质水溶液，非电解质的溶解度就会发生变化。如果盐的加入使非电解质的溶解度减小（增加非电解质的活度因子），这个现象叫盐析，反之叫盐溶。

早在 1889 年 Setschenon 就提出了盐效应经验公式：

$$\lg \frac{c_0}{c} = Kc_s \tag{4-66}$$

式中，K 为盐析常数；c_0 为盐的浓度，mol·dm^{-3}。如果 K 是正值，则 $c_0 > c$，这就是盐析作用；如果 K 是负值，则 $c_0 < c$，这就是盐溶作用。

当纯的非电解质和它的饱和溶液平衡时，无论是在纯水或盐溶液里，非电解质的化学势是相同的，由溶液中溶质化学势的表达式可以得出：

$$a = \gamma c = \gamma_0 c_0 \tag{4-67}$$

式中，γ、γ_0 为活度因子。

$$\lg \frac{\gamma}{\gamma_0} = \lg \frac{c_0}{c} = \lg \frac{A_0}{A} = Kc_s \tag{4-68}$$

通过测定萘水溶液的吸光度与萘盐水溶液的吸光度就可以求出活度因子。

本实验是在不同浓度的硫酸铵盐溶液中测定萘的活度因子，证实萘在水中的溶解度随硫酸铵浓度增加而下降的趋势，从而说明硫酸铵的加入对萘起盐析作用。

【仪器试剂】

| 紫外分光光度计 | 1 台 | 50cm^3 容量瓶 | 6 个 |

25cm³ 容量瓶	3个	25cm³ 锥形瓶	6个
25cm³ 移液管	1支	10cm³ 移液管	1支
萘（A.R.）	若干	硫酸铵（A.R.）	若干

【实验步骤】

1. 溶液配置

① 在 25℃下配制萘在纯水中饱和溶液 100cm³，取 3 个 25cm³ 容量瓶，分别配制 0.75、0.5、0.25 三个不同相对浓度（g·dm^{-3}或 mol·dm^{-3}）的萘水溶液。

② 取 6 个 50cm³ 容量瓶配制硫酸铵溶液 1.2mol·dm^{-3}、1.0mol·dm^{-3}、0.8mol·dm^{-3}、0.6mol·dm^{-3}、0.4mol·dm^{-3}、0.2mol·dm^{-3}，将每份溶液移出一半至 25cm³ 锥形瓶中，加入萘使之成为相应盐溶液浓度的饱和萘水盐溶液。

2. 光谱测定

① 用 5cm³ 饱和萘水溶液与 5cm³ 水混合，以水作为参比液，测定 $\lambda = 260\sim290$nm 萘的吸收光谱。

② 用 5cm³ 饱和萘水溶液与 5cm³（1mol·dm^{-3}）硫酸铵溶液混合，用 5cm³ 水加 5cm³（1mol·dm^{-3}）硫酸铵溶液为参比液，测定 $\lambda = 260\sim290$nm 萘的吸收光谱。

③ 以水作为参比液，分别用 $\lambda = 267$nm、275nm、283nm 的光测定不同相对浓度的萘水溶液的吸光度。

④ 用同浓度的硫酸铵水溶液作为参比液，在 $\lambda = 267$nm、275nm、283nm 波长处分别测定不同浓度的饱和萘-硫酸铵水溶液的吸光度。

【数据记录与处理】

1. 作出萘的吸收光谱图。

2. 根据所得不同浓度萘水溶液的吸光度值对萘溶液的相对浓度作图，得三条通过零点的直线，求出吸光系数 k。

3. 根据所得不同浓度的硫酸铵饱和萘溶液的吸光度计算出活度因子 γ 值（γ_0 作为 1），以 $\ln\gamma$ 对硫酸铵溶液的相应浓度作图，应呈直线关系。

4. 从图上求出极限盐效应常数。

【注意事项】

1. 本实验所用萘和硫酸铵纯度要求较高，可以通过重结晶处理来提高试剂纯度，满足实验需要。

2. 萘易升华，称量时注意要用称量瓶称量固体萘。

3. 萘水饱和溶液和萘的盐水饱和溶液的饱和度一定要充分，可以通过振荡器使其充分饱和。

思 考 题

1. 本实验中把萘在纯水中的饱和溶液的活度因子假设为 1，试讨论其可行性。

2. 如果用 $\lambda = 267$nm、275nm、283nm 的光测定萘在乙醇溶液中的含量是否可行？

3. 通过本实验是否可测定其他非电解质在盐水溶液中的活度系数？

4. 为什么要测定 $\lambda = 260 \sim 290nm$ 的萘水溶液及萘盐水溶液的吸收光谱？

5. 影响本实验的因素有哪些？

实验16 固-液吸附法测定比表面积

【实验目的】

1. 了解朗格缪尔（Langmuir）单分子层吸附理论和溶液吸附法测定比表面积的基本原理。

2. 掌握溶液吸附法测定活性炭比表面积的测定方法。

3. 学习并掌握振荡器、离心机以及分光光度计的使用方法。

【实验原理】

比表面积是指单位质量（或单位体积）的物质所具有的表面积，分外表面积、内表面积两类，国标单位为 $m^2 \cdot g^{-1}$，是粉末及多孔性物质的一个重要特性参数。比表面积是评价催化剂、吸附剂及其他多孔物质如石棉、矿棉、硅藻土及黏土类矿物工业利用的重要指标之一，它在催化、色谱、环保、纺织等许多生产和科研部门有着广泛应用，其数值与分散粒子大小和内部孔隙发达程度有关。

测定固体比表面积的方法很多，常用的有 BET 低温吸附法、电子显微镜法和气相色谱法，但它们都需要复杂的仪器装置或较长的实验时间。而溶液吸附法则仪器简单，操作方便。本实验用亚甲基蓝水溶液吸附法测定活性炭的比表面积。此方法虽然误差较大，但比较实用。

活性炭对亚甲基蓝的吸附，在一定程度范围内是单分子层吸附，符合朗格缪尔（Langmuir）吸附等温式。根据朗格缪尔单分子层吸附理论，当亚甲基蓝与活性炭达到吸附饱和后，吸附与脱附处于动态平衡，这时亚甲基蓝分子铺满整个活性炭粒子表面而不留下空位。此时吸附剂活性炭的比表面积可按下式计算：

$$S_0 = \frac{(c_0 - c)G}{m} \times 2.45 \times 10^6 \tag{4-69}$$

式中，S_0 为比表面积，$m^2 \cdot kg^{-1}$；c_0 为原始溶液的浓度；c 为平衡溶液的浓度；G 为溶液的加入量，kg；m 为吸附剂试样质量，kg；2.45×10^6 是 1kg 亚甲基蓝可覆盖活性炭样品的面积，$m^2 \cdot kg^{-1}$。

本实验溶液浓度的测定是借助于分光光度计来完成的，根据朗伯-比尔定律，当入射光为一定波长的单色光时，某溶液的吸光度与溶液中有色物质的浓度及光线穿过溶液的厚度成正比，即：

$$A = kcl \tag{4-70}$$

式中，A 为吸光度；k 为吸光系数；c 为溶液浓度；l 为液层厚度。

实验首先测定一系列已知浓度的亚甲基蓝溶液的吸光度，绘出 A-c 工作曲线，然后测定亚甲基蓝溶液及平衡溶液的吸光度，再在 A-c 曲线上查得对应的浓度值，代入（4-69）式计算比表面积。亚甲基蓝具有以下矩形平面结构：

$$\left[\text{H}_3\text{C} \diagdown \diagup \text{N} \diagup \diagdown \diagup \diagdown \text{N} \diagup \diagdown \diagup \text{N}^+ \diagup \text{CH}_3 \right] \text{Cl} \cdot 3\text{H}_2\text{O}$$

其摩尔质量为 373.9g·mol⁻¹。

【仪器试剂】

分光光度计	1 台	振荡器	1 台
分析天平	1 台	离心机	1 台
100cm³ 三角瓶	3 个	500cm³ 容量瓶	4 个
100cm³ 容量瓶	5 个	颗粒活性炭	若干
2.00g·dm⁻³ 亚甲基蓝原始溶液	若干	0.10g·dm⁻³ 亚甲基蓝标准溶液	若干

【实验步骤】

1. 活化样品

将活性炭置于瓷坩埚中，再将瓷坩埚放入马弗炉中 500℃ 活化 1h（或在真空干燥箱中 300℃ 活化 1h），然后冷却并置于干燥器中备用。

2. 溶液吸附

取 100cm³ 三角瓶 2 个，各放入准确称量过的已活化的活性炭约 0.1g，再加入 40g 浓度为 2g·dm⁻³ 左右的亚甲基蓝原始溶液，塞上橡皮塞，然后放在振荡器上振荡 3h。

3. 配制亚甲基蓝标准溶液

用移液管分别量取 4.00cm³、6.00cm³、8.00cm³、10.00cm³、12.00cm³ 浓度为 0.10g·dm⁻³ 的标准亚甲基蓝溶液于 100cm³ 容量瓶中，用蒸馏水稀释至刻度，即得浓度分别为 4mg·dm⁻³、6mg·dm⁻³、8mg·dm⁻³、10mg·dm⁻³、12mg·dm⁻³ 的标准溶液。

4. 原始溶液的稀释

为了准确测定原始溶液的浓度，用移液管量取浓度为 2.00g·dm⁻³ 的原始溶液 2.5cm³ 放入 500cm³ 容量瓶中，稀释至刻度。

5. 平衡液处理

样品振荡 3h 后，取平衡溶液 5cm³ 放入离心管中，用离心机旋转 10min，得到澄清的上层溶液。取 2.50cm³ 澄清液放入 500cm³ 容量瓶中，并用蒸馏水稀释至刻度。

6. 选择工作波长

用 6mg·dm⁻³ 的标准溶液和 0.5cm 的比色皿，以蒸馏水为空白液，在 500～700nm 范围内测量吸光度，以最大吸收时的波长作为工作波长。

7. 测量吸光度

在工作波长下，依次分别测定 4mg·dm⁻³、6mg·dm⁻³、8mg·dm⁻³、10mg·dm⁻³、12mg·dm⁻³ 的标准溶液的吸光度，以及稀释后的原始溶液及平衡溶液的吸光度。

【注意事项】

1. 标准溶液的浓度要准确配制。
2. 活性炭颗粒要均匀并干燥，且三份质量应尽量接近。
3. 振荡时间要充足，以达到吸附饱和，一般不应小于 3h。

【数据记录与处理】

1. 把实验数据填入下表。

溶液/mg·dm^{-3}	4	6	8	10	12	原始液	平衡液
吸光度 A							

2. 作 A-c 工作曲线。

3. 求亚甲基蓝原始溶液的浓度 c_0 和平衡溶液的浓度 c。从 A-c 工作曲线上查得原始液和平衡液的吸光度对应的浓度，然后乘以稀释倍数 200，即得 c_0 和 c。

4. 计算比表面积，求平均值。

思　考　题

1. 比表面积的测定与温度、吸附质的浓度、吸附剂颗粒、吸附时间等有什么关系？

2. 用分光光度计测定亚甲基蓝水溶液的浓度时，为什么还要将溶液再稀释到 mg·dm^{-3} 级浓度才进行测量？

3. 固体在稀溶液中对溶质分子的吸附与固体在气相中对气体分子的吸附有何共同点和区别？

4. 溶液被吸附时，如何判断其达到平衡？

实验17　色谱法测定固体比表面积

【实验目的】

1. 学会用色谱法测定固体比表面积。

2. 掌握流动吸附色谱法测定固体比表面积的基本原理和方法。

3. 用 BET 方程计算固体样品的比表面积。

【实验原理】

在多孔吸附剂和催化剂的理论研究和制备中，比表面积是一个重要的参数。

因色谱峰形及保留指数与吸附剂、吸附质的性质和结构有密切关系，故可用色谱法来研究吸附剂和催化剂的表面性质和结构性质，比如比表面积、孔径分布、有效扩散系数和吸附热等。

色谱法测定比表面积的方法很多，其共同特点是操作及计算简便、迅速，且能自动记录。其中最常用的有以下两种方法。

1. 保留体积法

此法不需利用 BET 公式，可由单位吸附剂表面的绝对保留体积直接求出比表面积。

2. 由色谱图求出吸附等温线，再用 BET 公式计算比表面积

具体方法有迎头法或冲洗法（测定吸附等温线）及连续流动法（也称热脱附法）。

上述方法中，以连续流动法应用最广，测量比表面积的范围为 $0.01 \sim 1000 \text{m}^2 \cdot \text{g}^{-1}$。理论上不要求做任何假定，其结果准确度高。流动吸附色谱法测比表面积，以 BET 理论作为基础。利用下列公式：

$$\frac{p/p_0}{V_a(1-p/p_0)} = \frac{1}{V_m C} + \frac{C-1}{V_m C} \times \frac{p}{p_0} \tag{4-71}$$

求出 V_m，再应用下式求得样品的比表面积：

$$S = (V_m N_A \sigma / m) \times 22400 \qquad (4\text{-}72)$$

以上两式中，p 为 N_2 的分压；p_0 为液氮温度下 N_2 的饱和蒸气压；V_a 为平衡吸附体积；V_m 为吸附剂上吸附满单层分子所需的气体体积；C 为与吸附热、凝聚热、温度有关的常数；m 为样品的质量，g；N_A 为阿伏伽德罗常数；σ 为 N_2 分子的截面积。

流动吸附色谱法，是用惰性气体 He 或 H_2 作为载气，N_2 作为吸附质，其原理如图 4-67 所示。

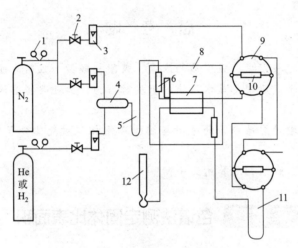

图 4-67　色谱法测比表面积流程图
1—减压阀；2—稳压阀；3—流量计；
4—混合器；5—冷阱；6—恒温管；7—热导池；8—油箱；
9—六通阀；10—定体积管；11—样品吸附管；12—皂膜流量计

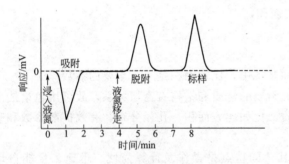

图 4-68　氮气的吸附、脱附和标样峰

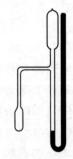

图 4-69　氧蒸气压温度计

一定流速的载气和氮气在混合器混合后，依次通过液态氮冷阱、热导池参考臂、平面六通阀、样品管、热导池测量臂，最后经过皂膜流量计放空。另一路氮气用于校准，流经两个平面六通阀后放空。

两种气体以一定的比例混合通过样品管，在室温下，载气和 N_2 不被样品所吸附，热导池桥路处于平衡状态，记录仪基线为一直线。当样品管放入液氮中，N_2 发生物理吸附，而作为载气的惰性气体 He（或 H_2）则不被吸附。此时热导池桥路失去平衡，记录仪上出现一个氮吸附峰，见图 4-68。取走液氮后，吸附的 N_2 就从样品中脱附出来，这样记录器上又出现一个与吸附峰方向相反的脱附峰。最后转动六通阀，在混合气体中注入已知体积的纯 N_2，又可得到一个与吸附峰方向相反的标样峰。根据标样峰和脱附峰的面积，即可算出在此分压下样品的吸附量。改变 N_2 和载气的混合比例，就可测出几个不同 N_2 分压下的吸附量，然后应用 BET 公式，即可算出比表面积。

【仪器试剂】

BC-1 型比表面测定仪	1 台	氮气钢瓶	1 个
氢气（氦气）钢瓶	1 个	氧蒸气压温度计（图 4-69）	1 支
加热炉	1 台	皂膜流量计	1 支
分子筛	若干		

【实验步骤】

1. 准确称取经 110℃ 烘干的样品 m（g）放于样品管中，连接到仪器样品管接头上，将放有液氮的保温杯套在冷阱上（在侧门内），六通阀均转到测试位置，用加热炉将样品管加热到 200℃，用 H_2 吹扫 1h，停止加热，冷却至室温。

2. 调节载气流量约为 40cm^3·min^{-1}，待流量稳定后，用皂膜流量计准确测定其流量（cm^3·min^{-1}），以后在测量过程中载气流量保持不变。

3. 调节 N_2 流量（约为 5cm^3·min^{-1}），待流量稳定且两种气体混合均匀后，用皂膜流量计准确测定混合气体总流量 R_r，由此可求出 N_2 的分流量 R_{N_2}：

$$R_{N_2} = R_r - R_{H_2}$$

以及 N_2 的分压 p：

$$p = p_B (R_{N_2}/R_r)$$

式中，p_B 为大气压。

4. 仪器接通电源（一定要在样品管通气后才能接通电源），调节"电流调节"电位器，将电流调到 100mA，电压为 20V。逆时针转动记录器调零旋钮，转到尽头，衰减比放在 1/16 处，调节"精""细"调节旋钮，使记录器指针处于零位，即调节电桥输出为零，最后再调"记录器调零"旋钮（此时记录器指针可从零调到最大即为正常）。

5. 如条件不变，可采用 1/8（或 1/4）衰减比，待记录器基线确实走稳后，将液氮保温杯套到样品管上，片刻后就在记录纸上出现吸附峰。

6. 记录器回到原来基线后，将液氮保温杯移走，在记录纸上将出现一个与吸附峰方向相反的脱附峰，并计算出峰面积（峰高×半峰宽）。

7. 脱附完毕，记录器基线回到原来位置后，将 10cm^3 六通阀转至标定位置（在测量过程中，六通阀始终在测量位置），在记录纸上记下标样峰，并计算出峰面积。

8. 将液氮保温杯套到氧蒸气压温度计的小玻璃球上，记下两边水银面的高度差，再查氮及氧在 77～84K 温度范围内的饱和蒸气压数据表（见表 4-9），求出氮饱和蒸气压 p_0。

9. 以上完成的是一个 N_2 平衡压力下吸附量的测定，改变 N_2 的流量（每次较前次增加 3cm^3·min^{-1}），按步骤⑤、⑥、⑦和⑧重复操作 3 次，即完成一个样品的测量工作。

10. 记录实验时的大气压及室温。

【注意事项】

1. 在整个测量过程中保持载气流量恒定。

2. 在改变 N_2 流量进行测量时，相对压力 p/p_0 不能超过 $0.05\sim0.35$。

3. 实验样品必须经干燥后再装入仪器，否则会使水蒸气聚集在热导池附近而影响测定。

【数据记录与处理】

1. 从皂膜流量计测量的数据，计算出 R_{N_2}、R_r，并求出 R_{N_2} 及其分压 p 值。

2. 从色谱图上分别求出在氮的各分压下相应的吸附量 $V'=\dfrac{A}{A_\text{标}}\times1.06$，再换算成标准状况下的 $V_a=V'\times\dfrac{273p_B}{760T}$（式中，$A$ 为脱附峰面积；$A_\text{标}$ 为标样峰面积；1.06 为六通阀体积，cm^3；T 为室温，K；p_B 为大气压）。

3. 由氧蒸气压温度计读出的 p_{O_2}，查表变换成 p_0（在液氮温度下，N_2 的饱和蒸气压）。

4. 以 $\dfrac{p/p_0}{\left[V_a\left(1-p/p_0\right)\right]}$ 对 p/p_0 作图，求出直线斜率和截距，从中可得出 V_m。

5. 将 V_m 代入式(4-72)，求出比表面积 S。

思 考 题

1. 分析本实验的误差来源。如何提高实验的精度？

2. 在实验中为什么控制 p/p_0 在 $0.05\sim0.35$？

$77\sim84K$ 时氧和氮的饱和蒸气压见表4-9。

表 4-9　$77\sim84K$ 时氧和氮的饱和蒸气压

温度/K		.0	.1	.2	.3	.4	.5	.6	.7	.8	.9
77	N_2	97218.402	98378.304	99538.205	100711.434	101898.005	103097.903	104297.801	105524.363	106737.593	107977.488
	O_2	19728.990	20024.964	20304.941	20592.916	20898.224	21204.864	21514.171	21846.143	22164.783	22490.088
78	N_2	109230.715	110497.274	111777.165	113043.724	114336.947	115656.835	116963.391	118283.278	119603.166	120949.718
	O_2	22818.060	23154.032	23475.338	23797.977	24151.280	24495.251	24855.220	25201.858	25551.161	25912.464
79	N_2	122309.603	123696.152	125109.365	126469.249	127992.462	129295.676	130735.553	132162.099	133615.308	135081.850
	O_2	26277.766	26644.402	27020.370	27391.005	27773.639	28170.939	28546.907	28940.207	29337.506	29740.139
80	N_2	136561.725	138041.599	139548.137	141081.340	142574.547	144094.418	145667.617	147227.485	148800.648	150373.884
	O_2	30146.771	30557.402	30973.367	31393.331	31817.295	32245.259	32679.889	33118.518	33563.814	34009.109
81	N_2	151973.748	153586.944	155200.140	156826.669	158493.194	160146.386	161679.589	163506.101	163866.070	166905.812
	O_2	34461.071	34918.365	35380.992	35847.619	36320.912	36796.872	37279.498	37770.123	38254.081	38752.706
82	N_2	168638.998	170372.184	172118.702	173825.224	175651.735	177438.250	179251.429	181051.276	182877.787	184730.963
	O_2	39255.330	39761.953	40272.577	40793.866	41312.488	41841.776	42375.064	42913.639	43457.639	44005.593
83	N_2	186570.807	188450.647	190330.487	192223.660	194130.164	196063.333	197996.502	199943.003	201902.837	203876.002
	O_2	44560.212	45122.831	45688.116	46256.068	46836.019	47419.969	48007.919	48602.535	49201.151	49807.776
84	N_2	205875.823	207875.662	209902.157	211928.651	213981.810	616034.969	218114.792	220207.947	222301.103	224420.923
	O_2	50419.714	51035.995	51664.941	52290.222	52926.168	53567.446	54215.391	54868.669	55526.280	56195.223

黏度法测定高聚物的摩尔质量

【实验目的】

1. 了解黏度法测定高聚物摩尔质量的基本原理和方法。
2. 掌握用乌氏（Ubbelohde）黏度计测定高聚物溶液黏度的原理和方法。
3. 测定聚乙烯醇的平均摩尔质量。

【实验原理】

高聚物的摩尔质量对其性能有很大影响，通过对摩尔质量的测定可了解高聚物的性能，并控制聚合条件以获得优良产品。高聚物是由单体分子经加聚或缩聚过程得到的。在高聚物中，由于聚合度的不同，每个高聚物分子的大小并非都相同，致使高聚物的分子质量大小不一，参差不齐，且没有一个确定的值。因此，高聚物的摩尔质量是一个统计平均值。高聚物摩尔质量不仅反映了高聚物分子的大小，而且直接关系到它的物理性能，是一个重要的基本参数。

测定高聚物摩尔质量的方法很多，例如渗透压、光散射及超离心沉降平衡等方法。但是不同方法所得平均摩尔质量也有所不同，比较起来，黏度法设备简单，操作方便，并有很好的实验精度，是常用的方法之一。用此法求得的摩尔质量称为黏均摩尔质量。

黏度是液体流动时内摩擦力大小的反映。高聚物溶液的特点是黏度特别大，原因在于其分子链长度远大于溶剂分子，加上溶剂化作用，使其在流动时受到较大的内摩擦力。黏性液体在流动过程中所受阻力的大小可用黏度系数（简称黏度）来表示。纯溶剂黏度反映了溶剂分子间的内摩擦力，高聚物溶液的黏度则是高聚物分子间的内摩擦力、高聚物分子与溶剂分子间的内摩擦力及溶剂分子间内摩擦力三者之和。在相同温度下，通常高聚物溶液的黏度 η 大于纯溶剂黏度 η_0，即：$\eta > \eta_0$。为了比较这两种黏度，引入增比黏度的概念，以 η_{sp} 表示：

$$\eta_{sp} = \frac{\eta - \eta_0}{\eta_0} = \eta_r - 1 \tag{4-73}$$

式中，η_r 称为相对黏度，定义为溶液黏度与纯溶剂黏度的比值，即

$$\eta_r = \frac{\eta}{\eta_0} \tag{4-74}$$

η_r 反映的也是黏度行为，而 η_{sp} 则表示已扣除了溶剂分子间的内摩擦效应。

高聚物的增比黏度 η_{sp} 往往随溶液浓度 c 的增加而增加。为了便于比较，将单位浓度所显示的增比黏度 η_{sp}/c 称为比浓黏度，而 $\ln\eta_r/c$ 称为比浓对数黏度。当溶液无限稀释时，高聚物分子彼此相隔甚远，它们之间的相互作用可以忽略，此时有关系式：

$$\lim_{c \to 0} \frac{\eta_{sp}}{c} = \lim_{c \to 0} \frac{\ln\eta_r}{c} = [\eta] \tag{4-75}$$

式中，$[\eta]$ 称为特性黏度，它反映的是高分子与溶剂分子之间的内摩擦，其数值取决于溶剂的性质以及高聚物分子的大小和形态。由于 η_r 和 η_{sp} 均是无因次量，所以 $[\eta]$ 的单位是浓度 c 单位的倒数。

在足够稀的高聚物溶液里，η_{sp}/c 与 c、$(\ln\eta_r)/c$ 与 c 之间分别符合下述经验关系式：

哈金斯（Huggins）方程：
$$\frac{\eta_{sp}}{c}=[\eta]+k'[\eta]^2 c \tag{4-76}$$

克拉默（Kraemer）方程：
$$\frac{\ln\eta_r}{c}=[\eta]+\beta[\eta]^2 c \tag{4-77}$$

式中，k' 和 β 分别称为 Huggins 和 Kraemer 常数。其中 k' 表示溶液中聚合物之间和聚合物与溶剂分子之间的相互作用，k' 值一般说来对摩尔质量并不敏感。这是两个直线方程，通过 η_{sp}/c 对 c、$(\ln\eta_r)/c$ 对 c 作图，外推至 $c\to0$ 时所得的截距即为 $[\eta]$。显然，对于同一高聚物，由上面两个线性方程作图外推所得截距应交于同一点，如图 4-70 所示。

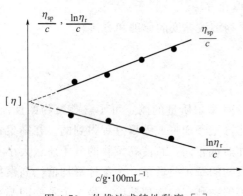

图 4-70　外推法求特性黏度 $[\eta]$

在一定温度和溶剂条件下，特性黏度 $[\eta]$ 和高聚物摩尔质量 $\overline{M}$ 之间的关系通常用 Mark-Houwink 经验方程式来表示：

$$[\eta]=K\overline{M}^\alpha \tag{4-78}$$

式中，$\overline{M}$ 是黏均摩尔质量；K 和 α 是与温度、高聚物及溶剂性质有关的常数。K 值对温度较为敏感，α 值主要取决于高聚物分子链在某温度下，某些溶剂中的舒展程度，其数值介于 0.5～1 之间。K 和 α 的数值可通过其他绝对方法确定，例如渗透压法、光散射法等，由黏度法只能测定 $[\eta]$。

可以看出，高聚物摩尔质量的测定最后归结为溶液特性黏度 $[\eta]$ 的测定。液体黏度的测定方法有三类：落球法、转筒法和毛细管法。前两种适用于高、中黏度的测定，毛细管法适用于较低黏度的测定。本实验采用毛细管法，用乌氏黏度计（如图 4-71 所示）进行测定，通过测定一定体积的液体流经一定长度和半径的毛细管所需时间而获得。当液体在重力作用下流经毛细管时，遵守泊肃叶（Poiseuille）定律：

$$\frac{\eta}{\rho}=\frac{\pi h g r^4 t}{8VL}-m\frac{V}{8\pi L t} \tag{4-79}$$

式中，η 为液体的黏度；ρ 为液体的密度；t 是体积为 V 的液体流经毛细管的时间；L 为毛细管的长度；r 为毛细管半径；h 为流过毛细管液体的平均液柱高度；V 为流经毛细管的液体体积；m 为毛细管末端校正的参数（一般在 $r/L\ll1$ 时，可以取 $m=1$）。

用同一支黏度计在相同条件下测定两种液体的黏度时，它们的黏度之比就等于密度与流出时间的乘积之比：

$$\frac{\eta_1}{\eta_2}=\frac{\rho_1 t_1}{\rho_2 t_2} \tag{4-80}$$

如果用已知黏度为 η_1 的液体作为参考液体，则待测液体的黏度 η_2 可通过上式求得。

在测定溶液和溶剂的相对黏度时，如果是稀溶液（$c<10\text{kg}\cdot\text{m}^{-3}$），溶液的密度与溶剂的密度可近似地看作相同，则相对黏度可以表示为：

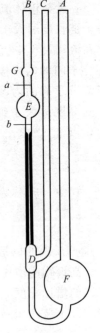

图 4-71　乌氏黏度计

$$\eta_r = \frac{\eta}{\eta_0} = \frac{t}{t_0} \qquad (4\text{-}81)$$

式中，η、η_0 为溶液和纯溶剂的黏度；t 和 t_0 分别为溶液和纯溶剂的流出时间。

实验中，只要测出不同浓度下高聚物的相对黏度，即可求得 η_{sp}、η_{sp}/c 和 $\ln\eta_r/c$。作 $\eta_{sp}/c\text{-}c$、$\ln\eta_r/c\text{-}c$ 关系图，外推至 $c \to 0$ 时即可得 $[\eta]$，在已知 K、α 值条件下，可由（4-78）式计算出高聚物的摩尔质量。

【仪器试剂】

恒温槽	1套	乌氏黏度计	1支
分析天平	1台	秒表	1块
$5cm^3$ 移液管	1支	$10cm^3$ 移液管	2支
$50cm^3$ 容量瓶	1个	洗耳球	1个
$50cm^3$ 烧杯	1个	3号玻璃砂芯漏斗	1个
电吹风	1个	橡皮夹	2个
橡皮管	若干	吊锤	1个
聚乙烯醇（A. R.）	若干	无水乙醇（A. R.）	若干

【实验步骤】

1. 聚乙烯醇溶液的配制

用分析天平准确称取聚乙烯醇 1g 于烧杯中，加 $30cm^3$ 去离子水，加热至 40℃ 使其溶解，冷至室温后，将溶液转移至 $50cm^3$ 容量瓶中，加蒸馏水稀释至刻度，并摇匀，其浓度记为 c_1。

2. 洗涤黏度计

本实验采用乌氏黏度计，如图 4-71 所示。先将经玻璃砂芯漏斗过滤的热洗液倒入黏度计内浸泡，再用自来水、去离子水冲洗。对经常使用的黏度计需用去离子水浸泡，除去黏度计中残余的聚合物，黏度计的毛细管要反复用水冲洗。最后，加少量无水乙醇溶解管内水滴，将乙醇倒入指定试剂瓶中，用电吹风的热风吹黏度计 F、D 球，造成热气流，烘干黏度计。

3. 调节恒温槽温度

恒定温度在 (25.0 ± 0.1)℃，将黏度计垂直置于恒温槽中，使水浴的水面完全浸没 G 球，并用吊锤检查是否垂直。

4. 测定溶液的流出时间 t

移取 $10cm^3$ 已配置好的聚乙烯醇溶液，由 C 管注入黏度计内，恒温 $15min$ 后，封闭 B 管，用洗耳球由 A 管吸溶液使其上升至 G 球的 2/3 处，同时松开 A、B 管。G 球内液体在重力作用下流经毛细管，当液面恰好到达刻度线 a 时，立即按下秒表，开始计时，待液面下降到刻度线 b 时再按下秒表，记录溶液流经毛细管的时间。重复测定三次，每次测得的时间差不大于 0.3s，取其平均值，即为溶液的流出时间 t_1。

然后依次由 C 管用移液管加入 $2cm^3$、$3cm^3$、$5cm^3$、$10cm^3$ 蒸馏水，将溶液稀释，使溶液浓度分别为 c_2、c_3、c_4、c_5，用同样方法测定每份溶液流经毛细管的时间 t_2、t_3、t_4、t_5。应注意每次加入蒸馏水后，要充分混合均匀，并抽洗黏度计的 E 球和 G 球，使黏度计内各处溶液的浓度相等。

5. 测定溶剂的流出时间 t_0。

用蒸馏水洗涤黏度计，尤其要反复洗涤黏度计的毛细管部分，然后由 C 管加入约 $15cm^3$ 的蒸馏水，用同样的方法测定溶剂流出的时间 t_0。

【注意事项】

1. 黏度计必须洁净，如毛细管壁上挂有水珠，需用洗液浸泡。
2. 实验结束后一定要按要求清洗黏度计，否则将影响下组实验的进行。
3. 本实验中溶液的稀释是直接在黏度计中进行的，因此每加入一次蒸馏水，溶液要充分混合，并抽洗黏度计的 E 球和 G 球，使黏度计各处的浓度相等。
4. 黏度计要垂直放置，实验过程中不要使其振动和拉动，否则影响实验结果。
5. 由于作图外推直线的截距时可能离原点较远，可用计算机作图并拟合出直线方程，这样求的截距较为准确。

【数据记录与处理】

1. 将所测实验数据及结果填入下表中。

室温：_____ 大气压：_____ 恒温槽温度：_____ 原溶液浓度：_____ $g \cdot (100cm^3)^{-1}$

序号	0	1	2	3	4	5
t/s	t_0	t_1	t_2	t_3	t_4	t_5
$c/g \cdot cm^{-3}$						
η_r						
$\ln\eta_r$						
η_{sp}						
η_{sp}/c						
$\ln\eta_r/c$						

注：t 为实验中所测的平均流动时间。

2. 以 η_{sp}/c 和 $\ln\eta_r/c$ 对浓度 c 作图得两直线，外推至 $c \rightarrow 0$，求出 $[\eta]$。
3. 计算出聚乙烯醇的黏均摩尔质量 $\overline{M}$。

思 考 题

1. 与奥氏黏度计相比，乌氏黏度计有何优点？本实验能否用奥氏黏度计？
2. 乌氏黏度计中支管 C 有何作用？除去支管 C 是否可测定黏度？
3. 乌氏黏度计的毛细管太粗或太细有什么缺点？
4. 为什么用 $[\eta]$ 来求算高聚物的摩尔质量？它和纯溶剂黏度有无区别？
5. 分析 η_{sp}/c-c 及 $\ln\eta_r/c$-c 作图缺乏线性关系的原因？

【讨论】

1. 高聚物分子链在溶液中所表现的一些行为会影响 $[\eta]$ 的测定
① 聚电解质行为，即某些高聚物链的侧基可以解离，解离后的高聚物链有相互排斥作

用，随 c 的减小，η_{sp}/c 却反常增大。通常可以加入少量分子电解质作为抑制剂，利用同离子效应加以抑制。

② 某些高聚物在溶液中会发生降解，会使 $[\eta]$ 和 $\overline{M}$ 结果偏低，可加入少量抗氧剂加以抑制。

2. 以 $\eta_{sp}/c\text{-}c$ 及 $\ln\eta_r/c\text{-}c$ 作图缺乏线性关系的影响因素

① 温度的波动　一般而言，对于不同的溶剂和高聚物，温度的波动对黏度的影响不同。溶液黏度与温度的关系可以用 Andraole 方程 $\eta = A\mathrm{e}^{B/RT}$ 表示，式中，A 与 B 对于给定的高聚物和溶剂是常数；R 是摩尔气体常数。因此，要求恒温槽具有很好的控温精度。

② 溶液的浓度　随着浓度增加，高聚物分子链之间的距离逐渐缩短，因而分子间作用力增大，当超过一定浓度限度时，高聚物溶液的 $\eta_{sp}/c\text{-}c$ 及 $\ln\eta_r/c\text{-}c$ 的关系不呈线性。通常选用 $\eta_r = 1.2\sim2.0$ 的浓度范围。

③ 测定过程中因毛细管垂直度发生改变以及微粒杂质局部堵塞毛细管而影响流经时间。

3. 测定过程中异常现象的近似处理

在严格操作的情况下，有时会出现图 4-72 所示的反常现象，目前不能清楚地解释原因，只能作一些近似处理。式(4-76) 物理意义明确，其中 k' 和 η_{sp}/c 值与高聚物结构（如高聚物的多分散性及高聚物链的支化等）和形态有关；式(4-77) 则基本上是数学运算式，含义不太明确。因此，图中的异常现象就应该以 $\eta_{sp}/c\text{-}c$ 的关系为基准来求得高聚物溶液的特性黏度 $[\eta]$。

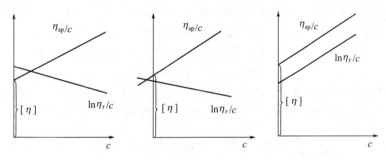

图 4-72　黏度测定中的异常现象示意图

实验19　偶极矩的测定

【实验目的】

1. 掌握溶液法测定偶极矩的原理和方法。
2. 熟悉小电容仪、折光仪和比重瓶的使用。
3. 测定正丁醇的偶极矩，了解偶极矩与分子电性质的关系。

【实验原理】

1. 基本概念和理论

（1）偶极矩和极化度

分子可以近似地看成由带负电的电子和带正电的原子核构成。由于其空间构型不同，其分子结构中电子云分布造成正负电荷中心可能重合，也可能不重合，分别称为极性分子和非极性分子。

德拜提出以偶极矩 μ 来衡量分子极性的大小，如图 4-73 所示。

图 4-73 电偶极矩示意图   图 4-74 极性分子在电场作用下的定向移动

偶极矩的大小为正负电荷所带电荷量与正负电荷中心距离的乘积，即：

$$\mu = q \cdot d \tag{4-82}$$

它的大小反映了分子结构中电子云的分布和分子对称性等情况，还可以用它来判断几何异构体和分子的立体结构。如反式结构的对称性比顺式结构的对称性大，偶极矩就比较小。μ 是一个向量，其方向规定为从正到负。

极性分子具有永久偶极矩。但由于分子热运动，偶极矩指向各个方向的机会相同，所以偶极矩的统计值等于零。若将极性分子置于均匀的电场中，则偶极矩在电场的作用下如图 4-74 所示趋向电场方向排列，分子被极化，极化的程度可用摩尔转向极化度 $P_{转向}$ 来衡量。

由统计力学方法可以证明 $P_{转向}$ 与永久偶极矩 μ 和绝对温度 T 间的关系为：

$$P_{转向} = \frac{4}{3} \pi L \frac{\mu^2}{3kT} = \frac{4}{9} \pi L \frac{\mu^2}{kT} \tag{4-83}$$

式中，k 为玻尔兹曼常数；L 为阿伏伽德罗常数。

在外电场作用下，不论永久偶极矩为零或不为零的分子都会发生电子云对分子骨架的相对移动，分子骨架也会因电场分布不均衡发生变形，即发生诱导极化或变形极化，可用摩尔变形极化度 $P_{变形}$ 来衡量，$P_{变形}$ 由电子极化度 $P_{电子}$ 和原子极化度 $P_{原子}$ 组成。

$$P_{变形} = P_{电子} + P_{原子}$$

$P_{变形}$ 与外加电场强度成正比，与温度无关。物质宏观介电性质和分子微观极化性质间的关系可用克劳修斯-莫索第-得拜（Clausius-Mosotti-Debye）公式表示：

$$\frac{\varepsilon - 1}{\varepsilon + 2} \times \frac{M}{\rho} = P = P_{转向} + P_{变形} = P_{转向} + P_{电子} + P_{原子}$$

$$= \frac{4}{9} \pi L \frac{\mu^2}{kT} + P_{电子} + P_{原子} \tag{4-84}$$

式中，ε 为介电常数；ρ 为密度；M 为摩尔质量；P 为摩尔极化度。

该式适用于完全无序和稀释体系（互相排斥的距离远大于分子本身大小的体系），即温度不太低的气相体系或极性液体在非极性溶剂中的稀溶液体系。

（2）摩尔折射度 R

如果外电场是交变场，极性分子的极化情况则与交变场频率有关。当处于频率小于 $10^9 \sim 10^{10}$ Hz 的低频电场或静电场中时，极化分子所产生的摩尔极化度 P 确实是转向极化、电子极化和原子极化的总和。当频率增加到 $10^{12} \sim 10^{14}$ Hz 的中频（红外频率）时，电场的交变周期小于分子偶极值得松弛时间，极性分子的转向运动跟不上电场的变化，即极性分子来不及沿电场定向，故 $P_{转向} = 0$。此时，摩尔极化度等于摩尔变形极化度 $P_{变形}$。当交变电场的频率进一步增加到大于 10^{15} Hz 的高频（可见光和紫外频率）时，极性分子的转向运动和分子骨架变形都跟不上电场的变化，此时极性分子的摩尔极化度只等于电子极化度 $P_{电子}$。

由 maxwell 电磁理论可得，物质介电常数 ε 与折射率的关系为：

$$\varepsilon(\nu) = n^2(\nu) \tag{4-85}$$

当用可见光或紫外线测定物质折射率时，因为使用高频电场，故

$$R = P_{电子} = \frac{n^2-1}{n^2+2} \times \frac{M}{\rho} \tag{4-86}$$

式中，R 为摩尔折射度；n 为折射率。

（3）稀溶液中的德拜（Debye）公式

极性溶质置于非极性溶剂的无限稀释溶液中时，溶质分子所处的状态和气相相似，由此提出的溶液法在实际测量中得到了广泛应用。对于非极性溶剂的稀溶液体系，应同时考虑溶剂和溶质对体系摩尔极化度的贡献。Debye 首先提出了稀溶液中摩尔极化度公式：

$$P_{12} = \frac{\varepsilon_{12}-1}{\varepsilon_{12}+2} \times \frac{\overline{M}}{\rho_{12}} = \frac{\varepsilon_{12}-1}{\varepsilon_{12}+2} \times \frac{M_1 x_1 + M_2 x_2}{\rho_{12}} \tag{4-87}$$

且
$$P_{12} = P_1 x_1 + P_2 x_2$$

式中，下标"12"表示溶液；"1"表示溶剂；"2"表示溶质；x 表示摩尔分数。

设 V 表示摩尔体积，则：

$$P_{12} = \frac{\varepsilon_{12}-1}{\varepsilon_{12}+2} V_{12} = \frac{\varepsilon_{12}-1}{\varepsilon_{12}+2} V_1(1-x_2) + \left(P_{2,电子} + P_{2,原子} + \frac{4\pi L \mu^2}{9kT} \right) x_2 \tag{4-88}$$

式中，第一项为溶剂的贡献，第二项为溶质的贡献。

同样可得：

$$\frac{3(\varepsilon_{12}-n_{12}^2)}{(\varepsilon_{12}+2)(n_{12}^2+2)} = \frac{3(\varepsilon_1-n_1^2)}{(\varepsilon_1+2)(n_1^2+2)} - \frac{4\pi L \mu^2}{9kT} c_2 \tag{4-89}$$

式(4-88) 与 (4-89) 相减得：

$$\left(\frac{\varepsilon_{12}-1}{\varepsilon_{12}+2} - \frac{n_{12}^2-1}{n_{12}^2+2} \right) V_{12} = \left(\frac{\varepsilon_1-1}{\varepsilon_1+2} - \frac{n_1^2-1}{n_1^2+2} \right) V_1(1-x_2) + \left(P_{2,原子} + \frac{4\pi L \mu^2}{9kT} \right) x_2 \tag{4-90}$$

这就是 Debye 公式在非极性溶剂稀溶液中的具体形式。

（4）μ 的求得

古更海姆（Guggenheim）假设溶质分子和溶剂的原子极化度与它们的摩尔体积成正比，且比例系数相同：

$$P_{1,原子} = \left(\frac{\varepsilon_1-1}{\varepsilon_1+2} - \frac{n_1^2-1}{n_1^2+2} \right) V_1$$

$$P_{2,原子} = \left(\frac{\varepsilon_1-1}{\varepsilon_1+2} - \frac{n_1^2-1}{n_1^2+2} \right) V_2 \tag{4-91}$$

又
$$V_{12} = V_1(1-x_2) + V_2 x_2 \tag{4-92}$$

设 $c_2 = \dfrac{x_2}{V_{12}}$，即用单位体积中溶质的物质的量表示溶液的浓度（mol·dm^{-3}），两端同除以 V_{12} 并代入式(4-91)、式(4-92) 可得：

$$\frac{3(\varepsilon_{12}-n_{12}^2)}{(\varepsilon_{12}+2)(n_{12}^2+2)} = \frac{3(\varepsilon_1-n_1^2)}{(\varepsilon_1+2)(n_1^2+2)} - \frac{4\pi L \mu^2}{9kT} c_2 \tag{4-93}$$

即实验值 $\dfrac{3(\varepsilon_{12}-n_{12}^2)}{(\varepsilon_{12}+2)(n_{12}^2+2)}$ 与 c_2 呈线性关系。当溶液极稀时，$n_{12} \to n_1$，$\varepsilon_{12} \to \varepsilon_1$，$n_{12} \to n_1$，若以 $\dfrac{3(\varepsilon_{12}-n_{12}^2)}{(\varepsilon_1+2)(n_1^2+2)}$ 代替 $\dfrac{3(\varepsilon_{12}-n_{12}^2)}{(\varepsilon_{12}+2)(n_{12}^2+2)}$ 对 c_2 作图，所得直线截距不变，初始

斜率也近似不变，为 $\dfrac{4\pi L\mu^2}{9kT}$。

若用 $(\varepsilon_{12}-n_{12}^2)$ 对 c_2 作图，所得直线截距为 $(\varepsilon_1-n_1^2)$，则斜率为：

$$\frac{(\varepsilon_1+2)(n_1^2+2)}{3}\times\frac{4\pi L\mu^2}{9kT}=\left[\frac{(\varepsilon_{12}-n_{12}^2)-(\varepsilon_1-n_1^2)}{c_2}\right]_{c_2\to 0}$$

设
$$\Delta=(\varepsilon_{12}-n_{12}^2)-(\varepsilon_1-n_1^2) \qquad (4\text{-}94)$$

且设 w_2 表示溶质的质量分数，则 $c_2=w_2\rho_{12}/M_{12}$

稀溶液中，$\rho_{12}\approx\rho_1$，取 μ 的单位为德拜，则：

$$\mu^2=\frac{10^{36}\cdot 9kT}{4\pi L}\times\frac{3}{(\varepsilon_1+2)(n_1^2+2)}\times\frac{M_2}{\rho_1}\left(\frac{\Delta}{w_2}\right)_{w_2\to 0} \qquad (4\text{-}95)$$

这样只要测定一定温度下稀溶液和溶剂的介电常数及折射率，作 $\left(\dfrac{\Delta}{w_2}\right)$-$w_2$ 图，外推到 $w_2\to 0$ 处求出 $\left(\dfrac{\Delta}{w_2}\right)_{w_2\to 0}$，就可求出溶质分子的偶极矩。

上述测极性分子偶极矩的方法称为溶液法。溶液法测得的溶质分子偶极矩与气相测定值间存在偏差，其原因是极性分子在非极性溶剂中有"溶剂化"作用。这种偏差现象称为溶液法测量偶极矩的"溶剂效应"，其校正公式可查阅有关资料。

(5) 介电常数的测定

介电常数是通过测定电容计算而得的。

设 C_0 为电容器极板间处于真空时的电容量，C 为充以电介质时的电容量，则 C 与 C_0 之比值 ε 称为该电介质的介电常数：

$$\varepsilon=\frac{C}{C_0}$$

因空气的介电常数 $\varepsilon=1.000583$，很接近于 1，故介电常数可近似地写为：

$$\varepsilon=\frac{C}{C_{空}}$$

式中，$C_{空}$ 为电容器以空气为介质时的电容。本实验用电桥法测电容，所用仪器为 PCM-1A 型小电容仪。

可将待测样品放在电容池的样品池中测量。但小电容仪测量电容时，所测得的 C_x 实际上包括了样品电容 $C_{样}$ 和电容池的分布电容 C_d，即

$$C_x=C_{样}+C_d$$

故应从 C_x 中扣除 C_d。

测得 C_d 的方法如下，用以已知介电常数 $\varepsilon_{标}$ 的标准物质测得电容为 $C'_{标}$，再测电容器中不放样品时的电容 $C'_{空}$，近似取 $C_0\approx C_{空}$，可导出：

$$C_0\approx C_{空}=\frac{C'_{标}-C'_{空}}{\varepsilon_{标}-1} \qquad (4\text{-}96)$$

$$C_d\approx C'_{空}-\frac{C'_{标}-C'_{空}}{\varepsilon_{标}-1}$$

若测得样品的电容为 C_x，则待测样品的真实电容为：

$$C_{样}=C_x-C_d$$

2.溶液法测偶极矩

测量偶极矩可以用溶液法，所谓溶液法就是将极性待测物溶于非极性溶剂中进行测定，然后外推到无限稀释。因为在无限稀的溶液中，极性溶质分子所处的状态与它在气相时十分相近，此时分子的偶极矩可按下式计算：

$$\mu = 0.0426 \times 10^{-30} \sqrt{(P_2^\infty - R_2^\infty)T} \; (C \cdot m) \tag{4-97}$$

式中，P_2^∞ 和 R_2^∞ 分别表示无限稀释时极性分子的摩尔极化度和摩尔折射度（习惯上用摩尔折射度表示折射法测定的 $P_{电子}$）；T 是热力学温度。

本实验是将正丁醇溶于非极性的环己烷中形成稀溶液，然后在低频电场中测量溶液的介电常数和溶液的密度求得 P_2^∞，在可见光下测定溶液的 R_2^∞，然后由式(4-97)计算正丁醇的偶极矩。

(1) 极化度的测定

无限稀时，溶质的摩尔极化度 P_2^∞ 的公式为：

$$P = P_2^\infty = \lim_{x_2 \to 0} P_2 = \frac{3\varepsilon_1 \alpha}{(\varepsilon_1 + 2)^2} \times \frac{M_1}{\rho_1} + \frac{\varepsilon_1 - 1}{\varepsilon_1 + 2} \times \frac{M_2 - \beta M_1}{\rho_1} \tag{4-98}$$

式中，ε_1、ρ_1、M_1 分别是溶剂的介电常数、密度和摩尔质量，其中密度的单位是 $g \cdot cm^{-3}$；M_2 为溶质的摩尔质量；α 和 β 为常数，可通过稀溶液的近似公式求得：

$$\varepsilon_{溶} = \varepsilon_1(1 + \alpha x_2) \tag{4-99}$$
$$\rho_{溶} = \rho_1(1 + \beta x_2) \tag{4-100}$$

式中，$\varepsilon_{溶}$ 和 $\rho_{溶}$ 分别是溶液的介电常数和密度；x_2 是溶质的摩尔分数。

无限稀释时，溶质的摩尔折射度 R_2^∞ 的公式为：

$$P_{电子} = R_2^\infty = \lim_{x_2 \to 0} R_2 = \frac{n_1^2 - 1}{n_1^2 + 2} \times \frac{M_2 - \beta M_1}{\rho_1} + \frac{6n_1^2 M_1 \gamma}{(n_1^2 + 2)^2 \rho_1} \tag{4-101}$$

式中，n_1 为溶剂的折射率；γ 为常数，可由稀溶液的近似公式求得：

$$n_{溶} = n_1(1 + \gamma x_2) \tag{4-102}$$

式中，$n_{溶}$ 是溶液的折射率。

(2) 介电常数的测定

本实验利用电桥法测定电容，其桥路为变压器比例臂电桥，如图 4-75 所示。电桥平衡的条件是：

$$\frac{C'}{C_s} = \frac{u_s}{u_x} \tag{4-103}$$

式中，C' 为电容池两极间的电容；C_s 为标准差动电器的电容。调节差动电容器，当 $C' = C_s$ 时，$u_s = u_x$，此时指示放大器的输出趋近于零。C_s 可从刻度盘上读出，这样 C' 即可测得。由于整个测试系统存在分布电容，所以实测的电容 C' 是样品电容 $C_{溶}$ 和分布电容 C_d 之和，即：

$$C' = C_{溶} + C_d \tag{4-104}$$

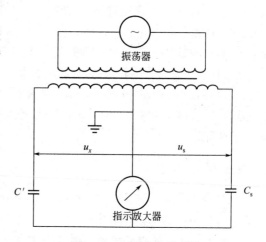

图 4-75　电容电桥示意图

显然，为了求 C 首先就要确定 C_d 值，方法是先测定无样品时空气电容 $C'_{空}$，则有：

$$C'_{空} = C_{空} + C_d \tag{4-105}$$

在测定一已知介电常数（$\varepsilon_标$）的标准物质的电容 $C'_标$，则有：

$$C'_标 = C_标 + C_d = \varepsilon_标 C_空 + C_d \qquad (4\text{-}106)$$

由式（4-105）和式（4-106）可得：

$$C_d = \frac{\varepsilon_标 C'_空 - C'_标}{\varepsilon_标 - 1} \qquad (4\text{-}107)$$

将 C_d 代入式（4-104）和式（4-105）即可求得 $C_溶$ 和 $C_空$，这样就可计算待测液的介电常数。

【仪器试剂】

小电容测量仪	1台	阿贝折光仪	1台
超级恒温槽	1台	电吹风	1个
10cm³ 比重瓶	1个	滴瓶	5个
滴管	1支	环己烷（A.R.）	若干

正丁醇摩尔分数分别为 0.04、0.06、0.08、0.10 和 0.12 的五种正丁醇-环己烷溶液

【实验步骤】

1. 折射率的测定

在 25℃条件下，用阿贝折光仪分别测定环己烷和正丁醇摩尔分数不同的五份"正丁醇-环己烷"溶液的折射率。

2. 密度的测定

在 25℃条件下，用比重瓶分别测定环己烷和正丁醇摩尔分数不同的五份"正丁醇-环己烷"溶液的密度。

3. 电容的测定

① 将 PCM-1A 精密电容测量仪通电，预热 20min。

② 将电容仪与电容池连接线先接一根（只接电容仪，不接电容池），调节零电位器使数字表头指示为零。

③ 将两根连接线都与电容池接好，此时数字表头上所示值即为 $C'_空$ 值。

④ 用 2cm³ 移液管移取 2cm³ 环己烷加入电容池中，盖好池盖，数字表头上所示值即为 $C'_标$。

⑤ 将环己烷倒入回收瓶中，用冷风将样品室吹干后再测 $C'_空$ 值，与前面所测的 $C'_空$ 值之差应小于 0.02pF，否则表明样品室有残液，应继续吹干，然后装入溶液。同样方法测定五份溶液的 $C'_溶$。

【注意事项】

1. 每次测量前要用冷风将电容池吹干，并重测 $C'_空$ 值，与原来的 $C'_空$ 值相差应小于 0.02pF。严禁用热风吹样品室。

2. 测 $C'_溶$ 时，操作应迅速，池盖要盖紧，防止样品挥发和吸收空气中的极性较强大的水汽。装样时的滴瓶也要随时盖严。

3. 每次装入量严格相同，样品过多会腐蚀密封材料渗入恒温腔，实验无法正常进行。

4. 要反复练习差动电容器旋钮、灵敏度旋钮和损耗旋钮的配合使用和调节，在能够正确寻找电桥平衡位置后，再开始测定样品的电容。

【数据记录与处理】

1. 将所测实验数据列表。

2. 根据式(4-105)和式(4-107)计算 C_d 和 $C_空$。其中环己烷的介电常数与温度 t 关系式为 $\varepsilon_标 = 2.023 - 0.0016(t-20)$。

3. 根据 $\varepsilon = C/C_空$ 和式(4-104)计算 $C_溶$ 和 $\varepsilon_溶$。

4. 分别作 $\varepsilon_溶\text{-}x_2$ 图、$\rho_溶\text{-}x_2$ 图和 $n_溶\text{-}x_2$ 图,由各图的斜率求 α、β、γ。

5. 根据式(4-98)和式(4-101)分别计算 P 和 R。

6. 最后由式(4-97)求算正丁醇的 μ。

思 考 题

1. 本实验测定偶极矩时做了哪些近似处理?

2. 准确测定溶质的摩尔极化度和摩尔折射度时,为何要外推到无限稀释?

3. 试分析实验中的误差的主要来源,如何改进?

实验20 多相催化——甲醇分解

【实验目的】

1. 测量 ZnO/Al_2O_3 对甲醇分解反应的催化活性。

2. 熟悉多相催化反应动力学实验中流动法的特点和关键,掌握流动法测量催化剂活性的实验方法。

【实验原理】

甲醇在 ZnO/Al_2O_3 催化剂作用下分解反应如下:

$$CH_3OH \xrightarrow[300℃]{ZnO/Al_2O_3} CO + 2H_2$$

在进行流动体系动力学实验时,为满足流动条件,必须等速加料。常用的方法有两种:①定量泵注入法,即用定量泵将反应物等速注入反应器;②饱和蒸气带出法,即用稳定流速的惰性载气通过恒温的液体,使载气被液体的饱和蒸气所饱和。由于在一定温度下液体的饱和蒸气压恒定,因此控制载气的流速和液体的温度就能使反应物稳定流入反应器。本实验加料采用饱和蒸气带出法。

在某一温度 T 时,由已知流速的 N_2 通过甲醇液体并达到饱和不断将蒸气带出。设此温度下甲醇的饱和蒸气压为 $p_甲^*$,由于反应管前后压力差变化不大,可以近似认为整个体系的压力等于实验室的大气压 $p_{大气}$,由分压定律得反应混合气中:

$$x_甲 = \frac{p_甲^*}{p_总} = \frac{p_甲^*}{p_{大气}}$$

即:

$$\frac{p_甲}{n_甲 + n_{N_2}} = \frac{p_甲^*}{p_{大气}} \tag{4-108}$$

整理得：

$$n_甲 = \frac{p_甲^* \, n_{N_2}}{p_{大气} - p_甲^*}$$ (4-109)

式中，$n_甲$ 为进入催化剂床层的甲醇的物质的量，mol；n_{N_2} 为进入催化剂床层的 N_2 的物质的量，mol。n_{N_2} 可由标准状况下通入反应管的 N_2 的体积（m^3）计算出来：

$$n_{N_2} = \frac{V_{N_2}}{0.0224}$$ (4-110)

在反应中分解掉的甲醇的物质的量 n_R 可由生成的 CO 和 H_2 的总体积 V_{H_2+CO}（m^3）计算：

$$n_R = \frac{V_{H_2+CO}}{0.0224 \times 3}$$ (4-111)

所以单位质量的 ZnO/Al_2O_3 催化剂活性，即单位质量催化剂对甲醇转化的百分率为：

$$x = \frac{n_R}{n_甲 \cdot m_{cat}} \times 100\%$$ (4-112)

由于此反应为零级反应，在具有相同的流速及催化剂的情况下，不同温度下反应速率系数之比等于转化率之比，故：

$$E_a = \frac{2.303 R T_1 T_2}{T_2 - T_1} \lg \frac{x_2}{x_1}$$ (4-113)

式中，x_1、x_2 为温度 T_1、T_2 时甲醇的转化率。

【仪器和试剂】

测量催化剂活性的仪器装置如图 4-76 所示。

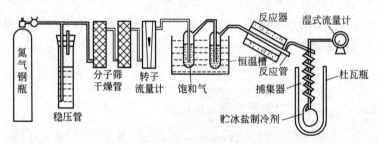

图 4-76 ZnO/Al_2O_3 催化活性测定装置

此外，本实验装置还配有计时秒表一块，程序控温仪一台。

甲醇（分析纯），$Zn(NO_3)_2$（化学纯），Al_2O_3（比表面积 $200\,m^2 \cdot g^{-1}$）。

【实验步骤】

1. 催化剂制备

60%（质量分数）的 ZnO/Al_2O_3 催化剂由下法制备：将 γ-Al_2O_3 在 $Zn(NO_3)_2$ 水溶液中浸渍 24h，放入管式炉中，通入 N_2 或空气，在 773K 下灼烧 4h。保存在干燥器中备用。

2. 测量装置检查

称取催化剂 2.0g 均匀装入反应管中部（催化剂层的两端用玻璃丝装填）。将反应管装入管式炉，此时催化剂层应位于管式炉中心，按图 4-76 检查装置各部件是否装妥。杜瓦瓶内加冰盐制冷剂，通过减压阀将氮气缓慢送入系统，此时稳压管下端有气泡稳定逸出，从转子流量计可读得氮气流量，能观察到湿式流量计指针的移动。

其次检查系统是否漏气。检查时将湿式流量计与捕集器之间的导管用夹子夹死，此时可看到转子流量计中转子缓缓下降，直至为零，则表示系统不漏气，否则依此法分段检查，直到漏气问题解决为止。

3. N_2 流量调节

调节 N_2 的流速至稳定于 $90\sim100cm^3 \cdot min^{-1}$（由湿式流量计测定）间的某一数值，准确读取此时转子流量计中转子高度。在整个测量过程中，应保持该数值不变，即氮气的流量稳定不变，此为实验成功的关键之一。

4. 温度的控制

将恒温槽调节到 $(35.0\pm0.1)℃$。管式炉温度用程序升温控制仪控制电炉升温到指定值。

5. 测量空白曲线

由于 Al_2O_3 对甲醇分解无活性并且 ZnO/Al_2O_3 在低温下也无活性，故空白曲线测定在 $100℃$ 下进行。将管式炉温度调至 $(100\pm1)℃$，将 N_2 流量调节到前述值并稳定数分钟后，每 $5min$ 读湿式流量计读数一次，共读 $30min$。

6. 测 ZnO/Al_2O_3 催化剂活性

将管式炉温度调节至 $(320\pm1)℃$。按上法调节 N_2 流速稳定于同一数值，然后每 $5min$ 读湿式流量计读数一次，共读 $30min$。将炉温升至 $(350\pm1)℃$，再用同法测定流量计读数随时间变化的数据。

注意：流动法实验的关键在于恒流，实验中严格控制 N_2 流速恒定。恒温也是重要的，每次实验应当在温度恒稳后才开始读数，并在实验中保持恒温，严禁温度超出调节范围损坏实验设备。

【数据记录与处理】

1. 记录实验室温度、大气压、催化剂质量和饱和气温度，列表记录实验步骤 5、6 所测数据。

2. 绘制尾气总体积随时间的变化曲线Ⅰ、Ⅱ、Ⅲ。由曲线上取点计算不同温度下催化反应后生成的 CO 和 H_2 总体积量，并由实验时的室温和大气压换算为标准状况下的体积。将实验数据及计算结果列于下表中。

体积的计算

室温 $t_r=$＿＿＿＿℃　　恒温槽温度 $t_浴=$＿＿＿＿℃
大气压 $p_{大气}=$＿＿＿＿Pa　　催化剂质量 $m_{cat}=$＿＿＿＿g

实验条件/℃	不同时间流量计读数/dm³							$V_总/dm^3$	$V_{总(标)}/dm^3$
	0	5	10	15	20	25	30		
100(空白)									
320(催化)									
350(催化)									

3. 根据 N_2 流速和甲醇 $35℃$ 时的饱和蒸气压，利用式(4-109) 和式(4-110) 算出 $30min$ 内进入反应管的甲醇的物质的量 $n_甲$，甲醇饱和蒸气压由附录提供的经验公式计算。

4. 由 CO 和 H_2 总体积利用式(4-111) 计算反应所消耗甲醇的物质的量 n_R。

5. 利用（4-112）计算 320℃和 350℃时甲醇的转化率，计算结果列于下表。

转化率的计算

$p_{甲}/Pa$	n_{N_2}/mol	$n_{甲}/mol$	V_{H_2+CO}/dm^3		n_R/mol	$x/\%$	$\gamma/mol·h^{-1}$
			320℃				
			350℃				

6. 利用式（4-113）计算表观活化能 E_a。

思 考 题

1. 饱和气温度控制的过高和过低对实验会产生什么影响？
2. 为什么实验时必须严格控制 N_2 流速稳定于某一数值？如果测定空白和测 ZnO/Al_2O_3 活性时 N_2 的流速不同，对实验结果有何影响？N_2 流速控制的过大、过小有何利弊？
3. 催化剂流失对实验结果有何影响？如何防止催化剂流失？
4. 试讨论流动法测量催化剂活性的特点和注意事项。

实验21

维生素C注射液稳定性和有效期测定

【实验目的】

1. 了解维生素 C 注射液的性质和特点，了解进行药品稳定性研究的意义。
2. 学习通过加温加速实验，预测药物有效期的实验方法。
3. 学习高效液相色谱法测定物质含量的方法。

【实验原理】

药品稳定性是指原料药及制剂保持其物理、化学、生物学和微生物学性质的能力。稳定性研究对药品的研究和开发极其重要。

维生素 C 是一种水溶性维生素，临床多用于防治坏血病、感冒，抢救克山病、重金属中毒、重度贫血等，其结构式为：

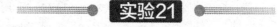

维生素 C 有多个剂型：片剂、注射剂、泡腾片、泡腾颗粒、颗粒剂、口含片等多种。其中以片剂和注射剂为主，但注射液不稳定，特别是 25％以上高浓度的维生素 C 注射液最不稳定。因为维生素 C 在水溶液中以烯醇式为主，烯醇结构具有很强的还原性，易被空气氧化，光、热、碱和金属离子等因素均能加速其反应。同时，维生素 C 分子中内酯环可水解，并可进一步发生脱酸而生成糠醛，以致氧化聚合而呈黄色。因此，含量变化和色泽变化是评价维生素 C 注射液稳定性的两个主要指标。

在实际工作中，对维生素 C 注射剂的稳定性和有效期测定，有的采用经典的恒温法及

Arrhenius指数定律预测有效期；有的采用化学动力学方法预测注射剂的稳定性，用加速试验法测定有效期。

本实验采用加速试验法进行维生素C注射剂的稳定性测试。维生素C的氧化降解反应已由实验证明为一级反应。一级反应的速率方程为：

$$-\mathrm{d}c/\mathrm{d}t = kc \tag{4-114}$$

对其进行积分变形为：

$$\lg c = -kt/2.303 + \lg c_0 \tag{4-115}$$

式中，c_0 为 $t=0$ 时维生素C的浓度；k 为维生素C的氧化降解速率常数。

根据此直线的斜率即可求出 k 值。反应速率常数 k 与热力学温度 T 之间的关系为：

$$\lg k = \left(\frac{-E_a}{2.303R}\right) \cdot \left(\frac{1}{T}\right) + \lg A \tag{4-116}$$

式中，A 为频率因子；E_a 为活化能；R 为气体常数，$8.314\mathrm{J \cdot K^{-1} \cdot mol^{-1}}$。

以 $\lg k$ 对 $1/T$ 作图求出 E_a 及 A 值，将它们代入式(4-116)即可求出25℃或任何温度下的氧化降解速率常数及有效期。

【仪器试剂】

| Waters 高效液相色谱仪 | 1台 | 色谱柱 Kromasil C_{18} | 1根 |
| 甲醇（色谱纯） | 若干 | 维生素注射液 | 皆干 |

液相色谱仪的外观如图4-77所示。

【实验步骤】

1. 维生素C含量测定方法的建立

本实验采用高效液相色谱法对样品进行维生素C含量的测定。要求学生在查阅相关资料的基础上，建立起维生素C的液相检测方法，包括检测波长、对照品配制方法、待测样品的预处理方法、流动相组成等条件；建立维生素C的标准曲线方程。并对该检测方法进行稳定性、精密度和加标回收率测试。

图4-77　液相色谱仪

2. 稳定性加速试验

将同一批号的维生素C注射液（$2\mathrm{cm}^3$，0.25g）分别置于4个不同温度（70℃、80℃、90℃、100℃）的恒温水浴中，间隔一定时间（70℃间隔24h，80℃间隔12h，90℃间隔6h，100℃间隔3h）取样，每个温度的间隔取样次数均为5次。样品取出后，立即冷却或置于冰箱中保存，然后分别用高效液相色谱法测定样品中维生素C的含量。

色谱条件：色谱柱 Kromasil C_{18}（150mm×4.6mm，$5\mu m$），以 $0.01\mathrm{mol \cdot dm^{-3}}$（pH值为3.5）的磷酸二氢钠水溶液为流动相，柱温为25℃，系统流速为 $0.6\mathrm{cm}^3 \cdot \mathrm{min^{-1}}$，检测波长为265nm。

3. 药品有效期预测

根据稳定性加速试验结果，以 $\lg(c-c_0)$-t 进行线性回归分析，根据公式(4-115)计算得到各试验温度下的维生素C氧化降解速率常数 k。再根据式(4-116)，以 $\lg k$ 对 $1/T$ 作图，得到线性回归方程后求得 E_a 及 A 值。

一般以原料药含量降低 5% 的时间定为药物储存有效期。要求根据以上的试验结果，推算室温（25℃）时该维生素 C 注射液的储存有效期 $t_{0.9}^{25}$。（药物分解 10% 所需的时间）。

思 考 题

1. 维生素 C 水溶液在空气中极不稳定，配制标准样品及进行待测样品预处理时应该取什么样的方法使含量保持稳定？

2. 除了用高效液相色谱法测定维生素 C 的含量外，还有哪些方法可用于维生素 C 的含量检测？分析各方法的优缺点。

附　　录

1. 法定计量单位

表 1-1　国际单位制的基本单位

量	单位名称	单位符号
长度	米	m
质量	千克(公斤)	kg
时间	秒	s
电流	安[培]	A
热力学温度	开[尔文]	K
物质的量	摩[尔]	mol
光强度	坎[德拉]	cd

表 1-2　国际单位制的辅助单位

量的名称	单位名称	单位符号
平面角	弧度	rad
立体角	球面度	sr

表 1-3　国际单位制中具有专门名称的导出单位

量的名称	单位名称	单位符号	用 SI 单位表示
频率	赫[兹]	Hz	s^{-1}
力	牛[顿]	N	$kg \cdot m \cdot s^{-2}$
压力,应力	帕[斯卡]	Pa	$m^{-1} \cdot kg \cdot s^{-2}$
能[量]、功、热[量]	焦[耳]	J	$m^2 \cdot kg \cdot s^{-2}$
电荷[量]	库[仑]	C	$A \cdot s$
功率	瓦[特]	W	$m^2 \cdot kg \cdot s^{-3}$
电位、电压、电动势	伏[特]	V	$m^2 \cdot kg \cdot s^{-3} \cdot A^{-1}$
电容	法[拉]	F	$m^{-2} \cdot kg^{-1} \cdot s^4 \cdot A^2$
电阻	欧[姆]	Ω	$m^2 \cdot kg \cdot s^{-3} \cdot A^{-2}$
电导	西[门子]	S	$m^{-2} \cdot kg^{-1} \cdot s^3 \cdot A^2$
磁通[量]	韦[伯]	Wb	$m^2 \cdot kg \cdot s^{-2} \cdot A^{-1}$
磁感应强度	特[斯拉]	T	$kg \cdot m^{-2} \cdot A^{-1}$
电感	亨[利]	H	$m^2 \cdot kg \cdot s^{-2} \cdot A^{-2}$
摄氏温度	摄氏度	℃	

表 1-4　国家选定的非国际单位制单位

量的名称	单位名称	单位符号	换算关系说明
时间	分	min	$1min = 60s$
	[小]时	h	$1h = 60min$
	天(日)	d	$1d = 24h = 86400s$
平面角	[角]秒	″	$1'' = (\pi/648000)rad$
	[角]分	′	$1' = 60'' = (\pi/10800)rad$
	度	°	$1° = 60' = \pi/180 rad$
旋转速度	转每分	$r \cdot min^{-1}$	$1r \cdot min^{-1} = (1/60)s^{-1}$
长度	海里	n mile	$1n \ mile = 1852m$(只用于航程)

量的名称	单位名称	单位符号	换算关系说明
速度	节	kn	$1kn=1n\ mile\cdot h^{-1}=(1852/3600)m\cdot s^{-1}$（只用于航行）
质量	吨	t	$1t=10^3 kg$
	原子质量单位	u	$1u\approx1.6605655\times10^{-27}kg$
体积	升	L(l)	$1L=1dm^3=10^{-3}m^3$
能	电子伏	eV	$1eV=1.6021892\times10^{-19}J$
级差	分贝	dB	
线密度	特[克斯]	tex	$1tex=1g\cdot km^{-1}$

表 1-5　用于构成十进制倍数和分数单位的词头

倍数	词头名称	词头符号	倍数	词头名称	词头符号
10^{24}	尧[它](yotta)	Y	10^{-1}	分(deci)	d
10^{21}	泽[它](zetta)	Z	10^{-2}	厘(centi)	c
10^{18}	艾[可萨](exa)	E	10^{-3}	毫(milli)	m
10^{15}	拍[它](peta)	P	10^{-6}	微(micro)	μ
10^{12}	太[拉](tera)	T	10^{-9}	纳[诺](nano)	n
10^{9}	吉[咖](giga)	G	10^{-12}	皮[可](pico)	p
10^{6}	兆(mega)	M	10^{-15}	飞[母托](femto)	f
10^{3}	千(kilo)	k	10^{-18}	阿[托](atto)	a
10^{2}	百(hecto)	h	10^{-21}	仄[普托](zepto)	z
10^{1}	十(deca)	da	10^{-24}	幺[科托](yocto)	y

表 1-6　一些非国际制单位与国际单位间的换算因子

量的名称	单位名称	用 SI 单位表示
长度	埃(Å)	$10^{-10}m$
能量	电子伏(eV)	$1.6022\times10^{-19}J$
	波数(cm^{-1})	$1.986\times10^{-23}J$
	卡(热化学 cal)	4.184J
	尔格(erg)	$10^{-7}J$
力	达因(dyne)	$10^{-5}N$
压力	大气压(atm)	101325Pa
	毫米汞柱(mmHg)	133.3224Pa
	托(Torr)	133.3224Pa
电子电荷	e·s·u	$3.334\times10^{-10}C$
偶极距	德拜(D)	$3.334\times10^{-30}C\cdot m$
磁场强度	奥斯特(Oe)	$1000/4\pi A\cdot m^{-1}$
磁通量密度	高斯(Gs)	$10^{-4}T$

2. 国际相对原子质量表

表 2-1　国际相对原子质量表

元素 符号	元素 名称	相对原子质量	元素 符号	元素 名称	相对原子质量	元素 符号	元素 名称	相对原子质量
Ac	锕	[227]	Ca	钙	40.078	Cr	铬	51.9961
Ag	银	107.8682	Cd	镉	112.411	Cs	铯	132.90543
Al	铝	26.981539	Ce	铈	140.115	Cu	铜	63.546
Am	镅	[243]	Cf	锎	[251]	Dy	镝	162.50
Bk	锫	[247]	Cl	氯	35.4527	Er	铒	167.26
Br	溴	79.904	Cm	锔	[247]	Es	锿	[254]
C	碳	12.011	Co	钴	58.93320	Eu	铕	151.965

元素		相对原子质量	元素		相对原子质量	元素		相对原子质量
符号	名称		符号	名称		符号	名称	
F	氟	18.9984032	Mo	钼	95.94	Rn	氡	[222]
Fe	铁	55.847	N	氮	14.00674	Ru	钌	101.07
Fm	镄	[257]	Na	钠	22.989768	S	硫	32.066
Fr	钫	[223]	Nb	铌	92.90638	Sb	锑	121.75
Ga	镓	69.723	Nd	钕	144.24	Sc	钪	44.955910
Gd	钆	157.25	Ne	氖	20.1797	Se	硒	78.96
Ge	锗	72.61	Ni	镍	58.6934	Si	硅	28.0855
H	氢	1.00794	No	锘	[259]	Sm	钐	150.36
He	氦	4.002602	Np	镎	237.0482	Sn	锡	118.710
Hf	铪	178.49	O	氧	15.9994	Sr	锶	87.62
Hg	汞	200.59	Os	锇	190.2	Ta	钽	180.9479
Ho	钬	164.93032	P	磷	30.973762	Tb	铽	158.92534
I	碘	126.90447	Pa	镁	231.03588	Tc	锝	98.9062
In	铟	114.82	Pb	铅	207.2	Te	碲	127.60
Ar	氩	39.948	Pd	钯	106.42	Th	钍	232.0381
As	砷	74.92159	Pm	钷	[145]	Ti	钛	47.88
At	砹	[210]	Po	钋	[209]	Tl	铊	204.3833
Au	金	196.96654	Pr	镨	140.90765	Tm	铥	168.93421
Ir	铱	192.22	Pt	铂	195.08	U	铀	238.0289
K	钾	39.0983	Pu	钚	[239]	V	钒	50.9415
Kr	氪	83.80	B	硼	10.811	W	钨	183.85
La	镧	138.9055	Ba	钡	137.327	Xe	氙	131.29
Li	锂	6.941	Be	铍	9.012182	Y	钇	88.90585
Lr	铹	[260]	Bi	铋	208.98037	Yb	镱	173.04
Lu	镥	174.967	Ra	镭	226.0254	Zn	锌	65H.409
Md	钔	[256]	Bb	铷	85.4678	Zr	锆	91.224
Mg	镁	24.3050	Re	铼	186.207			
Mn	锰	54.93805	Rh	铑	102.90550			

3. 常见无机化合物性质

表 3-1 难溶化合物的溶度积常数

分子式	$K_{sp}^{\ominus}$	分子式	$K_{sp}^{\ominus}$
AgBr	5.0×10^{-13}	Ag_2SO_4	1.4×10^{-5}
$AgBrO_3$	5.50×10^{-5}	$Al(OH)_3$(无定形)	4.57×10^{-33}
AgCl	1.8×10^{-10}	$AlPO_4$	6.3×10^{-19}
AgCN	1.2×10^{-16}	Al_2S_3	2.0×10^{7}
Ag_2CO_3	8.1×10^{-12}	$BaCO_3$	5.1×10^{-9}
$Ag_2C_2O_4$	3.5×10^{-11}	$BaSO_4$	1.1×10^{-10}
Ag_2CrO_4	1.2×10^{-12}	$Be(OH)_2$(无定形)	1.6×10^{-22}
AgI	8.3×10^{-17}	$Bi(OH)_3$	4.0×10^{-31}
Ag_3PO_4	1.4×10^{-16}	$BiPO_4$	1.26×10^{-23}
Ag_2S	6.3×10^{-50}	$CaCO_3$	2.8×10^{-9}
AgSCN	1.0×10^{-12}	$CaC_2O_4 \cdot H_2O$	4.0×10^{-9}

分子式	$K_{sp}^{\ominus}$	分子式	$K_{sp}^{\ominus}$
CaF_2	2.7×10^{-11}	MgS(粉红)	2.5×10^{-10}
$Ca(OH)_2$	5.5×10^{-6}	MnS(绿)	2.5×10^{-13}
$Ca_3(PO_4)_2$	2.0×10^{-29}	$NiCO_3$	6.6×10^{-9}
$CaSO_4$	3.16×10^{-7}	NiC_2O_4	4.0×10^{-10}
$CaSiO_3$	2.5×10^{-8}	$Ni(OH)_2$(新)	2.0×10^{-15}
$CdCO_3$	5.2×10^{-12}	α-NiS	3.2×10^{-19}
CdS	8.0×10^{-27}	β-NiS	1.0×10^{-24}
CuBr	5.3×10^{-9}	γ-NiS	2.0×10^{-26}
CuCl	1.2×10^{-6}	$PbCl_2$	1.6×10^{-5}
CuCN	3.2×10^{-20}	$PbCO_3$	7.4×10^{-14}
$CuCO_3$	2.34×10^{-10}	$Pb(OH)_2$	1.2×10^{-15}
CuI	1.1×10^{-12}	$Pb(OH)_4$	3.2×10^{-66}
$Cu(OH)_2$	4.8×10^{-20}	PbS	1.0×10^{-28}
Cu_2S	2.5×10^{-48}	$PbSO_4$	1.6×10^{-8}
CuS	6.3×10^{-36}	$Pd(OH)_2$	1.0×10^{-31}
$FeCO_3$	3.2×10^{-11}	$Pd(OH)_4$	6.3×10^{-71}
$Fe(OH)_2$	8.0×10^{-16}	PdS	2.03×10^{-58}
$Fe(OH)_3$	4.0×10^{-38}	Sb_2S_3	1.5×10^{-93}
FeS	6.3×10^{-18}	$Sn(OH)_2$	1.4×10^{-28}
Hg_2Cl_2	1.3×10^{-18}	$Sn(OH)_4$	1.0×10^{-56}
$Hg_2(OH)_2$	2.0×10^{-24}	SnO_2	3.98×10^{-65}
HgS(红)	4.0×10^{-53}	$ZnCO_3$	1.4×10^{-11}
HgS(黑)	1.6×10^{-52}	$Zn(OH)_2$(无定型)	2.09×10^{-16}
$MgCO_3$	3.5×10^{-8}	$Zn_3(PO_4)_2$	9.0×10^{-33}
$Mg(OH)_2$	1.8×10^{-11}	α-ZnS	1.6×10^{-24}
$MnCO_3$	1.8×10^{-11}	β-ZnS	2.5×10^{-22}
$Mn(OH)_4$	1.9×10^{-13}	$ZrO(OH)_2$	6.3×10^{-49}

表 3-2 某些无机化合物在部分有机溶剂中的溶解度

化学式	溶解度/g·(100g)$^{-1}$			化学式	溶解度/g·(100g)$^{-1}$		
	甲醇	乙醇	丙酮		甲醇	乙醇	丙酮
AgBr	7.0×10^{-7}	1.6×10^{-8}	—	$Ca(NO_3)_2$	138.0	51.0	16.9
AgCl	6.0×10^{-6}	1.5×10^{-6}	1.3×10^{-6}	$CaSO_4$	—	—	—
AgI	2.0×10^{-7}	6.0×10^{-9}	—	$CuCl_2$	57.5	55.5	2.96
$AgNO_3$	3.8	2.1	0.44	$CuSO_4$	1.5	1.1	—
$BaCl_2$	2.2	—	—	$CuSO_4 \cdot 5H_2O$	15.6	—	—
$Ba(NO_3)_2$	0.06	1.8×10^{-3}	5.0×10^{-3}	$FeCl_3$	150.0	145.0	62.9
$CaCl_2$	29.2	25.8	0.01	$Fe(SO_4)_3 \cdot 9H_2O$	—	12.7	—

化学式	溶解度/g•(100g)$^{-1}$			化学式	溶解度/g•(100g)$^{-1}$		
	甲醇	乙醇	丙酮		甲醇	乙醇	丙酮
H_3BO_3	—	11.0	0.5	NH_4Cl	3.3	0.6	—
HCl(气体)	88.7	69.5	—	NH_4NO_3	17.1	2.5	—
KBr	2.1	0.46	0.03	NaCl	1.5	0.1	$3.0×10^{-5}$
KCN	4.91	0.88	—	NaF	0.42	0.1	$1.0×10^{-4}$
KCl	0.5	0.03	$9.0×10^{-5}$	$NaNO_3$	0.43	0.04	
KI	16.4	1.75	2.35	NaOH	31.0	17.3	—
KOH	55.0	39.0	—	NaSCN	35.0	20.0	7.0
KSCN	—	—	20.8	$NiCl_2$	—	10.0	
$MgCl_2$	16.0	5.6	—	$NiCl_2•6H_2O$	—	53.7	
$MgSO_4$	0.3	0.025	—	$Pb(NO_3)_2$	1.4	0.04	
$MgSO_4•7H_2O$	43.0			$SnCl_2$	—	—	56.0
$MnCl_2$	—	—	—	$ZnCl_2$	—	—	43.3
$MnSO_4$	0.13	0.01	—	$ZnSO_4•7H_2O$	5.9		
$(NH_4)_2SO_3$	—	—					

表 3-3 水在不同温度下的密度、黏度、介电常数值

温度 t/℃	密度 ρ/g•cm^{-3}	黏度 η/10^{-3}Pa•s	介电常数 ε/F•m^{-1}
0	0.99984	—	87.90
5	0.999965	1.5188	85.90
10	0.999700	1.3097	83.95
15	0.999099	1.1447	82.04
20	0.998203	1.0087	80.18
25	0.997044	0.8949	78.36
30	0.995646	0.8004	76.58
35	0.99403	0.7208	74.85
40	0.99222	—	73.15
45			71.50
50	0.98804		69.88
55	—		68.30
60	0.98320	—	66.76
65	—		65.25
70	0.97777		63.78
75		—	62.34
80	0.97179	—	60.93
85	—		59.55
90	0.96531		58.20
95		—	56.88
100	0.95836	—	55.58

表 3-4　水在不同温度下的饱和蒸气压

温度 $t/℃$	饱和蒸气压 $/10^3 Pa$	温度 $t/℃$	饱和蒸气压 $/10^3 Pa$	温度 $t/℃$	饱和蒸气压 $/10^3 Pa$
0	0.61129	125	232.01	250	3973.6
5	0.87260	130	270.02	255	4320.2
10	1.2281	135	312.93	260	4689.4
15	1.7056	140	361.19	265	5082.3
20	2.3388	145	415.29	270	5499.9
25	3.1690	150	475.72	275	5943.1
30	4.2455	155	542.99	280	6413.2
35	5.6267	160	617.66	285	6911.1
40	7.3814	165	700.29	290	7438.0
45	9.5898	170	791.47	295	7995.2
50	12.344	175	891.80	300	8583.8
55	15.752	180	1001.9	305	9205.1
60	19.932	185	1122.5	310	9860.5
65	25.022	190	1254.2	315	10551
70	31.176	195	1397.6	320	11279
75	38.563	200	1553.6	325	12046
80	47.373	205	1722.9	330	12852
85	57.815	210	1906.2	335	13701
90	70.117	215	2104.2	340	14594
95	84.529	220	2317.8	345	15533
100	101.32	225	2547.9	350	16521
105	120.79	230	2795.1	355	17561
110	143.24	235	3060.4	360	18655
115	169.02	240	3344.7	365	19809
120	198.48	245	3648.8	370	21030
124	224.96	249	3907.0		

4. 常见有机化合物的性质

表 4-1　常用有机化合物的一般性质

分子式及名称	M_r	$\rho/g \cdot cm^{-3}$	$t_m/℃$	$t_b/℃$	n_D^t
CS_2 二硫化碳	76.13	1.2632	−111.5	46.3	1.6319
HCHO 甲醛	30.03	0.815	−92.0	−21.0	—
HCO_2H 甲酸	46.03	1.220	8.4	100.7	1.3714[20]
$HCONH_2$ 甲酰胺	45.04	1.1334	2.5	—	1.4472[20]
$CH_2 = CCl_2$ 1,1-二氯乙烯	96.94	1.218	−122.1	37.0	1.4249[20]
CH_3CN 乙腈	41.05	0.7857	−45.7	81.6	1.3442[20]

分子式及名称	M_r	$\rho/\text{g}\cdot\text{cm}^{-3}$	$t_m/℃$	$t_b/℃$	n_D'
$CH_2\!=\!CH_2$ 乙烯	28.05	—	-169.0	-103.7	—
C_2H_4O 环氧乙烷	44.06	—	-111.0	—	1.3597
CH_3CHO 乙醛	44.05	—	-121.0	20.8	1.3316[20]
HCO_2CH_3 甲酸甲酯	60.05	0.9742	-99.0	31.5	1.3433[20]
CH_3CO_2H 乙酸	60.05	1.0492	16.6	117.9	1.3716[20]
C_2H_3Cl 氯乙烷	64.51	0.8978	-136.4	12.3	1.3676[20]
CH_3CH_3 乙烷	30.07	—	-183.3	-88.6	—
CH_3CH_2OH 乙醇	46.07	0.7893	-117.3	78.5	1.3611[20]
$HOCH_2CH_2OH$ 乙二醇	62.07	1.1088	-11.5	198.0	1.4318[20]
$C_2H_5NH_2$ 乙胺	45.08	0.6829	-81.0	16.6	1.3663[20]
CH_3COCH_3 丙酮	58.08	0.7899	-95.35	56.2	1.3588[20]
$HCO_2C_2H_5$ 甲酸乙酯	74.08	0.9168	-80.5	54.5	1.3598[10]
$CH_3CO_2CH_3$ 乙酸甲酯	74.08	0.9330	-98.1	57.0	1.3595[20]
$CH_3CONHCH_3$ N-甲基乙酰胺	73.09	0.9517[25]	28.0	204.0~206.0	1.4301[20]
$HCON(CH_3)_2$ N,N-二甲基甲酰胺	73.09	0.9487	-60.5	149.0~156.0	1.4305[20]
$HOCH_2CH(OH)CH_2OH$ 甘油,丙三醇	92.09	1.2613	20.0	—	1.4746[20]
C_4H_4O 呋喃	68.08	0.9514	-85.6	31.4	1.4214[20]
$(CH_3CO)_2O$ 乙酸酐	102.09	1.0820	-73.1	139.55	1.39006[20]
C_4H_8O 四氢呋喃	72.11	0.8892	-108.0	67.0	1.4050[20]
$C_2H_5OC_2H_5$ 乙醚	74.12	0.7138	-116.2	34.5	1.3526[20]
$(CH_3)_3CNH_2$ 叔丁胺	73.14	0.6958	-67.5	44.4	1.3784[20]
$(OC_4H_3)CHO$ 糠醛	96.09	1.1594	-38.7	161.7	1.5261[20]
$CH_3COCH_2COOCH_3$ 乙酰乙酸甲酯	116.12	1.0762	27.0~28.0	171.7	1.4184[20]
$1,2,4\text{-}(NO_2)_3C_6H_3$ 1,2,4-三硝基苯	213.11	—	61.2	—	—
C_6H_5Cl 苯基氯	112.56	1.1058	-45.6	132.0	1.5241[20]
$C_6H_5NO_2$ 硝基苯	123.11	1.2037	5.7	210.8	1.5562[20]
$C_6H_5SO_3Cl$ 苯磺酰氯	176.62	—	14.5	d251.0~252.0	1.5518
$C_6H_5SO_3H$ 苯磺酸	158.17	—	65.0~66.0	—	—
$C_6H_5NH_2$ 苯胺	93.13	1.0217	-6.3	184.0	1.5863[20]
$CH_3COCH_2COOC_2H_5$ 乙酰乙酸乙酯	130.14	1.0368[10]	-39.0	180.8	1.4492[17]
$C_6H_{12}N_4$ 六亚甲基四胺	140.19	1.331[-5]	sub.285.0~295.0	sub.	—
$C_6H_{12}O_6$ 葡萄糖(平衡混合物)	180.16	—	146.0	—	—

分子式及名称	M_r	$\rho/g\cdot cm^{-3}$	$t_m/℃$	$t_b/℃$	n'_D
C_6H_5COCl 苯甲酰氯	140.57	1.2120	—	197.2	1.5537[20]
C_6H_5CHO 苯甲醛	106.12	1.0415[10]	−26.0	178.0	1.5463[20]
$C_6H_5CO_2H$ 苯甲酸	122.12	1.2659[15]	122.1	249.0	1.0504[12]
$C_6H_5CH_2Cl$ 苄基氯	126.59	—	−39.0	179.3	1.5391[20]
$C_6H_5COCH_3$ 苯乙酮	120.12	1.0281	20.5	202.6	1.5372[20]
$C_6H_5CH=CHCO_2H$ 反式肉桂酸	148.16	1.2475[4]	135.0~136.0	300.0	—
$C_6H_5CO_2C_2H_5$ 苯甲酸乙酯	150.18	1.0468	−34.6	213.0	1.5007[20]
$(C_6H_5CO)_2O$ 苯甲酸酐	226.23	1.98915	42.0~43.0	360.0	1.5767[15]

注：M_r 为相对分子质量；ρ 为密度，$g\cdot cm^{-3}$，除注明者外，均指在 20.0℃ 状态下，其上角标若有其他数值，则表示在该温度下测得的密度；t_m 为熔点，在标准大气压（101.325kPa）下的测定值，单位为℃；t_b 为沸点，在大气压（101.325kPa）下的测定值，单位为℃；n'_D 为折射率，是用 D 光线（波长 589nm），温度为 t（℃）时测得的折射率，数据的上角标为测定时的温度，未标温度的均表示在 25.0℃ 测定；溶解性只说明该物质可溶解的一些常规溶剂，没有给出溶解度的具体数据；d 表示分解（decomposition）；d 217.0 表示在 217.0℃ 时分解，217.0 d 表示在高于 217.0℃ 时分解；sub. 表示升华（sublimation），sub. 322.0 表示在 322.0℃ 时升华，322.0 sub. 表示在高于 322.0℃ 时升华。

表 4-2　常见二元恒沸混合物的组成和沸腾温度

混合物的组分		760mmHg(101.3kPa)时的沸点/℃		质量分数/%	
第一组分(t_b/℃)	第二组分	第二组分单组分	共沸物	第一组分	第二组分
水 (100)	甲苯	110.8	84.1	19.6	81.4
	苯	80.2	69.3	8.9	91.1
	乙酸乙酯	77.1	70.4	8.2	91.8
	正丁酸丁酯	125	90.2	26.7	73.3
	异丁酸丁酯	117.2	87.5	19.5	80.5
	苯甲酸乙酯	212.4	99.4	84.0	16.0
	2-戊酮	102.25	82.9	13.5	86.5
	乙醇	78.4	78.1	4.5	95.5
	正丁醇	117.8	92.4	38	62
	异丁醇	108.0	90.0	33.2	66.8
	仲丁醇	99.5	88.5	32.1	67.9
	叔丁醇	82.8	79.9	11.7	88.3
	苄醇	205.2	99.9	91	9
	烯丙醇	97.0	88.2	27.1	72.9
	甲酸	100.8	107.3(最高)	22.5	77.5
	硝酸	86.0	120.5(最高)	32	68
	氢碘酸	34	127(最高)	43	57
	氢溴酸	−67	127(最高)	52.5	47.5
	盐酸	−84	110(最高)	79.76	20.24
	乙醚	34.5	34.2	1.3	98.7
	丁醛	75	68	6	94
	三聚乙醛	115	91.4	30	70

混合物的组分		760mmHg(101.3kPa)时的沸点/℃		质量分数/%	
第一组分(t_b/℃)	第二组分	第二组分单组分	共沸物	第一组分	第二组分
乙酸乙酯(77.1)	二硫化碳	46.3	46.1	7.3	92.7
己烷(69)	苯	80.2	68.8	95	5
	氯仿	61.2	60.0	28	72
丙酮 (56.5)	二硫化碳	46.3	39.2	34	66
	异丙醚	69.0	54.2	61	39
	氯仿	61.2	65.5	20	80
四氯化碳(76.8)	乙酸乙酯	77.1	74.8	57	43
环己烷(80.8)	苯	80.2	77.8	45	55

5. 常见化合物的摩尔质量表

表 5-1　常见化合物的摩尔质量表

化合物	摩尔质量 /g·mol^{-1}	化合物	摩尔质量 /g·mol^{-1}	化合物	摩尔质量 /g·mol^{-1}
Ag_3AsO_4	462.52	$CaCO_3$	100.09	$Cu(NO_3)_2 \cdot 3H_2O$	241.60
$AgBr$	187.77	CaC_2O_4	128.10	CuO	79.545
$AgCl$	143.32	$CaCl_2$	110.99	Cu_2O	143.09
$AgCN$	133.89	$CaCl_2 \cdot 6H_2O$	219.08	CuS	95.61
$AgSCN$	165.95	$Ca(NO_3)_2 \cdot 4H_2O$	236.15	$CuSO_4$	159.60
Ag_2CrO_4	331.73	$Ca(OH)_2$	74.09	$CuSO_4 \cdot 5H_2O$	249.68
AgI	234.77	$Ca_3(PO_4)_2$	310.18	$FeCl_2$	126.75
$AgNO_3$	169.87	$CaSO_4$	136.14	$FeCl_2 \cdot 4H_2O$	198.81
$AlCl_3$	133.34	$CdCO_3$	172.42	$FeCl_3$	162.21
$AlCl_3 \cdot 6H_2O$	241.43	$CdCl_2$	183.32	$FeCl_3 \cdot 6H_2O$	270.30
$Al(NO_3)_3$	213.00	CdS	144.47	$FeNH_4(SO_4)_2 \cdot 12H_2O$	482.18
$Al(NO_3)_3 \cdot 9H_2O$	375.13	$Ce(SO_4)_2$	332.24	$Fe(NO_3)_3$	241.86
Al_2O_3	101.96	$Ce(SO_4)_2 \cdot 4H_2O$	404.30	$Fe(NO_3)_3 \cdot 9H_2O$	404.00
$Al(OH)_3$	78.00	$CoCl_2$	129.84	FeO	71.846
$Al_2(SO_4)_3$	342.14	$CoCl_2 \cdot 6H_2O$	237.93	Fe_2O_3	159.69
$Al_2(SO_4)_3 \cdot 18H_2O$	666.41	$Co(NO_3)_2$	132.94	Fe_3O_4	231.54
As_2O_3	197.84	$Co(NO_3)_2 \cdot 6H_2O$	291.03	$Fe(OH)_3$	106.87
As_2O_3	229.84	CoS	90.99	FeS	87.91
As_2S_3	246.02	$CoSO_4$	154.99	Fe_2S_3	207.87
$BaCO_3$	197.34	$CoSO_4 \cdot 7H_2O$	281.10	$FeSO_4$	151.90
BaC_2O_4	225.35	$CO(NH_2)_2$	60.06	$FeSO_4 \cdot 7H_2O$	278.01
$BaCl_2$	208.24	$CrCl_3$	158.35	$FeSO_4 \cdot (NH_4)_2SO_4 \cdot 6H_2O$	392.13
$BaCl_2 \cdot 2H_2O$	244.27	$CrCl_3 \cdot 6H_2O$	266.45	H_3AsO_3	125.94
$BaCrO_4$	253.32	$Cr(NO_3)_3$	238.01	H_3AsO_4	141.94
BaO	153.33	Cr_2O_3	151.99	H_3BO_3	61.83
$Ba(OH)_2$	171.34	$CuCl$	98.999	HBr	80.912
$BaSO_4$	233.39	$CuCl_2$	134.45	HCN	27.026
$BiCl_3$	315.34	$CuCl_2 \cdot 2H_2O$	170.48	$HCOOH$	46.026
$BiOCl$	260.43	$CuSCN$	121.62	CH_3COOH	60.052
CO_2	44.01	CuI	190.45	H_2CO_3	62.025
CaO	56.08	$Cu(NO_3)_2$	187.56	$H_2C_2O_4$	90.035

化合物	摩尔质量/g·mol^{-1}	化合物	摩尔质量/g·mol^{-1}	化合物	摩尔质量/g·mol^{-1}
$H_2C_2O_4 \cdot 2H_2O$	126.07	$KNaC_4H_4O_6 \cdot 4H_2O$	282.22		
HCl	36.461	KNO_3	101.10	$Na_2CO_3 \cdot 10H_2O$	286.14
HF	20.006	KNO_2	85.104	$Na_2C_2O_4$	134.00
HI	127.91	K_2O	94.196	CH_3COONa	82.034
HIO_3	175.91	KOH	56.106	$CH_3COONa \cdot 3H_2O$	136.08
HNO_3	63.013	K_2SO_4	174.25	$NaCl$	58.443
HNO_2	47.013	$MgCO_3$	84.314	$NaClO$	74.442
H_2O	18.015	$MgCl_2$	95.211	$NaHCO_3$	84.007
H_2O_2	34.015	$MgCl_2 \cdot 6H_2O$	203.30	$Na_2HPO_4 \cdot 12H_2O$	358.14
H_3PO_4	97.995	MgC_2O_4	112.33	$Na_2H_2Y \cdot 2H_2O$	372.24
H_2S	34.08	$Mg(NO_3)_2 \cdot 6H_2O$	256.41	$NaNO_2$	68.995
H_2SO_3	82.07	$MgNH_4PO_4$	137.32	$NaNO_3$	84.995
H_2SO_4	98.07	MgO	40.304	Na_2O	61.979
$Hg(CN)_2$	252.63	$Mg(OH)_2$	58.32	Na_2O_2	77.978
$HgCl_2$	271.50	$Mg_2P_2O_7$	222.55	$NaOH$	39.997
Hg_2Cl_2	472.09	$MgSO_4 \cdot 7H_2O$	246.47	Na_3PO_4	163.94
HgI_2	454.40	$MnCO_3$	114.95	Na_2S	78.04
$Hg_2(NO_3)_2$	525.19	$MnCl_2 \cdot 4H_2O$	197.91	$Na_2S \cdot 9H_2O$	240.18
$Hg_2(NO_3)_2 \cdot 2H_2O$	561.22	$Mn(NO_3)_2 \cdot 6H_2O$	287.04	Na_2SO_3	126.04
$Hg(NO_3)_2$	324.60	MnO	70.937	Na_2SO_4	142.04
HgO	216.59	MnO_2	86.937	$Na_2S_2O_3$	158.10
HgS	232.65	MnS	87.00	$Na_2S_2O_3 \cdot 5H_2O$	248.17
$HgSO_4$	296.65	$MnSO_4$	151.00	$NiCl_2 \cdot 6H_2O$	237.69
Hg_2SO_4	497.24	$MnSO_4 \cdot 4H_2O$	223.06	NiO	74.69
$KAl(SO_4)_2 \cdot 12H_2O$	474.38	NO	30.006	$Ni(NO_3)_2 \cdot 6H_2O$	290.79
KBr	119.00	NO_2	46.006	NiS	90.75
$KBrO_3$	167.00	NH_3	17.03	$NiSO_4 \cdot 7H_2O$	280.85
KCl	74.551	CH_3COONH_4	77.083	P_2O_5	141.94
$KClO_3$	122.55	NH_4Cl	53.491	$PbCO_3$	267.20
$KClO_4$	138.55	$(NH_4)_2CO_3$	96.086	PbC_2O_4	295.22
KCN	65.116	$(NH_4)_2C_2O_4$	124.10	$PbCl_2$	278.10
$KSCN$	97.18	$(NH_4)_2C_2O_4 \cdot H_2O$	142.11	$PbCrO_4$	323.20
$KHC_8H_4O_4$	204.22	NH_4SCN	76.12	$Pb(CH_3COO)_2$	325.30
K_2CO_3	138.21	NH_4HCO_3	79.055	$Pb(CH_3COO)_2 \cdot 3H_2O$	379.30
K_2CrO_4	194.19	$(NH_4)_2MoO_4$	196.01	PbI_2	461.00
$K_2Cr_2O_7$	294.18	NH_4NO_3	80.043	$Pb(NO_3)_2$	331.20
$K_3[Fe(CN)_6]$	329.25	$(NH_4)_2HPO_4$	132.06	PbO	223.20
$K_4[Fe(CN)_6]$	368.35	$(NH_4)_2S$	68.14	PbO_2	239.20
$KFe(SO_4)_2 \cdot 12H_2O$	503.24	$(NH_4)_2SO_4$	132.13	$Pb_3(PO_4)_2$	811.54
$KHC_2O_4 \cdot H_2O$	146.14	NH_4VO_3	116.98	PbS	239.30
$KHC_2O_4 \cdot H_2C_2O_4 \cdot 2H_2O$	254.19	Na_3AsO_3	191.89	$PbSO_4$	303.30
$KHC_4H_4O_6$	188.18	$Na_2B_4O_7$	201.22	SO_3	80.06
$KHSO_4$	136.16	$Na_2B_4O_7 \cdot 10H_2O$	381.37	SO_2	64.06
KI	166.00	$NaBiO_3$	279.97	$SbCl_3$	228.11
KIO_3	214.00	$NaCN$	49.007	$SbCl_5$	299.02
$KIO_3 \cdot HIO_3$	389.91	$NaSCN$	81.07	Sb_2O_3	291.50
$KMnO_4$	158.03	Na_2CO_3	105.99	Sb_3S_3	339.68

化合物	摩尔质量/g·mol^{-1}	化合物	摩尔质量/g·mol^{-1}	化合物	摩尔质量/g·mol^{-1}
SiF_4	104.08	SrC_2O_4	175.64	$Zn(CH_3COO)_2$	183.47
SiO_2	60.084	$SrCrO_4$	203.61	$Zn(CH_3COO)_2·2H_2O$	219.50
$SnCl_2$	189.62	$Sr(NO_3)_2$	211.63	$Zn(NO_3)_2$	189.39
$SnCl_2·2H_2O$	225.65	$Sr(NO_3)_2·4H_2O$	283.69	$Zn(NO_3)_2·6H_2O$	297.48
$SnCl_4$	260.52	$SrSO_4$	183.68	ZnO	81.38
$SnCl_4·5H_2O$	350.596	$UO_2(CH_3COO)_2·2H_2O$	424.15	ZnS	97.44
SnO_2	150.71	$ZnCO_3$	125.39	$ZnSO_4$	161.44
SnS	150.776	ZnC_2O_4	153.40	$ZnSO_4·7H_2O$	287.54
$SrCO_3$	147.63	$ZnCl_2$	136.29		

6. 常见基准物质

表 6-1　常见基准物质

基准物质 名称	基准物质 分子式	干燥后组成	干燥条件	标定对象
碳酸氢钠	$NaHCO_3$	Na_2CO_3	270～300℃	酸
碳酸钠	$Na_2CO_3·10H_2O$	Na_2CO_3	270～300℃	酸
硼砂	$Na_2B_4O_7·10H_2O$	$Na_2B_4O_7·10H_2O$	放在含 $NaCl$ 和蔗糖饱和溶液的干燥器中	酸
碳酸氢钾	$KHCO_3$	K_2CO_3	270～300℃	酸
草酸	$H_2C_2O_4·2H_2O$	$H_2C_2O_4·2H_2O$	室温空气干燥	碱或 $KMnO_4$
邻苯二甲酸氢钾	$KHC_8H_4O_4$	$KHC_8H_4O_4$	110～120℃	碱
重铬酸钾	$K_2Cr_2O_7$	$K_2Cr_2O_7$	140～150℃	还原剂
溴酸钾	$KBrO_3$	$KBrO_3$	130℃	还原剂
碘酸钾	KIO_3	KIO_3	130℃	还原剂
铜	Cu	Cu	室温干燥器中保存	还原剂
三氧化二砷	As_2O_3	As_2O_3	室温干燥器中保存	氧化剂
草酸钠	$Na_2C_2O_4$	$Na_2C_2O_4$	130℃	氧化剂
碳酸钙	$CaCO_3$	$CaCO_3$	110℃	EDTA
锌	Zn	Zn	室温干燥器中保存	EDTA
氧化锌	ZnO	ZnO	900～1000℃	EDTA
氯化钠	$NaCl$	$NaCl$	500～600℃	$AgNO_3$
氯化钾	KCl	KCl	500～600℃	$AgNO_3$
硝酸银	$AgNO_3$	$AgNO_3$	220～250℃	氯化物
氨基磺酸	$HOSO_2NH_2$	$HOSO_2NH_2$	在真空 H_2SO_4 干燥器中保存 48h	碱
氟化钠	NaF	NaF	铂坩埚中 500～550℃下保存 40～50min 后，H_2SO_4 干燥器中冷却	

7. 常见指示剂

表 7-1　酸碱指示剂(291～298K)

指示剂名称	变色 pH 值范围	颜色变化	溶液配制方法
甲基紫 (第一变色范围)	0.13～0.5	黄—绿	0.1% 或 0.05% 的水溶液
苦味酸	0.0～1.3	无色—黄	0.1% 水溶液

指示剂名称	变色 pH 值范围	颜色变化	溶液配制方法
甲基绿	0.1～2.0	黄—绿—浅蓝	0.05％水溶液
孔雀绿 （第一变色范围）	0.13～2.0	黄—浅蓝—绿	0.1％水溶液
甲酚红 （第一变色范围）	0.2～1.8	红—黄	0.04g 指示剂溶于 100cm³ 50％乙醇中
甲基紫 （第二变色范围）	1.0～1.5	绿—蓝	0.1％水溶液
百里酚蓝 （麝香草酚蓝） （第一变色范围）	1.2～2.8	红—黄	0.1g 指示剂溶于 100cm³ 20％乙醇中
甲基紫 （第三变色范围）	2.0～3.0	蓝—紫	0.1％水溶液
茜素黄 R （第一变色范围）	1.9～3.3	红—黄	0.1％水溶液
二甲基黄	2.9～4.0	红—黄	0.1g 或 0.01g 指示剂溶于 100cm³ 90％乙醇中
甲基橙	3.1～4.4	红—橙黄	0.1％水溶液
溴酚蓝	3.0～4.6	黄—蓝	0.1g 指示剂溶于 100cm³ 20％乙醇中
刚果红	3.0～5.2	蓝紫—红	0.1％水溶液
茜素红 S （第一变色范围）	3.7～5.2	黄—紫	0.1％水溶液
溴甲酚绿	3.8～5.4	黄—蓝	0.1g 指示剂溶于 100cm³ 20％乙醇中
甲基红	4.4～6.2	红—黄	0.1g 或 0.2g 指示剂溶于 100cm³ 60％乙醇中
溴酚红	5.0～6.8	黄—红	0.1g 或 0.04g 指示剂溶于 100cm³ 20％乙醇中
溴甲酚紫	5.2～6.8	黄—紫红	0.1g 指示剂溶于 100cm³ 20％乙醇中
溴百里酚蓝	6.0～7.6	黄—蓝	0.05g 指示剂溶于 100cm³ 20％乙醇中
中性红	6.8～8.0	红—亮黄	0.1g 指示剂溶于 100cm³ 60％乙醇中
酚红	6.8～8.0	黄—红	0.1g 指示剂溶于 100cm³ 20％乙醇中
甲酚红	7.2～8.8	亮黄—紫红	0.1g 指示剂溶于 100cm³ 50％乙醇中
百里酚蓝 （麝香草酚蓝） （第二变色范围）	8.0～9.0	黄—蓝	参看第一变色范围
酚酞	8.0～10.0	无色—紫红	①0.1g 指示剂溶于 100cm³ 60％乙醇中 ②1g 酚酞溶于 100cm³ 50％乙醇中
百里酚酞	9.4～10.6	无色—蓝	0.1g 指示剂溶于 100cm³ 90％乙醇中
茜素红 S （第二变色范围）	10.0～12.0	紫—淡黄	参看第一变色范围
茜素黄 R （第二变色范围）	10.1～12.1	黄—淡紫	0.1％水溶液
孔雀绿 （第二变色范围）	11.5～13.2	蓝绿—无色	参看第一变色范围
达旦黄	12.0～13.0	黄—红	0.1％水溶液

表 7-2 　混合酸碱指示剂

组　　成	变色点 pH 值	颜色		备　注
		酸色	碱色	
一份 0.1%甲基黄乙醇溶液 一份 0.1%亚甲基蓝乙醇溶液	3.25	蓝紫	绿	pH=3.2 蓝紫色 pH=3.4 绿色
四份 0.2%溴甲酚绿乙醇溶液 一份 0.2%二甲基黄乙醇溶液	3.9	橙	绿	变色点黄色
一份 0.2%甲基橙溶液 一份 0.28%靛蓝(二磺酸)乙醇溶液	4.1	紫	黄绿	调节二者比例,直至终点敏锐
一份 0.1%溴百里酚绿钠盐水溶液 一份 0.2%甲基橙水溶液	4.3	黄	蓝绿	pH=3.5 黄色 pH=4.0 黄绿色 pH=4.3 绿色
三份 0.1%溴甲酚绿乙醇溶液 一份 0.2%甲基红乙醇水溶液	5.1	酒红	绿	
一份 0.2%甲基红乙醇水溶液 一份 0.1%亚甲基蓝乙醇溶液	5.4	红紫	绿	pH=5.2 红紫 pH=5.4 暗蓝 pH=5.6 绿
一份 0.1%溴甲酚绿钠盐水溶液 一份 0.1%氯酚红钠盐水溶液	6.1	黄绿	蓝紫	pH=5.4 蓝绿 pH=5.8 蓝 pH=6.2 蓝紫
一份 0.1%溴甲酚紫钠盐水溶液 一份 0.1%溴百里酚蓝钠盐水溶液	6.7	黄	蓝紫	pH=6.2 黄紫 pH=6.6 紫 pH=6.8 蓝紫
一份 0.1%中性红乙醇溶液 一份 0.1%亚甲基蓝乙醇溶液	7.0	蓝紫	绿	pH=7.0 蓝紫
一份 0.1%溴百里酚蓝钠盐水溶液 一份 0.1%酚红钠盐水溶液	7.5	黄	紫	pH=7.2 暗绿 pH=7.4 淡紫 pH=7.6 深紫
一份 0.1%甲酚红 50%乙醇溶液 六份 0.1%百里酚蓝 50%乙醇溶液	8.3	黄	紫	pH=8.2 玫瑰色 pH=8.4 紫色 变色点微红色

表 7-3 　金属离子指示剂

指示剂名称	溶液配制方法	备　注
铬黑 T(EBT)	①0.5%水溶液 ②与 NaCl 按 1:100 质量比例混合	H_2In^-,紫红;HIn^{2-},蓝色;In^{3-},橙色。$pK_{a_2}=6.3$;$pK_{a_3}=11.5$。金属离子配合物一般为红色,一般在 pH 为 8~10 时使用
二甲酚橙(XO)	0.2%水溶液	H_3In^{4-},黄色;H_2In^{5-},红色。$pK_a=6.3$,金属离子配合物一般为红色,一般在 pH<6 时使用
K-B 指示剂	0.2g 酸性铬蓝 K 与 0.34g 萘酚绿 B 溶于 100cm³ 水中。配制后调节 K-B 的比例,使终点变化明显	H_2In,红色;HIn^-,蓝色;In^{2-},紫红。$pK_{a_1}=8$;$pK_{a_2}=13$;金属离子配合物一般为红色。一般在 pH 为 8~13 时使用
钙指示剂	①0.5%乙醇溶液 ②与 NaCl 按 1:100 质量比例混合	H_2In^-,酒红色;HIn^{2-},蓝色;In^{3-},酒红色。$pK_{a_2}=7.4$;$pK_{a_3}=13.5$。金属离子配合物一般为红色。一般在 pH 值为 12~13 时使用
吡啶偶氮萘酚(PAN)	0.1%或 0.3%的乙醇溶液	H_2In^+,黄绿;HIn,黄色;In^-,淡红色。$pK_{a_1}=1.9$;$pK_{a_2}=12.2$,一般在 pH 值为 2~12 使用

指示剂名称	溶液配制方法	备 注
Cu-PAN（CuY-PAN 溶液）	取 $0.05 mol \cdot dm^{-3}$ Cu^{2+} 溶液 $10cm^3$，加 pH 值为 5～6 的 HAc 缓冲溶液 $5cm^3$，1 滴 PAN 指示剂，加热至 60℃ 左右，用 EDTA 滴至绿色，得到约 $0.025 mol \cdot dm^{-3}$ 的 CuY 溶液。使用时取 2～3cm^3 于试液中，再加数滴 PAN 溶液	$CuY + PAN + M^{n+} \Longrightarrow MY + Cu\text{-}PAN$ $CuY + PAN$，浅绿色；Cu-PAN，红色。一般在 pH 值为 2～12 时使用
磺基水杨酸	1% 或 10% 的水溶液	$H_2 In$，无色；HIn^-，无色；In^{2-}，无色。$pK_{a_2} = 2.7$；$pK_{a_3} = 13.1$；pH 值在 1.5～2.5 与 Fe^{3+} 生成红色配合物
钙镁试剂	0.5% 水溶液	$H_2 In^-$，红色；HIn^{2-}，蓝色；In^{3-}，红橙。$pK_{a_2} = 8.1$；$pK_{a_3} = 12.4$。金属离子配合物一般为红色
紫脲酸胺	与 NaCl 按 1:100 质量比混合	$H_4 In^-$，红紫色，$H_3 In^{2-}$，紫色；$H_2 In^{3-}$，蓝色。$pK_{a_2} = 9.2$；$pK_{a_3} = 10.9$

表 7-4　氧化还原指示剂

指示剂名称	$[H^+] = 1 mol \cdot dm^{-3}$ 变色点电位/V	颜色变化		溶液配制方法
		氧化态	还原态	
中性红	0.24	红色	无色	0.05% 的 60% 乙醇溶液
亚甲基蓝	0.36	蓝色	无色	0.05% 水溶液
变胺蓝	0.59(pH=2)	无色	蓝色	0.05% 水溶液
二苯胺	0.76	紫色	无色	1% 的浓硫酸溶液
二苯胺磺酸钠	0.85	紫红	无色	0.5% 的水溶液，若溶液浑浊，可滴加少量盐酸
N-邻苯氨基苯甲酸	1.08	紫红	无色	0.1g 指示剂加 $20cm^3$ 5% 碳酸钠溶液，用水稀释至 $100cm^3$
邻二氮菲-Fe(Ⅱ)	1.06	浅蓝	红色	1.485g 邻二氮菲加 0.965g $FeSO_4$，溶于 $100cm^3$ 水中（$0.025 mol \cdot dm^{-3}$ 溶液）
5-硝基邻二氮菲-Fe(Ⅱ)	1.25	浅蓝	紫红	1.608g 5-硝基邻二氮菲，加 0.695g $FeSO_4$，溶于 $100cm^3$ 水中（$0.025 mol \cdot dm^{-3}$ 溶液）

表 7-5　沉淀滴定吸附指示剂

指示剂	被测离子	滴定剂	滴定条件	溶液配制方法
荧光黄	Cl^-	Ag^+	pH=7～10（一般 7～8）	0.2% 乙醇溶液
二氯荧光黄	Cl^-	Ag^+	pH=4～10（一般 5～8）	0.1% 水溶液
曙红	Br^-, I^-, SCN^-	Ag^+	pH=2～10（一般 3～8）	0.5% 水溶液
溴甲酚绿	SCN^-	Ag^+	pH=4～5	0.1% 水溶液
甲基紫	Ag^+	Cl^-	酸性溶液	0.1% 水溶液
罗丹明 6G	Ag^+	Br^-	酸性溶液	0.1% 水溶液
钍试剂	SO_4^{2-}	Ba^{2+}	pH=1.5～3.5	0.5% 水溶液
溴酚蓝	Hg^{2+}	Cl^-, Br^-	酸性溶液	0.1% 水溶液

表 7-6　荧光指示剂

名称	pH 值变色范围	酸色	碱色	浓度及配制方法
曙红	0～3.0	无荧光	绿	1% 水溶液
水杨酸	2.5～4.0	无荧光	暗蓝	0.5% 水杨酸钠水溶液

名称	pH 值变色范围	酸色	碱色	浓度及配制方法
2-萘胺	2.8~4.4	无荧光	紫	1%乙醇溶液
1-萘胺	3.4~4.8	无荧光	蓝	1%乙醇溶液
奎宁	3.0~5.0	蓝	浅紫	0.1%乙醇溶液
	9.5~10.0	浅紫	无荧光	
2-羟基-3-萘甲酸	3.0~6.8	蓝	绿	0.1%其钠盐水溶液
喹啉	6.2~7.2	蓝	无荧光	饱和水溶液
2-萘酚	8.5~9.5	无荧光	蓝	0.1%乙醇溶液
香豆素	9.5~10.5	无荧光	浅绿	

8. 常见缓冲溶液

表 8-1 常用缓冲溶液

缓冲溶液组成	pK_a	缓冲液 pH 值	缓冲溶液配制方法
氨基乙酸 HCl	$2.53(pK_{a_1})$	2.3	取 150g 氨基乙酸溶于 500cm³ 水中后，加 80cm³ 浓 HCl，稀至 1dm³
H_3PO_4-柠檬酸盐		2.5	取 113g $Na_2HPO_4 \cdot 12H_2O$ 溶于 200cm³ 水后，加 387g 柠檬酸，溶解，过滤，稀至 1dm³
一氯乙酸-NaOH	2.86	2.8	取 200g 一氯乙酸溶于 200cm³ 水中，加 40g NaOH 溶解后，稀至 1dm³
邻苯二甲酸氢钾 HCl	$2.95(pK_{a_1})$	2.9	取 500g 邻苯二甲酸氢钾溶于 500cm³ 水中，加 80cm³ 浓 HCl，稀至 1dm³
甲酸-NaOH	3.76	3.7	取 95g 甲酸和 40g NaOH 溶于 500cm³ 水中，稀至 1dm³
NaAc-HAc	4.74	4.2	取 3.2g 无水 NaAc 溶于水中，加 50cm³ 冰 HAc，用水稀至 1dm³
NH_4Ac-HAc		4.5	取 77g NH_4Ac 溶于 200cm³ 水中，加 59cm³ 冰 HAc，稀至 1dm³
NaAc-HAc	4.74	4.7	取 83g 无水 NaAc 溶于水中，加 60cm³ 冰 HAc，稀至 1dm³
NaAc-HAc	4.74	5.0	取 160g 无水 NaAc 溶于水中，加 60cm³ 冰 HAc，稀至 1dm³。
NH_4Ac-HAc		5.0	取 250g NH_4Ac 溶于水中，加 25cm³ 冰 HAc，稀至 1dm³
六亚甲基四胺-HCl	5.15	5.4	取 40g 六亚甲基四胺溶于 200cm³ 水中，加 100cm³ 浓 HCl，稀至 1dm³
NH_4Ac-HAc		6.0	取 600g NH_4Ac 溶于水中，加 20cm³ 冰 HAc，稀至 1dm³
$NaAc$-Na_2HPO_4		8.0	取 50g 无水 NaAc 和 50g $Na_2HPO_4 \cdot 12H_2O$，溶于水中，稀至 1dm³
Tris-HCl[Tris＝三羟甲基氨基甲烷 $C(NH_2)(CH_2OH)_3$]	8.21	8.2	取 25g Tris 试剂溶于水中，加 18cm³ 浓 HCl，稀至 1dm³
NH_3-NH_4Cl	9.26	9.2	取 54g NH_4Cl 溶于水中，加 63cm³ 浓氨水，稀至 1dm³

缓冲溶液组成	pK_a	缓冲液 pH 值	缓冲溶液配制方法
NH_3-NH_4Cl	9.26	9.5	取 54g NH_4Cl 溶于水中，加 126cm³ 浓氨水，稀至 1dm³
NH_3-NH_4Cl	9.26	10.0	①取 54g NH_4Cl 溶于水中，加 350cm³ 浓氨水，稀至 1dm³ ②取 67.5g NH_4Cl 溶于 200cm³ 水中，加 570cm³ 浓氨水，稀至 1dm³

9. 常见标准缓冲溶液

表 9-1　常用标准缓冲溶液

基准试剂		干燥条件 T/K	配制方法		标准 pH 值 (298K)
名称	化学式		浓度/mol·dm⁻³	方法	
草酸三氢钾	$KH_3(C_2O_4)_2$·$2H_2O$	330±2，烘干 4～5h	0.05	12.61g $KH_3(C_2O_4)_2$·$2H_2O$ 溶于水后于 1dm³ 容量瓶中定容	1.68±0.01
酒石酸氢钾	$KHC_4H_4O_6$		饱和溶液	过饱和的酒石酸氢钾溶液（大于 6.4g·dm⁻³，在温度 296～300K 振荡 20～30min）	3.56±0.01
邻苯二甲酸氢钾	$KHC_8H_4O_4$	378±5，烘干 2h	0.05	称取 $KHC_8H_4O_4$ 10.12g 溶解后于 1dm³ 容量瓶中定容	4.00±0.01
磷酸氢二钠-磷酸二氢钾	Na_2HPO_4-NaH_2PO_4	383～393，烘干 2～3h	0.025	称取 Na_2HPO_4 3.533g、KH_2PO_4 3.387g，溶解后于 1dm³ 容量瓶中定容	6.86±0.01
四硼酸钠	$Na_2B_4O_7$·$10H_2O$	在氯化钠和蔗糖饱和溶液中干燥至恒重	0.01	称取 3.80g $Na_2B_4O_7$·$10H_2O$ 溶解后于 1dm³ 容量瓶中定容	9.18±0.01
氢氧化钙	$Ca(OH)_2$		饱和溶液	过饱和的氢氧化钙溶液（大于 2g·dm⁻³），在 296～300K 下振荡 20～30min	12.46±0.01

注：标准缓冲溶液的 pH 值随温度的变化而变化。

10. 常见酸碱浓度

表 10-1　常用酸碱浓度

试剂名称	密度 /g·cm⁻³	质量分数 /%	物质的量浓度 /mol·dm⁻³	试剂名称	密度 /g·cm⁻³	质量分数 /%	物质的量浓度 /mol·dm⁻³
浓硫酸	1.84	98	18	浓氢氟酸	1.13	40	23
稀硫酸	1.1	9	2	氢溴酸	1.38	40	7
浓盐酸	1.19	38	12	氢碘酸	1.70	57	7.5
稀盐酸	1.0	7	2	冰醋酸	1.05	99	17.5
浓硝酸	1.4	68	16	稀醋酸	1.04	30	5
稀硝酸	1.2	32	6	稀醋酸	1.0	12	2
稀硝酸	1.1	12	2	浓氢氧化钠	1.44	41	14.4
浓磷酸	1.7	85	14.7	稀氢氧化钠	1.1	8	2
稀磷酸	1.05	9	1	浓氨水	0.91	28	14.8
浓高氯酸	1.67	70	11.6	稀氨水	1.0	3.5	2
稀高氯酸	1.12	19	2				

11. 水溶液中某些离子的颜色

表 11-1　水溶液中某些离子的颜色

离　　子	颜色	离　　子	颜色	离　　子	颜色
无色离子		SO_3^{2-}	无色	$[Cr(H_2O)_6]^{3+}$	紫色
Na^+	无色	SO_4^{2-}	无色	$[Cr(H_2O)_5Cl]^{2+}$	浅绿色
K^+	无色	S^{2-}	无色	$[Cr(H_2O)_4Cl_2]^+$	暗绿色
NH_4^+	无色	$S_2O_3^{2-}$	无色	$[Cr(NH_3)_2(H_2O)_4]^{3+}$	紫红色
Mg^{2+}	无色	F^-	无色	$[Cr(NH_3)_3(H_2O)_3]^{3+}$	浅红色
Ca^{2+}	无色	Cl^-	无色	$[Cr(NH_3)_4(H_2O)_2]^{3+}$	橙红色
Sr^{2+}	无色	ClO_3^-	无色	$[Cr(NH_3)_5H_2O]^{3+}$	橙黄色
Ba^{2+}	无色	Br^-	无色	$[Cr(NH_3)_6]^{3+}$	黄色
Al^{3+}	无色	BrO_3^-	无色	CrO_2^-	绿色
Sn^{2+}	无色	I^-	无色	CrO_4^{2-}	黄色
Sn^{4+}	无色	SCN^-	无色	$Cr_2O_7^{2-}$	橙色
Pb^{2+}	无色	$[CuCl_2]^-$	无色	$[Mn(H_2O)_6]^{2+}$	肉色
Bi^{3+}	无色	TiO^{2+}	无色	MnO_4^{2-}	绿色
Ag^+	无色	VO_3^-	无色	MnO_4^-	紫红色
Zn^{2+}	无色	VO_4^{3-}	无色	$[Fe(H_2O)_6]^{2+}$	浅绿色
Cd^{2+}	无色	MoO_4^{2-}	无色	$[Fe(H_2O)_6]^{3+}$	淡紫色①
Hg_2^{2+}	无色	WO_4^{2-}	无色	$[Fe(CN)_6]^{4-}$	黄色
Hg^{2+}	无色	有色离子		$[Fe(CN)_6]^{3-}$	浅橘黄色
$B(OH)_4^-$	无色	$[Cu(H_2O)_4]^{2+}$	浅蓝色	$[Fe(NCS)_n]^{3-n}$	血红色
$B_4O_7^{2-}$	无色	$[CuCl_4]^{2-}$	黄色	$[Co(H_2O)_6]^{2+}$	粉红色
$C_2O_4^{2-}$	无色	$[Cu(NH_3)_4]^{2+}$	深蓝色	$[Co(NH_3)_6]^{2+}$	黄色
Ac^-	无色	$[Ti(H_2O)_6]^{3+}$	紫色	$[Co(NH_3)_6]^{3+}$	橙黄色
CO_3^{2-}	无色	$[TiCl(H_2O)_5]^{2+}$	绿色	$[CoCl(NH_3)_5]^{2+}$	红紫色
SiO_3^{2-}	无色	$[TiO(H_2O)_2]^{2+}$	橘黄色	$[Co(NH_3)_5H_2O]^{3+}$	粉红色
NO_3^-	无色	$[V(H_2O)_6]^{2+}$	紫色	$[Co(NH_3)_4CO_3]^+$	紫红色
NO_2^-	无色	$[V(H_2O)_6]^{3+}$	绿色	$[Co(CN)_6]^{3-}$	紫色
PO_4^{3-}	无色	VO^{2+}	蓝色	$[Co(SCN)_4]^{2-}$	蓝色
AsO_3^{3-}	无色	VO_2^+	浅黄色	$[Ni(H_2O)_6]^{2+}$	亮绿色
AsO_4^{3-}	无色	$[VO_2(O_2)_2]^{3-}$	黄色	$[Ni(NH_3)_6]^{2+}$	蓝色
$[SbCl_6]^{3-}$	无色	$[V(O_2)]^{3+}$	深红色	I_3^-	浅棕黄色
$[SbCl_6]^-$	无色	$[Cr(H_2O)_6]^{2+}$	蓝色		

　　① 由于水解生成 $[Fe(H_2O)_5OH]^{2+}$、$[Fe(H_2O)_4(OH)_2]^{2+}$ 等离子，而使溶液呈黄棕色。未水解的 $FeCl_3$ 溶液呈黄棕色，这是由于生成 $[FeCl_4]^-$ 的缘故。

12. 弱酸、弱碱的解离常数

表 12-1　无机酸在水溶液中的解离常数（25℃）

名称	化学式	K_a	pK_a
硼酸	H_3BO_3	$5.8 \times 10^{-10}(K_1)$	9.24
		$1.8 \times 10^{-13}(K_2)$	12.74
		$1.6 \times 10^{-14}(K_3)$	13.80
氢氰酸	HCN	6.2×10^{-10}	9.21
碳酸	H_2CO_3	$4.2 \times 10^{-7}(K_1)$	6.38
		$5.6 \times 10^{-11}(K_2)$	10.25

名称	化学式	K_a	pK_a
次氯酸	HClO	3.2×10^{-8}	7.50
氢氟酸	HF	6.61×10^{-4}	3.18
磷酸	H_3PO_4	$7.52 \times 10^{-3}(K_1)$	2.12
		$6.31 \times 10^{-8}(K_2)$	7.20
		$4.4 \times 10^{-13}(K_3)$	12.36
氢硫酸	H_2S	$1.3 \times 10^{-7}(K_1)$	6.88
		$7.1 \times 10^{-15}(K_2)$	14.15
亚硫酸	H_2SO_3	$1.23 \times 10^{-2}(K_1)$	1.91
		$6.6 \times 10^{-8}(K_2)$	7.18
硫酸	H_2SO_4	$1.0 \times 10^{3}(K_1)$	-3.0
		$1.02 \times 10^{-2}(K_2)$	1.99
硅酸	H_2SiO_3	$1.7 \times 10^{-10}(K_1)$	9.77
		$1.6 \times 10^{-12}(K_2)$	11.80

表 12-2　有机酸在水溶液中的解离常数（25℃）

名　称	化学式	K_a	pK_a
甲酸	HCOOH	1.8×10^{-4}	3.75
乙酸	CH_3COOH	1.74×10^{-5}	4.76
草酸	$(COOH)_2$	$5.4 \times 10^{-2}(K_1)$	1.27
		$5.4 \times 10^{-5}(K_2)$	4.27
三氯乙酸	CCl_3COOH	2.0×10^{-1}	0.70
丙酸	CH_3CH_2COOH	1.35×10^{-5}	4.87
丙二酸	$HOOCCH_2COOH$	$1.4 \times 10^{-3}(K_1)$	2.85
		$2.2 \times 10^{-6}(K_2)$	5.66
反丁烯二酸(富马酸)	HOOCCH=CHCOOH	$9.3 \times 10^{-4}(K_1)$	3.03
		$3.6 \times 10^{-5}(K_2)$	4.44
顺丁烯二酸(马来酸)	HOOCCH=CHCOOH	$1.2 \times 10^{-2}(K_1)$	1.92
		$5.9 \times 10^{-7}(K_2)$	6.23
酒石酸	HOOCCH(OH)CH(OH)COOH	$1.04 \times 10^{-3}(K_1)$	2.98
		$4.55 \times 10^{-5}(K_2)$	4.34
苯酚	C_6H_5OH	1.1×10^{-10}	9.96
苯甲酸	C_6H_5COOH	6.3×10^{-5}	4.20
水杨酸	$C_6H_4(OH)COOH$	$1.05 \times 10^{-3}(K_1)$	2.98
		$4.17 \times 10^{-13}(K_2)$	12.38

表 12-3　无机碱在水溶液中的解离常数（25℃）

名　称	化　学　式	K_b	pK_b
氢氧化铝	$Al(OH)_3$	$1.38 \times 10^{-9}(K_3)$	8.86
氢氧化银	$AgOH$	1.10×10^{-4}	3.96
氢氧化钙	$Ca(OH)_2$	3.72×10^{-3}	2.43
		3.98×10^{-2}	1.40
氨水	$NH_3 \cdot H_2O$	1.78×10^{-5}	4.75
肼(联氨)	N_2H_4	$9.55 \times 10^{-7}(K_1)$	6.02
		$1.26 \times 10^{-15}(K_2)$	14.9
羟氨	NH_2OH	9.12×10^{-9}	8.04
氢氧化铅	$Pb(OH)_2$	$9.55 \times 10^{-4}(K_1)$	3.02
		$3.0 \times 10^{-8}(K_2)$	7.52
氢氧化锌	$Zn(OH)_2$	9.55×10^{-4}	3.02

表 12-4　有机碱在水溶液中的解离常数（25℃）

名　称	化　学　式	K_b	pK_b
甲胺	CH_3NH_2	4.17×10^{-4}	3.38
尿素	$CO(NH_2)_2$	1.5×10^{-14}	13.82
乙胺	$CH_3CH_2NH_2$	4.27×10^{-4}	3.37
乙二胺	$H_2N(CH_2)_2NH_2$	$8.51 \times 10^{-5}(K_1)$	4.07
		$7.08 \times 10^{-8}(K_2)$	7.15
三乙胺	$(C_2H_5)_3N$	5.25×10^{-4}	3.28
叔丁胺	$C_4H_9NH_2$	4.84×10^{-4}	3.315
苯胺	$C_6H_5NH_2$	3.98×10^{-10}	9.40
苄胺	C_7H_9N	2.24×10^{-5}	4.65
吡啶	C_5H_5N	1.48×10^{-9}	8.83
六亚甲基四胺	$(CH_2)_6N_4$	1.35×10^{-9}	8.87
8-羟基喹啉(20℃)	$8-HO-C_9H_6N$	6.5×10^{-5}	4.19

13. 配合物稳定常数

表 13-1　金属-常见无机配体配合物的稳定常数

配位体	金属离子	配位体数目 n	$\lg\beta_n$
NH_3	Ag^+	1,2	3.24,7.05
	Cu^{2+}	1,2,3,4,5	4.31,7.98,11.02,13.32,12.86
	Hg^{2+}	1,2,3,4	8.8,17.5,18.5,19.28
	Ni^{2+}	1,2,3,4,5,6	2.80,5.04,6.77,7.96,8.71,8.74
	Zn^{2+}	1,2,3,4	2.37,4.81,7.31,9.46
Cl^-	Ag^+	1,2,4	3.04,5.04,5.30
	Cd^{2+}	1,2,3,4	1.95,2.50,2.60,2.80
	Zn^{2+}	1,2,3,4	5.3,11.70,16.70,21.60

配位体	金属离子	配位体数目 n	$\lg\beta_n$
F⁻	Al^{3+}	1,2,3,4,5,6	6.11,11.12,15.00,18.00,19.40,19.80
	Fe^{3+}	1,2,3,5	5.28,9.30,12.06,15.77
SCN⁻	Ag^+	1,2,3,4	4.6,7.57,9.08,10.08
	Hg^{2+}	1,2,3,4	9.08,16.86,19.70,21.70
$S_2O_2^{2-}$	Ag^+	1,2	8.82,13.46
	Cd^{2+}	1,2	3.92,6.44
	Cu^+	1,2,3	10.27,12.22,13.84
	Hg^{2+}	2,3,4	29.44,31.90,33.24

注：离子强度都是在有限的范围内，$I\approx0$。

表 13-2　金属-常见有机配体配合物的稳定常数

配　位　体	金属离子	配位体数目 n	$\lg\beta_n$
乙二胺四乙酸 （EDTA） $[(HOOCCH_2)_2NCH_2]_2$	Ag^+	1	7.32
	Al^{3+}	1	16.11
	Ba^{2+}	1	7.78
	Be^{2+}	1	9.3
	Bi^{3+}	1	22.8
	Ca^{2+}	1	11.0
	Cd^{2+}	1	16.4
	Co^{2+}	1	16.31
	Co^{3+}	1	36.0
	Cr^{3+}	1	23.0
	Cu^{2+}	1	18.7
	Fe^{2+}	1	14.83
	Fe^{3+}	1	24.23
	Hg^{2+}	1	21.80
	Mg^{2+}	1	8.64
	Mn^{2+}	1	13.8
	Ni^{2+}	1	18.56
	Pb^{2+}	1	18.3
	Sn^{2+}	1	22.1
	Sr^{2+}	1	8.80
	TiO^{2+}	1	17.3
	Zn^{2+}	1	16.4
磺基水杨酸 （5-sulfosalicylicacid） $HO_3SC_6H_3(OH)COOH$	Al^{3+}(0.1mol/L)	1,2,3	13.20,22.83,28.89
	Be^{2+}(0,1mol/L)	1,2	11,71,20.81
	Cd^{2+}(0.1mol/L)	1,2	16.68,29.08
	Co^{2+}(0.1mol/L)	1,2	6.13,9.82

配 位 体	金属离子	配位体数目 n	$\lg\beta_n$
磺基水杨酸 (5-sulfosalicylicacid) $HO_3SC_6H_3(OH)COOH$	Cr^{3+} (0.1mol/L)	1	9.56
	Cu^{2+} (0.1mol/L)	1,2	9.52,16.45
	Fe^{2+} (0.1mol/L)	1,2	5.9,9.9
	Fe^{3+} (0.1mol/L)	1,2,3	14.64,25,18,32.12
	Mn^{2+} (0.1mol/L)	1,2	5.24,8.24
	Ni^{2+} (0.1mol/L)	1,2	6.42,10.24
	Zn^{2+} (0.1mol/L)	1,2	6.05,10.65
酒石酸 (tartaric acid) $(HOOCCHOH)_2$	Ba^{2+}	2	1.62
	Bi^{3+}	3	8.30
	Ca^{2+}	1,2	2.98,9.01
	Cd^{2+}	1	2.8
	Co^{2+}	1	2.1
	Cu^{2+}	1,2,3,4	3.2,5.11,4.78,6.51
	Fe^{3+}	1	7.49
	Hg^{2+}	1	7.0
	Mg^{2+}	2	1.36
	Mn^{2+}	1	2.49
	Ni^{2+}	1	2.06
	Pb^{2+}	1,3	3.78,4.7
	Sn^{2+}	1	5.2
	Zn^{2+}	1,2	2.68,8.32
硫脲 (thiourea) H_2NCNH_2 $\parallel$ S	Ag^+	1,2	7.4,13.1
	Bi^{3+}	6	11.9
	Cd^{2+}	1,2,3,4	0.6,1.6,2.6,4.6
	Cu^+	3,4	13.0,15.4
	Hg^{2+}	2,3,4	22,1,24.7,26.8
	Pb^{2+}	1,2,3,4	1,4,3.1,4.7,8.3

14. 物理化学常用数据表

表 14-1 一些物理化学常数

常数名称	符号	数值	单位(SI)
真空光速	c	2.997924258	$10^8 m\cdot s^{-1}$
基本电荷	e	1.6021892	$10^{-19} C$
阿伏伽德罗常数	L	6.022045	$10^{23} mol^{-1}$
原子质量单位	u	1.6605655	$10^{-27} kg$
电子静质量	m_e	9.109534	$10^{-31} kg$
质子静质量	m_p	1.6726485	$10^{-27} kg$
法拉第常数	F	9.648456	$10^4 C\cdot mol^{-1}$

常数名称	符号	数值	单位(SI)
普朗克常数	h	6.626176	$10^{-34}J \cdot s$
电子质荷比	e/m_e	1.7588047	$10^{11}C \cdot kg^{-1}$
里德堡常数	R_∞	1.09737317	$10^7 m^{-1}$
玻尔磁子	μ_B	9.274078	$10^{-24}J \cdot T^{-1}$
气体常数	R	8.31441	$J \cdot K^{-1} \cdot mol^{-1}$
真空电容率	ε_0	8.854188	$10^{-12}C^2 \cdot N^{-1} \cdot m^{-2}$
玻尔兹曼常数	k	1.380662	$10^{-23}J \cdot K^{-1}$
万有引力常数	G	6.6720	$10^{-11}N \cdot m^2 \cdot kg^{-2}$
重力加速度	g	9.80665	$m \cdot s^{-2}$

表 14-2　汞的蒸气压

温度/℃	p/Pa	温度/℃	p/Pa	温度/℃	p/Pa
0	0.02466	14	0.09413	28	0.31451
2	0.03040	16	0.11280	30	0.37024
4	0.03680	18	0.13452	32	0.43476
6	0.04466	20	0.16012	34	0.50969
8	0.05413	22	0.19012	36	0.59608
10	0.06533	24	0.22545		
12	0.07839	26	0.26664		

表 14-3　水的表面张力 γ

t/℃	$\gamma/10^{-3}N \cdot m^{-1}$	t/℃	$\gamma/10^{-3}N \cdot m^{-1}$	t/℃	$\gamma/10^{-3}N \cdot m^{-1}$	t/℃	$\gamma/10^{-3}N \cdot m^{-1}$
0	75.64	17	73.19	26	71.82	60	66.18
5	74.92	18	73.05	27	71.66	70	64.42
10	74.22	19	72.90	28	71.50	80	62.61
11	74.07	20	72.75	29	71.35	90	60.75
12	73.93	21	72.59	30	71.18	100	58.85
13	73.78	22	72.44	35	70.38	110	56.89
14	73.64	23	72.28	40	69.56	120	54.89
15	73.59	24	72.13	45	68.74	130	52.84
16	73.34	25	71.97	50	67.91		

表 14-4　水的折射率

t/℃	n_D	t/℃	n_D
14	1.33348	34	1.33136
15	1.33341	36	1.33107
16	1.33333	38	1.33079
18	1.33317	40	1.33051
20	1.33299	42	1.33023
22	1.33281	44	1.32992
24	1.33262	46	1.32959
26	1.33241	48	1.32927
28	1.33219	50	1.32894
30	1.33192	52	1.32860
32	1.33164	54	1.32827

表 14-5　几种常用液体的折射率 n_D^t

物质	n_D		物质	n_D	
	15℃	20℃		15℃	20℃
苯	1.50439	1.50110	四氯化碳	1.46304	1.46044
丙酮	1.38175	1.35911	乙醇	1.36330	1.36048
甲苯	1.4998	1.4968	环己烷	1.42900	—
乙酸	1.3776	1.3717	硝基苯	1.5547	1.5524
氯苯	1.52748	1.52460	正丁醇	—	1.39909
氯仿	1.44853	1.44550	二硫化碳	1.62935	1.62546

表 14-6　一些化合物的饱和蒸气压

$$\lg p = A - B / (C + t)$$

p 为蒸气压（Pa），t 为温度（℃），A、B、C 为常数

物　　质	化学式	A	B	C	温度范围/℃
丙酮	C_3H_6O	7.02474	1210.595	229.664	液态
苯	C_6H_6	6.90565	1211.033	220.790	8~103
甲苯	C_7H_8	6.95464	1344.80	219.482	—
甲醇	CH_4O	7.89756	1474.08	229.13	−14~65
乙醇	C_2H_6O	8.32109	1718.10	237.53	−2~100
乙酸	$C_2H_4O_2$	7.80307	1651.2	225	0~36
		7.18807	1416.7	211	36~170
乙酸乙酯	$C_4H_8O_2$	7.09808	1238.71	217.0	20·150
氯仿	$CHCl_3$	6.90328	1163.03	227.4	−30~150
四氯化碳	CCl_4	6.93390	1242.43	230.0	—
环己烷	C_6H_{12}	6.84018	1203.526	222.863	−50~220
乙醚	$C_4H_{10}O$	6.78754	994.195	220.0	—

表 14-7　几种常用液体的沸点和沸点时的摩尔汽化焓 $\Delta_{vap}H_m$　　　　单位：$kJ \cdot mol^{-1}$

物　　质	T_b/K	$\Delta_{vap}H_m$	物　　质	T_b/K	$\Delta_{vap}H_m$
水	373.2	40.679	正丁醇	390.0	43.822
环己烷	353.9	30.143	丙酮	329.4	30.254
苯	353.3	30.714	乙醚	307.8	17.588
甲苯	383.8	33.463	乙酸	391.5	24.323
甲醇	337.9	35.233	氯仿	334.7	29.469
乙醇	351.5	39.380	硝基苯	483.2	40.742
丙醇	355.5	40.080	二硫化碳	319.5	26.789

表 14-8　25℃时，无限稀释离子摩尔电导率 λ_m^∞ 和温度系数 α

$$\alpha = \frac{1}{\lambda_m^\infty}\left[\frac{d\lambda_m^\infty}{dT}\right]$$

阳离子	$\lambda_m^\infty/10^4 S \cdot m^2 \cdot mol^{-1}$	α/K^{-1}	阴离子	$\lambda_m^\infty/10^4 S \cdot m^2 \cdot mol^{-1}$	α/K^{-1}
H^+	349.7	0.0142	OH^-	200	0.0180
Na^+	50.1	0.0188	Cl^-	76.3	0.0203
K^+	73.5	0.0173	Br^-	78.4	0.0197
NH_4^+	73.7	0.0188	I^-	76.9	0.0193
Ag^+	61.9	0.0174	NO_3^-	71.4	0.0195
$1/2Mg^{2+}$	53.1	0.0217	HCO_3^-	44.5	—
$1/2Ca^{2+}$	59.5	0.0204	$1/2CO_3^{2-}$	72	0.0228
$1/2Sr^{2+}$	59.5	0.0204	$1/2SO_4^{2-}$	79.8	0.0206
$1/2Ba^{2+}$	63.7	0.0200	$1/2C_2O_4^{2-}$	85	0.0219
$1/2Zn^{2+}$	53.5	0.0227	$1/2C_2O_4^{2-}$	63(18℃)	—
$1/2Cu^{2+}$	56	0.0273	$1/2Fe(CN)_6^{4-}$	95(18℃)	—
$1/3Fe^{3+}$	53.5	0.0143	CH_3COO^-	41	0.0244

表 14-9　KCl溶液的电导率 κ

$t/℃$	电导率 $\kappa/\mathrm{S \cdot m^{-1}}$			
	$1.0\mathrm{mol \cdot dm^{-3}}$	$0.1\mathrm{mol \cdot dm^{-3}}$	$0.02\mathrm{mol \cdot dm^{-3}}$	$0.01\mathrm{mol \cdot dm^{-3}}$
10	8.319	0.933	0.1994	0.1020
15	9.252	1.048	0.2242	0.1147
20	10.207	1.167	0.2501	0.1278
21	10.400	1.191	0.2553	0.1305
22	10.594	1.215	0.2606	0.1332
23	10.789	1.239	0.2659	0.1359
24	10.984	1.264	0.2712	0.1386
25	11.180	1.288	0.2765	0.1413
26	11.377	1.313	0.2819	0.1441
27	11.574	1.337	0.2873	0.1468
28		1.362	0.2927	0.1496
29		1.387	0.2981	0.1524
30		1.412	0.3036	0.1552
31		1.437	0.3091	0.1581
32		1.462	0.3146	0.1609
33		1.488	0.3201	0.1638
34		1.513	0.3256	0.1667
35		1.539	0.3312	

表 14-10　几种电极的电极电势

$\varphi^{25℃}$ 和温度系数 α $\left(\alpha=\dfrac{\mathrm{d}\varphi}{\mathrm{d}T}\right)$　$\varphi^{t}=\varphi^{25℃}+\alpha(t-25)$，$t$（℃）

电 极 类 型	$\varphi^{25℃}$ /V	α /$10^{-4}\mathrm{V \cdot K^{-1}}$	电 极 类 型	$\varphi^{25℃}$ /V	α /$10^{-4}\mathrm{V \cdot K^{-1}}$
甘汞电极			$\mathrm{Ag \mid AgCl(s) \mid Cl^{-}}(a=1)$	0.22234	−6.45
$\mathrm{Hg(l) \mid Hg_2Cl_2(s) \mid Cl^{-}}$（饱和）	0.2415	−7.61	醌-氢醌电极		
$\mathrm{Hg(l) \mid Hg_2Cl_2(s) \mid Cl^{-}}$（$1\mathrm{mol \cdot L^{-1}}$）	0.2800	−2.75	$\mathrm{Q(s),QH_2(s) \mid H^{+}}(a=1)$	0.6994	−7.40
$\mathrm{Hg(l) \mid Hg_2Cl_2(s) \mid Cl^{-}}$（$0.1\mathrm{mol \cdot L^{-1}}$）	0.3337	−0.875	银电极		
银-氯化银电极			$\mathrm{Ag \mid Ag^{+}}(a=1)$	0.7900	−9.70

表 14-11　气相分子的偶极矩 μ

物质	化学式	μ/D	物质	化学式	μ/D
水	$\mathrm{H_2O}$	1.85	乙醇	$\mathrm{C_2H_6O}$	1.69
硫化氢	$\mathrm{H_2S}$	0.97	乙酸	$\mathrm{C_2H_4O_2}$	1.74
二硫化碳	$\mathrm{CS_2}$	0	乙酸甲酯	$\mathrm{C_3H_6O_2}$	1.72
二氧化硫	$\mathrm{SO_2}$	1.63	乙酸乙酯	$\mathrm{C_4H_8O_2}$	1.78
四氯化碳	$\mathrm{CCl_4}$	0	乙醚	$\mathrm{C_4H_{10}O}$	1.15
一氧化碳	CO	0.112	丙酮	$\mathrm{C_3H_6O}$	2.88
二氧化碳	$\mathrm{CO_2}$	0	正丙醇	$\mathrm{C_3H_8O}$	1.68
甲烷	$\mathrm{CH_4}$	0	丁醇	$\mathrm{C_4H_{10}O}$	1.66
氯仿	$\mathrm{CHCl_3}$	1.01	苯	$\mathrm{C_6H_6}$	0
甲醛	$\mathrm{CH_2O}$	2.33	甲苯	$\mathrm{C_7H_8}$	0.36
甲醇	$\mathrm{CH_4O}$	1.70	环己烷	$\mathrm{C_6H_{12}}$	0
甲酸	$\mathrm{CH_2O_2}$	1.41	硝基苯	$\mathrm{C_6H_5NO_2}$	3.96

表 14-12　一些物质的摩尔磁化率 X_M

物质	化学式	温度/K	$X_M/10^{-12}J\cdot T^{-2}\cdot mol^{-1}$
十八水合硫酸铝	$Al_2(SO_4)_3\cdot 18H_2O$	常温	-323.0
二水氯化钡	$BaCl_2\cdot 2H_2O$	常温	-100.0
二水氯化镉	$CdCl_2\cdot 2H_2O$	常温	-99.0
四水硝酸镉	$Cd(NO_3)_2\cdot 4H_2O$	常温	-140.0
二水硫酸钙	$CaSO_4\cdot 2H_2O$	常温	-74.0
五水硫酸铈	$Ce_2(SO_4)_3\cdot 5H_2O$	293	4540.0
十四水合硫酸铬	$Cr_2(SO_4)_3\cdot 14H_2O$	290	12160.0
六水氯化钴	$CoCl_2\cdot 6H_2O$	293	9710.0
二水氯化铜	$CuCl_2\cdot 2H_2O$	293	1420.0
六水硝酸铜	$Cu(NO_3)_2\cdot 6H_2O$	293	1625.0
五水硫酸铜	$CuSO_4\cdot 5H_2O$	293	1460.0
四水氯化亚铁	$FeCl_2\cdot 4H_2O$	290	12900.0
六水氯化铁	$FeCl_3\cdot 6H_2O$	293	15250.0
七水硫酸亚铁	$FeSO_4\cdot 7H_2O$	293	11200.0
七水硫酸镁	$MgSO_4\cdot 7H_2O$	常温	-135.7
四水氯化锰	$MnCl_2\cdot 4H_2O$	293	14600.0
五水硫酸锰	$MnSO_4\cdot 5H_3O$	293	14700.0
铁氰化钾	$K_3Fe(CN)_6$	297	2290.0
亚铁氰化钾	$K_4Fe(CN)_6$	常温	-130.0
七水硫酸锌	$ZnSO_4\cdot 7H_2O$	常温	-143.0

表 14-13　铂铑-铂热电偶分度表
冷端为 0℃（分度号 S）

t/℃	0	10	20	30	40	50	60	70	80	90
	热电势/mV									
0	0.000	0.056	0.113	0.173	0.235	0.299	0.364	0.431	0.500	0.571
100	0.643	0.717	0.792	0.869	0.946	1.025	1.106	1.187	1.269	1.352
200	1.436	1.521	1.607	1.693	1.780	1.867	1.955	2.044	2.134	2.224
300	2.315	2.407	2.498	2.591	2.684	2.777	2.871	2.965	3.060	3.155
400	3.250	3.346	3.441	3.538	3.634	3.731	3.828	3.925	4.023	4.121
500	4.220	4.318	4.418	4.517	4.617	4.717	4.817	4.918	5.019	5.121
600	5.222	5.324	5.427	5.530	5.633	5.735	5.839	5.943	6.046	6.151
700	6.256	6.361	6.466	6.572	6.677	6.784	6.891	6.999	7.105	7.213
800	7.322	7.430	7.539	7.648	7.757	7.867	7.978	8.088	8.199	8.310
900	8.421	8.534	8.646	8.758	8.871	8.985	9.098	9.212	9.326	9.441
1000	9.556	9.671	9.787	9.902	10.019	10.136	10.252	10.370	10.488	10.605
1100	10.723	10.842	10.961	11.080	11.198	11.317	11.437	11.556	11.676	11.795
1200	11.915	12.035	12.155	12.275	12.395	12.515	12.636	12.756	12.875	12.996
1300	13.116	13.236	13.356	13.475	13.595	13.715	13.835	13.955	14.074	14.193
1400	14.313	14.433	14.552	14.671	14.790	14.910	15.029	15.148	15.266	15.885
1500	15.504	15.623	15.742	15.860	15.979	16.097	16.216	16.334	16.451	16.569
1600	16.688									

表 14-14　铂铑-铂热电偶分度表

冷端为 0℃ （分度号 B）

t/℃	0	10	20	30	40	50	60	70	80	90
	热电势/mV									
0	0.000	−0.001	−0.002	−0.002	0.000	0.003	0.007	0.012	0.018	0.025
100	0.034	0.043	0.054	0.065	0.078	0.092	0.107	0.123	0.141	0.159
200	0.178	0.199	0.220	0.243	0.267	0.291	0.317	0.344	0.372	0.401
300	0.431	0.462	0.494	0.527	0.561	0.596	0.632	0.670	0.708	0.747
400	0.787	0.828	0.870	0.913	0.957	1.002	1.048	1.096	1.143	1.192
500	1.242	1.293	1.345	1.397	1.451	1.505	1.560	1.617	1.675	1.732
600	1.791	1.851	1.912	1.973	2.036	2.099	2.164	2.229	2.295	2.362
700	2.429	2.498	2.567	2.638	2.709	2.781	2.853	2.927	3.001	3.076
800	3.152	3.229	3.307	3.385	3.464	3.544	3.624	3.706	3.788	3.871
900	3.955	4.039	4.124	4.211	4.297	4.385	4.473	4.562	4.651	4.741
1000	4.832	4.924	5.016	5.109	5.203	5.297	5.293	5.488	5.589	5.683
1100	5.780	5.879	5.978	6.078	6.178	6.279	6.380	6.482	6.585	6.688
1200	6.792	6.896	7.001	7.106	7.212	7.319	7.425	7.533	7.641	7.749
1300	7.858	7.967	8.076	8.186	8.297	8.408	8.519	8.630	8.742	8.854
1400	8.967	9.080	9.193	9.307	9.420	9.534	9.649	9.763	9.878	9.993
1500	10.108	10.224	10.339	10.455	10.571	10.687	10.803	10.919	11.035	11.151
1600	11.268	11.384	11.501	11.617	11.734	11.850	11.966	12.083	12.199	12.315
1700	12.431	12.547	12.663	12.778	12.894	13.009	12.124	13.269	13.354	13.468
1800	13.582									

表 14-15　镍铬-镍硅热电偶分度表

冷端为 0℃ （分度号 K）

t/℃	0	10	20	30	40	50	60	70	80	90
	热电势/mV									
零下	0	−0.39	−0.77	−1.14	−1.50	−1.86				
0	0	0.40	0.80	1.20	1.61	2.02	2.43	2.85	3.26	3.68
100	4.10	4.51	4.92	5.33	5.73	6.13	6.53	6.93	7.33	7.73
200	8.13	8.53	8.93	9.34	9.74	10.15	10.56	11.97	11.38	11.8
300	12.21	12.62	13.04	13.45	13.87	14.30	14.72	15.14	15.56	15.99
400	16.40	16.83	17.25	17.67	18.09	18.51	18.94	19.37	19.79	20.22
500	20.65	21.08	21.50	21.93	22.35	22.78	23.21	23.63	24.05	24.48
600	24.90	25.32	25.75	26.18	26.60	27.03	27.45	27.87	28.29	28.71
700	29.13	29.55	29.97	30.39	30.81	31.22	31.64	32.06	32.46	32.87
800	33.29	33.69	34.10	34.51	34.91	35.32	35.72	36.13	36.53	36.93
900	37.33	37.73	38.13	38.53	38.93	39.32	39.72	40.10	40.49	40.88
1000	41.27	41.66	42.04	42.43	42.83	43.21	43.59	43.97	44.34	44.72
1100	45.10	45.48	45.85	46.23	46.60	46.97	47.41	47.71	43.08	48.44
1200	48.81	49.17	49.53	49.88	50.25	50.61	50.96	51.32	51.67	52.02
1300	52.37									

表 14-16　镍铬-考铜热电偶分度表

冷端为 0℃ （分度号为 E）

t/℃	0	10	20	30	40	50	60	70	80	90
	热电势/mV									
零下		−0.64	−1.27	−1.89	−2.50	−3.11				
0	0	0.65	1.31	1.98	2.66	3.35	4.05	4.76	5.48	6.21

冷端为 0℃（分度号为 E）

$t/℃$	0	10	20	30	40	50	60	70	80	90
	热电势/mV									
100	6.95	7.69	8.43	9.18	9.93	10.69	11.46	12.24	13.03	13.84
200	14.66	15.48	16.30	17.12	17.95	18.76	19.59	20.42	21.24	22.07
300	22.90	23.74	24.59	25.44	26.30	27.15	28.01	28.88	29.75	30.61
400	31.48	32.34	33.21	34.07	34.94	35.81	36.67	37.54	38.41	39.28
500	40.15	41.02	41.90	42.78	43.67	44.55	45.44	46.33	47.22	48.11
600	49.01	49.89	50.76	51.64	52.51	52.39	54.26	55.12	56.00	56.87
700	57.74	58.57	59.47	60.33	61.20	62.06	62.92	63.78	64.64	65.50
800	66.06									

15. 常用溶剂及纯化处理方法

大多有机试剂与溶剂性质不稳定，久贮易变色、变质，而化学试剂和溶剂的纯度直接关系到反应速率、反应产率及产物的纯度。有机化学实验中需要选择适当规格的试剂，有时还必须对试剂与溶剂进行纯化处理。本附录介绍了常用试剂和某些溶剂在实验室条件下的纯化方法及相关性质。

1. 石油醚（petroleum）

石油醚为轻质石油产品，是低分子量的烷烃类混合物，按其沸程收集不同馏分。沸程为 30～150℃，一般把温度相差在 30℃左右的馏分收集在一起，如通常有 30～60℃ （d_4^{15} 0.59～0.62）、60～90℃ （d_4^{15} 0.64～0.66）、90～120℃ （d_4^{15} 0.67～0.72）以及 120～150℃ （d_4^{15} 0.72～0.75）等沸程规格的石油醚。

石油醚中含有少量不饱和烃杂质，其沸点与烷烃相近，用蒸馏方法是不能分离的，通常可用浓硫酸和高锰酸钾溶液把它洗去。首先将石油醚用相当其体积 10％的浓硫酸洗涤 2～3次，再用 10％硫酸加入高锰酸钾配成的饱和溶液洗涤，直至水层中的紫色不再消失为止。然后用水洗，经无水氯化钙干燥后蒸馏。如要绝对干燥的石油醚，则加入钠丝，同无水乙醚同样处理。

2. 环己烷（cyclohexane）

分子式 C_6H_{12}，沸点 80.7℃，熔点 6.5℃，折射率 n_D^{20} 1.4262，相对密度 d_4^{20} 0.7785。

环己烷为无色液体，不溶于水，当温度高于 57℃时，能与无水乙醇、甲醇、苯、醚、丙酮等混溶。环己烷中含有的杂质主要是苯。作为一般溶剂用，并不需要特殊处理。若要除去苯，可用冷的浓硫酸与浓硝酸的混合液洗涤数次，使苯硝化后溶于酸层而除去，然后用水洗，干燥分馏，加入钠丝保存。

3. 正己烷（n-hexane）

分子式 $CH_3(CH_2)_4CH_3$，沸点 68.7℃，折射率 n_D^{20} 1.3748，相对密度 d_4^{20} 0.6693。

正己烷为无色挥发性液体，能与醇、醚和三氯甲烷混合，不溶于水。在 60～70℃沸程的石油醚中，主要为正己烷，因此在许多方面可以用该沸程的石油醚代替正己烷作溶剂。

纯化方法：先用浓硫酸洗涤数次，继以 0.5mol·dm⁻³ 高锰酸钾的 10％硫酸溶液洗涤，再以 0.5mol·dm⁻³ 高锰酸钾的 10％NaOH 溶液洗涤，最后用水洗，干燥，蒸馏。

4. 苯（benzene）

分子式 C_6H_6，沸点 80.1℃，折射率 n_D^{20} 1.5011，相对密度 d_4^{20} 0.8765。

普通苯常含有少量水和噻吩，噻吩的沸点为84℃，与苯接近，不能用蒸馏的方法除去。

噻吩的检验：取1cm³苯加入2cm³溶有2mg吲哚醌的浓硫酸，振荡片刻，若酸层呈蓝绿色，即表示有噻吩存在。

噻吩和水的除去：将苯装入分液漏斗中，加入相当于苯体积七分之一的浓硫酸，振摇使噻吩磺化，弃去酸液，再加入新的浓硫酸，重复操作几次，直到酸层呈现无色。将上述无噻吩的苯依次用水、10%碳酸钠溶液和水洗至中性，再用氯化钙干燥，进行蒸馏，收集80℃的馏分，最后用金属钠脱去微量的水得无水苯。

5. 甲苯（toluene）

分子式$CH_3C_6H_5$，沸点110.6℃，折射率n_D^{20} 1.4961，相对密度d_4^{20} 0.8699。

普通甲苯中可能含有少量甲基噻吩，欲除去甲基噻吩，可以用浓硫酸（甲苯：浓硫酸=10∶1）振摇30min（温度不能超过30℃），除去酸层，然后依次用水、10%碳酸钠溶液和水洗至中性，用无水氯化钙干燥，进行蒸馏，收集110℃的馏分。

6. 二甲苯（xylene）

分子式$(CH_3)_2C_6H_4$，相对分子质量106.17，无色透明液体，商品为邻、对、间二甲苯三种异构体的混合物。能与乙醇、乙醚、三氯甲烷等有机溶剂相混合，不溶于水，沸点137~144℃，d_4^{20} 0.86，n_D^{20} 1.497，凝固点-47~14℃。该品易燃，应远离火种。吸入或接触皮肤有害，对皮肤有刺激性。

7. 吡啶（pyridine）

分子式C_5H_5N，沸点115.5℃，折射率n_D^{20} 1.5195，相对密度d_4^{20} 0.9819。

吡啶吸水力强，能与水、醇和醚任意混合。与水形成恒沸溶液，沸点为94℃。

目前市售的分析纯吡啶含量为99%，可供一般实验用。如要制得无水吡啶，可将吡啶与粒状氢氧化钾（钠）一同加热回流，然后隔绝潮气蒸出。干燥的吡啶吸水性很强，应保存于含有氧化钡、分子筛或氯化钙的容器中。

8. 碘甲烷（iodomethane）

分子式CH_3I，为无色液体，见光游离出碘变褐色。纯化可用硫代硫酸钠或亚硫酸钠的稀溶液反复洗至无色，然后用水洗，用无水氯化钙干燥，蒸馏，沸点42~42.5℃。

碘甲烷应盛于棕色瓶中，避光保存。

9. 二氯甲烷（dichloromethane）

分子式CH_2Cl_2，沸点40℃，折射率n_D^{20} 1.4242，相对密度d_4^{20} 1.3266。

使用二氯甲烷比氯仿安全，因此常用它代替氯仿作为比水重的萃取剂。普通的二氯甲烷一般都能直接作萃取剂用。如需纯化，可用5%碳酸钠溶液洗涤，再用水洗涤，然后用无水氯化钙干燥，蒸馏收集40~41℃的馏分，保存在棕色瓶中。

10. 氯仿（chloroform）

分子式$CHCl_3$，沸点61.7℃，折射率n_D^{20} 1.4459，相对密度d_4^{20} 1.4832。

氯仿在日光下易氧化成氯气、氯化氢和光气（剧毒），故氯仿应贮于棕色瓶中。市场上供应的氯仿多用1%酒精做稳定剂，以消除产生的光气。氯仿中乙醇的检验可用碘仿反应；游离氯化氢的检验可用硝酸银的醇溶液。

若要除去乙醇可将氯仿用其二分之一体积的水振摇数次分离下层的氯仿，用氯化钙干燥24h，然后蒸馏。另一种纯化方法是将氯仿与少量浓硫酸一起振动2~3次。每200cm³氯仿用10cm³浓硫酸，分去酸层以后的氯仿用水洗涤，干燥，然后蒸馏。

除去乙醇后的无水氯仿应保存在棕色瓶中并避光存放，以免光化作用产生光气。

11. 四氯化碳 (carbon tetrachloride)

分子式 CCl_4，沸点 76.8℃，折射率 n_D^{20} 1.4603，相对密度 d_4^{20} 1.6037。

目前四氯化碳主要由二硫化碳经氯化制得，因此普通四氯化碳中含有二硫化碳（含量约 4%）。

纯化方法：将 1000cm³ 四氯化碳与 120cm³ 50% 氢氧化钾水溶液混合，再加 100cm³ 乙醇，剧烈振摇半小时（温度 50~60℃），必要时可用半量氢氧化钾溶液和乙醇重复处理一次。然后分出四氯化碳，先用水洗，再用少量浓硫酸洗至无色，最后再以水洗，用无水氯化钙干燥，蒸馏即得。四氯化碳不能用金属钠干燥，否则会发生爆炸。

12. 1,2-二氯乙烷 (1,2-dichloroethane)

1,2-二氯乙烷为无色油状液体，具有芳香气味，与水可形成共沸物（含量为 81.5%，沸点 72℃）。与乙醇、乙醚和三氯甲烷相混溶，是重结晶和提取的常用溶剂。

可用五氧化二磷（20g·dm⁻³）加热回流 2h，常压蒸馏纯化。沸点 83~84℃/101.0kPa（760mmHg），n_D^{20} 1.4448，d_4^{20} 1.2569。

13. 无水乙醇 (absolute ethanol)

分子式 C_2H_5OH，沸点 78.5，折射率 n_D^{20} 1.3616，相对密度 d_4^{20} 0.7893。

（1）纯度 98%~99% 乙醇的纯化

① 利用苯、水和乙醇形成低共沸混合物的性质，将苯加入乙醇中，进行分馏，在 64.9℃ 时蒸出苯、水、乙醇的三元恒沸混合物，多余的苯在 68.3℃ 与乙醇形成二元恒沸混合物被蒸出，最后蒸出乙醇。工业上多采用此法。

② 用生石灰脱水。于 100cm³ 95% 乙醇中加入新鲜的块状生石灰 20g，回流 3~5h，然后进行蒸馏。

（2）纯度 99% 以上乙醇的纯化

① 在 500cm³ 99% 乙醇中，加入 7g 金属钠，待反应完毕，再加入 27.5g 邻苯二甲酸二乙酯或 25g 草酸二乙酯，回流 2~3h，然后进行蒸馏。金属钠虽能与乙醇中的水作用，产生氢气和 NaOH，但所生成的 NaOH 又与乙醇发生如下的平衡反应：

$$NaOH + C_2H_5OH \rightleftharpoons H_2O + C_2H_5ONa$$

因此单独使用金属钠不能完全除去乙醇中的水，须加入过量的高沸点酯，如邻苯二甲酸二乙酯与生成的 NaOH 作用，抑制上述平衡水的形成，可得到 99.95% 的乙醇。

② 在 60cm³ 99% 乙醇中，加入 5g 镁和 0.5g 碘，待镁溶解生成醇镁后，再加入 900cm³ 99% 乙醇，回流 5h 后，蒸馏，可得到 99.9% 乙醇。

检验乙醇是否含有水分常用的方法有：a. 在一支干净试管中加入制得的无水乙醇，随即加入少量的无水硫酸铜粉末，如果变为蓝色则表明乙醇中含有水分；b. 在另一支干净试管中加入制得的无水乙醇，随即加入几粒干燥的高锰酸钾，如果呈现紫红色，则表明乙醇中含有水分。由于乙醇具有非常强的吸湿性，所以在操作时，动作要迅速，尽量减少转移次数以防止空气中的水分进入。同时所用仪器必须在实验前干燥好。

14. 甲醇 (methanol)

分子式 CH_3OH，沸点 64.96℃，折射率 n_D^{20} 1.3288，相对密度 d_4^{20} 0.7914。

普通未精制的甲醇含有 0.02% 丙酮和 0.1% 水。而工业甲醇中这些杂质的含量达 0.5%~1%。

为了制得纯度达 99.9% 以上的甲醇，可将甲醇用分馏柱分馏，收集 64℃ 的馏分，再用镁去水（与制备无水乙醇相同）。甲醇有毒，处理时应在通风柜内进行，防止吸入其蒸气。

15. 正丁醇 (butanol)

分子式 $CH_3CH_2CH_2CH_2OH$，相对分子质量 74.12，五色透明液体。沸点 117.2℃，d_4^{20} 0.8098，n_D^{20} 1.3993。溶于乙醇、乙醚、苯，微溶于水，与水可形成共沸物，共沸点 92℃（含水量 37%）。该品易燃，空气中爆炸极限 1.4%～11.2%，工作场所空气中容许浓度 150mg•m^{-3}。

16. 甘油 (glycerol)

分子式 $HOCH_2CH(OH)CH_2OH$，也称丙三醇 (1,2,3-trihydroxypropane)，相对分子质量 92.09，五色无臭黏稠液体，略有甜味。有强吸湿性，能吸收硫化氢、氢氰酸、二氧化硫。能与水、乙醇相混溶，1 份该品能溶于 11 份乙酸乙酯、500 份乙醚，不溶于苯、二硫化碳、三氯甲烷、四氯化碳、石油醚等。易脱水，失水生成双甘油和聚甘油等。氧化生成甘油和甘油酸等。在 0℃ 下凝固形成闪光的斜方结晶，熔点 17.8℃，沸点 290℃，d_4^{20} 1.2636，n_D^{20} 1.4746。该品与铬酸酐、氯酸钾、高锰酸钾等强氧化剂接触能引起燃烧或爆炸。

17. 聚乙二醇 (polyethylene glycol)

分子式 $HOCH_2(CH_2OCH_2)_nCH_2OH$，为平均相对分子质量约 200～6000 以上的乙二醇高聚物的总称。溶于水、乙醇和许多有机溶剂。聚乙二醇 400：熔点 4～8℃，d_4^{20} 1.128，n_D^{20} 1.467；聚乙二醇 600：熔点 20～25℃，d_4^{20} 1.128，n_D^{20} 1.469。

18. 无水乙醚 (diethyl ether)

分子式 $(C_2H_5)_2O$，沸点 34.51℃，折射率 n_D^{20} 1.3526，相对密度 d_4^{20} 0.71378。普通乙醚常含有 2% 乙醇和 0.5% 水，久藏的乙醚常含有少量过氧化物。

(1) 过氧化物的检验和除去

制备无水乙醚时首先必须检验有无过氧化物，否则，容易发生爆炸。

① 检验方法　在干净的试管中加入 2～3 滴浓硫酸、$1cm^3$ 2% 碘化钾溶液（若碘化钾溶液已被空气氧化，可用稀亚硫酸钠溶液滴到黄色消失）和 1～2 滴淀粉溶液，混合均匀后加入乙醚，振摇，如果出现蓝色即表示有过氧化物存在。

② 除去方法　除去过氧化物可用新配制的硫酸亚铁稀溶液（配制方法是 60g $FeSO_4•7H_2O$，$100cm^3$ 水和 $6cm^3$ 浓硫酸）。把乙醚置于分液漏斗中加入新配制的硫酸亚铁溶液，充分振荡混合后，弃去水层。此操作可以重复数次，至无过氧化物为止。

(2) 醇和水的检验和除去方法

① 检验方法　乙醚中放入少许高锰酸钾粉末和一粒 NaOH。放置后，NaOH 表面附有棕色树脂，即证明有醇存在。水的存在用无水硫酸铜检验。

② 除去方法　先用无水氯化钙除去大部分水，再经金属钠干燥。其方法是，将 $100cm^3$ 乙醚放在干燥锥形瓶中，加入 20～25g 无水氯化钙，盖好，放置一天以上，并间断摇动，然后蒸馏，收集 33～37℃ 的馏分。加入 1g 钠丝放于盛乙醚的瓶中，放置至无气泡发生即可使用；放置后，若钠丝表面已变黄变粗时，须再蒸一次，然后再压入钠丝。

19. 四氢呋喃 (tetrahydrofunan, THF)

分子式 C_4H_8O，沸点 67℃ (64.5℃)，折射率 n_D^{20} 1.4050，相对密度 d_4^{20} 0.8892。

四氢呋喃与水能混溶，并常含有少量水分及过氧化物。处理四氢呋喃时，应先用小量进行试验，在确定其中只有少量水和过氧化物，作用不致过于剧烈时，方可进行纯化。四氢呋喃中的过氧化物用酸化的碘化钾溶液来检验。如过氧化物较多，应另行处理为宜。

如要制得无水四氢呋喃，可先用无机干燥剂干燥后，再用少量金属钠在隔绝潮气下回流，除去其中的水和过氧化物，以二苯甲酮作指示剂，变为蓝色后蒸馏，收集 66℃ 的馏分。

精制后的液体加入钠丝并在氮气氛围下保存。如需较久放置，应加 0.025% 4-甲基-2,6-二叔丁基苯酚做抗氧剂。

20. 乙二醇二甲醚 (dimethoxyethane)

分子式 $CH_3OCH_2CH_2OCH_3$，又名二甲氧基乙烷，沸点 82～83℃，折射率 n_D^{20} 1.3721，相对密度 d_4^{20} 0.8683。无色液体，有乙醚气味，能溶于水和碳氢化合物，对某些不溶于水的有机化合物是很好的惰性溶剂，并可促使芳香族碳氢化合物与钠反应。其化学性质稳定，溶于水、乙醇、乙醚和氯仿。

纯化时，先用钠丝干燥。在氮气下加氢化锂铝蒸馏；或者用无水氯化钙干燥数天，过滤，加金属钠蒸馏，可加入氢化锂铝保存，用前蒸馏。

21. 二氧六环 (dioxane)

分子式 $C_4H_8O_2$，又称 1,4-二氧六环、二噁烷，与水互溶，无色，易燃，能与水形成共沸物（含量为 81.6%，沸点 87.8℃）。普通品中含有少量二乙醇缩醛与水。久贮的二氧六环中可能含有过氧化物，要注意除去，然后再处理。

纯化方法：可加入 10% 的浓盐酸回流 3h，同时慢慢通入氮气，以除去生成的乙醛。冷却后，加入粒状氢氧化钾直至其不再溶解；分去水层，再用粒状氢氧化钾干燥一天；过滤，在其中加入金属钠回流数小时，蒸馏。可压入钠丝保存。沸点 101.5℃，n_D^{20} 1.4224，d_4^{20} 1.0336。

22. 丙酮 (acetone)

分子式 CH_3COCH_3，沸点 56.21℃，折射率 n_D^{20} 1.3588，相对密度 d_4^{20} 0.7899。

普通丙酮含有少量的甲醇、乙醛以及水等杂质，不可能利用简单蒸馏把这些杂质分离开。其纯化方法有如下两种。

① 在 250cm³ 丙酮中加入 2.5g 高锰酸钾进行回流，若高锰酸钾紫色很快消失，再加入少量高锰酸钾继续回流，至紫色不褪为止。然后将丙酮蒸出，用无水碳酸钾或无水硫酸钙干燥，过滤后蒸馏，收集 55～56.5℃ 的馏分。用此法纯化丙酮时，须注意丙酮中含还原性物质不能太多，否则会过多消耗高锰钾和丙酮，使处理时间增长。

② 将 100cm³ 丙酮装入分液漏斗中，先加入 4cm³ 10% 硝酸银溶液，再加入 3.6cm³ 1mol·dm⁻³ NaOH 溶液，振摇 10min，分出丙酮层，再加入无水硫酸钾或无水硫酸钙进行干燥，最后蒸馏收集 55～56.5℃ 馏分。此法比方法①要快，但硝酸银较贵，只宜小量纯化用。

23. 苯甲醛 (benzaldehyde)

分子式 C_6H_5CHO，为带有苦杏仁味的无色液体，能与乙醇、乙醚、氯仿相混溶，微溶于水，由于在空气中易氧化成苯甲酸，使用前需经蒸馏，沸点 64～65℃/1.60kPa (12mmHg) 或 179℃/101.0kPa (760mmHg)，n_D^{20} 1.5448。

苯甲醛低毒，但对皮肤有刺激，触及皮肤可用水洗。

24. 乙酸乙酯 (ethyl acetate)

分子式 $CH_3COOCH_2CH_3$，沸点 77.06℃，折射率 n_D^{20} 1.3723，相对密度 d_4^{20} 0.9003。

乙酸乙酯一般含量为 95%～98%，含有少量水、乙醇和乙酸。

纯化方法如下。

① 于 1000cm³ 98% 乙酸乙酯中加入 100cm³ 乙酸酐，10 滴浓硫酸，加热回流 4h，除去乙醇和水等杂质，然后进行蒸馏。馏出液用 20～30g 无水碳酸钾振荡，再蒸馏，产物沸点为 77℃，纯度可达 99.7% 以上。

② 先用等体积 5％的碳酸钠溶液洗涤，然后用饱和氯化钙溶液洗，最后以无水碳酸钾干燥蒸馏。如需进一步干燥可再与五氧化二磷回流 0.5h，过滤，防潮蒸馏。

25. 乙腈 （acetonitrile）

分子式 CH_3CN，沸点 81.5℃，折射率 n_D^{20} 1.3441，相对密度 d_4^{20} 0.7822。

乙腈是惰性溶剂，可用于化学反应及重结晶。乙腈与水、醇、醚可任意混溶，与水生成共沸物（含乙腈 84.2％，沸点 76.7℃）。市售乙腈常含有水、不饱和腈、醛和胺等杂质，三级以上的乙腈含量应高于 95％。

纯化方法：可将乙腈用无水碳酸钾干燥，过滤，再与五氧化二磷加热回流（20g·dm⁻³），直至无色，用分馏柱分馏。乙腈可贮存于放有分子筛（2A）的棕色瓶中。乙腈有毒，常含有游离氢氰酸。

26. N,N-二甲基甲酰胺 （dimethyl formide，DMF）

分子式 $HCON(CH_3)_2$，沸点 153℃，折射率 n_D^{20} 1.4305，相对密度 d_4^{20} 0.9487。无色液体，与多数有机溶剂和水任意混合。化学和热稳定性好，对有机和无机化合物的溶解性能较好。

纯化时常用硫酸钙、硫酸镁、氧化钡、硅胶或分子筛干燥，然后减压蒸馏，收集 46℃/4800Pa（36mmHg）的馏分。二甲基甲酰胺见光可慢慢分解为二甲胺和甲醛，因此纯化后的 N,N-二甲基甲酰胺要避光贮存。其中游离胺，可用 2,4-二硝基氟苯产生颜色来检查。

27. 二甲基亚砜 （dimethyl sulfoxide，DMSO）

分子式 $(CH_3)_2SO$，沸点 189℃，熔点 18.5℃，折射率 n_D^{20} 1.4783，相对密度 d_4^{20} 1.100。

二甲基亚砜为无色、无嗅、微苦、易吸湿的液体，是一种优异的非质子极性溶剂，常压下加热至沸腾会发生部分水解。市售二甲基亚砜含水量约为 1％，一般先减压蒸馏，再用 4A 型分子筛干燥，或用氢化钙（10g·dm⁻³）干燥，搅拌 4～8h，再减压蒸馏，蒸馏时，温度不宜高于 90℃，否则会发生歧化反应生成二甲砜及二甲硫醚。沸点 189℃/101.0kPa（760mmHg）或 71～72℃/2.80kPa（21mmHg）。

28. 苯胺 （aniline）

市售苯胺经氢氧化钾（钠）干燥，要除去含硫的杂质可在少量氯化锌存在下，氮气保护下减压蒸馏，沸点 77～78℃/2.0kPa（15mmHg）或 184.4℃/101.0kPa（760mmHg），n_D^{20} 1.5850。

在空气中或光照下苯胺颜色变深，应密封贮存于避光处。苯胺稍溶于水，能与乙醇、氯仿和大多数有机溶剂混溶。可与酸成盐，苯胺盐酸盐熔点 198℃。

吸入苯胺蒸气或经皮肤吸收会引起中毒症状。

29. 冰醋酸 （acetic acid or glacial acetic acid）

将市售冰醋酸在 4℃下慢慢结晶，并在冷却下迅速过滤，压干。少量的水可用五氧化二磷（10g·dm⁻³）回流干燥几小时除去，熔点 16～17℃，沸点 117～118℃/101.0kPa（760mmHg）。

冰醋酸对皮肤有腐蚀作用，触及到皮肤或溅到眼睛时，要用大量水冲洗。

30. 乙酸酐 （acetic anhydride）

分子式 $(CH_3CO)_2O$，沸点 139～141℃/101.0kPa（760mmHg），n_D^{20} 1.3904。

对皮肤有严重腐蚀作用，使用时需使用防护眼镜及手套。

31. 亚硫酰氯 （thionyl chloride）

分子式 $SOCl_2$，又称氯化亚砜，为无色或微黄色液体，有刺激性，遇水强烈分解。纯化时使用硫黄处理，操作较为方便，效果较好。将硫黄（$20g \cdot dm^{-3}$）在搅拌下加入亚硫酰氯中，加热，回流 4.5h，用分馏柱分馏，得无色纯品，沸点 $78 \sim 79℃$，n_D^{20} 1.5170。

氯化亚砜对皮肤与眼睛有很大刺激性，操作中要小心防护。

32. 尿素 （carbamide）

分子式 H_2NCONH_2，简称脲（urea），相对分子质量 60.06，无色柱状结晶或白色结晶性粉末。1g 该晶溶于 $1cm^3$ 水、$10cm^3$ 95% 乙醇、$1cm^3$ 95% 沸乙醇、$20cm^3$ 无水乙醇、$6cm^3$ 甲醇、$2cm^3$ 甘油，几乎不溶于乙醚、三氯甲烷。熔点 132.7℃。该品有刺激性，使用时避免吸入其粉尘，避免与眼睛和皮肤接触。光照受热易分解，应避光密闭保存。

33. 盐酸苯肼 （phenylhydrazine hydrochloride）

分子式 $C_6H_5NHNH_2 \cdot HCl$，相对分子质量 144.60，无色而有光泽的片状结晶，见光变黄。易溶于水，溶于乙醇，不溶于乙醚。熔点 $243 \sim 246℃$（微变棕色）。该品有毒，吸入、口服或皮肤接触时有害，对机体有不可逆性操作的可能。接触皮肤后应立即用大量指定的液体冲洗。密封于避光干燥处保存。

34. 对甲氧基偶氮苯 （p-methoxyazobenzene）

分子式 $4\text{-}CH_3OC_6H_4N{=\!=}NC_6H_5$，相对分子质量 212.25。橙红色结晶，易溶于有机溶剂，不溶于水，熔点 $54 \sim 56℃$。使用时注意避免吸入其粉尘，避免与眼睛和皮肤接触，密封保存。

35. 苏丹 I （sudan yellow）

分子式 $C_{16}H_{12}N_2O$，相对分子质量 248.28，暗红色粉末，熔点 $129 \sim 134℃$。溶于乙醚、苯、二硫化碳等有机溶剂中呈橙黄色，溶于浓硫酸呈深红色，不溶于水、碱溶液。该品具有刺激性，可能致癌，应密封保存。

36. 苏丹红 B （sudan red）

分子式 $C_{24}H_{20}N_4O$，即苏丹红 B，相对分子质量 380.45，红色粉末。溶于乙醇、丙酮等有机溶剂。使用时应避免吸入其粉尘，避免与眼睛和皮肤接触。

37. 对氨基偶氮苯 （p-aminoazobene，AAB）

分子式 $4\text{-}H_2NC_6H_4N{=\!=}NC_6H_5$，相对分子质量 197.24，黄褐色针状结晶。溶于乙醚、乙醇、苯、三氯甲烷，微溶于水。熔点 128℃，沸点约 360℃。该品可能致癌，应避光保存。

38. 对羟基偶氮苯 （p-hydroxy azobenzene）

分子式 $4\text{-}HOC_6H_4N{=\!=}NC_6H_5$，相对分子质量 198.23，橙黄色结晶或粉末。溶于乙醇。熔点 $152 \sim 155℃$。使用时避免吸入其粉尘，避免与眼睛和皮肤接触。

39. 金属钠 （sodium，Na）

相对原子质量 22.99，银白色金属。熔点 97.82℃，沸点 881.4℃，相对密度 0.968。遇水和醇发生反应生成氢气。与水反应剧烈，会发生燃烧、爆炸，一旦起火千万不能用水灭火，要用指定灭火器。该品有腐蚀性，能引起烧伤。用时保持容器干燥，平时一般贮存在煤油中。

40. 镁 （magnesium，Mg）

相对原子质量 24.305，带金属光泽，银白色金属。熔点 651℃，沸点 1100℃，相对密度 1.738。空气中易被氧化生成暗膜。高度易燃，与水接触时产生易燃气体，故不能用水灭火。燃烧时产生炫目白光，冒白烟。溶于酸，不溶于水。

41. 锌粉 (zinc powder, Zn)

相对原子质量 65.38，浅灰色的细小粉末，具强还原性。熔点 419.5℃，沸点 908℃，相对密度 7.140。该品与水接触时释放出高度易燃气体，在空气中能自动燃烧，万一着火应使用指定灭火设备灭火而绝不能用水。密封于干燥处保存。

42. 无水氯化钙 (anhydrous calcium chloride)

分子式 $CaCl_2$，相对分子质量 110.98，白色固体。极易吸潮，易溶于水、乙醇、丙酮、乙酸。熔点 772℃，沸点 >1600℃，相对密度 2.152。LD_{50}（大鼠经口）：$1000mg \cdot kg^{-1}$。该品对眼睛有刺激性，使用时避免吸入其粉尘，避免与皮肤接触，密封于干燥处保存。

43. 氯化锌 (zinc chloride)

分子式 $ZnCl_2$，相对分子质量 136.30，白色粉末或颗粒，无味，极易潮解。1g 该品溶于 $0.25cm^3$ 2%盐酸、$1.3cm^3$ 乙醇、$2cm^3$ 甘油，极易溶于水 $[25℃，432g \cdot (100g 水)^{-1}$；100℃，$614g \cdot (100g 水)^{-1}]$，易溶于丙酮。其水溶液呈酸性，pH 值约为 4，熔点约 290℃，沸点 732℃，相对密度 d^{25} 2.907。该品具有腐蚀性，能引起烧伤。接触皮肤后应立即用大量清水和 2%碳酸氢钠溶液冲洗。

44. 氯化铵 (ammonium chloride)

分子式 NH_4Cl，相对分子质量 53.49，无色结晶或粉末，无味，吸潮结块。溶于水（25℃，28.7%，质量分数）、甘油、甲醇、乙醇，不溶于丙酮、乙醚、乙酸乙酯。加热至 337.8℃升华并分解，相对密度 d^{25} 1.5274，LD_{50}（大鼠肌注）：$30mg \cdot kg^{-1}$。该品口服有害，对眼睛有刺激性，使用时应避免吸入粉尘。密封于干燥处保存。

45. 无水三氯化铝 (anhydrous aluminum chloride)

分子式 $AlCl_3$，相对分子质量 133.34，无色透明六角晶体，有强盐酸气味，易潮解，在湿空气中发烟。熔点 194℃（253.3kPa），177.8℃升华，262℃分解。空气中能吸收水分，一部分水解而放出氯化氢。溶于水 $[15℃：69.9g \cdot (100cm^3)^{-1}]$，能生成六水合物 $AlCl_3 \cdot 6H_2O$，相对密度 2.40。也能溶于乙醇、乙醚、氯仿、二硫化碳、四氯化碳等有机溶剂。该品具有腐蚀性，能引起烧伤，溶于水能产生大量热，激烈时能燃烧或爆炸，接触皮肤后用大量清水和 2%碳酸氢钠溶液冲洗。密封于干燥处保存。

46. 亚硝酸钠 (sodium nitrite)

分子式 $NaNO_2$，相对分子质量 69.0，白色或微黄色结晶，有潮解性。溶于 1.5 份冷水。

47. 高锰酸钾 (potassium permanganate)

分子式 $KMnO_4$，相对分子质量 158.03，深紫色或类似青铜色有金属光泽的结晶，无味。能溶于 14.2 份冷水、3.5 份沸水。遇醇和其他有机溶剂或浓酸即分解而释放出游离氧，属强氧化剂，外用有杀菌作用。约 240℃分解，相对密度 d 2.7。LD_{50}（大鼠经口）：$1.09g \cdot kg^{-1}$，经口有害。该品与易燃品接触能引起燃烧。密闭于干燥处保存。

参 考 文 献

[1] 肖明跃. 误差理论与应用. 北京：计量出版社，1995.

[2] 江体乾. 化工数据处理. 北京：化学工业出版社，1984.

[3] Garland C W, Nibler J W, Shoemaker D P. Experiments in Physical Chemistry. 7 th ed. New York：McGraw-Hill，2003.

[4] 向明礼，甘斯祚. 物理化学实验——《溶液表面张力测定》中数据处理的讨论. 成都科技大学学报，1993，（6）：85-92.

[5] 夏春兰，曾小平，翟淑华等. Excel 在乙酸乙酯皂化反应三参数非线性拟合中的应用. 西南民族大学学报（自然科学版），2004，30（1）：16-20.

[6] 王健礼，赵明. 物理化学实验. 第 2 版. 北京：化学工业出版社，2015.

[7] 成都科学技术大学分析化学教研室. 分析化学手册第四分册色谱分析（上）. 北京：化学工业出版社，1984.

[8] 商登喜，丘戈棚. 色谱仪的原理及应用. 北京：高等教育出版社，1980.

[9] 王建礼，赵明. 物理化学实验. 第 2 版. 北京：化学工业出版社，2015.

[10] 宋毛平，何占航. 基础化学实验与技术. 北京：化学工业出版社，2013.

[11] 山东大学，山东师范大学. 基础化学实验（Ⅰ）：无机及分析化学实验. 北京：化学工业出版社，2007.

[12] 李艳辉. 无机及分析化学实验. 南京：南京大学出版社，2006.

[13] 钟国清. 无机及分析化学实验. 北京：科学出版社，2011.

[14] 北京师范大学，东北师范大学，华中师范大学，南京师范大学. 无机化学实验. 第 3 版. 北京：高等教育出版社，2001.

[15] 武汉大学. 分析化学实验. 第 4 版. 北京：高等教育出版社，2001.

[16] 兰州大学，复旦大学. 有机化学实验. 第 2 版. 北京：高等教育出版社，1994.

[17] 刘汉标，石建新，邹小勇. 基础化学实验. 北京：科学出版社，2008.

[18] 丁长江. 有机化学实验. 北京：科学出版社，2006.

[19] 山东大学，山东师范大学. 基础化学实验(Ⅲ)：物理化学实验. 第 2 版. 北京：化学工业出版社，2007.

[20] 邱金恒，孙尔康，吴强. 物理化学实验. 北京：高等教育出版社，2010.